前端开发核心知识进阶

从夯实基础到突破瓶颈

侯策／著

电子工业出版社
Publishing House of Electronics Industry
北京·BEIJING

内 容 简 介

本书共分 8 部分，涵盖 33 个主题，内容涉及 JavaScript 基础强化、JavaScript 语言进阶、不可忽视的 HTML 和 CSS、前端框架、前端工程化、性能优化、编程思维和算法、网络知识等，聚焦前端开发基础知识和进阶技能，关注前端工程化和体系化，结构清晰，循序渐进，深入浅出。

在重构基础知识方面，本书将标准规范和实践代码相结合。在培养进阶技能方面，本书深度剖析了技术背后的原理和哲学。书中列举的项目设计案例涵盖了许多经典面试题目，不仅能帮助初级开发者夯实基础，还能为中、高级开发者突破瓶颈提供帮助和启发。

未经许可，不得以任何方式复制或抄袭本书之部分或全部内容。
版权所有，侵权必究。

图书在版编目（CIP）数据

前端开发核心知识进阶：从夯实基础到突破瓶颈 / 侯策著. —北京：电子工业出版社，2020.10
ISBN 978-7-121-38934-4

Ⅰ.①前… Ⅱ.①侯… Ⅲ.①网页制作工具－程序设计 Ⅳ.①TP393.092.2

中国版本图书馆 CIP 数据核字(2020)第 053575 号

责任编辑：孙奇俏
印　　刷：三河市君旺印务有限公司
装　　订：三河市君旺印务有限公司
出版发行：电子工业出版社
　　　　　北京市海淀区万寿路 173 信箱　邮编 100036
开　　本：787×980　1/16　印张：37.5　字数：830.4 千字
版　　次：2020 年 10 月第 1 版
印　　次：2020 年 10 月第 1 次印刷
定　　价：139.00 元

凡所购买电子工业出版社图书有缺损问题，请向购买书店调换。若书店售缺，请与本社发行部联系，联系及邮购电话：(010) 88254888，88258888。

质量投诉请发邮件至 zlts@phei.com.cn，盗版侵权举报请发邮件至 dbqq@phei.com.cn。
本书咨询联系方式：010-51260888-819，faq@phei.com.cn。

赞　誉

JavaScript 诞生到现在已有 20 余年，借助 Node.js 生态，JavaScript 从前端开发领域逐渐走向全栈开发领域。然而，开发 JavaScript 项目不仅涉及技术问题，还涉及工程问题。本书是一本偏重实战的进阶图书，如果你已经学会了 JavaScript 的基本知识，但对于如何开发大型项目束手无策，那么本书将非常适合你。

justjavac，Flarum 中文社区创始人、Deno 核心开发者

本书适合不同阶段的前端工程师阅读。它涉及的知识面很广：从 JavaScript 基础到 HTML 标准，从 CSS 排版布局到流行框架解析，从前端工程化实践到性能优化。本书的内容结构非常匹配目前的前端市场需求，能从点到面提升读者的多方面能力。作者凭借广阔的技术视野，结合其个人实战经历，能使书中的知识点快速转换为实际生产力，真正帮助前端从业者夯实基础，突破瓶颈！

小耕，新浪移动前端技术专家

把自己的经验心得分享出来是很难的，因为这涉及个人知识体系的构建。前端领域从 2013 年左右开始崛起，在从 Backbone 到三大框架的此消彼长中，想要梳理出具有体系性的学习要点更难。作者侯策是我的好友，是这个时代的亲历者、实践者和深思者，本书简明扼要地讲解了前端应知应会的技巧，33 个主题都非常实用，我读来非常受益，其中许多与时俱进的见解相信能带给读者很大收获。

狼叔，《狼书》系列图书作者、"Node 全栈"微信公众号作者

"前端发展开快车，十几年的发展进入深水区，互联网公司对数据也越来越重视，随之而来的业务流程化、流程数据化、数据线上化、线上自动化越来越能考查前端工程师的功力。"这句话是

我为前端早早聊大会而写的，作为这本书的书评也同样成立。如今，职场对前端工程师的功力要求甚高，有小到语法层面的要求，也有大到研发链路工程化成熟度的要求，这种能力要求给前端领域的从业者带来了无穷的焦虑，本书穿针引线，面向不同层次的读者将前端领域需要关注的技术点聚合在一起，可以更有效地将碎片知识体系化，值得一读。

Scott，前端早早聊大会创始人

在拿到书稿后，我用了一整天时间通读本书，读完之后总有一种意犹未尽的感觉。本书有点像前端百科，涵盖了前端开发领域的大部分知识点，并且在技术细节上体现出作者独特的个人见解。建议在遇到技术瓶颈时通读此书，一定会有新的思考。

陈辰，贝壳前端架构负责人、《从零开始搭建前端监控平台》作者

认识 Lucas（侯策）比较巧，因为平常要负责招聘，恰好在知乎上看到 Lucas 的很多文章，觉得他研究得非常深入，遂私信联系，一来二往便认识了。应邀给图书写推荐，还是头一回。本着认真负责的态度，通读了一遍，认为本书适合入门读者快速掌握前端的发展历程，也适合老同学翻阅，不断加强基础，突破瓶颈。吾辈读书，为敬字恒字二端，应多注重平常积累并持之以恒。

城池，阿里云业务中台前端负责人

前端领域的特点是广中有深，既要求知识面宽广，又要对部分技术点有深入研究。得益于作者丰富的工作经验和对一些问题的深入研究，本书对实际工作中会遇到的需求和问题由浅入深地进行了讲解，从基础使用到原理介绍再到代码实现，都进行了详细介绍，是一本贴近日常工作的、可以增加知识广度和深度的实用好书，强烈建议前端新人及想要进阶的工程师阅读。

于江水（Harry Yu），淘宝原前端工程师

历数前端十数年，从野蛮成长到统一化、标准化，从单薄特效开发到全业务链路渗透，无不体现出前端的前景和价值。今天我们再来看前端或其中涉及的岗位，会发现前端的职业天花板在不断上升。每年都有大量对前端感兴趣的人进入这个领域，职场对一个成熟的前端工程师的要求，也从掌握某项单一技能的维度上升到具备系统化的知识体系层面。

本书通过一系列的主题及实战案例，将前端核心知识点进行了串联，系统性地呈现给读者一场精彩的知识盛宴，助力读者温故知新、突破瓶颈。

杜瑶，美团研究员

在好友侯策的新书《前端开发核心知识进阶：从夯实基础到突破瓶颈》即将出版之际，我有幸提前阅读。在书中，作者选取了许多经典的前端面试问题加以分析，小至语言细节，大至工程实践，不仅有趣，而且充满真知灼见。无论是刚入门的初级开发者，还是经验丰富的高级工程师，相信都能从本书中获得新的思考。前端领域的知识点常读常新，我会毫不迟疑地建议每一位程序员朋友阅读本书。

康钰，谷歌软件工程师

《前端开发核心知识进阶：从夯实基础到突破瓶颈》是一本能从本质上帮助前端工程师提高能力的图书，也适合其他领域的有志之士入门前端领域。本书深入浅出，从基础的 JavaScript 语言特性入手，抽丝剥茧，直指前端面向对象开发的技术难点；再从流行框架切入时下的前端工程实践，既有 CSS 排版布局经验之谈，也有性能调试与前端算法理论进阶。作者文笔流畅，其颇有趣味的写作风格极大地丰富了读者的阅读体验。另外，作者丰富的开发经验又赋予了此书强烈的技术前瞻性。希望本书能帮助更多前端开发工程师夯实基础，突破瓶颈。

熊昊一，百度研究院大数据实验室主任构架师

讲解前端知识的资料，往往全面者不够深入，深入者不够全面。本书从面试真题切入，系统介绍了前端知识点，分析其原理，内容翔实，示例丰富，适合前端进阶开发者阅读。

颜海镜，知名前端技术博主、《React 状态管理与同构实战》作者

本书作者非常用心地教我们如何突破前端工程师的瓶颈，在开发过程中解决实际问题。作者提供的各个示例清晰易懂、贴合实际，看过此书后我收获满满。

谢工，GitChat 创办人、图灵公司总经理

前　言

如何突破前端开发技术瓶颈

日本作家村上春树写过一本富有哲理的书——《当我谈跑步时我谈些什么》。

在书中，他谈到，跑步跟写作一样，都需要坚毅隐忍，追逐超越；都需要心无杂念，持之以恒。全书落笔之处，没有浮华旖旎，而是将迷惘、失败和挣扎娓娓道来。

这本书名义上是在谈跑步，实际却是作者在个人创作低潮时期对突破进行的不断思考。仔细想来，这样的思考对于一位工程师也至关重要。

前端领域，入门相对简单，可是想要"更上一层楼"却难上加难，市场上的高级/资深前端工程师凤毛麟角。这当然未必是坏事，一旦突破瓶颈，在技能上脱颖而出，便能拥有更广阔的空间。那么，如何从夯实基础到突破瓶颈呢？

接下来我们就来讨论一下，当前端工程师需要进阶时，应该学些什么。

说到进阶，我想先谈一谈我们每个人内心的焦虑和迷茫，正视这种情绪是学习的第一步。对于每一个追求进步的人来说，瓶颈期总会在各个阶段"如约而至"。早在战国时期，庄子在《庖丁解牛》中就说："吾生也有涯，而知也无涯。以有涯随无涯，殆已！已而为知者，殆而已矣！"

而如今，在这个信息爆炸的时代，信息量呈几何级数增长，知识似乎唾手可得。那么该学什么，到底该怎么学，学完之后又该做什么？大部分人都会在知识面前焦虑、迷茫。

同样，具有一定工作经验的工程师也面临着很多疑虑。

- 该如何避免相似的工作做了5年，却没能具备5年的工作经验？
- 该如何从繁杂而千篇一律的业务需求中提炼技术点并提高？
- 该如何为团队带来更大的价值，体现经验和能力？

这些疑虑对前端工程师来说貌似来得更加猛烈：前端技术发展备受瞩目，前端工程师变得越发重要的背后是相关技术的不断进步和更新迭代。因此，我们比以往任何时候都更需要主动学习。但据我观察，目前网络上的学习资料往往存在以下两个问题。

- 过于碎片化，这类知识在某种程度上只能成为缓解焦虑的"精神鸦片"。
- 追求短平快，大牛经验、快速搞定"面经题目"等内容渐渐演变成跳槽加薪的"兴奋剂"。

技术进阶是一个系统、曲折的过程。每个学习者所接触的知识内容和其背后的原理构成了他的思维方式。短期速成的内容或大量碎片化的知识很难帮助我们进行深度思考。坦白来说，我也是这些"学习资料"的搜集者，如果没有系统且有针对性的学习和反复刻意的练习，那么结果就是，以为收藏的是知识，其实收藏的是"知道"；以为掌握了知识，其实只是囤积了一堆"知道"。

我想把自己在海外和 BAT 工作多年积累的经验分享给大家，也想把长时间以来收藏的"干货"梳理一遍，系统整理输出，和大家一起提高。因此，《前端开发核心知识进阶：从夯实基础到突破瓶颈》这本书就诞生了。

爱因斯坦说过："只是学习他人的智慧并不足够，你需要自己想明白才行。花时间记录、通盘考虑和深入思考你学到的东西。"

海伦·凯勒说过："知识使人进步，而智慧使人得道。"

希望本书不仅详述了"知识"，更能体现编程"智慧"，让所有读者朋友一起思考，一起进步。

本书特色

说到本书特色，我想一边聊聊前端开发的发展，一边说说本书的聚焦点。

前端大航海时代：旧工具被淘汰，新力量崛起

记得我刚接触前端编程时，jQuery 风靡一时，其清新优雅的 DOM 操作、稳如磐石的兼容性处理、灵活高效的封装和链式调用，让人如沐春风。

彼时，我幼稚地以为"这就是巅峰"，事实却是"这只是开始"——随着三大框架的崛起，技术更迭就像"暴风雨前的宁静"，jQuery 突然就被其他"先进的生产力"甩在身后了。于是我们看见，各大平台的技术"改朝换代"，各自引领开发潮流。

这还只是一个类库在前端浪潮中的兴衰。再想想 ES(ECMAScript)语言规范的演进速度，HTML5 的扩张幅度，跨端开发框架从 Ionic 到 React Native 再到 Flutter，CSS 从基本布局模型到弹性盒模型再到原生 Grid 方案，构建打包工具从 Grunt 到 Gulp 再到 webpack 和 Rollup……

本书在重视"亘古不变"的语言的基础上,力求为大家介绍更先进的开发技术。比如,服务器端渲染、HTTP 3.0,使用 Lerna、yarn workspaces 构建 monorepo 项目,框架的原理、演进,框架间的对比和虚拟 DOM,等等。

与生俱来的混乱:披荆斩棘,勇往直前

前端三大方向 JavaScript、CSS、HTML 的背后是无尽的碎片化场景。前端是最贴近用户的"战线",它的基因决定了它需要处理各式各样的情况。同时,无论是跨平台还是语言特性,都让开发者感到迷茫。

- 我们应该使用哪些 HTML 标签以达到最佳的语义化?
- 我们应该如何面对不同终端的诡异问题,并保证体验一致性?
- 我们应该如何编写 JavaScript 代码才能实现 bug free?
- this 用得乱七八糟,它到底指向谁?

在本书中,我们除了剖析理论,更会注重经验介绍和最佳实践。

- 分析多种场景和业界解决方案的产出。
- 实战观摩 webpack 打包结果,对比 Rollup 解决方案,同时分析 tree shaking 的实施细节。
- 探索究竟如何组织架构代码,提升开发效率。
- 不去讲解 CSRF、XSS 等基础概念,而从鉴权角度出发,让读者对安全有一个立体认知。

广阔的未来:打铁还需自身硬

目前,我们正在经历所谓的"资本寒冬",不管是大厂、二线公司还是创业团队,"优化人员结构"的新闻层出不穷。但是据我观察,"高级前端工程师"的招聘需求却"逆流而上",具备高水平和丰富经验的开发者无论何时都备受追捧。因此,磨炼技能、积累项目经验将是所有前端工程师的核心诉求。

作为作者,我也在思考如何让本书更有价值,真正帮助大家突破瓶颈,让读者感到"物有所值",进而实现技能进阶。

在本书中,我将穿插大量经典面试例题,其中既包括我作为 BAT 面试官考查的"私房题",又涵盖我作为面试者遇见的"经典题",还有我和业界前辈讨论过的"开放题"。在平时的开发和

学习中，我也研读了大量精品文章，会一并将感悟分享给大家。

从开发菜鸟到资深工程师，除了主观能动性，我个人认为成长过程中的一大瓶颈在于"不是每个人都能有机会接触到好项目，进而从中提高"。这里的"好项目"是指类似"项目重构""类库迁移""复杂应用设计""疑难 bug 定位""新技术落地实施"等对开发者基础和设计能力有较高要求的项目。

为此，在本书中，我会插入大量有关代码设计模式、函数式、源码分析、组件设计和封装、开源库解读、项目代码组织等内容，也会手把手地带领大家查阅 Issue、Changelog，从社区中汲取精华，构建更为真实的开发场景，直击实践中的高频痛点。

最后，希望能和每一位读者保持长线联系，一起讨论问题，共同进步。

本书内容

本书共分为 8 部分，涵盖 33 个主题（33 篇），其中每一部分的内容简介如下。

第一部分　JavaScript 基础强化（01~04）

"且夫水之积也不厚，则其负大舟也无力"——基础的重要性无须多言，这对于前端开发也不例外。本部分将介绍 JavaScript 语言中的关键基础内容。因为 JavaScript 语言的灵活特性，这些基础内容既是重点，也是难点。这些内容包括：JavaScript 中的 this 指向问题、闭包问题、关键 API、高频考点等。事实上，这些内容将不仅决定你的面试表现，还能直接影响你日后的进阶和发展。

第二部分　JavaScript 语言进阶（05~08）

牢固的基础知识，是进阶路上的基石。本部分将从 JavaScript 异步特性理论与操作、Promise 的理解和实现、面向对象和原型知识、ES 的发展进化等内容入手，带领大家强化难点。同时我们会通过大量实例，加深读者对知识点的理解，帮助读者融会贯通。

第三部分　不可忽视的 HTML 和 CSS（09~11）

翻过 JavaScript 的大山，也许你会觉得学习 HTML 和 CSS 能相对轻松一些，但关于 HTML 和 CSS 的知识仍然"不可忽视"。即使它们不是面试和工作中的"拦路虎"，也是至关重要的内容。本部分，我们不会系统且全面地介绍 HTML 和 CSS 的相关知识点，而是会启发式地从一些细节入手，"管中窥豹"，介绍应该如何学习这些内容，并介绍响应式布局和 Bootstrap 的实现。

第四部分　前端框架（12~18）

本部分将介绍前端框架方面的知识，以 React 为主分析框架对前端而言到底意味着什么，以及我们应该如何学习 React。事实上，对 React 的学习不能只停留在"会用"的层面，学习其组件设计和数据状态管理对于培养编程思维也非常有益，有利于学习者从更高的层面看待问题。同时，我们也会对比 Vue 框架，探讨前端框架的"前世今生"。

第五部分　前端工程化（19~22）

资深程序员永远逃不开的重点工作之一就是"基础构建"和"项目架构构建"。本部分将从模块化谈起，结合 webpack、Lerna 等工具，为大家还原一个真实的"基建"场景，深入项目组织设计，并落实代码规范工具设计。

第六部分　性能优化（23~25）

性能优化是理论和实践相结合的重要话题。本部分将介绍大量重要的性能优化知识点，如性能监控、错误收集与上报等，同时将结合项目实例和 React 来探讨性能优化问题。阅读本部分之前，大家需要了解缓存策略、浏览器渲染的特点、JavaScript 异步单线程对性能的影响、网络传输知识等内容，同时也要具备一些实践经验，如用 Chrome devtool 分析火焰图、编写并运行出准确的 benchmark 等。

第七部分　编程思维和算法（26~30）

前端开发离不开编程基础，良好的编程思维、基本的算法知识，可以说是每一位工程师所必须具备的。本部分将用 JavaScript 来描述多种设计模式，手把手教大家用 JavaScript 处理各种数据结构，并强化对一些常考前端算法的理解和掌握。

第八部分　网络知识（31~33）

本部分将重点强化网络知识，包括缓存、超文本传输协议（HTTP）、前端安全等。作为一名前端开发者，不了解互联网传输的奥秘、不清楚网络细节是很难进阶的。网络知识关联着性能优化、前后端协作等核心环节，对于每一位工程师而言都十分重要。

授人以鱼不如授人以渔，除去书中的知识点，我更希望能够与大家分享我的学习方法：如何投身到社区中与广大开发者一起讨论；如何阅读前人的经典著作，站在巨人的肩膀上使自己看得更远；如何解读开源库并从中汲取养分；如何在面试和述职中正确地表达观点……

致谢

回想起来,本书初稿完结于庚子年第一个节气——立春。上古有"斗柄指向"法,即北斗星斗柄指向寅位时为立春。干支纪元以立春为岁首,意味着一个新的轮回开启,春雨惊蛰,万物复苏。

一本书的问世,自然也少不了养料和雨露的浇灌。为此,我想特别感谢一路支持和鼓励我的好友:一酱、梁茗一、颜海镜等,感谢他们的陪伴,以及为我提供的素材和修改建议。我还要感谢电子工业出版社的孙奇俏编辑,这已不是我们第一次合作,她的专业能力始终让我钦佩。同样感谢谢工老师和 GitChat 团队的支持,没有他们,就没有最初的立项,他们的专业能力和认真负责的态度,始终是我创作的勇气源泉和力量后盾。

在这个时间节点,我们仍然面临着疫情的严峻挑战。但与此同时,一切就像阿尔贝·加缪在《鼠疫》中所说的那样:"春天的脚步正从所有偏远的区域向疫区走来。成千上万朵玫瑰依旧枯萎在市场和街道两旁花商的篮子里,但空气中充溢着它们的香气。"书中另外一句话也让我印象深刻:"对未来真正的慷慨,是把一切献给现在。"抗击疫情如此,每个人的学习进阶道路同样如此。愿与大家共勉!

侯策

读者服务

微信扫码回复：38934

- 获取本书配套代码资源
- 获取各种共享文档、线上直播、技术分享等免费资源
- 加入本书读者交流群，与本书作者互动
- 获取博文视点学院在线课程、电子书 20 元代金券

目 录
Contents

第一部分　JavaScript 基础强化

01　一网打尽 this，对执行上下文说 Yes 2
　　this 到底指向谁 2
　　实战例题分析 3
　　开放例题分析 12
　　总结 13

02　"老司机"也会在闭包上翻车 14
　　基本知识 14
　　例题分析 32
　　总结 35

03　我们不背诵 API，只实现 API 36
　　jQuery offset 方法实现 36
　　数组 reduce 方法的实现 40
　　实现 compose 方法的几种方案 45
　　apply、bind 进阶实现 48
　　总结 52

04　JavaScript 高频考点及基础题库 53

- JavaScript 数据类型及其判断 53
- JavaScript 数据类型及其转换 57
- JavaScript 函数参数传递 60
- cannot read property of undefined 问题解决方案 61
- type.js 源码解读 63
- 总结 65

第二部分　JavaScript 语言进阶

05　异步不可怕，"死记硬背"+实践拿下 68

- 异步流程初体验 68
- 红绿灯任务控制 74
- 请求图片进行预先加载 76
- setTimeout 相关考查 79
- 宏任务和微任务 82
- 总结 85

06　你以为我真的想让你手写 Promise 吗 86

- 从 "Promise 化" 一个 API 谈起 86
- Promise 初见雏形 88
- Promise 实现状态完善 91
- Promise 异步实现完善 93
- Promise 细节完善 97
- Promise then 的链式调用 100
- 链式调用的初步实现 101
- 链式调用的完善实现 106

　　　　Promise 穿透实现 115
　　　　Promise 静态方法和其他方法实现 116
　　　　总结 120

07　面向对象和原型——永不过时的话题　　121

　　　　实现 new 没有那么容易 121
　　　　如何优雅地实现继承 123
　　　　jQuery 中的对象思想 130
　　　　类继承和原型继承的区别 133
　　　　面向对象在实战场景中的应用 134
　　　　总结 136

08　究竟该如何学习与时俱进的 ES　　137

　　　　添加新特性的必要性 137
　　　　学习新特性的正确"姿势" 139
　　　　新特性可以做些什么有趣的事 141
　　　　Babel 编译对代码做了什么 145
　　　　总结 150

第三部分　不可忽视的 HTML 和 CSS

09　前端面试离不开的"面子工程"　　152

　　　　如何理解 HTML 语义化 152
　　　　BFC 背后的布局问题 155
　　　　通过多种方式实现居中 162
　　　　总结 167

10 进击的 HTML 和 CSS 168

- 进击的 HTML 168
- 不可忽视的 Web components 171
- 移动端 HTML5 注意事项总结 171
- CSS 变量和主题切换优雅实现 174
- CSS Modules 理论和实战 178
- 总结 184

11 响应式布局和 Bootstrap 的实现分析 185

- 上帝视角——响应式布局适配方案 185
- 真实线上适配案例分析 187
- Bootstrap 栅格实现思路 192
- 横屏适配及其他细节问题 194
- 面试题：%相对于谁 195
- 深入：flex 布局和传统布局的性能对比 197
- 总结 200

第四部分 前端框架

12 触类旁通多种框架 202

- 响应式框架基本原理 202
- 模板编译原理介绍 211
- 发布/订阅模式简单应用 214
- MVVM 融会贯通 215
- 揭秘虚拟 DOM 216
- 总结 226

13 你真的懂 React 吗 227

- 神奇的 JSX 227
- 你真的了解异步的 this.setState 吗 232
- 原生事件和 React 合成事件 234
- 请不要再背诵 diff 算法了 236
- element diff 的那些事儿 237
- 加上 key 就一定"性能最优"吗 238
- 总结 239

14 揭秘 React 真谛：组件设计 240

- 单一职责没那么简单 240
- 组件通信和封装 246
- 组合性是灵魂 248
- 副作用和（准）纯组件 250
- 组件可测试性 254
- 组件命名是意识和态度问题 257
- 总结 258

15 揭秘 React 真谛：数据状态管理 259

- 数据状态管理之痛 259
- Redux 到底怎么用 262
- Redux 的"罪与罚" 268
- 我们到底需要怎样的数据状态管理 270
- 总结 272

16　React 的现状与未来 ... 273

- React 现状分析 ... 273
- 从 React Component 看 React 发展史 ... 274
- 颠覆性的 React hook ... 277
- 值得关注的其他 React 特性 ... 282
- 总结 ... 284

17　同构应用中你所忽略的细节 ... 285

- 打包环境区分 ... 285
- 注水和脱水 ... 287
- 请求认证处理 ... 292
- 样式问题处理 ... 293
- meta tags 渲染 ... 295
- 404 处理 ... 296
- 安全问题 ... 297
- 性能优化 ... 297
- 总结 ... 298

18　通过框架和类库，我们该学会什么 ... 299

- React 和 Vue：神仙打架 ... 299
- 新版本发布的思考 ... 302
- 从框架再谈基础 ... 304
- 总结 ... 304

第五部分　前端工程化

19　深入浅出模块化 ... 306
- 模块化简单概念 ... 306
- 模块化发展历程 ... 307
- ES 原生时代 ... 314
- 未来趋势和思考 ... 316
- 总结 ... 318

20　webpack 工程师和前端工程师 ... 319
- webpack 到底将代码编译成了什么 ... 319
- webpack 工作基本原理 ... 327
- 探秘并编写 webpack loader ... 330
- 探秘并编写 webpack plugin ... 336
- webpack 和 Rollup ... 341
- 综合运用 ... 342
- 总结 ... 344

21　前端工程化背后的项目组织设计 ... 345
- 大型前端项目的组织设计 ... 345
- 使用 Lerna 实现 monorepo ... 347
- 分析一个项目迁移案例 ... 350
- 依赖关系简介 ... 353
- 复杂依赖关系分析和处理 ... 354
- 使用 yarn workspace 管理依赖关系 ... 356
- 总结 ... 359

22 代码规范工具及技术设计 ... 360

- 自动化工具巡礼 ... 360
- 工具背后的技术原理和设计 ... 367
- 自动化规范与团队建设 ... 376
- 总结 ... 378

第六部分 性能优化

23 性能监控和错误收集与上报 ... 380

- 性能监控指标 ... 380
- FMP 的智能获取算法 ... 383
- 性能数据获取 ... 384
- 错误信息收集 ... 390
- 性能数据和错误信息上报 ... 401
- 无侵入和性能友好的方案设计 ... 404
- 总结 ... 405

24 如何解决性能优化问题 ... 406

- 开放例题实战 ... 406
- 代码例题实战 ... 410
- 总结 ... 416

25 以 React 为例,谈谈框架和性能 ... 417

- 框架的性能到底指什么 ... 417
- React 的虚拟 DOM diff ... 418

- 提升 React 应用性能的建议 419
- React 性能设计亮点 426
- 从 Vue 3.0 动静结合的 Dom diff 谈起 427
- 总结 436

第七部分　编程思维和算法

26　揭秘前端设计模式 438
- 设计模式到底是什么 438
- 设计模式原则 439
- 设计模式的 3 大类型和 23 种套路 440
- 总结 441

27　无处不在的数据结构 442
- 数据结构和学习方法概览 442
- 栈和队列 443
- 链表 446
- 链表实现 448
- 树 454
- 图 461
- 散列表（哈希表）... 467
- 散列表的实现 472
- 总结 474

28 古老又新潮的函数式 ... 475

- 函数式和高质量函数 ... 475
- 柯里化分析 ... 479
- 偏函数 ... 485
- 总结 ... 488

29 那些年常考的前端算法 ... 489

- 前端和算法 ... 489
- 算法的基本概念 ... 490
- V8 引擎中排序方法的奥秘和演进 ... 491
- 快速排序和插入排序 ... 491
- 排序的稳定性 ... 498
- Timsort 实现 ... 499
- 实战 ... 500
- 算法学习 ... 513
- 总结 ... 518

30 分析一道常见面试题 ... 519

- 题意分析 ... 519
- 思路与解答 ... 521
- 再谈流程控制和中间件 ... 523
- 总结 ... 534

第八部分 网络知识

31 缓存谁都懂，一问都发蒙 ... 536
- 缓存概念与分类 ... 536
- 流程图 ... 538
- 缓存和浏览器操作 ... 539
- 缓存相关面试题目 ... 539
- 缓存实战 ... 540
- 实现一个验证缓存的轮子 ... 551
- 总结 ... 554

32 HTTP 的深思 ... 555
- HTTP 的诞生 ... 555
- HTTP 的现状和痛点 ... 555
- HTTP 2.0 未来已来 ... 557
- 从实时通信系统看 HTTP 发展 ... 559
- 相关深度面试题目 ... 560
- 总结 ... 561

33 不可忽视的前端安全：单页应用鉴权设计 ... 562
- 单页应用鉴权简介 ... 562
- 单页应用鉴权实战 ... 565
- 采用 Authentication cookie 实现鉴权 ... 567
- 混合使用 JWT 和 cookie 进行鉴权 ... 568
- 总结 ... 571

结束语 ... 572

part one

第一部分

"且夫水之积也不厚，则其负大舟也无力"——基础的重要性无须多言，这对于前端开发也不例外。本部分将介绍 JavaScript 语言中的关键基础内容。因为 JavaScript 语言的灵活特性，这些基础内容既是重点，也是难点。这些内容包括：JavaScript 中的 this 指向问题、闭包问题、关键 API、高频考点等。事实上，这些内容将不仅决定你的面试表现，还能直接影响你日后的进阶和发展。

JavaScript 基础强化

01
一网打尽 this，对执行上下文说 Yes

JavaScript 中的 this 因指向灵活、使用场景多样，一直是面试中的热点，无论对于初级开发者还是中高级开发者，几乎都是必考内容。这个概念虽然基础，但是非常重要，是否能深刻理解 this，是前端 JavaScript 进阶的重要一环。this 指向多变，很多隐蔽的 bug 都源于它。与此同时，this 强大灵活，如果能熟练驾驭，就会写出更加简捷、优雅的代码。

社区中对于 this 的讲解虽然不少，但缺乏统一梳理。本篇中，我们将直面 this 的方方面面，并通过例题真正领会与掌握 this 的用法。

this 到底指向谁

曾经在面试阿里巴巴某重点部门时，面试官从多个角度考查过我对 this 的理解：全局环境下的 this、箭头函数中的 this、构造函数中的 this、this 的显隐性和优先级等。尽管前面的问题我都能一一作答，可是最后一个问题——请用一句话总结 this 的指向（注意只用一句话），却让我犯难了。

有一种广为流传的说法是"谁调用它，this 就指向谁"。

也就是说，this 的指向是在调用时确定的。这么说没有太大的问题，可是并不全面。面试官要求我用更加规范的语言进行总结，那么他到底在等什么样的回答呢？

我们还要回到 JavaScript 中一个最基本的概念——执行上下文上面，这个概念会在 02 篇中进行扩展。

关于 this 指向的具体细节和规则后面再慢慢分析，这里可以先"死记硬背"以下几条规律：

- 在函数体中，非显式或隐式地简单调用函数时，在严格模式下，函数内的 this 会被绑定到 undefined 上，在非严格模式下则会被绑定到全局对象 window/global 上。
- 一般使用 new 方法调用构造函数时，构造函数内的 this 会被绑定到新创建的对象上。
- 一般通过 call/apply/bind 方法显式调用函数时，函数体内的 this 会被绑定到指定参数的对象上。
- 一般通过上下文对象调用函数时，函数体内的 this 会被绑定到该对象上。
- 在箭头函数中，this 的指向是由外层（函数或全局）作用域来决定的。

当然，真实环境多种多样，下面就根据具体环境来逐一梳理。

实战例题分析

有人说，JavaScript 的 this 在某种程度上体现了 JavaScript 初期设计的不足，因此不需要仔细研究这些"糟粕"；也有人翻出规范，照本宣科，但这也许会让读者更加感觉"云里雾里"。其实，"糟粕"真不意味着没必要学。虽然我也不认为对于各种关于 this 的用法倒背如流就是好的，但是了解它的这些"天生特性"能够切实避免写出问题代码，也能使代码更具有可读性。

我认为某些概念"只有记死，才能用活"，所以让我们从下面的例子中体会这一点吧！先将一些用法死记硬背，我相信你慢慢地便会完全理解。

例题组合 1：全局环境中的 this

我们来看例题：请给出下面代码的运行结果。

```javascript
function f1 () {
    console.log(this)
}
function f2 () {
    'use strict'
    console.log(this)
}
f1() // window
f2() // undefined
```

这种情况相对简单、直接，函数在浏览器全局环境中被简单调用，在非严格模式下 this 指向 window，在通过 use strict 指明严格模式的情况下指向 undefined。

这道题目比较基础，但是需要面试者格外注意其变种。例如这样一道题目：请给出下面代码的运行结果。

```
const foo = {
   bar: 10,
   fn: function() {
      console.log(this)
      console.log(this.bar)
   }
}
var fn1 = foo.fn
fn1()
```

这里的 this 仍然指向 window。虽然 fn 函数在 foo 对象中用来作为对象的方法，但是在赋值给 fn1 之后，fn1 仍然是在 window 的全局环境中执行的。因此，以上代码会输出 window 和 undefined，其输出结果与以下语句的等价。

```
console.log(window)
console.log(window.bar)
```

还是上面这道题目，如果将调用改为以下形式，

```
const foo = {
   bar: 10,
   fn: function() {
      console.log(this)
      console.log(this.bar)
   }
}
foo.fn()
```

则输出将如下所示。

```
{bar: 10, fn: f}
10
```

这时，this 指向的是最后调用它的对象，在 foo.fn() 语句中，this 指向 foo 对象。请记住，在执行函数时不考虑显式绑定，如果函数中的 this 是被上一级的对象所调用的，那么 this 指向的就是上一级的对象；否则指向全局环境。

例题组合 2：上下文对象调用中的 this

参考上面的结论，面对"给出以下代码的输出结果"这样的问题时，我们将不再困惑。运行以

下代码，最终将会返回 true。

```
const student = {
   name: 'Lucas',
   fn: function() {
      return this
   }
}
console.log(student.fn() === student)
```

当存在更复杂的调用关系时，如以下代码中的嵌套关系，this 会指向最后调用它的对象，因此输出将会是 Mike。

```
const person = {
   name: 'Lucas',
   brother: {
      name: 'Mike',
      fn: function() {
         return this.name
      }
   }
}
console.log(person.brother.fn())
```

至此，this 的上下文对象调用已经介绍得比较清楚了。我们再看一道更高阶的题目：请描述以下代码的运行结果。

```
const o1 = {
   text: 'o1',
   fn: function() {
      return this.text
   }
}
const o2 = {
   text: 'o2',
   fn: function() {
      return o1.fn()
   }
}
const o3 = {
   text: 'o3',
   fn: function() {
      var fn = o1.fn
      return fn()
   }
}
```

```
console.log(o1.fn())
console.log(o2.fn())
console.log(o3.fn())
```

答案是 o1、o1、undefined，你答对了吗？下面来分析一下代码。

- 第一个 console 最简单，输出 o1 不难理解。难点在第二个和第三个 console 上，关键还是看调用 this 的那个函数。
- 第二个 console 中的 o2.fn()最终调用的还是 o1.fn()，因此运行结果仍然是 o1。
- 最后一个 console 中的 o3.fn()通过 var fn = o1.fn 的赋值进行了"裸奔"调用，因此这里的 this 指向 window，运行结果当然是 undefined。

如果面试者回答顺利，面试官可能紧接着追问：如果我们需要让console.log(o2.fn())语句输出 o2，该怎么做？

一般面试者可能会想到使用 bind、call、apply 来对 this 的指向进行干预，这确实是一种思路。但是面试官可能还会接着问：如果不能使用 bind、call、apply，还有别的方法吗？

这个问题可以考查面试者对基础知识的掌握深度及随机应变的思维能力。答案是，当然还有别的方法，如下。

```
const o1 = {
    text: 'o1',
    fn: function() {
        return this.text
    }
}
const o2 = {
    text: 'o2',
    fn: o1.fn
}

console.log(o2.fn())
```

以上方法同样应用了那个重要的结论：this 指向最后调用它的对象。在上面的代码中，我们提前进行了赋值操作，将函数 fn 挂载到 o2 对象上，fn 最终作为 o2 对象的方法被调用。

例题组合 3：通过 bind、call、apply 改变 this 指向

上文提到 bind、call、apply，与之相关的比较常见的基础考查点是：bind、call、apply 这 3 个方法的区别。

这样的问题相对基础，所以我们直接给出答案：用一句话总结，它们都是用来改变相关函数 this 指向的，但是 call 和 apply 是直接进行相关函数调用的；bind 不会执行相关函数，而是返回一个新的函数，这个新的函数已经自动绑定了新的 this 指向，开发者可以手动调用它。如果再说具体一点，就是 call 和 apply 之间的区别主要体现在参数设定上，不过这里就不再展开来讲了。

用代码来总结的话，以下 3 段代码是等价的。

```
// 1
const target = {}
fn.call(target, 'arg1', 'arg2')
// 2
const target = {}
fn.apply(target, ['arg1', 'arg2'])
// 3
const target = {}
fn.bind(target, 'arg1', 'arg2')()
```

具体用法这里不再说明，读者如果尚不清楚，请自己了解一下必要的知识点。

下面我们来看一道例题并对其进行分析。

```
const foo = {
    name: 'lucas',
    logName: function() {
        console.log(this.name)
    }
}
const bar = {
    name: 'mike'
}
console.log(foo.logName.call(bar))
```

以上代码的执行结果为 mike，这不难理解。但是对 call、apply、bind 的高级考查往往需要面试者结合构造函数及组合来实现继承（实现继承的话题之后会单独讲解）。关于构造函数的使用案例，我们会结合接下来的例题组合进行展示。

例题组合 4：构造函数和 this

关于构造函数和 this，我们来看一道最直接的例题，如下。

```
function Foo() {
    this.bar = "Lucas"
```

```
}
const instance = new Foo()
console.log(instance.bar)
```

执行以上代码将会输出 Lucas。但是这样的场景往往伴随着一个问题：new 操作符调用构造函数时具体做了什么呢？以下答案（简略版答案）仅供参考。

- 创建一个新的对象。
- 将构造函数的 this 指向这个新的对象。
- 为这个对象添加属性、方法等。
- 最终返回新的对象。

上述过程也可以用如下代码表述。

```
var obj = {}
obj.__proto__ = Foo.prototype
Foo.call(obj)
```

当然，这里对 new 的模拟是一个简单、基本的版本，更复杂的版本会在原型、原型链相关的篇章中讲述。

需要指出的是，如果在构造函数中出现了显式 return 的情况，那么需要注意，其可以细分为两种场景。

场景 1：执行以下代码将输出 undefined，此时 instance 返回的是空对象 o。

```
//场景1
function Foo(){
    this.user = "Lucas"
    const o = {}
    return o
}
const instance = new Foo()
console.log(instance.user)
```

场景 2：执行以下代码将输出 Lucas，也就是说，instance 此时返回的是目标对象实例 this。

```
//场景2
function Foo(){
    this.user = "Lucas"
    return 1
}
const instance = new Foo()
console.log(instance.user)
```

所以，如果构造函数中显式返回一个值，且返回的是一个对象（返回复杂类型），那么 this 就指向这个返回的对象；如果返回的不是一个对象（返回基本类型），那么 this 仍然指向实例。

例题组合 5：箭头函数中的 this

介绍例题前，我们先来温习一下相关结论：在箭头函数中，this 的指向是由外层（函数或全局）作用域来决定的。《你不知道的 JavaScript》一书中这样描述箭头函数中的 this：the enclosing(function or global)scope（说明：箭头函数中的 this 指向是由其所属函数或全局作用域决定的）。

下面来看一段示例代码。在这段代码中，this 出现在 setTimeout() 的匿名函数中，因此 this 指向 window 对象。

```
const foo = {
    fn: function () {
        setTimeout(function () {
            console.log(this)
        })
    }
}
console.log(foo.fn())
```

如果需要让 this 指向 foo 这个对象，则可以巧用箭头函数来解决，代码如下。

```
const foo = {
    fn: function () {
        setTimeout(() => {
            console.log(this)
        })
    }
}
console.log(foo.fn())

// {fn: f}
```

单纯的箭头函数中的 this 指向问题非常简单，但是如果综合所有情况，并结合 this 的优先级进行考查，那么这时 this 的指向并不容易确定。下面就来学习 this 优先级的相关知识。

例题组合 6：this 优先级

我们常常把通过 call、apply、bind、new 对 this 进行绑定的情况称为显式绑定，而把根据调用关系确定 this 指向的情况称为隐式绑定。

那么显式绑定和隐式绑定谁的优先级更高呢？关于这个问题的答案，我们会在接下来的例题中为大家揭晓。

执行以下示例代码。

```
function foo (a) {
    console.log(this.a)
}

const obj1 = {
    a: 1,
    foo: foo
}

const obj2 = {
    a: 2,
    foo: foo
}

obj1.foo.call(obj2)
obj2.foo.call(obj1)
```

输出分别为 2、1，也就是说，call、apply 的显式绑定一般来说优先级更高。下面再来看另一段示例代码。

```
function foo (a) {
    this.a = a
}

const obj1 = {}
var bar = foo.bind(obj1)
bar(2)
console.log(obj1.a)
```

上述代码通过 bind 将 bar 函数中的 this 绑定为 obj1 对象。执行 bar(2)后，obj1.a 值为 2，即执行 bar(2)后，obj1 对象为{a: 2}。

当再使用 bar 作为构造函数时，例如执行以下代码，则会输出 3。

```
var baz = new bar(3)
console.log(baz.a)
```

bar 函数本身是通过 bind 方法构造的函数，其内部已经将 this 绑定为 obj1，当它再次作为构造函数通过 new 被调用时，返回的实例就已经与 obj1 解绑了。也就是说，new 绑定修改了 bind 绑定中的 this 指向，因此 new 绑定的优先级比显式 bind 绑定的更高。

再来看一个示例，如下。

```
function foo() {
   return a => {
      console.log(this.a)
   };
}

const obj1 = {
   a: 2
}

const obj2 = {
   a: 3
}

const bar = foo.call(obj1)
console.log(bar.call(obj2))
```

以上代码的输出结果为 2。由于 foo 中的 this 绑定到了 obj1 上，所以 bar（引用箭头函数）中的 this 也会绑定到 obj1 上，箭头函数的绑定无法被修改。

如果将 foo 完全写成如下所示的箭头函数的形式，则会输出 123。

```
var a = 123
const foo = () => a => {
   console.log(this.a)
}

const obj1 = {
   a: 2
}

const obj2 = {
   a: 3
}

var bar = foo.call(obj1)
console.log(bar.call(obj2))
```

这里我再"抖个机灵"，仅仅将上述代码中第一处变量 a 的声明修改一下，即变成如下所示的样子，大家猜猜输出结果会是什么呢？

```
const a = 123
const foo = () => a => {
```

```
    console.log(this.a)
}
const obj1 = {
    a: 2
}
const obj2 = {
    a: 3
}
var bar = foo.call(obj1)
console.log(bar.call(obj2))
```

答案为 undefined，原因是使用 const 声明的变量不会挂载到 window 全局对象上。因此，this 指向 window 时，自然也找不到 a 变量了。关于 const 或 let 等声明变量的方式不在本篇的讨论范围内，后续会进行专门介绍。

到这里，读者是否有"融会贯通"的感觉了呢？如果还有困惑，也不要灰心。进阶的关键就是夯实基础，基础需要反复学习，"死记硬背"后才能慢慢领会。

开放例题分析

不知道实战例题分析是否已经把你绕晕了。事实上，this 的指向涉及的规范繁多，优先级也较为混乱。刻意刁难面试者并不是很好的做法，对于一些细节，面试者如果没有记住也没有太大问题。作为面试官，我往往会另辟蹊径，问一些开放性的题目。

其中，最典型的一道题目为：实现一个 bind 函数。

作为面试者，我也曾经在面试流程中被问到模拟 bind 的问题。这道题并不新鲜，部分读者也会有自己的解答思路，而且社区上关于原生 bind 的研究也很多。但是，我们这里想强调的是可能被大家忽略的一些细节。在回答时，我往往会先实现一个初级版本，然后根据 ES5-shim 源代码做进一步说明。

```
Function.prototype.bind = Function.prototype.bind || function (context) {
    var me = this;
    var args = Array.prototype.slice.call(arguments, 1);
    return function bound () {
        var innerArgs = Array.prototype.slice.call(arguments);
        var finalArgs = args.concat(innerArgs);
        return me.apply(context, finalArgs);
```

```
    }
}
```

这样的实现已经非常不错了。但是，就如之前在 this 优先级分析那里所展示的规则：bind 返回的函数如果作为构造函数搭配 new 关键字出现的话，绑定的 this 就会"被忽略"。

为了实现这样的规则，开发者需要考虑如何区分这两种调用方式。具体来讲就是，要在 bound 函数中进行 this instanceof 判断。

另外一个细节是，函数具有 length 属性，用来表示形参的个数。在上述实现方式中，形参的个数显然会失真。所以，改进的实现方式需要对 length 属性进行还原。可是难点在于，函数的 length 属性值是不可重写的。

这样的内容一般属于"超纲"范畴，但在面试中能够很好地体现面试者平时的积累及对源码的阅读和思考，如果面试者能够回答出来，这显然是加分项。

总结

通过本篇内容的学习，我们看到 this 的用法纷繁多象，确实不容易彻底掌握。本篇尽可能系统地对 this 的用法进行讲解、说明，例题尽可能地覆盖更多场景，但还需要读者在阅读之外继续消化与吸收。只有"记死"，才能"用活"。

如果读者还有困惑，也不要灰心。事实上，资深工程师也不敢保证针对所有场景都能给出很好的解决方案，也存在理解不到位的情况。也许区别资深工程师和菜鸟工程师的点，不完全在于他们回答应试题目的准确率，更在于他们怎么思考问题、解决问题。如果不懂 this 指向，那就动手实践一下；如果不了解原理，那就翻出规范来看一下，没有什么大不了的。

02
"老司机"也会在闭包上翻车

闭包是 JavaScript 中最基本也是最重要的概念之一，很多开发者都对它"了如指掌"。可是，闭包又绝对不是一个单一的概念：它涉及作用域、作用域链、执行上下文、内存管理等多重知识点。不管是新手还是"老司机"，经常会出现"我觉得我弄懂了闭包，但还是会在一些场景下翻车"的情况。本篇将对这个话题进行梳理，并通过"应试题"来强化理解闭包。

基本知识

如同前面所说的，闭包不是一个单一的概念，在直击闭包概念之前，我们先来了解一下与之相关的必备知识点。

作用域

作用域可以被理解为某种规则下的限定范围，该规则用于指导开发者如何在特定场景下查找变量。任何语言中都有作用域的概念，同一种语言在演进过程中也会不断完善其作用域规则。比如，在 JavaScript 中，ES6 出现之前，一般来说只有函数作用域和全局作用域之分。

函数作用域和全局作用域

大家应该非常熟悉函数作用域了，例如，执行以下 foo 函数时，变量 a 在函数 foo 的作用域内，因此可以在函数体内正常访问该变量，并输出 bar。

```
function foo() {
    var a = 'bar'
```

```
    console.log(a)
}
foo()
```

对上述代码稍加改动,使其变为如下形式。

```
var b = 'bar'
function foo() {
    console.log(b)
}
foo()
```

执行以上代码时,foo 函数在自身函数作用域内并未查找到 b 变量,但是它会继续向外扩大查找范围,于是便在全局作用域中找到了变量 b,并输出 bar。

如果我们再对代码稍加改动,使其变成如下形式,结果又将如何呢?

```
function bar() {
    var b = 'bar'
}
function foo() {
    console.log(b)
}
foo()
```

在以上代码中,foo 和 bar 分属于两个彼此独立的函数作用域,foo 函数无法访问 bar 函数中定义的变量 b,且其作用域链内(直到上层全局作用域中)也不存在相应的变量,因此执行这段代码会报错 Uncaught ReferenceError: b is not defined。

简单总结一下,在 JavaScript 中执行某个函数时,如果遇见变量且需要读取其值,就会"就近"先在函数内部查找该变量的声明或赋值情况。这里涉及"变量声明方式"及"变量提升"等知识点,后面的篇章会做进一步讲解。如果在函数内无法找到该变量,就要跳出函数作用域,到更上层作用域中查找。这里的"更上层作用域"可能也是一个函数作用域。下面来看一个具体示例。

```
function bar() {
    var b = 'bar'
    function foo() {
        console.log(b)
    }
    foo()
}
bar()
```

在 foo 函数执行时,变量 b 的声明或赋值情况是在其上层函数 bar 的作用域中获取的。另外,更上层作用域也可以顺着作用域范围向外扩散，一直到全局作用域，示例如下。

```
var b = 'bar'
function bar() {
    function foo() {
        console.log(b)
    }
    foo()
}
bar()
```

执行以上代码会输出 bar，这是因为执行 foo 函数时，在其作用域链上最终找到了全局作用域下的变量 b。我们看到，变量作用域的查找是一个扩散过程，就像各个环节相扣的链条，逐次递进，这就是"作用域链"的由来。

块级作用域和暂时性死区

作用域概念不断演进，ES6 中增加了通过 let 和 const 声明变量的块级作用域，使得 JavaScript 中的作用域内涵更加丰富。块级作用域，顾名思义，是指作用域范围限制在代码块中，这个概念在其他语言中也普遍存在。当然，这些新特性的出现也增加了一定的复杂度，带来了新的概念，比如暂时性死区。这里有必要对此概念稍做展开，说到暂时性死区，还需要从"变量提升"说起，请看以下代码。

```
function foo() {
    console.log(bar)
    var bar = 3
}
foo()
```

执行以上代码会输出 undefined，原因是变量 bar 在函数内进行了提升。以上代码与以下代码是等价的。

```
function foo() {
    var bar
    console.log(bar)
    bar = 3
}
foo()
```

但是，在使用 let 对 bar 进行声明时（如下所示）则会报错 Uncaught ReferenceError: bar is not defined。

```
function foo() {
    console.log(bar)
```

```
    let bar = 3
}
foo()
```

我们知道，使用 let 或 const 声明变量时会针对这个变量形成一个封闭的块级作用域，在这个块级作用域中，如果在声明变量前访问该变量，就会报 referenceError 错误；如果在声明变量后访问该变量，则可以正常获取变量值，示例如下。

```
function foo() {
    let bar = 3
    console.log(bar)
}
foo()
```

以上代码将正常输出 3。因此，在相应花括号形成的作用域中存在一个"死区"，起始于函数开头，终止于相关变量声明语句的所在行。在这个范围内无法访问使用 let 或 const 声明的变量。这个"死区"的专业名称为 TDZ（Temporal Dead Zone），相关语言规范的介绍可参考 ECMAScript® 2015 Language Specification，喜欢刨根问底的读者可以了解一下。

为了加深对以上内容的理解，我们来看一下图 2-1。除了自身作用域内的 foo3，bar2 函数还可以访问 foo2、foo1；但是 bar1 函数却无法访问 bar2 函数内定义的 foo3。

图 2-1

对于"死区"问题，我们来看一下图 2-2。在 bar1 函数中，let foo3 = 'foo3'这一行前面的区域为"死区"，在"死区"内访问变量 foo3 时会报错，而在"死区"外即可正常访问。

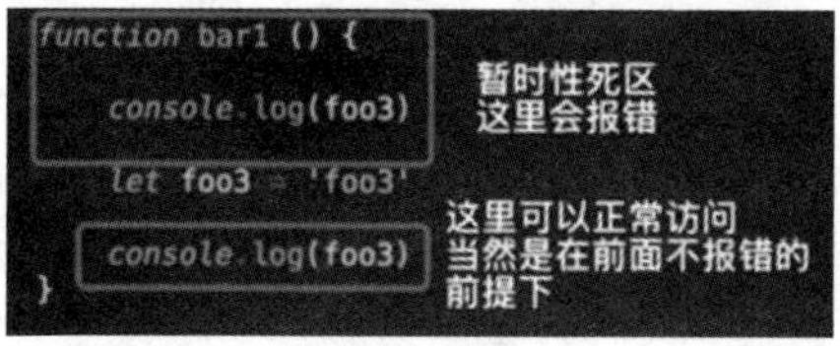

图 2-2

注意，对于图 2-2 中圈出的暂时性死区，有一种比较"极端"的情况是，函数的参数默认值设置也会受到它的影响，示例代码如下。

```
function foo(arg1 = arg2, arg2) {
    console.log(`${arg1} ${arg2}`)
}

foo('arg1', 'arg2')
//返回 arg1 arg2
```

在上面的 foo 函数中，如果没有传入第一个参数，则会使用第二个参数作为第一个实参。调用以上代码，返回内容正常；但是当第一个参数为默认值时，执行 arg1 = arg2 会被当作暂时性死区处理，示例如下。

```
function foo(arg1 = arg2, arg2) {
    console.log(`${arg1} ${arg2}`)
}

foo(undefined, 'arg2')

// Uncaught ReferenceError: arg2 is not defined
```

以上代码的输出结果存在问题是因为除了块级作用域，函数参数默认值也会受到暂时性死区的影响。那么，我在这里再"抖个机灵"，大家猜一猜执行下面的代码会输出什么。

```
function foo(arg1 = arg2, arg2) {
    console.log(`${arg1} ${arg2}`)
}

foo(null, 'arg2')
```

答案是，输出 null arg2。这就涉及 undefined 和 null 的区别了。在执行 foo(null, 'arg2')时，不会认为"函数第一个参数为默认值"，而会直接接收 null 作为第一个参数的值。

这个知识点已经不属于本篇的主题了，undefined 和 null 的具体区别会在后续篇章中提到。

既然已经偏题，那索性再分析一个场景，顺便引出新的知识点。猜一猜以下代码的输出结果是什么。

```
function foo(arg1) {
    let arg1
}

foo('arg1')
```

实际上，执行这段代码会报错 Uncaught SyntaxError: Identifier 'arg1' has already been declared，这是由函数参数名出现在其"执行上下文/作用域"中导致的。

函数的第一行便已经声明了 arg1 这个变量，函数体再用 let 声明就会报错（这是用 let 声明变量的特点，也是 ES6 的基础内容，这里不再展开），就像下面的代码一样。

```
function foo(arg1) {
    var arg1
    let arg1
}
```

以上代码变量声明逻辑的示意图如图 2-3 所示。

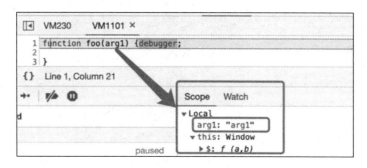

图 2-3

执行上下文和调用栈

很多读者可能无法准确定义执行上下文和调用栈，其实，从我们接触 JavaScript 开始，这两个概念便常伴左右。我们写出的每一行代码，每一个函数都和它们息息相关，但它们却是"隐形"的，藏在代码背后，出现在 JavaScript 引擎中。本节就来剖析一下这两个熟悉但又经常被忽视的概念。我们将回避晦涩的专业概念和名词，而更多地用实例来帮助大家理解。

执行上下文就是当前代码的执行环境/作用域，和前文介绍的作用域链相辅相成，但又是完全不同的两个概念。直观上看，执行上下文包含了作用域链，同时它们又像是一条河的上下游：有了作用域链，才会有执行上下文的一部分。

代码执行的两个阶段

理解上面两个概念，要从 JavaScript 代码的执行过程说起，这在平时开发中并不会涉及，但对于我们理解 JavaScript 语言和代码运行机制非常重要。执行 JavaScript 代码主要分为以下两个阶段。

- 代码预编译阶段
- 代码执行阶段

预编译阶段是前置阶段，这一阶段会由编译器将 JavaScript 代码编译成可执行的代码。注意，这里的预编译和传统的编译不同，传统的编译非常复杂，涉及分词、解析、代码生成等过程。这里的预编译是 JavaScript 中的独特概念，虽然 JavaScript 是解释型语言，编译一行，执行一行。但是在代码执行前，JavaScript 引擎确实会做一些"预先准备工作"。

执行阶段的主要任务是执行代码逻辑，执行上下文在这个阶段会全部创建完成。

在通过语法分析，确认语法无误之后，便会在预编译阶段对 JavaScript 代码中变量的内存空间进行分配，我们熟悉的变量提升过程便是在此阶段完成的。

对于预编译过程中的一些细节，我们应该注意以下 3 点。

- 在预编译阶段进行变量声明。
- 在预编译阶段对变量声明进行提升，但是值为 undefined。
- 在预编译阶段对所有非表达式的函数声明进行提升。

注意以上 3 点会帮助我们正确理解和判断代码逻辑，下面通过一道题目来理解上述注意点。执行以下代码，

```
function bar() {
    console.log('bar1')
}

var bar = function () {
    console.log('bar2')
}

bar()
```

会输出 bar2，接着我们调换代码顺序，执行如下代码。

```
var bar = function () {
    console.log('bar2')
}

function bar() {
    console.log('bar1')
}

bar()
```

以上代码的输出结果仍然是 bar2，因为在预编译阶段虽然对变量 bar 进行了声明，但是不会对其进行赋值；函数 bar 则被创建并提升。在代码执行阶段，变量 bar 才会（通过表达式）被赋值，赋值的内容是函数体为 console.log('bar2')的函数，输出结果为 bar2。

请再思考下面这道题。

```
foo(10)
function foo (num) {
    console.log(foo)
    foo = num;
    console.log(foo)
    var foo
}
console.log(foo)
foo = 1
console.log(foo)
```

执行以上代码，输出结果如下。

```
undefined
10
foo (num) {
    console.log(foo)
    foo = num
    console.log(foo)
    var foo
}
1
```

在 foo(10)执行时，会在函数体内进行变量提升，此时执行函数体内的第一行会输出 undefined，执行函数体内的第三行会输出 foo。接着运行代码，运行到函数体外的 console.log(foo)语句时，会输出 foo 函数的内容（因为 foo 函数内的 foo = num，num 被赋值给函数作用域内的 foo 变量）。

上题的结论是，作用域在预编译阶段确定，但是作用域链是在执行上下文的创建阶段完全生成的，因为函数在调用时才会开始创建对应的执行上下文。执行上下文包括变量对象、作用域链及 this 的指向，如图 2-4 所示。

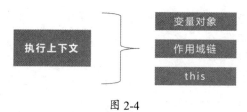

图 2-4

代码执行的整个过程说起来就像一条生产流水线。第一道工序是在预编译阶段创建变量对象（Variable Object，VO），此时只是创建，而未进行赋值。到了下一道工序代码执行阶段，变量对象会转为激活对象（Active Object, AO），即完成 VO 向 AO 的转换。此时，作用域链也将被确定，它由当前执行环境的变量对象和所有外层已经完成的激活对象组成。这道工序保证了变量和函数的有序访问，即如果未在当前作用域中找到变量，则会继续向上查找直到全局作用域。

这样的工序在流水线上串成一个整体，便是 JavaScript 引擎执行机制最基本的原理。

调用栈

了解了上面的内容，函数调用栈便很好理解了。在执行一个函数时，如果这个函数又调用了另外一个函数，而这"另外一个函数"又调用了另外一个函数，这样便形成了一系列的调用栈，代码如下。

```
function foo1() {
  foo2()
}
function foo2() {
  foo3()
}
function foo3() {
  foo4()
}
function foo4() {
  console.log('foo4')
}
foo1()
```

以上代码中的调用关系为 foo1 →[①] foo2 → foo3 → foo4。具体过程是：foo1 先入栈，紧接着 foo1 调用 foo2，foo2 再入栈，以此类推，直到 foo4 执行完，然后 foo4 先出栈，foo3 再出栈，接着 foo2 出栈，最后 foo1 出栈。这个过程满足先进后出（后进先出）的规则，因此形成调用栈。

如果故意将 foo4 中的代码写错，如下所示，

```
function foo1() {
  foo2()
}
function foo2() {
  foo3()
}
```

---

① 表示前者调用了后者。

```
function foo3() {
  foo4()
}
function foo4() {
  console.lg('foo4')
}
foo1()
```

则会得到错误提示,如图 2-5 所示。

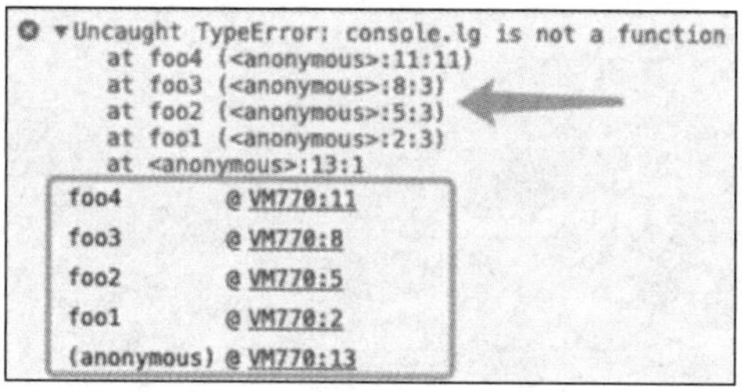

图 2-5

在 Chrome 浏览器中执行以上代码时,通过设置断点也可以得到错误提示,如图 2-6 所示。

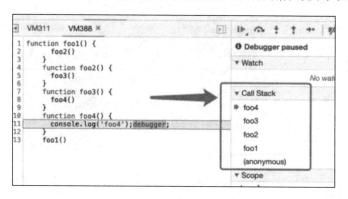

图 2-6

不管使用哪种方式,我们都可以从中借助 JavaScript 引擎清晰地看到错误堆栈信息,并由此看出函数调用关系。

注意,正常来讲,在函数执行完毕并出栈时,函数内的局部变量在下一个垃圾回收(GC)节点会被回收,该函数对应的执行上下文将会被销毁,这也正是我们在外界无法访问函数内定义的变量的原因。也就是说,只有在函数执行时,相关函数才可以访问该变量,该变量会在预编译阶段被创建,在执行阶段被激活,在函数执行完毕后,其相关上下文会被销毁。

闭包

介绍了这么多前置概念，终于到了闭包环节。

闭包并不是 JavaScript 中特有的概念，社区中对于闭包的定义也并不完全相同。虽然本质上表达的意思相似，但是晦涩且多样的定义仍然给初学者带来了困惑。我认为比较容易理解的闭包定义为，函数嵌套函数时，内层函数引用了外层函数作用域下的变量，并且内层函数在全局环境下可访问，进而形成闭包。

我们来看一个简单的示例，代码如下。

```javascript
function numGenerator() {
    let num = 1
    num++
    return () => {
        console.log(num)
    }
}

var getNum = numGenerator()
getNum()
```

在这个简单的闭包示例中，numGenerator 创建了一个变量 num，接着返回打印 num 值的匿名函数，这个函数引用了变量 num，使得在外部可以通过调用 getNum 方法访问变量 num，因此在 numGenerator 执行完毕后，即相关调用栈出栈后，变量 num 不会消失，仍然有机会被外界访问。

执行以上代码，我们能清晰地看到 JavaScript 引擎对执行过程的分析，如图 2-7 所示。

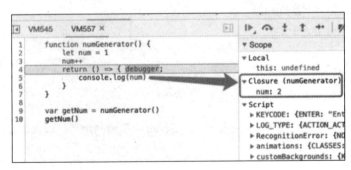

图 2-7

num 值被标记为 Closure，即闭包变量。

对比前述内容，我们知道在正常情况下外界是无法访问函数内部变量的，函数执行之后，上下文即被销毁。但是在函数（外层）中，如果我们返回了另一个函数，且这个返回的函数使用了函数（外层）内的变量，那么外界便能够通过这个返回的函数获取原函数（外层）内部的变量值。这就是闭包的基本原理。

因此，直观上来看，闭包这个概念为 JavaScript 中访问函数内部变量提供了途径和便利。这样做的好处很多，比如，我们可以利用闭包实现"模块化"；再比如，翻看 Redux 源码的中间件实现机制，会发现其中也大量运用了闭包（函数式理念）。这些更加深入的内容在之后的篇章中都会涉及。闭包是前端进阶必备的基础知识，后面还会通过一些例题进一步帮助读者深化理解闭包。

内存管理

内存管理是计算机科学中的概念。不论使用哪种编程语言进行开发，内存管理都是指对内存生命周期的管理，而内存的生命周期无外乎分配内存、读写内存、释放内存，示例如下。

```
var foo = 'bar'  //分配内存
alert(foo)  //读写内存
foo = null  //释放内存
```

内存管理基本概念

我们知道内存空间可以分为栈空间和堆空间，具体如下。

- 栈空间：由操作系统自动分配释放，存放函数的参数值、局部变量的值等，其操作方式类似于数据结构中的栈。
- 堆空间：一般由开发者分配释放，关于这部分空间要考虑垃圾回收的问题。

在 JavaScript 中，数据类型（未包含 ES Next 新数据类型）包括基本数据类型和引用类型，具体如下。

- 基本数据类型：如 undefined、null、number、boolean、string 等。
- 引用类型：如 object、array、function 等。

一般情况下，基本数据类型按照值大小保存在栈空间中，占有固定大小的内存空间；引用类型保存在堆空间中，内存空间大小并不固定，需按引用情况来进行访问。示例如下。

```
var a = 11
var b = 10
var c = [1, 2, 3]
var d = { e: 20 }
```

以上示例对应的内存分配示意图如图 2-8 所示。

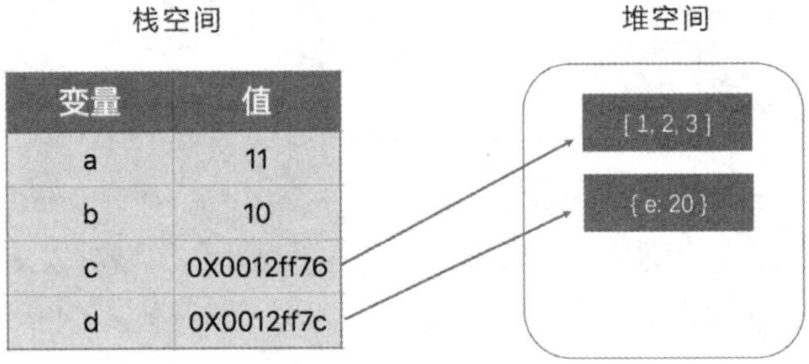

栈空间		堆空间
变量	值	{1, 2, 3}
a	11	{e: 20}
b	10	
c	0X0012ff76	
d	0X0012ff7c	

图 2-8

对于分配内存和读写内存的行为，所有语言都较为一致，但释放内存的行为在不同语言之间有差异。例如，JavaScript 依赖宿主浏览器的垃圾回收机制，一般情况下不用程序员操心。但这并不表示在释放内存方面就万事大吉了，某些情况下依然会出现内存泄漏现象。

内存泄漏是指内存空间明明已经不再被使用，但由于某种原因并没有被释放的现象。这是一个非常"玄学"的概念，因为内存空间是否还在使用在某种程度上是不可判定的，或者判定成本很高。内存泄漏的危害非常直观：它会直接导致程序运行缓慢，甚至崩溃。

内存泄漏场景举例

我们来看几个典型的引起内存泄漏的例子，第一个示例的代码如下。

```
var element = document.getElementById("element")
element.mark = "marked"

//移除 element 节点
function remove() {
   element.parentNode.removeChild(element)
}
```

在上面的代码中，我们只是把 id 为 element 的节点移除了，但是变量 element 依然存在，该节点占有的内存无法被释放，如图 2-9 所示。为了解决这一问题，我们需要在 remove 方法中添加 element = null，这样更为稳妥。

```
> var element = document.getElementById("element")
  element.mark = "marked"

  // 移除 element 节点
  function remove() {
      element.parentNode.removeChild(element)
  }
< "marked"                    移除了相关节点
> remove()
< undefined                   访问 element 变量，仍然存在
> element
< ▼<code class="javascript" id="element">
    ▶<span class="hljs-function">…</span>
     "{"
     <span class="hljs-keyword">return</span>
     " a+b};
     "
     <span class="hljs-built_in">console</span>
     ".log(add("
     <span class="hljs-number">1</span>
     ","
     <span class="hljs-number">1</span>
     "));  "
     <span class="hljs-comment">//2</span>
    ▶<span class="hljs-function">…</span>
     "{
     <span class="hljs-keyword">return</span>
     " a+b};
```

图 2-9

再来看一个示例，代码如下。

```
var element = document.getElementById('element')
element.innerHTML = '<button id="button">点击</button>'

var button = document.getElementById('button')
button.addEventListener('click', function() {
    // ...
})

element.innerHTML = ''
```

执行以上代码，因为存在 element.innerHTML = '' 这条语句，button 元素已经从 DOM 中移除了，但是由于其事件处理句柄还在，所以该节点变量依然无法被回收。因此，我们还需要添加 removeEventListener 函数，以防止内存泄漏。

再来看第三个示例，代码如下。

```
function foo() {
  var name = 'lucas'
  window.setInterval(function() {
    console.log(name)
```

```
}, 1000)
}

foo()
```

在这段代码中,由于存在 window.setInterval,所以 name 内存空间始终无法被释放,如果不是业务要求的话,一定要记得在合适的时机使用 clearInterval 对其进行清理。

浏览器垃圾回收

对于浏览器垃圾回收,除了开发者主动保证回收外,大部分场景下浏览器都会依靠标记清除、引用计数两种算法进行回收。

内容社区上有很多介绍这方面的好文章,这里不再过多介绍,感兴趣的读者可以自行查阅。

内存泄漏和垃圾回收注意事项

关于内存泄漏和垃圾回收,要在实战中分析,不能完全停留在理论层面,毕竟如今浏览器千变万化且一直在演进中。从以上示例中可以看出,借助闭包来绑定数据变量,可以保护这些数据变量的内存块在闭包存活时,始终不被垃圾回收机制回收。正因为闭包使用不当极有可能引发内存泄漏,因此需要格外注意。

来看一个示例,代码如下。

```
function foo() {
    let value = 123

    function bar() { alert(value) }

    return bar
}

let bar = foo()
```

在以上示例中,变量 value 将会被保存在内存中,如果加上 bar = null,则随着 bar 不再被引用,value 也会被清除。

结合浏览器引擎的优化情况,对上述代码进行改动,修改后的代码如下。

```
function foo() {
    let value = Math.random()

    function bar() {
        debugger
    }
```

```
    return bar
}

let bar = foo()
bar()
```

在 Chrome 浏览器 V8 最新引擎中执行上述代码，并在函数 bar 中设置断点，会发现 value 没有被引用，如图 2-10 所示。

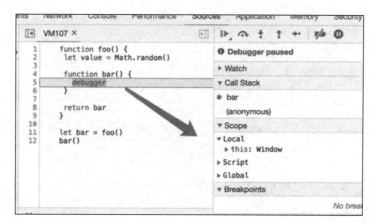

图 2-10

下面在 bar 函数中加入对 value 的引用，代码如下。

```
function foo() {
    let value = Math.random()

    function bar() {
        console.log(value)
        debugger
    }

    return bar
}

let bar = foo()
bar()
```

此时会发现引擎中存在闭包变量 value 值，如图 2-11 所示。

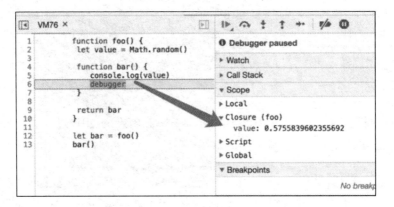

图 2-11

下面通过一个实例来熟悉借助 Chrome devtool 排查内存泄漏的具体应用，代码如下。

```
var array = []
function createNodes() {
    let div
    let i = 100
    let frag = document.createDocumentFragment()
    for (; i > 0; i--) {
        div = document.createElement("div")
        div.appendChild(document.createTextNode(i))
        frag.appendChild(div)
    }
    document.body.appendChild(frag)
}
function badCode() {
    array.push([...Array(100000).keys()])
    createNodes()
    setTimeout(badCode, 1000)
}
badCode()
```

以上代码递归调用了 badCode，这个函数每次向 array 数组中写入新的由 100000 项 0~1 数字组成的新数组，badCode 函数使用全局变量 array 后并没有手动释放内存，垃圾回收机制不会处理 array，因此会导致内存泄漏；同时，badCode 函数调用了 createNodes 函数，每秒会创建 100 个 div 节点。

这时，打开 Chrome devtool，选中 Performance，拍下快照，如图 2-12 所示。

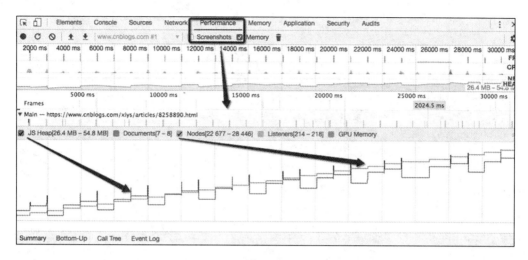

图 2-12

由图 2-12 可以发现，JS Heap 和 Nodes 线随着时间线一直在上升，并没有被垃圾回收机制回收。因此，可以判定这段代码存在较大的内存泄漏风险。如果不知道问题代码的位置，要想找出风险点，那就需要在 Chrome Memory 标签中，对 JS Heap 中的每一项，尤其是 Size 较大的前几项展开调查，如图 2-13、图 2-14 所示。

通过图 2-13、图 2-14 可以明显地看出是我们定义的 array 数组不对劲儿了。

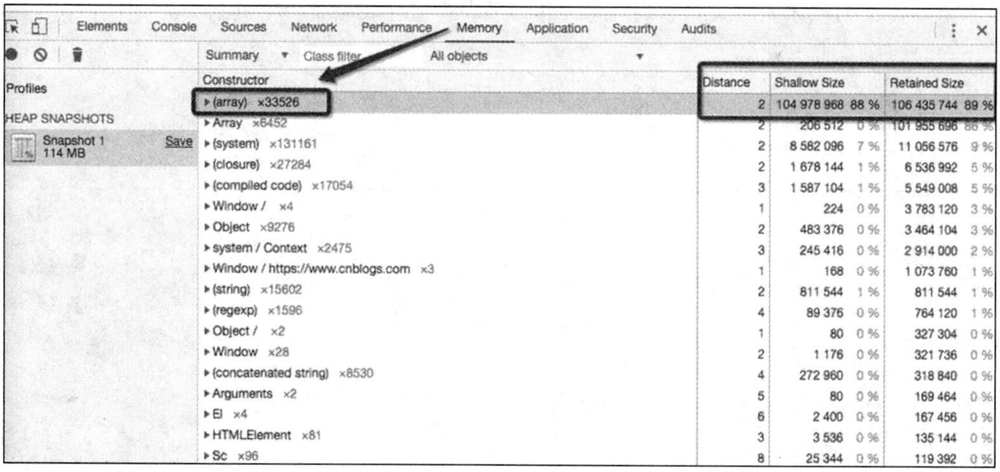

图 2-13

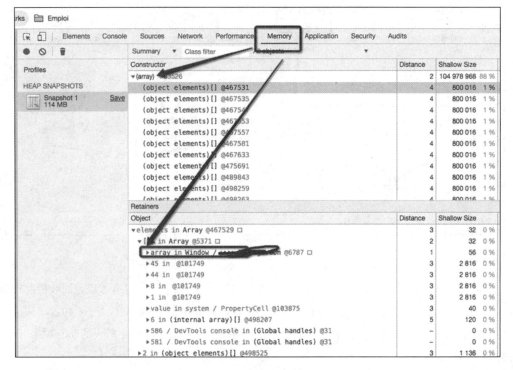

图 2-14

本节分析了闭包知识涉及的基础概念,介绍了内存管理和垃圾回收机制。下一节将结合具体例题集中学习代码,加强理解。

例题分析

本节将通过几道典型的实战例题来加深对闭包的理解。

实战例题 1

执行以下代码,请问输出结果是什么?

```
const foo = (function() {
    var v = 0
    return () => {
        return v++
    }
}())
```

```
for (let i = 0; i < 10; i++) {
    foo()
}

console.log(foo())
```

答案是 10。下面我们来共同分析一下这道例题。

foo 是一个立即执行函数，当我们尝试打印 foo 时，要执行如下代码。

```
const foo = (function () {
    var v = 0
    return () => {
        return v++
    }
}())

console.log(foo)
```

输出结果如下。

```
() => {
    return v++
}
```

在循环执行 foo 时，引用自由变量 10 次，v 自增 10 次，最后执行 foo 时，得到 10。这里的自由变量是指没有在相关函数作用域中声明，但却被使用了的变量。

实战例题 2

执行以下代码，请问输出结果是什么？

```
const foo = () => {
    var arr = []
    var i

    for (i = 0; i < 10; i++) {
        arr[i] = function () {
            console.log(i)
        }
    }

    return arr[0]
}

foo()()
```

答案是 10。在本例中，自由变量为 i，类似实战例题 1，执行 foo 返回的是 arr[0]，arr[0]此时是函数，其中变量 i 的值为 10。

实战例题 3

执行以下代码，请问输出结果是什么？

```
var fn = null
const foo = () => {
   var a = 2
   function innerFoo() {
      console.log(a)
   }
   fn = innerFoo
}

const bar = () => {
   fn()
}

foo()
bar()
```

答案为 2。

正常来讲，根据调用栈的知识，foo 函数执行完毕后，其执行环境生命周期会结束，所占用的内存会被垃圾收集器释放，上下文消失。但是通过将 innerFoo 函数赋值给全局变量 fn，foo 的变量对象 a 也会被保留下来。所以，函数 fn 在函数 bar 内部执行时，依然可以访问这个被保留下来的变量对象，输出结果为 2。

实战例题 4

我们将实战例题 3 中的代码稍做修改，得到以下代码。执行以下代码，请问输出结果是什么？

```
var fn = null
const foo = () => {
   var a = 2
   function innerFoo() {
      console.log(c)
      console.log(a)
   }
   fn = innerFoo
}
```

```
const bar = () => {
   var c = 100
   fn()
}

foo()
bar()
```

答案是会报错。为什么会这样呢？

其实在 bar 中执行 fn 时，fn 已经被复制为 innerFoo，变量 c 并不在其作用域链上，c 只是 bar 函数的内部变量，因此会报错 ReferenceError: c is not defined。图示分析如图 2-15 所示。

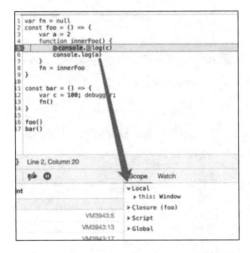

图 2-15

总结

本篇通过介绍理论知识及一些实战例题梳理了 JavaScript 中闭包、内存、执行上下文、作用域、作用域链等概念。

这些内容比较基础，但却能衍生出很多知识点。这些知识点不是 JavaScript 所特有的，但是在前端开发中又极具自身语言风格。它们绝不只是纯理论概念，只有解决真实的开发问题才有实际意义。

一个合格的高级前端工程师需要做的并不是如数家珍地背诵"闭包和垃圾回收机制"，而是根据面临的场景，凭借扎实的基础，能够通过查阅资料提升应用性能，分析内存事故并突破瓶颈。

03

我们不背诵 API，只实现 API

有不少同学问过我："很多 API 记不清楚怎么办？数组的这方法、那方法总是傻傻分不清楚，该如何是好？操作 DOM 的方式今天记，明天忘，该怎么办？"甚至有的开发者在讨论面试时，总向我抱怨："面试官总爱纠结 API 的使用，甚至 jQuery 中某些方法的参数顺序都需要我说清楚！"

我认为，对于反复使用的方法，所有人都要对其形成"机械记忆"，能够随手写出。一些貌似永远记不清的 API 只是因为用得不够多而已。

在做面试官时，我从来不强求开发者准确无误地"背诵"API。相反，我喜欢从另外一个角度来考查面试者："既然记不清使用方法，那么我告诉你它的使用方法，你来实现一个吧！"实现一个 API，除了可以考查面试者对这个 API 的理解，更能体现开发者的编程思维和能力。对于积极上进的前端工程师，模仿并实现一些经典方法，应该是"家常便饭"，这是比较基本的要求。

在本篇中，我会基于常见的面试题目和作为面试官的经历，挑选几个典型的 API，使用不同方式对其从不同程度上进行实现，来覆盖 JavaScript 中的部分知识点和编程要领。通过学习本篇内容，期待你不仅能领会代码奥义，更能学会举一反三的方法。

jQuery offset 方法实现

这个话题演变自某公司的面试题。当时面试官问："如何获取文档中任意一个元素与文档顶部的距离？"

熟悉 jQuery 的读者应该对 offset 方法并不陌生，它用于返回或设置匹配元素相对于文档的偏移（位置）。这个方法返回的对象包含两个整型属性：top 和 left，单位以像素计。如果可以使用 jQuery，那么就可以直接调取该 API 获得结果。但是，如果用原生 JavaScript 实现，也就是说手动实现 jQuery offset 方法，该如何着手呢？

解决这个问题主要有以下两种思路。
- 通过递归实现。
- 通过 getBoundingClientRect 方法实现。

递归实现方案

我们通过遍历目标元素、目标元素的父节点、父节点的父节点……依次溯源，并累加这些遍历过的节点相对于其最近祖先节点（其 position 属性是非 static 的）的偏移量，向上溯源直到 document，即可得到累加结果。

其中，我们需要使用 JavaScript 的 offsetTop 来访问一个 DOM 节点上边框相对离其本身最近，且 position 值为非 static 的祖先节点的垂直偏移量，具体实现如下。

```
const offset = ele => {
    let result = {
        top: 0,
        left: 0
    }

    const getOffset = (node, init) => {
        if (node.nodeType !== 1) {
            return
        }

        position = window.getComputedStyle(node)['position']

        if (typeof(init) === 'undefined' && position === 'static') {
            getOffset(node.parentNode)
            return
        }

        result.top = node.offsetTop + result.top - node.scrollTop
        result.left = node.offsetLeft + result.left - node.scrollLeft

        if (position === 'fixed') {
            return
```

```
        }
        getOffset(node.parentNode)
    }

    //当前DOM节点满足 display === 'none'时,直接返回 {top: 0, left: 0}
    if (window.getComputedStyle(ele)['display'] === 'none') {
        return result
    }

    let position

    getOffset(ele, true)

    return result
}
```

上述代码并不难理解,是使用递归来实现的。如果节点 node.nodeType 的类型不是 Element(1),则跳出;如果相关节点的 position 属性为 static,则不计入计算,进入下一个节点(其父节点)的递归。如果相关属性的 display 属性为 none,则应该直接返回 0 作为结果。当然,上述代码只作为一个粗略的启发示例出现,对边界情况没有进行一一处理,但这个实现很好地考查了开发者对于递归的初级应用,以及对 JavaScript 方法的掌握程度。

接下来,我们换一种思路,用一个相对较新的 API:getBoundingClientRect 方法来实现 jQuery offset 方法。

getBoundingClientRect 方法

getBoundingClientRect 方法用来描述一个 DOM 元素的具体位置,该位置下面的 4 个属性都是相对于视口左上角的位置而言的。对某一节点执行 getBoundingClientRect 方法,返回值是一个 DOMRect 类型的对象。这个对象表示一个矩形盒子,其中含有 left、top、right 和 bottom 等只读属性,如图 3-1 所示。

图 3-1

getBoundingClientRect 方法的具体实现代码如下。

```
const offset = ele => {
    let result = {
        top: 0,
        left: 0
    }
    //如果当前浏览器为 IE11 以下的版本，则直接返回 {top: 0, left: 0}
    if (!ele.getClientRects().length) {
        return result
    }

    //如果当前 DOM 节点满足 display === 'none'，则直接返回 {top: 0, left: 0}
    if (window.getComputedStyle(ele)['display'] === 'none') {
        return resultde1
    }

    result = ele.getBoundingClientRect()
    var docElement = ele.ownerDocument.documentElement

    return {
        top: result.top + window.pageYOffset - docElement.clientTop,
        left: result.left + window.pageXOffset - docElement.clientLeft
    }
}
```

在以上代码中，需要注意的细节有以下几点。

- 对于 ele.ownerDocument.documentElement 的用法，大家可能比较陌生，ownerDocument 是 DOM 节点的一个属性，它返回当前节点顶层的 document 对象。ownerDocument 是文档，

documentElement 是根节点。事实上，ownerDocument 下含有两个节点：<!DocType>、documentElement。

- docElement.clientTop 中的 clientTop 表示一个元素顶部边框的宽度，不包括顶部外边距或内边距。
- getBoundingClientRect 方法是用来进行简单的几何运算、边界 case 处理和兼容性处理的，并不难理解。

从这道题目可以看出，相比于考查"死记硬背" API，考查 API 的实现更有意义。站在面试官的角度，我往往会给面试者（开发者）提供相关的方法提示，以引导其给出最后的实现方案。

数组 reduce 方法的实现

数组方法非常重要，因为数组就是数据，数据就是状态，状态反映视图。我们不能对数组操作感到陌生，对其中的 reduce 方法更要做到驾轻就熟。我认为这个方法很好地体现了"函数式"理念，也是当前非常热门的考查点之一。

我们知道，reduce 方法是在 ES5 中引入的，将 reduce 翻译过来就是"减少、缩小、使还原、使变弱"的意思，MDN 对该方法的直译为：The reduce method applies a function against an accumulator and each value of the array (from left-to-right) to reduce it to a single value（reduce 方法通过一个给定的执行函数，对数组每一项取值从左到右进行累加，最终产生一个结果）。

reduce 的使用语法如下。

```
arr.reduce(callback[, initialValue])
```

这里我们对其进行简要介绍，如下。

- reduce 方法的第一个参数（callback 方法）是核心，它对数组的每一项进行"叠加加工"，其最后一次的返回值将作为 reduce 方法的最终返回值。callback 方法包含以下 4 个参数。
  — previousValue 表示 callback 函数"上一次"的返回值。
  — currentValue 表示数组遍历中正在处理的元素。
  — currentIndex 是可选参数，表示 currentValue 在数组中对应的索引。如果提供了 initialValue，则起始索引号为 0，否则为 1。

— array 是可选参数，表示调用 reduce 方法的数组。

- initialValue 是可选参数，是第一次调用 callback 时的第一个参数。如果没有提供 initialValue，那么数组中的第一个元素将作为 callback 的第一个参数。

通过 reduce 实现 runPromiseInSequence

首先来看一个典型应用，按顺序运行 Promise，代码如下。

```
const runPromiseInSequence = (array, value) => array.reduce(
    (promiseChain, currentFunction) => promiseChain.then(currentFunction),
    Promise.resolve(value)
)
```

runPromiseInSequence 方法将会被一个每一项都返回一个 Promise 的数组调用，并且依次执行数组中的每一个 Promise，请读者仔细体会。如果觉得晦涩，可以参考以下示例。

```
const f1 = () => new Promise((resolve, reject) => {
    setTimeout(() => {
        console.log('p1 running')
        resolve(1)
    }, 1000)
})

const f2 = () => new Promise((resolve, reject) => {
    setTimeout(() => {
        console.log('p2 running')
        resolve(2)
    }, 1000)
})

const array = [f1, f2]

const runPromiseInSequence = (array, value) => array.reduce(
    (promiseChain, currentFunction) => promiseChain.then(currentFunction),
    Promise.resolve(value)
)

runPromiseInSequence(array, 'init')
```

执行结果如图 3-2 所示。

```
> const runPromiseInSequence = (array, value) =>
    array.reduce(
        (promiseChain, currentFunction) => promiseChain.then(currentFunction),
        Promise.resolve(value)
    )
< undefined
> const f1 = () => new Promise((resolve, reject) => {
    setTimeout(() => {
        console.log('p1 running')
        resolve(1)
    }, 1000)
})
  const f2 = () => new Promise((resolve, reject) => {
    setTimeout(() => {
        console.log('p2 running')
        resolve(2)
    }, 1000)
})
  const array = [f1, f2]
< undefined
> runPromiseInSequence(array, 'init')
< ▶ Promise {<pending>}
  p1 running
  p2 running
```

图 3-2

通过 reduce 实现 pipe

reduce 的另外一个典型应用是实现函数式方法 pipe：pipe(f, g, h)是一个柯里化函数，它返回一个新的函数，这个新的函数将会完成(...args) => h(g(f(...args)))的调用，即 pipe 方法返回的函数会接收一个参数，这个参数将会作为数组 functions 的 reduce 方法的初始值。

```
const pipe = (...functions) => input => functions.reduce(
    (acc, fn) => fn(acc),
    input
)
```

仔细体会 runPromiseInSequence 和 pipe 这两个方法，它们都是 reduce 的典型应用场景。

实现一个 reduce

我们该如何实现一个 reduce 呢？可以参考 MDN 的 polyfill，代码如下。

```
if (!Array.prototype.reduce) {
  Object.defineProperty(Array.prototype, 'reduce', {
    value: function(callback /*, initialValue*/) {
      if (this === null) {
        throw new TypeError( 'Array.prototype.reduce ' +
          'called on null or undefined' )
      }
```

```
    if (typeof callback !== 'function') {
      throw new TypeError( callback +
        ' is not a function')
    }

    var o = Object(this)

    var len = o.length >>> 0

    var k = 0
    var value

    if (arguments.length >= 2) {
      value = arguments[1]
    } else {
      while (k < len && !(k in o)) {
        k++
      }

      if (k >= len) {
        throw new TypeError( 'Reduce of empty array ' +
          'with no initial value' )
      }
      value = o[k++]
    }

    while (k < len) {
      if (k in o) {
        value = callback(value, o[k], k, o)
      }

      k++
    }

    return value
  }
})
}
```

上述代码中使用了 value 作为初始值，并通过 while 循环，依次累加计算出 value 结果并输出。但是相比上述实现，我个人更喜欢的实现方案如下。

```
Array.prototype.reduce = Array.prototype.reduce || function(func, initialValue) {
  var arr = this
  var base = typeof initialValue === 'undefined' ? arr[0] : initialValue
  var startPoint = typeof initialValue === 'undefined' ? 1 : 0
  arr.slice(startPoint)
```

```
    .forEach(function(val, index) {
        base = func(base, val, index + startPoint, arr)
    })
    return base
}
```

以上代码的核心原理是使用 forEach 来代替 while 实现结果的累加，与 MDN 实现的本质是相同的。

我也同样看了一下 ES5-shim 中的 pollyfill，与上述实现思路完全一致。唯一的区别在于，我用了 forEach 迭代，而 ES5-shim 使用的是简单的 for 循环。实际上，如果"杠精"一些，我们会指出数组的 forEach 方法也是 ES5 中新增的，因此，用一个 ES5 的 API（forEach）去实现另外一个 ES5 的 API（reduce）并没有什么实际意义——这里的 pollyfill 就是在不兼容 ES5 的情况下模拟的降级方案。

通过 Koa only 模块源码认识 reduce

通过了解并实现 reduce 方法，我们对它已经有了比较深入的认识。最后，再来看一个使用 reduce 方法的示例——Koa 源码的 only 模块，代码如下。

```
var o = {
    a: 'a',
    b: 'b',
    c: 'c'
}
only(o, ['a','b'])   // {a: 'a', b: 'b'}
```

only 模块返回一个经过指定筛选属性的新对象，该模块的代码实现如下。

```
var only = function(obj, keys){
    obj = obj || {}
    if ('string' == typeof keys) keys = keys.split(/ +/)
    return keys.reduce(function(ret, key) {
        if (null == obj[key]) return ret
        ret[key] = obj[key]
        return ret
    }, {})
}
```

小小的 reduce 及其衍生场景中有很多值得我们玩味、探究的地方。"举一反三，活学活用"是技术进阶的关键。

实现 compose 方法的几种方案

函数式理念这一古老的概念如今在前端领域"遍地开花"。函数式理念中的很多思想都值得开发者借鉴,其中一个细节是,compose 方法因其巧妙的设计而被广泛运用。对于它的实现,从面向过程式到函数式,风格迥异,值得我们探究。在面试中,也经常有面试官要求实现 compose 方法,那么什么是 compose 方法呢?

compose 方法其实和前面提到的 pipe 方法一样,主要用于执行一连串不定长度的任务(方法)。

```
let funcs = [fn1, fn2, fn3, fn4]
let composeFunc = compose(...funcs)
```

执行以下代码,

```
composeFunc(args)
```

就相当于执行

```
fn1(fn2(fn3(fn4(args))))
```

总结一下 compose 方法的关键点,具体如下。

- compose 方法的参数是函数数组,返回的也是一个函数。
- compose 方法的参数是任意长度的,所有的参数都是函数,执行方向是自右向左的,因此初始函数一定要放到参数的最右面。
- compose 方法执行后返回的函数可以接收参数,这个参数将作为初始函数的参数,所以初始函数的参数是多元的,初始函数的返回结果将作为下一个函数的参数,以此类推。因此除了初始函数,其他函数的参数都是一元的。

我们发现,实际上,compose 方法和 pipe 方法的差别只在于调用顺序的不同。

```
// compose
fn1(fn2(fn3(fn4(args))))

// pipe
fn4(fn3(fn2(fn1(args))))
```

既然 compose 方法与我们先前实现的 pipe 方法如出一辙,那么还有什么好深入分析的呢?请继续阅读,看一看还能玩儿出什么花来。

实现 compose 方法的最简单的方案是面向过程的，示例如下。

```
const compose = function(...args) {
   let length = args.length
   let count = length - 1
   let result
   return function f1 (...arg1) {
      result = args[count].apply(this, arg1)
      if (count <= 0) {
         count = length - 1
         return result
      }
      count--
      return f1.call(null, result)
   }
}
```

这里的关键是用到了闭包，使用闭包变量储存结果 result 和函数数组长度，以及遍历索引，并利用递归思想进行结果的累加计算。整体实现符合正常的面向过程思维，不难理解。

聪明的读者可能也会意识到，利用上文所讲的 reduce 方法，应该更能利用"函数式"思想解决问题。

```
const reduceFunc = (f, g) => (...arg) => g.call(this, f.apply(this, arg))
const compose = (...args) => args.reverse().reduce(reduceFunc, args.shift())
```

通过前面的学习，结合 call、apply 方法，这样的实现并不难理解。

我们继续拓展思路，既然实现该方法涉及串联和流程控制，那么应该还可以使用 Promise 来实现，示例如下。

```
const compose = (...args) => {
   let init = args.pop()
   return (...arg) =>
   args.reverse().reduce((sequence, func) =>
     sequence.then(result => func.call(null, result))
   , Promise.resolve(init.apply(null, arg)))
}
```

这种实现利用了 Promise 的特性：首先通过 Promise.resolve(init.apply(null, arg)) 启动 reduce 逻辑，利于数组的 reduce 方法来依次执行函数。因为 Promise.then() 仍然返回一个 Promise 类型的值，所以 reduce 方法完全可以基于 Promise 实例执行下去。

既然能够使用 Promise 实现 compose 方法，那么应该也能够使用 Generator 来实现，感兴趣的读者可以自行尝试。

最后，我们再看一下社区上著名的使用 lodash 和 Redux 来实现 compose 方法的方案。

通过 lodash 实现的代码如下。这种实现方式比较简单，理解起来也更容易。

```
// lodash 版本
var compose = function(funcs) {
    var length = funcs.length
    var index = length
    while (index--) {
        if (typeof funcs[index] !== 'function') {
            throw new TypeError('Expected a function');
        }
    }
    return function(...args) {
        var index = 0
        var result = length ? funcs.reverse()[index].apply(this, args) : args[0]
        while (++index < length) {
            result = funcs[index].call(this, result)
        }
        return result
    }
}
```

通过 Redux 实现的代码如下。这种实现方式充分利用了数组的 reduce 方法。

```
// Redux 版本
function compose(...funcs) {
    if (funcs.length === 0) {
        return arg => arg
    }

    if (funcs.length === 1) {
        return funcs[0]
    }

    return funcs.reduce((a, b) => (...args) => a(b(...args)))
}
```

函数式概念确实有些抽象，需要开发者仔细琢磨，并动手调试。一旦顿悟，必然会感受到其中的优雅和简捷。

apply、bind 进阶实现

如今面试中关于 this 绑定的相关话题已经泛滥，同时，关于 bind 方法的实现，社区上也有相关讨论。但是很多内容尚不系统，且存在一些瑕疵。在 01 篇中，我们介绍过 bind 的实现，这里再进一步展开讲解。先来看一个初级实现版本，代码如下。

```
Function.prototype.bind = Function.prototype.bind || function (context) {
    var me = this;
    var argsArray = Array.prototype.slice.call(arguments);
    return function () {
        return me.apply(context, argsArray.slice(1))
    }
}
```

这是一般的合格开发者提供的答案，如果面试者能写到这里，可以给他 60 分。

以上代码的基本原理是使用 apply 模拟 bind。函数体内的 this 就是需要绑定 this 的函数，或者说是原函数。最后使用 apply 来进行参数（context）绑定，并返回。

与此同时，将第一个参数（context）以外的其他参数作为提供给原函数的预设参数，这也是柯里化的基础。

在上述实现方式中，我们返回的参数列表中包含 argsArray.slice(1)，它的问题在于存在预设参数功能丢失的现象。

想象一下，如果想在返回的绑定函数中实现预设参数传递（就像 bind 所实现的那样），就会面临尴尬的局面。真正实现柯里化的完美方式应该像下面这样。

```
Function.prototype.bind = Function.prototype.bind || function (context) {
    var me = this;
    var args = Array.prototype.slice.call(arguments, 1);
    return function () {
        var innerArgs = Array.prototype.slice.call(arguments);
        var finalArgs = args.concat(innerArgs);
        return me.apply(context, finalArgs);
    }
}
```

但继续探究时会注意到，在 bind 方法中，bind 返回的函数如果作为构造函数搭配 new 关键字出现，则绑定的 this 就需要被忽略，this 要绑定在实例上。也就是说，new 关键字的优先级要高于 bind 绑定，兼容这种情况的实现如下。

```
Function.prototype.bind = Function.prototype.bind || function (context) {
    var me = this;
    var args = Array.prototype.slice.call(arguments, 1);
    var F = function () {};
    F.prototype = this.prototype;
    var bound = function () {
        var innerArgs = Array.prototype.slice.call(arguments);
        var finalArgs = args.concat(innerArgs);
        return me.apply(this instanceof F ? this : context || this, finalArgs);
    }
    bound.prototype = new F();
    return bound;
}
```

如果你认为这样就结束了,其实我会告诉你,好戏才刚刚上演。曾经的我也认为上述方法已经比较完美了,直到我看了 es5-shim 的源码(如下所示,已适当删减)。

```
function bind(that) {
    var target = this;
    if (!isCallable(target)) {
        throw new TypeError('Function.prototype.bind called on incompatible ' + target);
    }
    var args = array_slice.call(arguments, 1);
    var bound;
    var binder = function () {
        if (this instanceof bound) {
            var result = target.apply(
                this,
                array_concat.call(args, array_slice.call(arguments))
            );
            if ($Object(result) === result) {
                return result;
            }
            return this;
        } else {
            return target.apply(
                that,
                array_concat.call(args, array_slice.call(arguments))
            );
        }
    };
    var boundLength = max(0, target.length - args.length);
    var boundArgs = [];
    for (var i = 0; i < boundLength; i++) {
        array_push.call(boundArgs, '$' + i);
    }
    bound = Function('binder', 'return function (' + boundArgs.join(',') + '){ return
```

```
binder.apply(this, arguments); }')(binder);

    if (target.prototype) {
        Empty.prototype = target.prototype;
        bound.prototype = new Empty();
        Empty.prototype = null;
    }
    return bound;
}
```

es5-shim 的实现代码中到底有什么奥秘呢？你可能不知道，其实每个函数都有 length 属性。对，就像数组和字符串那样。函数的 length 属性用于表示函数的形参个数。更重要的是，函数的 length 属性值是不可重写的。我写了一个测试代码来证明这一点，具体如下。

```
function test (){}
test.length    //输出 0
test.hasOwnProperty('length')    //输出 true
Object.getOwnPropertyDescriptor('test', 'length')
//输出：
// configurable: false,
// enumerable: false,
// value: 4,
// writable: false
```

说到这里，就容易解释了：es5-shim 是为了最大限度地兼容 ES5，包括对返回函数的 length 属性进行还原。如果按照我们之前的那种实现方式，则 length 值会始终为零。因此，既然不能修改 length 的属性值，那么在初始化时进行赋值总可以吧！于是，我们可以通过 eval 和 new Function 来动态定义函数。但是出于安全考虑，在某些浏览器中使用 eval 或 Function 构造函数都会抛出异常。然而巧合的是，这些无法对它们兼容的浏览器基本上都实现了 bind 函数，这些异常又不会被触发。对于上述代码，重设绑定函数的 length 属性的方法如下。

```
var boundLength = max(0, target.length - args.length)
```

对于 bind 返回的函数被当作构造函数调用的情况，我们在代码中也进行了处理，具体处理逻辑如下。

```
if (this instanceof bound) {
    ... //构造函数调用情况
} else {
    ... //正常方式调用
}

if (target.prototype) {
    Empty.prototype = target.prototype;
```

```
    bound.prototype = new Empty();
    //进行垃圾回收
    Empty.prototype = null;
}
```

对比过几个版本的 polyfill 实现后，大家对 bind 应该有了比较深刻的认识。这一系列实现有效地考查了很多重要的知识点：this 的指向、JavaScript 闭包、原型与原型链等，同时考查了工程师的边界设计和兼容性考虑等硬素质。

在如今的很多面试中，面试官都会将"实现 bind"作为题目。如果我是面试官，可能会规避这道经常被拿来考查的题目，而是别出心裁，让面试者实现一个 call 或 apply。我们往往用 call 或 apply 模拟实现 bind，其实直接实现 call 或 apply 也比较简单，下面就来实现一个 apply 方法，代码如下。

```
Function.prototype.applyFn = function (targetObject, argsArray) {
    if(typeof argsArray === 'undefined' || argsArray === null) {
        argsArray = []
    }

    if(typeof targetObject === 'undefined' || targetObject === null){
        targetObject = window
    }

    targetObject = new Object(targetObject)

    const targetFnKey = 'targetFnKey'
    targetObject[targetFnKey] = this

    const result = targetObject[targetFnKey](...argsArray)
    delete targetObject[targetFnKey]
    return result
}
```

这样的代码并不难理解，函数体内的 this 指向了调用 applyFn 的函数。为了将该函数体内的 this 绑定在 targetObject 上，我们采用了隐式绑定的方法：targetObject[targetFnKey] (...argsArray)。

细心的读者会发现，这里存在一个问题：如果 targetObject 对象本身就存在 targetFnKey 这样的属性，那么在使用 applyFn 函数时，原有的 targetFnKey 属性值就会被覆盖，之后被删除。解决方案是使用 ES6 Sybmol()来保证键的唯一性，或者使用 Math.random()实现独一无二的键，这里不再赘述。

总结

这些 API 的实现并不算复杂，却能恰如其分地考验开发者的 JavaScript 基础。基础是地基，是探究更深入内容的钥匙，是进阶之路上最重要的一环，需要每个开发者重视。在前端技术快速发展迭代的今天，在"前端市场饱和""前端求职火爆异常""前端入门简单，钱多人傻"等众说纷纭的浮躁环境下，对基础内功的修炼显得尤为重要，这也是决定每个开发者在前端路上能走多远、走多久的关键。

从面试的角度看，面试题归根结底是对基础的考查，只有对基础烂熟于胸，才能具备在面试中脱颖而出的基本条件。

04

JavaScript 高频考点及基础题库

本篇中，我们将介绍 JavaScript 的其他高频考点，在更高的层面上对已经学到的及将要学到的内容有一个更加清晰的认识。

为什么不在一开始介绍这个主题呢？相信读者经过前面的学习，已经对前端技能进阶有了一个初步理解，在这个基础上进行知识图谱和高频考点梳理，我认为能让大家更好地学习接下来的内容。

JavaScript 数据类型及其判断

JavaScript 中具有 7 种内置数据类型，分别是 null、undefined、boolean、number、string、object、symbol（ES6）。其中，前面 5 种为基本类型。object 类型又具体包含了 function、array、date 等。（注：BigInt 将会成为一种新增数据类型，这里暂不介绍。）

对于类型判断，常用的方法有 typeof、instanceof、Object.prototype.toString、constructor。

使用 typeof 判断数据类型

基本数据类型可以使用 typeof 来判断，代码如下。

```
typeof 5 // "number"
typeof 'lucas' // "string"
typeof undefined // "undefined"
typeof true // "boolean"
```

但是也存在一些特例，如用 typeof 判断 null，代码如下。

```
typeof null // "object"
```

下面再来看看使用 typeof 判断复杂数据类型的示例。

```
const foo = () => 1
typeof foo // "function"

const foo = {}
typeof foo // "object"

const foo = []
typeof foo // "object"

const foo = new Date()
typeof foo // "object"

const foo = Symbol("foo")
typeof foo // "symbol"
```

通过以上示例,我们可以知道,使用 typeof 可以准确判断出除 null 以外的基本数据类型,以及 function 类型、symbol 类型;null 会被 typeof 判断为 object。

使用 instanceof 判断数据类型

再来看一看 instanceof 的用法。

a instanceof B 判断的是,a 是否为 B 的实例,即 a 的原型链上是否存在 B 的构造函数,示例代码如下。

```
function Person(name) {
    this.name = name
}
const p = new Person('lucas')

p instanceof Person
// true
```

这里的 p 是 Person 构造出来的实例对象。同时,顺着 p 的原型链也能找到 Object 的构造函数,如下所示。

```
p.__proto__.__proto__ === Object.prototype
```

再来看一个示例。如果我们判断的是以下关系,则返回 false。

```
5 instanceof Number // false
```

因为 5 是基本类型，它并不是 Number 构造函数构造出来的实例对象。而如果稍加修改，使其变为判断以下关系，则返回 true。

```
new Number(5) instanceof Number // true
```

关于 instanceof 的原理，我们可以用以下代码来模拟。

```
// L 表示左表达式，R 表示右表达式
const instanceofMock = (L, R) => {
    if (typeof L !== 'object') {
        return false
    }
    while (true) {
        if (L === null) {
            //已经遍历到了顶端
            return false
        }
        if (R.prototype === L.__proto__) {
            return true
        }
        L = L.__proto__
    }
}
```

根据 L 表示左表达式，R 表示右表达式，instanceofMock 的用法如下。

```
instanceofMock('', String)
// false
function Person(name) {
    this.name = name
}
const p = new Person('lucas')
instanceofMock(p, Person)
// true
```

使用 constructor 和 Object.prototype.toString 判断数据类型

在判断数据类型时，我们称 Object.prototype.toString 为"万能方法""终极方法"，示例代码如下。

```
console.log(Object.prototype.toString.call(1))
// [object Number]
```

```
console.log(Object.prototype.toString.call('lucas'))
// [object String]

console.log(Object.prototype.toString.call(undefined))
// [object Undefined]

console.log(Object.prototype.toString.call(true))
// [object Boolean]

console.log(Object.prototype.toString.call({}))
// [object Object]

console.log(Object.prototype.toString.call([]))
// [object Array]

console.log(Object.prototype.toString.call(function(){}))
// [object Function]

console.log(Object.prototype.toString.call(null))
// [object Null]

console.log(Object.prototype.toString.call(Symbol('lucas')))
// [object Symbol]
```

使用 constructor 可以查看目标的构造函数，也可以进行数据类型判断，但其中也存在问题，具体请看以下示例。

```
var foo = 5
foo.constructor
// ƒ Number() { [native code] }

var foo = 'Lucas'
foo.constructor
// ƒ String() { [native code] }

var foo = true
foo.constructor
// ƒ Boolean() { [native code] }

var foo = []
foo.constructor
// ƒ Array() { [native code] }

var foo = {}
foo.constructor
// ƒ Object() { [native code] }
```

```
var foo = () => 1
foo.constructor
// ƒ Function() { [native code] }

var foo = new Date()
foo.constructor
// ƒ Date() { [native code] }

var foo = Symbol("foo")
foo.constructor
// ƒ Symbol() { [native code] }

var foo = undefined
foo.constructor
// VM257:1 Uncaught TypeError: Cannot read property 'constructor' of undefined
    at <anonymous>:1:5

var foo = null
foo.constructor
// VM334:1 Uncaught TypeError: Cannot read property 'constructor' of null
    at <anonymous>:1:5
```

我们发现对于 undefined 和 null，如果尝试读取其 constructor 属性，则会报错，并且 constructor 返回的是构造函数本身，一般使用它来判断数据类型的情况并不多见。

JavaScript 数据类型及其转换

JavaScript 的一个显著特点就是灵活。灵活的反面就是猝不及防的"坑"多，其中一个典型的例子就是被诟病的数据类型隐式转换。先来看一个极端的例子，如下。

```
(!(~+[])+{})[--[~+""][+[]]*[~+[]]+~~!+[]]+({}+[])[[~!+[]*~+[]]]
// "sb"
```

这就是隐式转换的成果。为什么会有这样的输出，这里不做过多解释，先从基础入手来进行分析。

MDN 这样介绍过 JavaScript 的特点：JavaScript 是一种弱类型，或者说是一种动态语言。这意味着你不用提前声明变量的数据类型，在程序运行过程中，变量的数据类型会被自动确定。

我们再来看一些基本例子，使用+运算符进行运算的代码如下。

```
console.log(1 + '1')
```

```
// 11
console.log(1 + true)
// 2
console.log(1 + false)
// 1
console.log(1 + undefined)
// NaN
console.log('lucas' + true)
// lucastrue
```

我们发现当使用+运算符计算 string 类型和其他数据类型相加时,其他数据类型都会转换为 string 类型;而在其他情况下,都会转换为 number 类型,但是 undefined 类型会转换为 NaN,相加结果也是 NaN。

比如,boolean 类型会转换为 number 类型,true 为 1,false 为 0,代码如下。

```
console.log(1 + true)
// 2
console.log(1 + false)
// 1
```

再来看一个示例,如下。

```
console.log({} + true)
// [object Object]true
```

在+运算符两侧,如果存在复杂数据类型,比如对象,那么会遵循怎样的一套转换规则呢?

结论是,当使用+运算符计算时,如果存在复杂数据类型,那么它将会被转换为基本数据类型再进行运算。这就涉及"对象类型转基本类型"这个过程。这个过程的具体规则是,在转换时,会调用该对象上的 valueOf 或 toString 方法,这两个方法的返回值是转换后的结果。

那具体调用 valueOf 还是 toString 呢?这是 ES 规范所决定的,实际上,这取决于内置的 toPrimitive 的调用结果。从主观上说,这个对象倾向于转换成什么,就会优先调用哪个方法。如果倾向于转换为 number 类型,就优先调用 valueOf;如果倾向于转换为 string 类型,就只调用 toString。这里建议大家了解一些常用的转换结果,对于其他特例情况,会查找规范即可。

很多经典教科书(比如《JavaScript 高级程序设计》及《你不知道的 JavaScript》)中介绍将对象转换为基本数据类型时,会先调用 valueOf,再调用 toString,这里引入的"这个对象倾向于转换成什么，就会优先调用哪个方法"其实取自规范中的 PreferredType 概念，这个概念在这些书中并没有被提到。事实上，浏览器对 PreferredType 的理解比较一致，"对象类型转换为基本类型时，先调用 valueof，再调用 toString"也没有问题。对此感兴趣或更加严谨的读者可以翻阅相关规范。当然，理论研究只是一方面，我建议大家对这些问题有困惑时多看规范，多看标准，同时对代码执行表现加以理解。

valueOf 及 toString 是可以被开发者重写的，示例如下。

```
const foo = {
 toString () {
  return 'lucas'
 },
 valueOf () {
  return 1
 }
}
```

我们对 foo 对象的 valueOf 及 toString 进行了重写，这时候调用 alert(foo)将输出 lucas。这里就涉及隐式转换，在调用 alert 打印输出时，倾向于使用 foo 对象的 toString 方法，将 foo 转换为基本数据类型，以打印出结果。

然而，执行 console.log(1 + foo)将输出 2，这时候的隐式转换则倾向于使用 foo 对象的 valueOf 方法，将 foo 转换为基本数据类型，以执行相加操作。

我们再全面总结一下，对于加法操作，如果+运算符两边都是 number 类型，则其规则如下。

- 如果+运算符两边存在 NaN，则结果为 NaN（对 NaN 进行 typeof 求值，返回 number）。

- 如果是 Infinity + Infinity，则结果是 Infinity。

- 如果是–Infinity + (–Infinity)，则结果是–Infinity。

- 如果是 Infinity + (–Infinity)，则结果是 NaN。

如果+运算符两边有至少一个是字符串，则其规则如下。

- 如果+运算符两边都是字符串，则执行字符串拼接操作。

- 如果+运算符两边只有一个是字符串，则将另外的值转换为字符串，再执行字符串拼接操作。

- 如果+运算符两边有一个是对象，则调用 valueOf 或 toStrinig 方法取得值，将其转换为基本数据类型再进行字符串拼接。

其他运算符的规则与此类似。

当然也可以进行显式转换，以得到我们需要的变量数据类型。我们往往使用 Number、Boolean、String、parseInt 等方法进行显式数据类型转换，这里不再展开。

JavaScript 函数参数传递

我们知道 JavaScript 中有引用赋值和基本数据类型赋值的区别，并了解由此引出的相关话题：深拷贝和浅拷贝。那么，函数的参数传递有什么讲究呢？请看以下示例。

```
let foo = 1
const bar = value => {
    value = 2
    console.log(value)
}
bar(foo)
console.log(foo)
```

以上代码的两处输出分别为 2、1。也就是说，在 bar 函数中，当参数为基本数据类型时，函数体内会复制一份参数值，而不会影响原参数的实际值。下面，将函数参数改为引用类型。

```
let foo = {bar: 1}
const func = obj => {
    obj.bar = 2
    console.log(obj.bar)
}
func(foo)
console.log(foo)
```

以上代码的两处输出分别为 2、{bar: 2}。也就是说，如果函数参数是一个引用类型，那么当在函数体内修改这个引用类型参数的某个属性值时，也将对原来的参数进行修改，因为此时函数体内的引用地址指向了原来的参数。

但是，如果在函数体内直接修改对参数的引用，则情况又不一样，示例如下。

```
let foo = {bar: 1}
const func = obj => {
    obj = 2
    console.log(obj)
}
func(foo)
console.log(foo)
```

以上代码的两处输出分别为 2、{bar: 1}。这样的情况理解起来比较困难，我为大家总结了几点规则，如下。

- 函数参数为基本数据类型时，函数体内复制了一份参数值，任何操作都不会影响原参数的实际值。
- 函数参数是引用类型时，当在函数体内修改这个值的某个属性值时，将会对原来的参数进行修改。
- 函数参数是引用类型时，如果直接修改这个值的引用地址，则相当于在函数体内新创建了一个引用，任何操作都不会影响原参数的实际值。

cannot read property of undefined 问题解决方案

这里分析一个常见的 JavaScript 细节：cannot read property of undefined 是一个常见的错误，意外得到一个空对象或空值这样恼人的问题是在所难免的，面对这样的问题该怎么办呢？

考虑如下所示的数据结构。

```
const obj = {
  user: {
    posts: [
        { title: 'Foo', comments: [ 'Good one!', 'Interesting...' ] },
        { title: 'Bar', comments: [ 'Ok' ] },
        { title: 'Baz', comments: [] }
    ],
    comments: []
  }
}
```

为了能够在对象中安全地取值，需要验证对象中每一个键的存在性。常见的处理方案有以下几种。

1. 通过&&短路运算符进行可访问性嗅探

以下为通过&&短路运算符进行可访问性嗅探的实现代码。

```
obj.user &&
obj.user.posts &&
obj.user.posts[0] &&
obj.user.posts[0].comments
```

2. 通过 || 单元设置默认保底值

以下为通过 || 单元设置默认保底值的实现代码。

```
(((obj.user || {}).posts||{})[0]||{}).comments
```

3. 使用 try...catch 方法

以下为使用 try...catch 方法的实现代码。

```
var result
try {
    result = obj.user.posts[0].comments
}
catch {
    result = null
}
```

4. 使用 lodash get API

以下为使用 lodash get API 的实现代码。

```
function get(object, path, defaultValue) {
  const result = object == null ? undefined : baseGet(object, path)
  return result === undefined ? defaultValue : result
}
function baseGet(object, path) {
  path = castPath(path, object)

  let index = 0
  const length = path.length

  while (object != null && index < length) {
    object = object[toKey(path[index++])]
  }
  return (index && index == length) ? object : undefined
}
```

castPath 和 toKey 方法相对比较容易理解，因此这里不再给出解释。感兴趣的读者可以翻阅其仓库实现做进一步了解。

当然，我们也可以自己编写代码实现一个简易的 get 方法，代码如下。

```
const get = (p, o) => p.reduce((xs, x) => (xs && xs[x]) ? xs[x] : null, o)

console.log(get(['user', 'posts', 0, 'comments'], obj)) // ['Good one!', 'Interesting...']
console.log(get(['user', 'post', 0, 'comments'], obj)) // null
```

我们实现的方法可以接收两个参数，第一个参数表示获取值的路径（path），第二个参数表示目标对象。

同样，为了在设计上显得更加灵活和抽象，我们可以对方法进行柯里化，代码如下。

```
const get = p => o =>
  p.reduce((xs, x) =>
      (xs && xs[x]) ? xs[x] : null, o)

const getUserComments = get(['user', 'posts', 0, 'comments'])
console.log(getUserComments(obj))
// [ 'Good one!', 'Interesting...' ]
console.log(getUserComments({user:{posts: []}}))
// null
```

TC39 中有一个新的提案，支持 console.log(obj?.user?.posts[0]?.comments)，由此可见，JavaScript 语言也在不断演进。通过这个案例，我想告诉大家，熟练掌握基础环节将对进阶起到关键作用。

type.js 源码解读

type.js 是由颜海镜编写的用于判断数据类型的方法库，其兼容 IE6 浏览器，灵活运用了多种判断数据类型方式。以下是其实现代码。

```
const toString = Object.prototype.toString;

export function type(x, strict = false) {
  strict = !!strict;

  // fix typeof null = object
  if(x === null){
     return 'null';
  }

  const t = typeof x;

  // number string boolean undefined symbol
  if(t !== 'object'){
     return t;
  }

  let cls;
  let clsLow;
```

```javascript
try {
    cls = toString.call(x).slice(8, -1);
    clsLow = cls.toLowerCase();
} catch(e) {
    // IE 浏览器下的 activex 对象
    return 'object';
}

if(clsLow !== 'object'){
    //区分 String()和 new String()
    if (strict && (clsLow === 'number' || clsLow === 'boolean' || clsLow === 'string'))
        return cls;
    }
    return clsLow;
}

if(x.constructor == Object){
    return clsLow;
}

// Object.create(null)
try {
    // __proto__ 部分的早期 Firefox 浏览器
    if (Object.getPrototypeOf(x) === null || x.__proto__ === null) {
        return 'object';
    }
} catch(e) {
    // IE 浏览器下无 Object.getPrototypeOf 会报错
}

// function A() {}; new A
try {
    const cname = x.constructor.name;

    if (typeof cname === 'string') {
        return cname;
    }
} catch(e) {
    //无 constructor
}

// function A() {}; A.prototype.constructor = null; new A
return 'unknown';
```

以上代码中的关键点有如下几个。

- 通过 x === null 来判断 null 类型。
- 对于 typeof x 不为 object 的情况，直接返回 typeof x 的结果，这时可以判断其是否为 number、string、boolean、undefined、symbol 类型。
- 对于其他情况，浏览器为 IE6 以上版本时，使用 Object.prototype.toString 方法进行数据类型判断。
- 兼容性处理，比如，对于不支持 Object.prototype.toString 方法的情况，会返回 object。对于其他兼容性处理，此处不再一一展开。

这里重点关注一下 Object.prototype.toString 方法，该方法确实可以称得上是"终极方案"，它最终会返回一个格式形如[object XXXX]的结果，这个结果中的 XXXX 部分就是我们需要的变量数据类型，因此对返回结果使用.slice(8, -1)方法，切分出结果中的 XXXX 部分，就可以更加方便地得到结果，代码如下。

```
Object.prototype.toString.call(true).slice(8, -1)
// "Boolean"
```

总结

本篇"零散地"介绍了很多细节，细心的同学会发现，这些细节本质上都是围绕着"数据类型"这个概念进行展开的。数据类型及其转换涉及 JavaScript 语言特点及语言规范，对此，开发者需要"熟记"这些规则，对于自己认知之外的规则，能够做到查阅规范，找到解释即可，不必钻牛角尖。

part two

第二部分

牢固的基础知识,是进阶路上的基石。本部分将从 JavaScript 异步特性理论与操作、Promise 的理解和实现、面向对象和原型知识、ES 的发展进化等内容入手,带领大家强化难点。同时我们会通过大量实例,加深读者对知识点的理解,帮助读者融会贯通。

JavaScript 语言进阶

05

异步不可怕,"死记硬背"+实践拿下

异步是前端开发中的一个重点内容,也是难点之一。为了更优雅地实现异步,JavaScript 语言在各个历史阶段进行过多种尝试,但是由于异步天生具有一定的"复杂度",使得开发者并不能够轻松地吃透相关的理论知识并上手实践。

在理论方面,我们知道 JavaScript 是单线程的,那它又是如何实现异步的呢?在这个环节中,浏览器或 Node.js 又起到了什么样的作用?什么是宏任务?什么是微任务?

在实践方面,从 callback 到 Promise,从 Generator 到 async/await,到底应该如何更优雅地实现异步操作?下面让我们来一探究竟。

异步流程初体验

让我们先从一个需求开始。

移动页面上的元素 target(document.querySelectorAll('#man')[0]),先从原点出发,向左移动 20px,再向上移动 50px,最后再向左移动 30px,请把运动路径动画实现出来。

我们将移动的过程封装成一个 walk 函数,该函数要接受以下 3 个参数。

- direction:字符串,表示移动方向,这里简化为 "left" "top" 两种枚举。
- distance:整型,可正可负。
- callback:执行动作后回调。

direction 表示移动方向，distance 表示移动距离。通过 distance 的正负值，可以实现 4 个方向的移动。

回调方案

每一个任务都是相互联系的：当前任务结束后，将会马上进入下一个流程，如何将这些流程串联起来呢？这里采用最简单的 callback 来明确指示下一个任务。

```
const target = document.querySelectorAll('#man')[0]
target.style.cssText = `
    position: absolute;
    left: 0px;
    top: 0px
`

const walk = (direction, distance, callback) => {
    setTimeout(() => {
        let currentLeft = parseInt(target.style.left, 10)
        let currentTop = parseInt(target.style.top, 10)

        const shouldFinish = (direction === 'left' && currentLeft === -distance) || (direction === 'top' && currentTop === -distance)

        if (shouldFinish) {
            //任务执行结束，执行下一个回调
            callback && callback()
        }
        else {
            if (direction === 'left') {
                currentLeft--
                target.style.left = `${currentLeft}px`
            }
            else if (direction === 'top') {
                currentTop--
                target.style.top = `${currentTop}px`
            }

            walk(direction, distance, callback)
        }
    }, 20)
}

walk('left', 20, () => {
    walk('top', 50, () => {
        walk('left', 30, Function.prototype)
    })
})
```

```
})
```

关于以上代码,有两点需要大家注意。

第一点,为了简化问题,我们将目标元素的定位进行了如下所示的初始化设定,且不再考虑边界情况(如移出屏幕外等)。

```
position: absolute;
left: 0px;
top: 0px
```

第二点,为了能够展现出动画,我们将 walk 函数的执行逻辑包裹在 20ms 的定时器中,每次执行一像素的运动都会有一个停留定格。

这样的实现是完全面向过程的,只是代码比较"丑",读者只需体会使用回调来解决异步任务的处理方案即可。另外,如下所示的回调嵌套很不优雅,有几次位移任务就会嵌套几层,是名副其实的回调地狱。

```
walk('left', 20, () => {
    walk('top', 50, () => {
        walk('left', 30, Function.prototype)
    })
})
```

Promise 方案

我们再来看一下如何用 Promise 解决问题,代码如下。

```
const target = document.querySelectorAll('#man')[0]
target.style.cssText = `
    position: absolute;
    left: 0px;
    top: 0px
`

const walk = (direction, distance) =>
    new Promise((resolve, reject) => {
        const innerWalk = () => {
            setTimeout(() => {
                let currentLeft = parseInt(target.style.left, 10)
                let currentTop = parseInt(target.style.top, 10)

                const shouldFinish = (direction === 'left' && currentLeft === -distance)
|| (direction === 'top' && currentTop === -distance)
```

```
                if (shouldFinish) {
                    //任务执行结束
                    resolve()
                }
                else {
                    if (direction === 'left') {
                      currentLeft--
                      target.style.left = `${currentLeft}px`
                    }
                    else if (direction === 'top') {
                      currentTop--
                      target.style.top = `${currentTop}px`
                    }

                    innerWalk()
                }
            }, 20)
        }
        innerWalk()
    })
walk('left', 20)
    .then(() => walk('top', 50))
    .then(() => walk('left', 30))
```

关于以上代码，要注意以下几点。

- walk 函数不再嵌套调用，不再执行 callback，而是整体返回一个 Promise，以便控制和执行后续任务。
- 设置 innerWalk 对每个像素进行递归调用。
- 在当前任务结束时（shouldFinish 为 true），对当前 Promise 进行决议。

对比以上两种实现，我们发现使用 Promise 的解决方案明显更加清晰、易读。

Generator 方案

ES Next 中的 Generator（生成器）其实并不是为解决异步问题而生的，但是它又天生非常适合解决异步问题。用 Generator 方案解决异步问题的示例如下。

```
const target = document.querySelectorAll('#man')[0]
target.style.cssText = `
    position: absolute;
    left: 0px;
    top: 0px
```

```javascript
const walk = (direction, distance) =>
    new Promise((resolve, reject) => {
        const innerWalk = () => {
            setTimeout(() => {
                let currentLeft = parseInt(target.style.left, 10)
                let currentTop = parseInt(target.style.top, 10)

                const shouldFinish = (direction === 'left' && currentLeft === -distance) || (direction === 'top' && currentTop === -distance)

                if (shouldFinish) {
                    //任务执行结束
                    resolve()
                }
                else {
                    if (direction === 'left') {
                        currentLeft--
                        target.style.left = `${currentLeft}px`
                    }
                    else if (direction === 'top') {
                        currentTop--
                        target.style.top = `${currentTop}px`
                    }

                    innerWalk()
                }
            }, 20)
        }
        innerWalk()
    })
function *taskGenerator() {
    yield walk('left', 20)
    yield walk('top', 50)
    yield walk('left', 30)
}
const gen = taskGenerator()
```

在以上代码中,我们定义了一个 taskGenerator 生成器函数,并实例化出 gen。在此基础上,我们可以手动执行 gen.next(),使目标物体向左偏移 20 像素;再次手动执行 gen.next()会使目标物体向上偏移 50 像素;第三次手动执行 gen.next()会使目标物体向左偏移 30 像素。

整个过程掌控感十足,唯一的不便之处就是需要我们反复手动执行 gen.next()。对于这个问题,社区早就给出了解决方案,kj 大神的 co 库能够自动包裹 Generator 并执行,其源码并不复杂,这里推荐大家阅读一下。但是在新时代里，作为 Generator 的语法糖，async/await 也许将会是更优雅的终极解决方案。

async/await 方案

将以上方案改造成 async/await 方案也并不困难，直接来看下面的代码示例。

```
const target = document.querySelectorAll('#man')[0]
target.style.cssText = `
    position: absolute;
    left: 0px;
    top: 0px
`

const walk = (direction, distance) =>
    new Promise((resolve, reject) => {
        const innerWalk = () => {
            setTimeout(() => {
                let currentLeft = parseInt(target.style.left, 10)
                let currentTop = parseInt(target.style.top, 10)

                const shouldFinish = (direction === 'left' && currentLeft === -distance) || (direction === 'top' && currentTop === -distance)

                if (shouldFinish) {
                    //任务执行结束
                    resolve()
                }
                else {
                    if (direction === 'left') {
                        currentLeft--
                        target.style.left = `${currentLeft}px`
                    }
                    else if (direction === 'top') {
                        currentTop--
                        target.style.top = `${currentTop}px`
                    }

                    innerWalk()
                }
            }, 20)
        }
        innerWalk()
    })

const task = async function () {
```

```
    await walk('left', 20)
    await walk('top', 50)
    await walk('left', 30)
}
```

经过改造，使用 asyn/await 方案只需直接执行 task 函数即可使物体做出预期中的运动轨迹。

通过对比 Generator 和 async/await 这两种方案，读者应该准确认识到，async/await 就是 Generator 的语法糖，能够自动执行生成器函数，且可以更加方便地实现异步流程。

红绿灯任务控制

有了前面的内容进行热身，下面就趁热打铁，直接来看一道比较典型的题目。

红灯 3s 亮一次，绿灯 1s 亮一次，黄灯 2s 亮一次，如何让 3 个灯不断交替重复地亮呢？

已知 3 个亮灯函数已经存在，如下。

```
function red() {
    console.log('red');
}
function green() {
    console.log('green');
}
function yellow() {
    console.log('yellow');
}
```

这道题目其实和"异步流程初体验"部分的题目类似，但是它的复杂之处在于需要"交替重复"亮灯，而不是"移动完了"就结束的一锤子买卖。

读者可以对照"异步流程初体验"部分的题目解法，照葫芦画瓢试着实现。

还是从最简单、最容易理解的 callback 方案入手，代码如下。

```
const task = (timer, light, callback) => {
    setTimeout(() => {
        if (light === 'red') {
            red()
        }
        else if (light === 'green') {
            green()
        }
        else if (light === 'yellow') {
```

```
            yellow()
        }
        callback()
    }, timer)
}

task(3000, 'red', () => {
    task(1000, 'green', () => {
        task(2000, 'yellow', Function.prototype)
    })
})
```

上述代码是有可优化空间的,其中存在一个明显的 bug:代码只完成了一次交替亮灯,即代码执行后红黄绿灯分别只亮一次。那么该如何实现交替重复亮灯呢?

我们在上面提到了递归的思想,那么该如何通过递归使红黄绿灯交替被点亮而不是只被点亮一次呢?我们可以将亮灯的一个周期无限循环下去,代码如下。

```
const step = () => {
    task(3000, 'red', () => {
        task(1000, 'green', () => {
            task(2000, 'yellow', step)
        })
    })
}
step()
```

注意,在黄灯亮的回调里,我们又再次调用了 step 方法以完成循环亮灯。

这道题目如果用 Promise 方案实现的话,代码如下。

```
const task = (timer, light) =>
    new Promise((resolve, reject) => {
        setTimeout(() => {
            if (light === 'red') {
                red()
            }
            else if (light === 'green') {
                green()
            }
            else if (light === 'yellow') {
                yellow()
            }
            resolve()
        }, timer)
```

```
    })
const step = () => {
    task(3000, 'red')
        .then(() => task(1000, 'green'))
        .then(() => task(2000, 'yellow'))
        .then(step)
}
step()
```

我们将回调移除,在一次亮灯结束后,对当前 Promise 进行决议,之后继续使用递归调用 step 函数。

这里同时给出 async/await 的实现方案,代码如下。

```
const taskRunner = async () => {
    await task(3000, 'red')
    await task(1000, 'green')
    await task(2000, 'yellow')
    taskRunner()
}
taskRunner()
```

毫无疑问,还是 async/await 的方案更加简单优雅,不管是从理解还是从开发的角度来看,成本都不高。

可见,熟悉 Promise 是基础,是理解 async/await 的前提,学习 async/await 就是在学习"最先进的生产力"。当然要再次重申:async/await 是语法糖,学习 Promise 是消化这颗"糖"的前提。

请求图片进行预先加载

假设 urlIds 数组预先就存在,数组中的每一项都可以按照规则拼接成一个完整的图片地址,那么请根据这个数组,依次请求图片进行预加载。

这个问题解决起来比较简单,我们先实现一个请求图片的方法,代码如下。

```
const loadImg = urlId => {
    const url = `https://www.image.com/${urlId}`

    return new Promise((resolve, reject) => {
        const img = new Image()
```

```
        img.onerror = function() {
            reject(urlId)
        }

        img.onload = function() {
            resolve(urlId)
        }
        img.src = url
    })
}
```

该方法进行过 Promise 化（promisify）的处理，在图片成功加载时执行 resolve，加载失败时执行 reject。

根据图片 urlId，依次请求图片，代码如下。

```
const urlIds = [1, 2, 3, 4, 5]

urlIds.reduce((prevPromise, urlId) => {
    return prevPromise.then(() => loadImg(urlId))
}, Promise.resolve())
```

上面使用了数组的 reduce 方法，当然还可以使用面向过程的方法来实现，代码如下。

```
const loadImgOneByOne = index => {
    const length = urlIds.length

    loadImg(urlIds[index]).then(() => {
        if (index === length - 1) {
            return
        }
        else {
            loadImgOneByOne(++index)
        }
    })

}
loadImgOneByOne(0)
```

另外，还可以采用 async/await 来实现，代码如下。

```
const loadImgOneByOne = async () => {
    for (i of urlIds) {
        await loadImg(urlIds[i])
    }
}
loadImgOneByOne()
```

上述代码的请求都是依次执行的，只有成功加载完第一张图片，才能继续加载下一张图片。

如果想要提高效率，将所有图片的请求一次性发出，该如何做呢？请看以下代码。

```
const urlIds = [1, 2, 3, 4, 5]
const promiseArray = urlIds.map(urlId => loadImg(urlId))

Promise.all(promiseArray)
    .then(() => {
        console.log('finish load all')
    })
    .catch(() => {
        console.log('promise all catch')
    })
```

继续提出需求：我们希望控制最大并发数为 3，最多一起发出 3 个请求，剩下 2 个一起发出，又该怎么做呢？这就需要实现一个 loadByLimit 方法，实现时可以考虑使用 Promise.race 方法，代码如下。

```
const loadByLimit = (urlIds, loadImg, limit) => {
 const urlIdsCopy = [...urlIds]

 if (urlIdsCopy.length <= limit) {
  //如果数组长度小于最大并发数，则直接发出全部请求
  const promiseArray = urlIds.map(urlId => loadImg(urlId))
    return Promise.all(promiseArray)
 }

 //注意，splice 方法会改变 urlIdsCopy 数组
 const promiseArray = urlIdsCopy.splice(0, limit).map(urlId => loadImg(urlId))

 urlIdsCopy.reduce(
  (prevPromise, urlId) =>
   prevPromise
    .then(() => Promise.race(promiseArray))
    .catch(error => {console.log(error)})
    .then(resolvedId => {
     //将 resolvedId 从 promiseArray 数组中删除
     //这里用于删除操作的只是伪代码，具体删除情况要看后端 API 返回的结果
     let resolvedIdPostion = promiseArray.findIndex(id => resolvedId === id)
     promiseArray.splice(resolvedIdPostion, 1)
     promiseArray.push(loadImg(urlId))
    })
  ,
  Promise.resolve()
 )
```

```
.then(() => Promise.all(promiseArray))
}
```

代码解读：Promise.race 接收一个 Promise 数组（promiseArray），并返回这个数组中第一个被决议的 Promise 的返回值。在得到返回值后，我们不断地将已经被决议的 Promise 从 Promise 数组中删除，再将新的 Promise 添加到 Promise 数组中，重复执行，始终保持当前并发请求数小于等于 limit 值。

setTimeout 相关考查

我们通过以上几道题目分析梳理了异步问题的处理方案。接下来会从 JavaScript 及宿主能力的理论内容出发，继续深入探讨异步话题。

首先，从大家都很熟悉的 setTimeout 这个 API 说起。setTimeout 简单实用，非常好理解。但是很多资深的开发者似乎并不太喜欢 setTimeout，认为其中的"魔法"和特性过于晦涩。虽然使用 setTimeout 可以解决很多问题，但是也带来了很多困局。

从代码开始分析，请观察以下代码。

```
setTimeout(() => {
    console.log('setTimeout block')
}, 100)

while (true) {

}

console.log('end here')
```

执行以上代码将不会得到任何输出。原因很简单，因为 while 循环会一直循环代码块，因此主线程将会被占用。

但是，执行以下代码会打印出 end here。

```
setTimeout(() => {
    while (true) {

    }
}, 0)

console.log('end here')
```

这段代码执行后，再执行任何语句都不会得到响应。

由此可以延伸出，JavaScript 中的任务分为同步任务和异步任务。

- 同步任务：当前主线程将要消化执行的任务，这些任务一起形成执行栈（execution context stack）。
- 异步任务：不进入主线程，而是进入任务队列（task queue），即不会马上进行的任务。

当同步任务全都被消化，主线程空闲时，即上面提到的执行栈为空时，系统将会执行任务队列中的任务，即异步任务。

这样的机制保证了：虽然 JavaScript 是单线程的，但是对于一些耗时的任务，我们可以将其丢入任务队列中，这样就不会阻碍其他同步代码的执行，等到异步任务完成后，便会进行相关逻辑的操作。

回到例题，程序执行到 setTimeout 时，会将其内容放入任务队列（task queue）中，继续执行同步任务，直到开始执行 while 循环，而因为我们设定了一个循环条件，导致主线程同步任务被阻塞，主线程永远不会空闲，因此 console.log('end here')代码不会被执行，更不可能在同步任务结束后执行任务队列中的 console.log('setTimeout block')。

如果将相关代码修改为如下所示的样子，

```
const t1 = new Date()
setTimeout(() => {
    const t3 = new Date()
    console.log('setTimeout block')
    console.log('t3 - t1 =', t3 - t1)
}, 100)

let t2 = new Date()

while (t2 - t1 < 200) {
    t2 = new Date()
}

console.log('end here')
```

则输出结果如下。

```
end here
setTimeout block
t3 - t1 = 200
```

可以看到，虽然 setTimeout 定时器的定时为 100ms，但是由于同步任务中的 while 循环将执行 200ms，因此计时完成后仍然会先执行主线程中的同步任务，只有当同步任务全部执行完毕，输出 end here 时，才会开始执行任务队列中的任务。此时，t3 和 t1 的时间差为 200ms，而不是定时器设定的 100ms。

上面两个例题比较简单，关于 setTimeout 最容易被忽视的其实是一个非常小的细节。请看如下代码。

```
setTimeout(() => {
    console.log('here 100')
}, 100)

setTimeout(() => {
    console.log('here 2')
}, 0)
```

不要被吓到，这段代码中并没有陷阱。因为代码执行时第二个 setTimeout 的定时器函数将更快被触发，所以会先输出 here 2，在 100ms 左右再输出 here 100。

但是，如果将代码修改成下面的样子，情况又会如何呢？

```
setTimeout(() => {
    console.log('here 1')
}, 1)

setTimeout(() => {
    console.log('here 2')
}, 0)
```

按道理来说，执行这段代码时也应该是第二个 setTimeout 将更快被触发，先输出 here 2，再输出 here 1。但是，在 Chrome 浏览器中运行的结果相反，事实上，这两个 setTimeout 谁先进入任务队列，谁就会先执行，并不会严格按照 1ms 和 0ms 进行区分。

表面上看，1ms 和 0ms 的延迟是完全等价的，有点类似"最小延迟时间"这个概念。直观上看，最小延迟时间是 1ms，在 1ms 以内的定时都以最小延迟时间处理。此时，谁在代码顺序上靠前，谁就会在主线程空闲时被优先执行。

值得一提的是，读者可以参考一下 MDN 上给出的最小延迟时间——4ms，另外，setTimeout 也有"最大延迟时间"的概念。这都依赖于规范的制定和浏览器引擎的实现。

我个人认为对于延迟时间的设定没有必要钻牛角尖，读者只需要心里清楚"有这么一个概念"即可。

宏任务和微任务

在介绍宏任务和微任务之前,我们先看一下 Promise 的相关输出情况。请看以下代码。

```
console.log('start here')
new Promise((resolve, reject) => {
  console.log('first promise constructor')
  resolve()
})
  .then(() => {
    console.log('first promise then')
    return new Promise((resolve, reject) => {
      console.log('second promise')
      resolve()
    })
      .then(() => {
        console.log('second promise then')
      })
  })
  .then(() => {
    console.log('another first promise then')
  })
console.log('end here')
```

我们来分析一下上述代码。

- 首先会输出 start here,这一点是没有问题的。

- 接着是一个 Promise 构造函数,执行同步代码,输出 first promise constructor,同时将第一处 Promise 的 then 方法完成处理逻辑放入任务队列。

- 继续执行同步代码,输出 end here。

- 同步代码全部执行完毕,然后执行任务队列中的逻辑,输出 first promise then 及 second promise。

- 当在 then 方法中返回一个 Promise 时(第 9 行),第一个 Promise 的第二个 then 方法对应的完成处理函数(第 17 行)便会置于返回的这个新 Promise 的 then 方法(第 13 行)之后。

- 此时将返回的这个新 Promise 的 then 方法放到任务队列中,由于主线程中没有其他任务,因此会转而执行第二个 then 任务,输出 second promise then。

- 最后输出 another first promise then。

这道题目并不是很简单，主要涉及了 Promise 的一些特性。

事实上，我们不难发现，Promise 的完成处理函数也会被放入任务队列中，但是这个"任务队列"和前面所提到的与 setTimeout 相关的任务队列又有所不同。

任务队列中的异步任务其实又分为宏任务（macrotask）与微任务（microtask），也就是说宏任务和微任务虽然都是异步任务，都在任务队列中，但是它们在两个不同的队列中。

那么，如何区分宏任务和微任务呢？

一般情况下，宏任务包括以下内容。

- setTimeout
- setInterval
- I/O
- 事件
- postMessage
- setImmediate（Node.js 中的特性，浏览器端已经废弃该 API）
- requestAnimationFrame
- UI 渲染

微任务包括以下内容。

- Promise.then
- MutationObserver
- process.nextTick (Node.js)

那么，当代码中同时存在宏任务和微任务时，谁的优先级更高，先执行谁呢？请看以下代码。

```
console.log('start here')

const foo = () => (new Promise((resolve, reject) => {
    console.log('first promise constructor')

    let promise1 = new Promise((resolve, reject) => {
        console.log('second promise constructor')

        setTimeout(() => {
```

```
            console.log('setTimeout here')
            resolve()
        }, 0)

        resolve('promise1')
    })

    resolve('promise0')

    promise1.then(arg => {
        console.log(arg)
    })
}))
foo().then(arg => {
    console.log(arg)
})

console.log('end here')
```

这是一个更加复杂的例子，不要慌，我们一步一步分析。

- 首先输出 start here，执行 foo 函数，同步输出 first promise constructor。

- 继续执行 foo 函数，遇见 promise1，执行 promise1 构造函数，同步输出 second promise constructor 及 end here。同时，按照顺序依次执行以下操作，setTimeout 回调进入任务队列（宏任务），promise1 的完成处理函数（第 18 行）进入任务队列（微任务），第一个（匿名）promise 的完成处理函数（第 23 行）进入任务队列（微任务）。

- 虽然 setTimeout 回调率先进入任务队列，但是引擎会优先执行微任务，按照微任务的顺序先输出 promise1 的结果，再输出 promise0 的结果（即第一个匿名 promise 的结果）。

- 此时，所有微任务都处理完毕，开始执行宏任务，输出 setTimeout 回调内容 setTimeout here。

由上分析得知，每次主线程执行栈为空的时候，引擎都会优先处理微任务队列，处理完微任务队列中的所有任务，再处理宏任务，如同以下代码及输出结果一般。

```
console.log('start here')

setTimeout(() => {
    console.log('setTimeout')
}, 0)

new Promise((resolve, reject) => {
    resolve('promise result')
```

```
}).then(value => {console.log(value)})
console.log('end here')
//输出结果
start here
end here
promise result
setTimeout
```

总结

异步任务的处理,因其重要性,在前端开发中始终是一个不可忽视的考查点;又因其复杂性,其考点灵活多变,开发者需要熟悉各种异步方案。同时,每一种异步方案都是相辅相成的。如果你没有完全理解 callback,那也许就很难理解 Promise;如果没有熟练掌握 Promise,那就更无从谈起会使用 Generator 和 async/await。

很多异步场景都涉及网络、高风险计算,但本篇还没有涉及异步中错误处理这个重要内容,这方面的信息会在后续内容中进行讲解。

异步的整个学习过程需要我们从最基础的知识开始,步步为营。如果学习一次理解不了,那就学习两次、三次。相信我,这一定是一个吃经验和重复次数的"水滴石穿"的过程。通过一次次"死记硬背",我们会慢慢理解其中的道理。

06

你以为我真的想让你手写 Promise 吗

通过前面几篇的学习，我们认识到，想优雅地进行异步操作，必须要熟识一个极其重要的概念——Promise。它是取代传统回调，实现同步链式写法的解决方案；是理解 Generator、async/await 的关键。但是，对于初学者来说，Promise 并不是很好理解，其中的概念纷杂，且抽象程度较高。

与此同时，在中高级前端开发面试中，对于 Promise 的考查也多种多样，近几年流行"让面试者实现一个 Promise"。那么，本篇就带大家实现一个简单的 Promise。注意，实现不是最终目的，在实现的过程中，我会配以关键结论和关于 Promise 的考查题目，希望大家可以融会贯通。

从 "Promise 化" 一个 API 谈起

熟悉微信小程序开发的读者应该知道，我们在微信小程序环境中发送一个网络请求时会使用 wx.request()。通过参考官方文档，其具体用法如下。

```
wx.request({
  url: 'test.php', //仅为示例，并非真实的接口地址
  data: {
    x: '',
    y: ''
  },
  header: {
    'content-type': 'application/json' //默认值
  },
  success(res) {
    console.log(res.data)
  }
})
```

配置化的 API 风格和我们早期使用 jQuery 中 AJAX 方法的封装类似。这样的设计有一个小问题，就是容易出现"回调地狱"问题。如果我们想先通过 ./userInfo 接口来获取登录用户信息数据，再从登录用户信息数据中通过请求 ./${id}/friendList 接口来获取登录用户的所有好友列表，那么就需要执行如下代码。

```
wx.request({
  url: './userInfo',
  success(res) {
    const id = res.data.id
    wx.request({
      url: `./${id}/friendList`,
      success(res) {
        console.log(res)
      }
    })
  }
})
```

以上代码只是嵌套了一层回调而已，还不完全算是"地狱"场景，但是足以用来说明问题。

我们知道解决"回调地狱"问题的一个极佳工具就是 Promise，所以将微信小程序的 wx.request() 方法进行 Promise 化，代码将会变为如下所示的样子。

```
const wxRequest = (url, data = {}, method = 'GET') =>
  new Promise((resolve, reject) => {
    wx.request({
      url,
      data,
      method,
      header: {
        //通用化 header 设置
      },
      success: function (res) {
        const code = res.statusCode
        if (code !== 200) {
          reject({ error: 'request fail', code })
          return
        }
        resolve(res.data)
      },
      fail: function (res) {
        reject({ error: 'request fail'})
      },
    })
  })
```

这里不再过多介绍 Promise 的基本概念。以上代码实现是一个典型的 Promise 化案例，当然我们不仅可以对 wx.request() API 进行 Promise 化，还可以使该操作具有通用性，能够 Promise 化更多类似（通过 success 和 fail 表征状态）的接口，代码如下。

```
const promisify = fn => args =>
 new Promise((resolve, reject) => {
   args.success = function(res) {
     return resolve(res)
   }
   args.fail = function(res) {
     return reject(res)
   }
 })
```

在将 Promise 化的代码封装为 promisify 之后，我们便可以像如下代码所示的那样使用它。

```
const wxRequest = promisify(wx.request)
```

通过以上例子，我们知道，Promise 其实就是一个构造函数，我们可以使用这个构造函数创建一个 Promise 实例。该构造函数很简单，它只有一个参数，按照 Promise/A+规范的命名，我们把 Promise 构造函数的参数叫作 executor，它是函数类型的参数。这个函数又"自动"具有 resolve、reject 两个方法作为参数。

请仔细体会上述结论，我们可以根据此结论开始实现 Promise 的第一步，先简单地实现一个构造函数，代码如下。

```
function Promise(executor) {

}
```

Promise 初见雏形

在上面的 wx.request()介绍中，我们将其进行了 Promise 化，因此在嵌套回调场景中可以使用以下方法。

```
wxRequest('./userInfo')
  .then(
    data => wxRequest(`./${data.id}/friendList`),
    error => {
      console.log(error)
    }
```

```
  )
  .then(
    data => {
      console.log(data)
    },
    error => {
      console.log(error)
    }
  )
```

通过观察上述代码,我们来剖析 Promise 的实质。

Promise 构造函数返回一个 Promise 对象实例,这个返回的 Promise 对象具有一个 then 方法。在 then 方法中,调用者可以定义两个参数,分别是 onfulfilled 和 onrejected,它们都是函数类型的参数。其中,onfulfilled 通过参数可以获取 Promise 对象经过 resolve 处理后的值,onrejected 可以获取 Promise 对象经过 reject 处理后的值。通过这个值,我们来处理异步操作完成后的逻辑。

这些都是 Promise/A+ 规范的基本内容,接下来我们继续实现 Promise。在已有 Promise 构造函数的基础上加上 then 原型方法的骨架,代码如下。

```
function Promise(executor) {

}

Promise.prototype.then = function(onfulfilled, onrejected) {

}
```

下面先来看一个示例,从示例中理解 Promise 的重点内容。

```
let promise1 = new Promise((resolve, reject) => {
  resolve('data')
})

promise1.then(data => {
  console.log(data)
})

let promise2 = new Promise((resolve, reject) => {
  reject('error')
})

promise2.then(data => {
  console.log(data)
}, error => {
```

```
  console.log(error)
})
```

在使用 new 关键字调用 Promise 构造函数时，在合适的时机（往往是异步操作结束时）调用 executor 的参数 resolve，并将经过 resolve 处理后的值作为 resolve 的函数参数执行，这个值便可以在后续 then 方法的第一个函数参数（onfulfilled）中拿到；同理，在出现错误时，调用 executor 的参数 reject，并将错误信息作为 reject 的函数参数执行，这个错误信息可以在后续 then 方法的第二个函数参数（onrejected）中得到。

因此，我们在实现 Promise 时，应该有两个变量，分别存储经过 resolve 处理后的值，以及经过 reject 处理后的值（当然，因为 Promise 状态的唯一性，不可能同时出现经过 resolve 处理后的值和经过 reject 处理后的值，因此也可以用一个变量来存储）；同时还需要存在一个状态，这个状态就是 Promise 实例的状态（pending、fulfilled、rejected）；最后要提供 resolve 方法及 reject 方法，这两个方法需要作为 executor 的参数提供给开发者使用，代码如下。

```
function Promise(executor) {
  const self = this
  this.status = 'pending'
  this.value = null
  this.reason = null

  function resolve(value) {
    self.value = value
  }

  function reject(reason) {
    self.reason = reason
  }

  executor(resolve, reject)
}
Promise.prototype.then = function(onfulfilled = Function.prototype, onrejected = Function.prototype) {
  onfulfilled(this.value)

  onrejected(this.reason)
}
```

为了保证 onfulfilled、onrejected 能够健壮地执行，我们为其设置了默认值，其默认值为一个函数元（Function.prototype）。

注意，因为 resolve 的最终调用是由开发者在不确定环境下（往往是在全局中）直接调用的，因此为了在 resolve 函数中能够拿到 Promise 实例的值，我们需要对 this 进行保存，上述代码中使用了 self 变量来记录 this，也可以使用箭头函数来保证 this 执行的准确性。

```javascript
function Promise(executor) {
  this.status = 'pending'
  this.value = null
  this.reason = null

  const resolve = value => {
    this.value = value
  }

  const reject = reason => {
    this.reason = reason
  }

  executor(resolve, reject)
}
Promise.prototype.then = function(onfulfilled = Function.prototype, onrejected = Function.prototype) {
  onfulfilled(this.value)

  onrejected(this.reason)
}
```

为什么 then 要放在 Promise 构造函数的原型上，而不是放在构造函数内部呢？

这涉及了原型、原型链的知识，虽然不是本篇要讲的内容，但这里还是简单地提一下：每个 Promise 实例的 then 方法逻辑都是一致的，实例在调用该方法时，可以通过原型（Promise.prototype）来调用，而不需要每次实例化都新创建一个 then 方法，以便节省内存，显然更合适。

Promise 实现状态完善

我们先来看一道题：请判断以下代码的输出。

```javascript
let promise = new Promise((resolve, reject) => {
  resolve('data')
  reject('error')
})

promise.then(data => {
  console.log(data)
```

```
}, error => {
  console.log(error)
})
```

以上代码只会输出 data。我们知道，Promise 实例的状态只能从 pending 变为 fulfilled，或者从 pending 变为 rejected。状态一旦变更完毕，就不可再次变化或逆转。也就是说，如果一旦变为 fulfilled，就不能再变为 rejected；一旦变为 rejected，就不能再变为 fulfilled。

而我们的代码实现显然无法满足这一特性。执行上一段代码将会输出 data 及 error，因此需要对状态进行判断和完善，如下。

```
function Promise(executor) {
  this.status = 'pending'
  this.value = null
  this.reason = null

  const resolve = value => {
    if (this.status === 'pending') {
      this.value = value
      this.status = 'fulfilled'
    }
  }

  const reject = reason => {
    if (this.status === 'pending') {
      this.reason = reason
      this.status = 'rejected'
    }
  }

  executor(resolve, reject)
}

Promise.prototype.then = function(onfulfilled, onrejected) {
  onfulfilled = typeof onfulfilled === 'function' ? onfulfilled : data => data
  onrejected = typeof onrejected === 'function' ? onrejected : error => {throw error}

  if (this.status === 'fulfilled') {
    onfulfilled(this.value)
  }
  if (this.status === 'rejected') {
    onrejected(this.reason)
  }
}
```

可以看到，resolve 和 reject 方法中加入了判断，只允许 Promise 实例状态从 pending 变为 fulfilled，

或者从 pending 变为 rejected。

同时注意，这里对 Promise.prototype.then 的参数 onfulfilled 和 onrejected 进行了判断，当实参不是函数类型时，就需要赋予默认函数值。这时的默认值不再是函数元 Function.prototype 了。为什么要这么改？下一节会有介绍。

这样一来，我们的实现显然更加真实了。刚才的代码也可以顺利执行了。

但是不要高兴得太早，Promise 是用来解决异步问题的，而我们的代码全部都是同步执行的，似乎还差了更重要的逻辑。

Promise 异步实现完善

到目前为止，实现还差了哪些内容呢？别急，我们从下面的示例代码入手，逐步分析。

```
let promise = new Promise((resolve, reject) => {
  setTimeout(() => {
    resolve('data')
  }, 2000)
})

promise.then(data => {
  console.log(data)
})
```

正常来讲，上述代码会在 2s 后输出 data，但是现在，代码并没有输出任何信息。这是为什么呢？

原因很简单，因为我们的实现逻辑全是同步的。上述代码在实例化一个 Promise 的构造函数时，会在 setTimeout 逻辑中调用 resolve，也就是说，2s 后才会调用 resolve 方法，更改 Promise 实例状态。而结合我们的实现，then 方法中的 onfulfilled 是同步执行的，它在执行时 this.status 仍然为 pending，并没有做到"2s 后再执行 onfulfilled"。

那该怎么办呢？我们似乎应该在合适的时间去调用 onfulfilled 方法，这个合适的时间应该是开发者调用 resolve 的时刻，那么我们先在状态（status）为 pending 时把开发者传进来的 onfulfilled 方法存起来，再在 resolve 方法中执行即可。代码如下所示。

```
function Promise(executor) {
  this.status = 'pending'
  this.value = null
  this.reason = null
```

```
    this.onFulfilledFunc = Function.prototype
    this.onRejectedFunc = Function.prototype

    const resolve = value => {
      if (this.status === 'pending') {
        this.value = value
        this.status = 'fulfilled'

        this.onFulfilledFunc(this.value)
      }

    }

    const reject = reason => {
      if (this.status === 'pending') {
        this.reason = reason
        this.status = 'rejected'

        this.onRejectedFunc(this.reason)
      }
    }

    executor(resolve, reject)
}

Promise.prototype.then = function(onfulfilled, onrejected) {
  onfulfilled = typeof onfulfilled === 'function' ? onfulfilled : data => data
  onrejected = typeof onrejected === 'function' ? onrejected : error => {throw error}

  if (this.status === 'fulfilled') {
    onfulfilled(this.value)
  }
  if (this.status === 'rejected') {
    onrejected(this.reason)
  }
  if (this.status === 'pending') {
    this.onFulfilledFunc = onfulfilled
    this.onRejectedFunc = onrejected
  }
}
```

通过测试发现，我们实现的代码也可以支持异步执行了！同时，我们知道 Promise 是异步执行的！再来看一个例子，请判断以下代码的输出结果。

```
let promise = new Promise((resolve, reject) => {
  resolve('data')
})
```

```
promise.then(data => {
  console.log(data)
})
console.log(1)
```

正常的话，这里会按照顺序先输出 1，再输出 data。

而我们实现的代码却没有考虑这种情况，实际先输出了 data，再输出 1。因此，需要将 resolve 和 reject 的执行放到任务队列中。这里姑且先放到 setTimeout 中，保证异步执行（这样的做法并不严谨，为了保证 Promise 属于 microtasks，很多 Promise 的实现库用了 MutationObserver 来模仿 nextTick）。

```
const resolve = value => {
  if (value instanceof Promise) {
    return value.then(resolve, reject)
  }
  setTimeout(() => {
    if (this.status === 'pending') {
      this.value = value
      this.status = 'fulfilled'

      this.onFulfilledFunc(this.value)
    }
  })
}

const reject = reason => {
  setTimeout(() => {
    if (this.status === 'pending') {
      this.reason = reason
      this.status = 'rejected'

      this.onRejectedFunc(this.reason)
    }
  })
}

executor(resolve, reject)
```

这样一来，在执行到 executor(resolve, reject)时，也能保证在 nextTick 中才去执行 Promise 被决议后的任务，不会阻塞同步任务。

同时，我们在 resolve 方法中加入了对 value 值是否为一个 Promise 实例的判断语句。到目前为止，整个实现代码如下所示。

```js
function Promise(executor) {
  this.status = 'pending'
  this.value = null
  this.reason = null
  this.onFulfilledFunc = Function.prototype
  this.onRejectedFunc = Function.prototype

  const resolve = value => {
    if (value instanceof Promise) {
      return value.then(resolve, reject)
    }
    setTimeout(() => {
      if (this.status === 'pending') {
        this.value = value
        this.status = 'fulfilled'

        this.onFulfilledFunc(this.value)
      }
    })
  }

  const reject = reason => {
    setTimeout(() => {
      if (this.status === 'pending') {
        this.reason = reason
        this.status = 'rejected'

        this.onRejectedFunc(this.reason)
      }
    })
  }

  executor(resolve, reject)
}

Promise.prototype.then = function(onfulfilled, onrejected) {
  onfulfilled = typeof onfulfilled === 'function' ? onfulfilled : data => data
  onrejected = typeof onrejected === 'function' ? onrejected : error => {throw error}

  if (this.status === 'fulfilled') {
    onfulfilled(this.value)
  }
  if (this.status === 'rejected') {
    onrejected(this.reason)
  }
  if (this.status === 'pending') {
    this.onFulfilledFunc = onfulfilled
    this.onRejectedFunc = onrejected
```

```
  }
}
```

下面的实现也会按照顺序，先输出 1，再输出 data。

```
let promise = new Promise((resolve, reject) => {
  resolve('data')
})

promise.then(data => {
  console.log(data)
})
console.log(1)
```

Promise 细节完善

到此为止，我们的 Promise 实现似乎越来越靠谱了，但是还有些细节需要完善。

比如，在 Promise 实例状态变更之前添加多个 then 方法。

```
let promise = new Promise((resolve, reject) => {
  setTimeout(() => {
    resolve('data')
  }, 2000)
})

promise.then(data => {
  console.log(`1: ${data}`)
})
promise.then(data => {
  console.log(`2: ${data}`)
})
```

以上代码应该会得到以下输出。

```
1: data
2: data
```

而我们的实现只会输出 2: data，这是因为第二个 then 方法中的 onFulfilledFunc 会覆盖第一个 then 方法中的 onFulfilledFunc。

这个问题也好解决，只需要将所有 then 方法中的 onFulfilledFunc 储存到一个数组 onFulfilledArray 中，在当前 Promise 被决议时依次执行 onFulfilledArray 数组内的方法即可。对于 onRejectedFunc 同理，改动后的实现代码如下。

```js
function Promise(executor) {
  this.status = 'pending'
  this.value = null
  this.reason = null
  this.onFulfilledArray = []
  this.onRejectedArray = []

  const resolve = value => {
    if (value instanceof Promise) {
      return value.then(resolve, reject)
    }
    setTimeout(() => {
      if (this.status === 'pending') {
        this.value = value
        this.status = 'fulfilled'

        this.onFulfilledArray.forEach(func => {
          func(value)
        })
      }
    })
  }

  const reject = reason => {
    setTimeout(() => {
      if (this.status === 'pending') {
        this.reason = reason
        this.status = 'rejected'

        this.onRejectedArray.forEach(func => {
          func(reason)
        })
      }
    })
  }

  executor(resolve, reject)
}

Promise.prototype.then = function(onfulfilled, onrejected) {
  onfulfilled = typeof onfulfilled === 'function' ? onfulfilled : data => data
  onrejected = typeof onrejected === 'function' ? onrejected : error => {throw error}

  if (this.status === 'fulfilled') {
    onfulfilled(this.value)
  }
  if (this.status === 'rejected') {
    onrejected(this.reason)
  }
```

```
  }
  if (this.status === 'pending') {
    this.onFulfilledArray.push(onfulfilled)
    this.onRejectedArray.push(onrejected)
  }
}
```

另外一个需要完善的细节是,在构造函数中如果出错,将会自动触发 Promise 实例状态变为 rejected,因此我们用 try...catch 块对 executor 进行包裹,如下。

```
try {
  executor(resolve, reject)
} catch(e) {
  reject(e)
}
```

当我们故意将代码错写为以下形式时:

```
let promise = new Promise((resolve, reject) => {
  setTout(() => {
    resolve('data')
  }, 2000)
})
promise.then(data => {
  console.log(data)
}, error => {
  console.log('got error from promise', error)
})
```

就可以对错误进行处理,并捕获到如下异常。

```
got error from promise ReferenceError: setTimeouteout is not defined
    at <anonymous>:2:3
    at <anonymous>:33:7
    at o (web-46c6729d4d8cac92aed8.js:1)
```

到目前为止,我们已经初步实现了基本的 Promise。得到一个好的实现结果固然重要,但是在实现过程中,我们也加深了对 Promise 的理解,得出下面一些重要的结论。

- Promise 的状态具有凝固性。
- Promise 可以在 then 方法第二个参数中进行错误处理。
- Promise 实例可以添加多个 then 处理场景。

距离完整的实现越来越近了,接下来继续实现 Promise then 的链式调用效果。

Promise then 的链式调用

在正式介绍此部分知识点前,我们先来看一道题目:请判断以下代码的输出结果。

```
const promise = new Promise((resolve, reject) => {
    setTimeout(() => {
      resolve('lucas')
  }, 2000)
})

promise.then(data => {
  console.log(data)
  return `${data} next then`
})
.then(data => {
  console.log(data)
})
```

这段代码执行后,将会在 2s 后输出 lucas,紧接着输出 lucas next then。

我们看到,Promise 实例的 then 方法支持链式调用,输出经过 resolve 处理的值后,如果在 then 方法体的 onfulfilled 函数中同步显式返回新的值,则将会在新 Promise 实例 then 方法的 onfulfilled 函数中输出新值。

如果在第一个 then 方法体的 onfulfilled 函数中返回另一个 Promise 实例,结果又将如何呢?请看以下代码。

```
const promise = new Promise((resolve, reject) => {
  setTimeout(() => {
      resolve('lucas')
  }, 2000)
})

promise.then(data => {
  console.log(data)
  return new Promise((resolve, reject) => {
    setTimeout(() => {
      resolve(`${data} next then`)
    }, 4000)
  })
})
.then(data => {
  console.log(data)
})
```

上述代码将在 2s 后输出 lucas，紧接着再过 4s（第 6s）输出 lucas next then。

由此可知，一个 Promise 实例 then 方法的 onfulfilled 函数和 onrejected 函数是支持再次返回一个 Promise 实例的，也支持返回一个非 Promise 实例的普通值；并且，返回的这个 Promise 实例或这个非 Promise 实例的普通值将会传给下一个 then 方法的 onfulfilled 函数或 onrejected 函数，这样，then 方法就支持链式调用了。

链式调用的初步实现

让我们来分析一下，是不是为了能够支持 then 方法的链式调用，每一个 then 方法的 onfulfilled 函数和 onrejected 函数都应该返回一个 Promise 实例。

我们一步一步来分析，先看一个实际使用 Promise 链的场景，代码如下。

```
const promise = new Promise((resolve, reject) => {
  setTimeout(() => {
     resolve('lucas')
  }, 2000)
})

promise.then(data => {
  console.log(data)
  return `${data} next then`
})
.then(data => {
  console.log(data)
})
```

这种 onfulfilled 函数会返回一个普通字符串类型的基本值，这里的 onfulfilled 函数的代码如下。

```
data => {
  console.log(data)
  return `${data} next then`
}
```

在前面实现的 then 方法中，我们可以创建一个新的 Promise 实例，即 promise2，并最终将这个 promise2 返回，代码如下。

```
Promise.prototype.then = function(onfulfilled, onrejected) {
   onfulfilled = typeof onfulfilled === 'function' ? onfulfilled : data => data
  onrejected = typeof onrejected === 'function' ? onrejected : error => { throw error }
  // promise2 将作为 then 方法的返回值
  let promse2
```

```js
if (this.status === 'fulfilled') {
  return promse2 = new Promise((resolve, reject) => {
        setTimeout(() => {
            try {
                //这个新的promse2 resolved的值为onfulfilled的执行结果
                let result = onfulfilled(this.value)
                resolve(result)
            }
            catch(e) {
                reject(e)
            }
        })
    })
}
if (this.status === 'rejected') {
  onrejected(this.reason)
}
if (this.status === 'pending') {
  this.onFulfilledArray.push(onfulfilled)
  this.onRejectedArray.push(onrejected)
}
}
```

当然，别忘了 this.status === 'rejected' 状态和 this.status === 'pending' 状态也要加入相同的逻辑，如下。

```js
Promise.prototype.then = function(onfulfilled, onrejected) {
 // promise2 将作为 then 方法的返回值
 let promise2
 if (this.status === 'fulfilled') {
   return promise2 = new Promise((resolve, reject) => {
         setTimeout(() => {
             try {
                 //这个新的promise2的经过resolve处理后的值为onfulfilled的执行结果
                 let result = onfulfilled(this.value)
                 resolve(result)
             }
             catch(e) {
                 reject(e)
             }
         })
     })
 }
 if (this.status === 'rejected') {
   return promise2 = new Promise((resolve, reject) => {
         setTimeout(() => {
```

```js
                try {
                    //这个新的 promise2 的经过 reject 处理后的值为 onrejected 的执行结果
                    let result = onrejected(this.value)
                    resolve(result)
                }
                catch(e) {
                    reject(e)
                }
            })
        })
    }
    if (this.status === 'pending') {
      return promise2 = new Promise((resolve, reject) => {
        this.onFulfilledArray.push(() => {
          try {
            let result = onfulfilled(this.value)
            resolve(result)
          }
          catch(e) {
            reject(e)
          }
        })

        this.onRejectedArray.push(() => {
          try {
            let result = onrejected(this.reason)
            resolve(result)
          }
          catch(e) {
            reject(e)
          }
        })
      })
    }
}
```

  这里要重点理解 this.status === 'pending'判断分支中的逻辑，这也是最难理解的。当使用 Promise 实例调用其 then 方法时，应该返回一个 Promise 实例，返回的就是 this.status === 'pending'判断分支中返回的 promise2。那么，这个 promise2 什么时候被决议呢？应该是在异步处理结束后，依次执行 onFulfilledArray 或 onRejectedArray 数组中的函数时。

  我们再思考一下，onFulfilledArray 或 onRejectedArray 数组中的函数应该做些什么呢？很明显，需要切换 promise2 的状态，并进行决议。

  理顺了 onFulfilledArray 或 onRejectedArray 数组中的函数需要执行的逻辑，再进行改动。将

this.onFulfilledArray.push 的函数由

```
this.onFulfilledArray.push(onfulfilled)
```

改为以下形式。

```
() => {
    setTimeout(() => {
        try {
            let result = onfulfilled(this.value)
            resolve(result)
        }
        catch(e) {
            reject(e)
        }
    })
}
```

this. onRejectedArray.push 函数的改动方式同理。

这里的改动非常不容易理解，如果读者仍然想不明白，也不需要着急，还是应该先理解透 Promise，再返回来看，多看几次，一定会有所收获。

请注意，此时 Promise 实现的完整代码如下。

```
function Promise(executor) {
  this.status = 'pending'
  this.value = null
  this.reason = null
  this.onFulfilledArray = []
  this.onRejectedArray = []

  const resolve = value => {
    if (value instanceof Promise) {
      return value.then(resolve, reject)
    }
    setTimeout(() => {
      if (this.status === 'pending') {
        this.value = value
        this.status = 'fulfilled'

        this.onFulfilledArray.forEach(func => {
          func(value)
        })
      }
    })
  }
```

```js
    const reject = reason => {
      setTimeout(() => {
        if (this.status === 'pending') {
          this.reason = reason
          this.status = 'rejected'

          this.onRejectedArray.forEach(func => {
            func(reason)
          })
        }
      })
    }


    try {
        executor(resolve, reject)
    } catch(e) {
        reject(e)
    }
}

Promise.prototype.then = function(onfulfilled, onrejected) {
  // promise2 将作为 then 方法的返回值
  let promise2
  if (this.status === 'fulfilled') {
    return promise2 = new Promise((resolve, reject) => {
          setTimeout(() => {
              try {
                  //这个新的 promise2 的经过 resolve 处理后的值为 onfulfilled 的执行结果
                  let result = onfulfilled(this.value)
                  resolve(result)
              }
              catch(e) {
                  reject(e)
              }
          })
    })
  }
  if (this.status === 'rejected') {
    return promise2 = new Promise((resolve, reject) => {
          setTimeout(() => {
              try {
                  //这个新的 promise2 的经过 reject 处理后的值为 onrejected 的执行结果
                  let result = onrejected(this.value)
                  resolve(result)
              }
              catch(e) {
```

```
                    reject(e)
                }
            })
        })
    }
    if (this.status === 'pending') {
        return promise2 = new Promise((resolve, reject) => {
            this.onFulfilledArray.push(() => {
                try {
                    let result = onfulfilled(this.value)
                    resolve(result)
                }
                catch(e) {
                    reject(e)
                }
            })

            this.onRejectedArray.push(() => {
                try {
                    let result = onrejected(this.reason)
                    resolve(result)
                }
                catch(e) {
                    reject(e)
                }
            })
        })
    }
}
```

链式调用的完善实现

我们继续来实现 then 方法,以便显式返回一个 Promise 实例。对应场景下的实现代码如下。

```
const promise = new Promise((resolve, reject) => {
  setTimeout(() => {
     resolve('lucas')
  }, 2000)
})

promise.then(data => {
  console.log(data)
  return new Promise((resolve, reject) => {
    setTimeout(() => {
       resolve(`${data} next then`)
```

```
    }, 4000)
  })
})
.then(data => {
  console.log(data)
})
```

  基于第一种 onfulfilled 函数和 onrejected 函数返回一个普通值的情况，要实现这种 onfulfilled 函数和 onrejected 函数返回一个 Promise 实例的情况并不困难。但是需要小幅度重构一下代码，在之前实现的 let result = onfulfilled(this.value)语句和 let result = onrejected(this.reason)语句中，使变量 result 由一个普通值变为一个 Promise 实例。换句话说就是，变量 result 既可以是一个普通值，也可以是一个 Promise 实例，为此我们抽象出 resolvePromise 方法进行统一处理。对已有实现进行改动后的代码如下。

```
const resolvePromise = (promise2, result, resolve, reject) => {

}
Promise.prototype.then = function(onfulfilled, onrejected) {
  // promise2 将作为 then 方法的返回值
  let promise2
  if (this.status === 'fulfilled') {
    return promise2 = new Promise((resolve, reject) => {
          setTimeout(() => {
              try {
                  //这个新的 promise2 的经过 resolve 处理后的值为 onfulfilled 的执行结果
                  let result = onfulfilled(this.value)
                  resolvePromise(promise2, result, resolve, reject)
              }
              catch(e) {
                  reject(e)
              }
          })
    })
  }
  if (this.status === 'rejected') {
    return promise2 = new Promise((resolve, reject) => {
          setTimeout(() => {
              try {
                  //这个新的 promise2 的经过 reject 处理后的值为 onrejected 的执行结果
                  let result = onrejected(this.value)
                  resolvePromise(promise2, result, resolve, reject)
              }
              catch(e) {
                  reject(e)
```

```
          }
        })
    })
}
if (this.status === 'pending') {
  return promise2 = new Promise((resolve, reject) => {
    this.onFulfilledArray.push(value => {
      try {
        let result = onfulfilled(value)
        resolvePromise(promise2, result, resolve, reject)
      }
      catch(e) {
        reject(e)
      }
    })

    this.onRejectedArray.push(reason => {
      try {
        let result = onrejected(reason)
        resolvePromise(promise2, result, resolve, reject)
      }
      catch(e) {
        reject(e)
      }
    })
  })
}
}
```

现在的任务就是完成 resolvePromise 函数，这个函数接收以下 4 个参数。

- promise2：返回的 Promise 实例。

- result：onfulfilled 或 onrejected 函数的返回值。

- resolve：promise2 的 resolve 方法。

- reject：promise2 的 reject 方法。

有了这些参数，我们就具备了抽象逻辑的必备条件，接下来就是动手实现。

```
const resolvePromise = (promise2, result, resolve, reject) => {
  //当 result 和 promise2 相等时，也就是在 onfulfilled 返回 promise2 时，执行 reject
  if (result === promise2) {
    reject(new TypeError('error due to circular reference'))
  }

  //是否已经执行过 onfulfilled 或 onrejected
```

```
let consumed = false
let thenable

if (result instanceof Promise) {
  if (result.status === 'pending') {
    result.then(function(data) {
      resolvePromise(promise2, data, resolve, reject)
    }, reject)
  } else {
    result.then(resolve, reject)
  }
  return
}

let isComplexResult = target => (typeof target === 'function' || typeof target === 'object') && (target !== null)

//如果返回的是疑似 Promise 类型
if (isComplexResult(result)) {
  try {
    thenable = result.then
    //判断返回值是否是 Promise 类型
    if (typeof thenable === 'function') {
      thenable.call(result, function(data) {
        if (consumed) {
          return
        }
        consumed = true

        return resolvePromise(promise2, data, resolve, reject)
      }, function(error) {
        if (consumed) {
          return
        }
        consumed = true

        return reject(error)
      })
    }
    else {
      resolve(result)
    }

  } catch(e) {
    if (consumed) {
      return
    }
    consumed = true
```

```
      return reject(e)
    }
  }
  else {
    resolve(result)
  }
}
```

我们看到，resolvePromise 方法的第一步是对"死循环"进行处理，并在发生死循环时抛出错误，错误信息为 new TypeError('error due to circular reference')，如图 6-1 所示。

```
This treatment of thenables allows promise implementations to interoperate, as long as they expose a
Promises/A+-compliant  then  method. It also allows Promises/A+ implementations to "assimilate"
nonconformant implementations with reasonable  then  methods.

To run  [[Resolve]](promise, x) , perform the following steps:

2.3.1. If  promise  and  x  refer to the same object, reject  promise  with a  TypeError  as the reason.
2.3.2. If  x  is a promise, adopt its state [3.4]:
    2.3.2.1. If  x  is pending,  promise  must remain pending until  x  is fulfilled or rejected.
    2.3.2.2. If/when  x  is fulfilled, fulfill  promise  with the same value.
    2.3.2.3. If/when  x  is rejected, reject  promise  with the same reason.
2.3.3. Otherwise, if  x  is an object or function,
    2.3.3.1. Let  then  be  x.then . [3.5]
    2.3.3.2. If retrieving the property  x.then  results in a thrown exception  e , reject  promise  with  e  as the
             reason.
    2.3.3.3. If  then  is a function, call it with  x  as  this , first argument  resolvePromise , and second
             argument  rejectPromise , where:
```

图 6-1

怎么理解这个处理呢？Promise 实现规范中指出，其实出现"死循环"的情况如下所示。

```
const promise = new Promise((resolve, reject) => {
  setTimeout(() => {
    resolve('lucas')
  }, 2000)
})

promise.then(onfulfilled = data => {
  console.log(data)
  return onfulfilled(data)
})
.then(data => {
  console.log(data)
})
```

接着，对于 onfulfilled 函数返回的结果 result：如果 result 不是 Promise 实例，不是对象，也不是函数，而是一个普通值的话（isComplexResult 函数用于对此进行判断），则直接对 promise2 进行决议。

对于 onfulfilled 函数返回的结果 result：如果 result 含有 then 属性方法，那么我们称该属性方法为 thenable，说明 result 是一个 Promise 实例，当执行该实例的 then 方法（既 thenable）时，返回结果还可能是一个 Promise 实例类型，也可能是一个普通值，因此还要递归调用 resolvePromise。如果读者还是不明白这里为什么需要递归调用 resolvePromise，那么可以看一下下面的代码。

```
const promise = new Promise((resolve, reject) => {
  setTimeout(() => {
    resolve('lucas')
  }, 2000)
})

promise.then(data => {
  console.log(data)
  return new Promise((resolve, reject) => {
    setTimeout(() => {
      resolve(`${data} next then`)
    }, 4000)
  })
  .then(data => {
    return new Promise((resolve, reject) => {
      setTimeout(() => {
        resolve(`${data} next then`)
      }, 4000)
    })
  })
})
.then(data => {
  console.log(data)
})
```

以上代码将会在 2s 时输出 lucas，在 10s 时输出 lucas next then next then。

此时，Promise 实现的完整代码如下。

```
function Promise(executor) {
  this.status = 'pending'
  this.value = null
  this.reason = null
  this.onFulfilledArray = []
  this.onRejectedArray = []

  const resolve = value => {
    if (value instanceof Promise) {
      return value.then(resolve, reject)
```

```js
    setTimeout(() => {
      if (this.status === 'pending') {
        this.value = value
        this.status = 'fulfilled'

        this.onFulfilledArray.forEach(func => {
          func(value)
        })
      }
    })
  }

  const reject = reason => {
    setTimeout(() => {
      if (this.status === 'pending') {
        this.reason = reason
        this.status = 'rejected'

        this.onRejectedArray.forEach(func => {
          func(reason)
        })
      }
    })
  }


    try {
        executor(resolve, reject)
    } catch(e) {
        reject(e)
    }
}

const resolvePromise = (promise2, result, resolve, reject) => {
  //当result和promise2相等时,也就是onfulfilled返回promise2时,进行抛错
  if (result === promise2) {
    reject(new TypeError('error due to circular reference'))
  }

  //是否已经执行过onfulfilled或onrejected
  let consumed = false
  let thenable

  if (result instanceof Promise) {
    if (result.status === 'pending') {
      result.then(function(data) {
        resolvePromise(promise2, data, resolve, reject)
```

```js
      }, reject)
    } else {
      result.then(resolve, reject)
    }
    return
  }

  let isComplexResult = target => (typeof target === 'function' || typeof target === 'object') && (target !== null)

  //如果返回的是疑似 Promise 类型
  if (isComplexResult(result)) {
    try {
      thenable = result.then
      //判断返回值是否是 Promise 类型
      if (typeof thenable === 'function') {
        thenable.call(result, function(data) {
          if (consumed) {
            return
          }
          consumed = true

          return resolvePromise(promise2, data, resolve, reject)
        }, function(error) {
          if (consumed) {
            return
          }
          consumed = true

          return reject(error)
        })
      }
      else {
        resolve(result)
      }

    } catch(e) {
      if (consumed) {
        return
      }
      consumed = true
      return reject(e)
    }
  }
  else {
    resolve(result)
  }
}
```

```js
Promise.prototype.then = function(onfulfilled, onrejected) {
  onfulfilled = typeof onfulfilled === 'function' ? onfulfilled : data => data
  onrejected = typeof onrejected === 'function' ? onrejected : error => { throw error }

  // promise2 将作为 then 方法的返回值
  let promise2

  if (this.status === 'fulfilled') {
    return promise2 = new Promise((resolve, reject) => {
      setTimeout(() => {
        try {
          //这个新的 promise2 的经过 resolve 处理后的值为 onfulfilled 的执行结果
          let result = onfulfilled(this.value)
          resolvePromise(promise2, result, resolve, reject)
        }
        catch(e) {
          reject(e)
        }
      })
    })
  }
  if (this.status === 'rejected') {
    return promise2 = new Promise((resolve, reject) => {
      setTimeout(() => {
        try {
          //这个新的 promise2 的经过 reject 处理后的值为 onrejected 的执行结果
          let result = onrejected(this.reason)
          resolvePromise(promise2, result, resolve, reject)
        }
        catch(e) {
          reject(e)
        }
      })
    })
  }
  if (this.status === 'pending') {
    return promise2 = new Promise((resolve, reject) => {
      this.onFulfilledArray.push(value => {
        try {
          let result = onfulfilled(value)
          resolvePromise(promise2, result, resolve, reject)
        }
        catch(e) {
          reject(e)
        }
      })
```

```
    this.onRejectedArray.push(reason => {
      try {
        let result = onrejected(reason)
        resolvePromise(promise2, result, resolve, reject)
      }
      catch(e) {
        reject(e)
      }
    })
  })
}
```

Promise 穿透实现

到这里，读者可以松口气了，除了静态方法，我们的 Promise 实现基本已经完成了 95%。为什么不是 100%呢？其实还有一处细节没有完成，我们来看以下代码，判断输出结果。

```
const promise = new Promise((resolve, reject) => {
  setTimeout(() => {
    resolve('lucas')
  }, 2000)
})

promise.then(null)
.then(data => {
  console.log(data)
})
```

这段代码将会在 2s 后输出 lucas。这就是 Promise 穿透现象：给 then()函数传递非函数值作为其参数时，实际上会被解析成 then(null)，这时，上一个 Promise 对象的决议结果便会"穿透"到下一个 then 方法的参数中。

那应该如何实现 Promise 穿透呢？

其实很简单，并且我们已经做到了。在 then()方法的实现中，我们已经为 onfulfilled 和 onrejected 函数加上了如下判断。

```
Promise.prototype.then = function(onfulfilled = Function.prototype, onrejected = Function.prototype) {
  onfulfilled = typeof onfulfilled === 'function' ? onfulfilled : data => data
  onrejected = typeof onrejected === 'function' ? onrejected : error => { throw error }
```

```
    // ...
}
```

如果 onfulfilled 不是函数类型，则给一个默认值，该默认值是返回其参数的函数。onrejected 函数同理。这段逻辑就起到了实现"穿透"的作用。

Promise 静态方法和其他方法实现

在这一部分，我们将实现以下方法。

- Promise.prototype.catch
- Promise.resolve
- Promise.reject
- Promise.all
- Promise.race

Promise.prototype.catch 实现

Promise.prototype.catch 可以用来进行异常捕获，它的典型用法如下。

```
const promise1 = new Promise((resolve, reject) => {
  setTimeout(() => {
     reject('lucas error')
  }, 2000)
})

promise1.then(data => {
  console.log(data)
}).catch(error => {
  console.log(error)
})
```

以上代码会在 2s 后输出 lucas error。

其实在这种场景下，它与以下代码是等价的。

```
Promise.prototype.catch = function(catchFunc) {
  return this.then(null, catchFunc)
}
```

因为我们知道.then()方法的第二个参数也是进行异常捕获的,所以通过这个特性,我们可以比较简单地实现 Promise.prototype.catch。

Promise.resolve 实现

MDN 上对于 Promise.resolve(value)方法的介绍是这样的:Promise.resolve(value)方法返回一个以给定值解析后的 Promise 实例对象。

我们来看一个示例,如下。

```
Promise.resolve('data').then(data => {
  console.log(data)
})
console.log(1)
```

执行以上代码将先输出 1,再输出 data。

那么,实现 Promise.resolve(value)也很简单,具体代码如下。

```
Promise.resolve = function(value) {
  return new Promise((resolve, reject) => {
    resolve(value)
  })
}
```

顺带实现一个 Promise.reject(value),代码如下。

```
Promise.reject = function(value) {
  return new Promise((resolve, reject) => {
    reject(value)
  })
}
```

Promise.all 实现

MDN 上对于 Promise.all 的解释是这样的:Promise.all(iterable)方法返回一个 Promise 实例,此实例在 iterable 参数内的所有 Promise 实例都"完成"(resolved)或参数中不包含 Promise 实例时完成回调(resolve);如果参数中的 Promise 实例有一个失败(rejected),则此实例回调失败(reject),失败原因是第一个 Promise 实例失败的原因。

下面仍然先通过一个例子来体会一下。

```
const promise1 = new Promise((resolve, reject) => {
  setTimeout(() => {
    resolve('lucas')
  }, 2000)
})
const promise2 = new Promise((resolve, reject) => {
  setTimeout(() => {
    resolve('lucas')
  }, 2000)
})
Promise.all([promise1, promise2]).then(data => {
  console.log(data)
})
```

执行以上代码，将在 2s 后输出["lucas", "lucas"]。

这里的 Promise.all 的实现思路也很简单，如下。

```
Promise.all = function(promiseArray) {
  if (!Array.isArray(promiseArray)) {
    throw new TypeError('The arguments should be an array!')
  }
  return new Promise((resolve, reject) => {
    try {
      let resultArray = []

      const length = promiseArray.length

      for (let i = 0; i <length; i++) {
        promiseArray[i].then(data => {
          resultArray.push(data)

          if (resultArray.length === length) {
            resolve(resultArray)
          }
        }, reject)
      }
    }
    catch(e) {
      reject(e)
    }
  })
}
```

我们先对参数 promiseArray 的类型进行判断，对非数组类型参数进行抛错。Promise.all 会返回一个 Promise 实例，这个实例将会在 promiseArray 中的所有 Promise 实例被决议后进行决议，决议结果是一个数组，这个数组存有 promiseArray 中的所有 Promise 实例的决议值。

此实现的整体思路是依赖一个 for 循环对 promiseArray 进行遍历。同样按照这个思路，我们还可以对 Promise.race 进行实现。

Promise.race 实现

先来看一下 Promise.race 的用法，如下所示。

```
const promise1 = new Promise((resolve, reject) => {
  setTimeout(() => {
    resolve('lucas1')
  }, 2000)
})
const promise2 = new Promise((resolve, reject) => {
  setTimeout(() => {
    resolve('lucas2')
  }, 4000)
})
Promise.race([promise1, promise2]).then(data => {
  console.log(data)
})
```

执行以上代码，将会在 2s 后输出 lucas1。实现 Promise.race 的代码如下。

```
Promise.race = function(promiseArray) {
  if (!Array.isArray(promiseArray)) {
    throw new TypeError('The arguments should be an array!')
  }
  return new Promise((resolve, reject) => {
    try {
        const length = promiseArray.length
      for (let i = 0; i <length; i++) {
        promiseArray[i].then(resolve, reject)
      }
    }
    catch(e) {
      reject(e)
    }
  })
}
```

我们来简单分析一下，这里使用 for 循环同步执行 promiseArray 数组中所有 Promise 实例的 then 方法，第一个 resolve 的实例会直接触发新的 Promise 实例（代码中通过 new 新声明的）的 resolve 方法。

总结

通过本篇的学习，相信读者对 Promise 这个概念的理解会大大加深。其实，实现一个 Promise 不是目的，并且实现这个 Promise 也没有完全 100%遵循规范，我们应该掌握概念，融会贯通。另外，从整体来看，这部分内容不好理解，如果暂时难以接受全部概念，也不要灰心。实现的代码就在那里，我们要有决心慢慢地掌握它。

本篇给出了很多核心功能代码，将所有实现放在一起便可以得到更具可读性的代码，各位读者可以从本书附带的资源中获取。

07

面向对象和原型——永不过时的话题

"对象"这个概念在编程中非常重要,任何语言和领域的开发者都应该具有面向对象思维,有效运用对象。良好的面向对象系统设计将是应用具有健壮性、可维护性和可扩展性的关键;反之,如果面向对象环节有失误,那么项目将会面临灾难性的后果。

JavaScript 面向对象的实质是基于原型的对象系统,而不是基于类。这是由最初的设计所决定的,是基因层面的特点。随着 ES Next 标准的进化和新特性的添加,JavaScript 面向对象更加贴近其他传统面向对象型语言。有幸目睹语言的发展和变迁,伴随着某种语言成长,我认为是开发者之幸。

本篇就让我们深入对象和原型,了解 JavaScript 在这个方向上的能力。请注意,下面不会过多赘述基础内容,读者需要具有一定的知识准备。

实现 new 没有那么容易

说起 JavaScript 中的 new 关键字,有一段很有趣的历史。其实 JavaScript 创造者 Brendan Eich 实现 new 是为了获得更高的流行度,它是强行学习 Java 的一个残留产出,他想让 JavaScript 成为 Java 的"小弟"。很多人认为这个设计掩盖了 JavaScript 中真正的原型继承,只是从表面上看,更像是基于类的继承。

这样的误会使得很多传统 Java 开发者并不能很好地理解 JavaScript。实际上,前端工程师应该明白,new 关键字到底做了什么事情。

1. 首先创建一个空对象,这个对象将会作为执行构造函数之后返回的对象实例。

2. 使上面创建的空对象的原型（__proto__）指向构造函数的 prototype 属性。

3. 将这个空对象赋值给构造函数内部的 this，并执行构造函数逻辑。

4. 根据构造函数执行逻辑，返回第一步创建的对象或构造函数的显式返回值。

因为 new 是 JavaScript 的关键字，因此我们不能直接将其覆盖，但可以通过实现一个 newFunc 来进行模拟。我们对 newFunc 预期的使用方式如下。

```
function Person(name) {
  this.name = name
}

const person = new newFunc(Person, 'lucas')

console.log(person)

// {name: "lucas"}
```

根据预期的使用方式，我们可以实现 newFunc，代码如下。

```
function newFunc(...args) {
  //取出 args 数组的第一个参数，即目标构造函数
  const constructor = args.shift()

  //创建一个空对象，且使这个空对象继承构造函数的 prototype 属性
  //即实现 obj.__proto__ === constructor.prototype
  const obj = Object.create(constructor.prototype)

  //执行构造函数，得到构造函数返回结果
  //注意，这里使用 apply 使构造函数内的 this 指向 obj
  const result = constructor.apply(obj, args)

  //如果构造函数执行后，返回结果是对象类型，则直接将该结果返回，否则返回 obj 对象
  return (typeof result === 'object' && result != null) ? result : obj
}
```

上述代码并不复杂，涉及的几个关键点如下。

- 使用 Object.create 使 obj 的 __proto__ 指向构造函数的原型。

- 使用 apply 方法使构造函数内的 this 指向 obj。

- 在 newFunc 返回时，使用三目运算符决定返回结果。

我们知道，构造函数如果有显式返回值，且返回值为对象类型，那么构造函数返回结果就不再是目标实例，代码如下。

```
function Person(name) {
  this.name = name
  return {1: 1}
}
const person = new Person(Person, 'lucas')
console.log(person)
// {1: 1}
```

了解了这些注意点，再去理解 newFunc 的实现就不再困难了。

如何优雅地实现继承

实现继承是面向对象的一个重点概念。我们前面提到过 JavaScript 的面向对象系统是基于原型的，它的继承不同于其他大多数语言。

社区上对 JavaScript 继承进行讲解的资料并不少，所以这里不再赘述每一种继承方式的实现过程，但需要开发者事先进行了解。

ES5 中相对可用的继承方案

下面仅介绍一下 JavaScript 中实现继承的关键点。

如果想使 Child 继承 Parent，那么通过原型链实现继承最关键的要点如下。

```
Child.prototype = new Parent()
```

在这样的实现中，不同的 Child 实例的 __proto__ 会引用同一 Parent 的实例。

构造函数实现继承的要点如下。

```
function Child (args) {
  // ...
  Parent.call(this, args)
}
```

这样实现的问题也比较大，其只是实现了实例属性继承，Parent 原型的方法在 Child 实例中并不可用。

只有实现组合继承，Parent 原型的方法在 Child 实例中才能基本可用，其要点如下。

```
function Child (args1, args2) {
    // ...
    this.args2 = args2
    Parent.call(this, args1)
}
Child.prototype = new Parent()
Child.prototype.constrcutor = Child
```

以上代码的问题在于 Child 实例中会存在 Parent 的实例属性，这是因为我们在 Child 构造函数中执行了 Parent 构造函数。同时，Child.__proto__ 中也会存在同样的 Parent 的实例属性，且所有 Child 实例的__proto__都指向同一内存地址。

同时上述实现都没有对静态属性的继承，还有一些其他不完美的继承方式，这里不再过多介绍。

综上，一个比较完整的实现如下。

```
function inherit(Child, Parent) {
    //继承原型上的属性
    Child.prototype = Object.create(Parent.prototype)

    //修复constructor
    Child.prototype.constructor = Child

    //存储超类
    Child.super = Parent

    //静态属性继承
    if (Object.setPrototypeOf) {
        // setPrototypeOf es6
        Object.setPrototypeOf(Child, Parent)
    } else if (Child.__proto__) {
        // __proto__ 在ES6中被引入，但是部分浏览器早已支持
        Child.__proto__ = Parent
    } else {
        //兼容IE10等旧版本浏览器
        //将Parent上的静态属性和方法拷贝一份到Child上，但不会覆盖Child上原有的方法
        for (var k in Parent) {
            if (Parent.hasOwnProperty(k) && !(k in Child)) {
                Child[k] = Parent[k]
            }
        }
    }
}
```

上面的静态属性继承存在一个问题：在旧版本浏览器中，我们是通过静态拷贝实现属性和方法

的继承的,继承之后,若在父类中进行了改动,则相应的改动不会自动同步到子类。这是不同于正常面向对象思想的,但是这种组合式继承已经相对完美、优雅了。

继承 Date

值得一提的一个小细节是,上述代码实现的继承方式无法实现对 Date 对象的继承。下面就来测试一下。

```javascript
function DateConstructor() {
    Date.apply(this, arguments)
    this.foo = 'bar'
}

inherit(DateConstructor, Date)

DateConstructor.prototype.getMyTime = function() {
    return this.getTime()
};

let date = new DateConstructor()

console.log(date.getMyTime())
```

执行以上代码将会报错"Uncaught TypeError: this is not a Date object."。

究其原因,是因为 JavaScript 的日期对象只能通过 JavaScript Date 构造函数来实例化生成。因此,V8 引擎的实现代码中对 getTime 方法的调用有所限制,如果发现调用 getTime 方法的对象不是 Date 构造函数构造出来的实例,则抛出错误。

那么,如何实现对 Date 的继承呢?请看如下代码。

```javascript
function DateConstructor() {
    var dateObj = new(Function.prototype.bind.apply(Date,
[Date].concat(Array.prototype.slice.call(arguments))))()

    Object.setPrototypeOf(dateObj, DateConstructor.prototype)

    dateObj.foo = 'bar'

    return dateObj
}
Object.setPrototypeOf(DateConstructor.prototype, Date.prototype)
```

```
DateConstructor.prototype.getMyTime = function getTime() {
    return this.getTime()
}

let date = new DateConstructor()
console.log(date.getMyTime())
```

我们来分析一下以上代码：调用构造函数 DateConstructor 返回的对象 dateObj，此时 dateObj.__proto__===DateConstructor.prototype 为 true。

而我们通过 Object.setPrototypeOf(DateConstructor.prototype,Date.prototype) 实现了 DateConstructor.prototype.__proto__ === Date.prototype。

因此连起来就能得到以下关系。

```
dateObj.__proto__.__proto__ === Date.prototype
```

继续分析，DateConstructor 构造函数返回的 dateObj 是一个真正的 Date 对象，原因如下。

```
var dateObj = new(Function.prototype.bind.apply(Date,
[Date].concat(Array.prototype.slice.call(arguments))))()var dateObj =
new(Function.prototype.bind.apply(Date,
[Date].concat(Array.prototype.slice.call(arguments))))()
```

该对象终究是由 Date 构造函数实例化出来的，因此它有权调用 Date 原型上的方法，而不会被引擎所限制。

整个实现过程通过更改原型关系，在构造函数中调用原生构造函数 Date，并返回其实例的方法，"欺骗了"浏览器。当然，这样的做法比较取巧，其副作用是更改了原型关系，同时会干扰浏览器进行某些优化操作。

那么，有没有更加"体面"的实现方式呢？其实，随着 ES6 中推出了 class，我们完全可以直接使用 extends 关键字了，代码如下。

```
class DateConstructor extends Date {
    constructor() {
        super()
        this.foo ='bar'
    }
    getMyTime() {
        return this.getTime()
    }
}
```

```
let date = new DateConstructor()
```

上面方法的执行结果如下。

```
date.getMyTime()
// 1558921640586
```

直接在支持 ES6 class 的浏览器中运行该方法完全没有问题。可是我们的项目大部分都是使用 Babel 进行编译的。实际上，如果读者观察 Babel 编译 class 的过程，分析并运行编译后产出的结果，就会发现编译器仍然会报错"Uncaught TypeError: this is not a Date object."，因此我们可以知道，Babel 并没有对继承 Date 进行特殊处理，无法做到兼容。

基于 ES6 实现继承剖析

在 ES6 时代，我们可以使用 class extends 进行继承。但是，我们都知道 ES6 中的 class 其实就是 ES5 中的语法糖。下面通过研究 Babel 编译结果来深入了解一下它。

首先，我们定义一个父类，这个类包含了一个实例属性，如下所示。

```
class Person {
    constructor(){
        this.type = 'person'
    }
}
```

然后，实现一个 Student 类，这个"学生"类继承"人"类，如下所示。

```
class Student extends Person {
    constructor(){
        super()
    }
}
```

从简出发，我们定义的 Person 类只包含了 type 为 person 的这个属性，不包含方法。Student 类也继承了同样的属性，如下所示。

```
var student1 = new Student()
student1.type // "person"
```

我们进一步可以验证原型链上的关系，如下所示。

```
student1 instanceof Student // true
student1 instanceof Person // true
student1.hasOwnProperty('type') // true
```

那么，经过 Babel 编译后的代码是什么样子的呢？我们一步一步来看。

```
class Person {
    constructor(){
        this.type = 'person'
    }
}
```

被编译为

```
var Person = function Person() {
    _classCallCheck(this, Person);
    this.type = 'person';
};
```

我们看到，经过 Babel 编译后的代码和通过构造函数实现面向对象的代码在思路上是一致的。我们继续展开，看看使用继承时的编译结果。下面是一段使用继承的代码。

```
class Student extends Person {
    constructor(){
        super()
    }
}
```

上述代码经过 Babel 编译后，得到的编译结果如下。

```
//定义 Student 构造函数，它是一个自执行函数，接收父类构造函数为参数
var Student = (function(_Person) {
    //实现对父类原型链属性的继承
    _inherits(Student, _Person);

    //将会返回这个函数作为完整的 Student 构造函数
    function Student() {
        //使用检测
        _classCallCheck(this, Student);
        // _get 的返回值可以先理解为父类构造函数
        _get(Object.getPrototypeOf(Student.prototype), 'constructor', this).call(this);
    }

    return Student;
})(Person);
// _x 为 Student.prototype.__proto__
// _x2 为'constructor'
// _x3 为 this
var _get = function get(_x, _x2, _x3) {
    var _again = true;
```

```js
_function: while (_again) {
    var object = _x,
        property = _x2,
        receiver = _x3;
    _again = false;
    // Student.prototype.__proto__为null的处理
    if (object === null) object = Function.prototype;
    //以下代码用于完整复制父类原型链上的属性，包括属性的特性描述符
    var desc = Object.getOwnPropertyDescriptor(object, property);
    if (desc === undefined) {
        var parent = Object.getPrototypeOf(object);
        if (parent === null) {
            return undefined;
        } else {
            _x = parent;
            _x2 = property;
            _x3 = receiver;
            _again = true;
            desc = parent = undefined;
            continue _function;
        }
    } else if ('value' in desc) {
        return desc.value;
    } else {
        var getter = desc.get;
        if (getter === undefined) {
            return undefined;
        }
        return getter.call(receiver);
    }
  }
};

function _inherits(subClass, superClass) {
    // superClass需要为函数类型，否则会报错
    if (typeof superClass !== 'function' && superClass !== null) {
        throw new TypeError('Super expression must either be null or a function, not ' + typeof superClass);
    }
    // Object.create的第二个参数用于修复子类的constructor
    subClass.prototype = Object.create(superClass && superClass.prototype, {
        constructor: {
            value: subClass,
            enumerable: false,
            writable: true,
            configurable: true
        }
    });
```

```
    // 对 Object.setPrototypeOf 是否存在做一个判断, 不存在的话则使用 __proto__
    if (superClass) Object.setPrototypeOf ? Object.setPrototypeOf(subClass, superClass) : subClass.__proto__ = superClass;
}
```

编译结果确实很长，也比较复杂。我们慢慢对上述结果进行拆解，分别说明。先从下面一段代码开始。

```
var Student = (function(_Person) {
    _inherits(Student, _Person);

    function Student() {
        _classCallCheck(this, Student);
        _get(Object.getPrototypeOf(Student.prototype), 'constructor', this).call(this);
    }

    return Student;
})(Person);
```

这是一个自执行函数，它接收一个参数 Person（就是它要继承的父类），返回一个构造函数 Student。

上面代码中的 _inherits 方法的本质其实就是让 Student 子类继承 Person 父类原型链上的方法。它的实现原理可以归结为以下代码。

```
Student.prototype = Object.create(Person.prototype);
Object.setPrototypeOf(Student, Person)
```

这样是不是就非常熟悉了。注意，这里顺带实现了对 Student 的 constructor 修复。

以上通过 _inherits 方法实现了对父类原型链上属性的继承，那么对于父类的实例属性（就是 constructor 定义的属性）的继承，也可以归结为以下一行代码。

```
Person.call(this);
```

我们看到，Babel 将 class extends 编译成了 ES5 组合模式的继承，这才是 JavaScript 面向对象的实质。

jQuery 中的对象思想

可能读者会有这样的问题："所有的面试官都那么注重面向对象，可是我在工作中很少涉及啊？面向对象到底有什么用？"

对于这个问题，我想说，"如果你没有开发大型复杂项目的经验，不具备封装抽象的思想，也许确实用不到面向对象，也很难理解为什么要进行面向对象的设计和考查。"本节会从 jQuery 源码架构设计入手，来分析一下基本的原型和原型链知识是如何在 jQuery 源码中发挥作用的。

"什么，这都哪一年了，你还在说 jQuery？"

其实，优秀的思想是永远不过时的，研究清楚$到底是什么，你会受益匪浅。

接下来，就让我们从一个问题开始研究吧。对于 jQuery 中的$符号，我们可以像下面这样使用它。

```
const pNodes = $('p')
const divNodes= $('div')
```

上述代码返回的 pNodes 和 divNodes 都是一个数组类型。同时在 jQuery 中，我们又可以像下面这样使用$符号。

```
const pNodes = $('p')
pNodes.addClass('className')
```

细心的读者会发现，数组及其原型链上是没有 addClass 方法的，那为什么我们可以对 pNodes 直接使用 addClass 方法呢？

我们先将这个问题放一边，想一想$是什么。你的第一反应可能是这是一个函数，因此可以调用并执行$('p')。

但是，你一定也见过$.ajax()这样的使用方法。这么看，$又是一个对象，它可以调用 ajax 静态方法，示例如下。

```
//构造函数
function $() {

}

$.ajax = function () {
    // ...
}
```

实际上，我们翻看 jQuery 源码架构（如下，具体内容有删减和改动）就会发现 jQuery 的奥秘。

```
var jQuery = (function(){
    var $

    // ...

    $ = function(selector, context) {
```

```
        return function (selector, context) {
            var dom = []
            dom.__proto__ = $.fn

            // ...

            return dom
        }
    }

    $.fn = {
        addClass: function () {
            // ...
        },
        // ...
    }

    $.ajax = function () {
        // ...
    }

    return $
})()

window.jQuery = jQuery
window.$ === undefined && (window.$ = jQuery)
```

我们顺着源码进行分析，当调用$('p')时，最终返回的是 dom，而 dom.__proto__ 指向了 $.fn，$.fn 是包含了多种方法的对象集合，因此返回的结果（dom）可以在其原型链上找到 addClass 这样的方法。同理，$('span')也不例外，任何实例都不例外，因此可以总结出如下一行代码。

```
$('span').__proto__ === $.fn
```

同时，ajax 方法是直接挂载在构造函数$上的，是一个静态属性方法。

请读者仔细体会整个 jQuery 的架构，其实将其翻译成如下所示的 ES class 就很好理解了（但两者不完全对等）。

```
class $ {
  static ajax() {
    // ...
  }

  constructor(selector, context) {
    this.selector = selector
    this.context = context
```

```
    // ...
  }

  addClass() {
    // ...
  }
}
```

这个应用虽然并不复杂,但还是很微妙地表现出了面向对象设计的精妙之处。

类继承和原型继承的区别

我们了解了 JavaScript 中的原型继承,那么它和传统面向对象语言的类继承又有什么不同呢?这就涉及编程语言范畴了,传统的面向对象语言的类继承会引发一些问题,具体如下。

- 紧耦合问题
- 脆弱基类问题
- 层级僵化问题
- 必然重复性问题
- 大猩猩-香蕉问题

我们来看图 7-1,其中存在一些问题。类 8 只想继承五边形的属性,却得到了继承链上其他并不需要的属性,如五角星、正方形等属性。这就是大猩猩-香蕉问题:我只想要一个香蕉,但是你给我了整个森林。

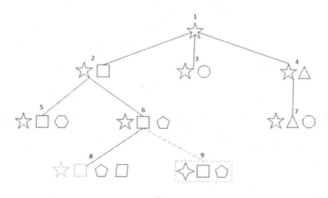

图 7-1

对于类 9，只需要把父类中的五角星属性修改成四角星即可得到，但是五角星继承自基类 1，如果要修改，就会影响整个继承树（脆弱基类问题、层级僵化问题）。好吧，如果无法修改父类，那就需要给类 9 新建一个基类（必然重复性问题）。

那么，如何基于原型继承解决上述问题呢？采用原型继承的本质是使用对象组合，这样可以避免复杂纵深的层级关系。当类 1 需要四角星特性的时候，只需要组合新特性即可，不会影响到其他实例。

面向对象在实战场景中的应用

最后，让我们分析一个真实的场景案例。

在产品中，一个页面可能存在多处"收藏"组件，如图 7-2 所示。

图 7-2

点击收藏按钮，对页面进行收藏，收藏成功之后，按钮的状态会变为"已收藏"，如图 7-3 所示。再点击收藏按钮便不会有响应。

这样就出现了页面中多处"收藏"组件之间通信的问题，点击页面顶部的收藏按钮并成功收藏之后，页面底部收藏按钮的状态也需要变化，以便实现信息同步。

图 7-3

其实，实现这个功能很简单，但是历史代码的实现方式如果落后，导致耦合严重就很麻烦了。良好的设计和肆意而为的实现之间有巨大的差别。

以 ES6 class 实现为例，我们不借助任何框架来实现这样的对象关系：所有 UI 组件（包括收藏组件）都会继承 UIBase class。

```
class Widget extends UIBase {
   constructor() {
      super();
      ...
   }
}
```

而 UIBase 本身会产生一个全局唯一的 id，这样通过继承便可以使所有组件都有一个唯一的 id 标识。同时，UIBase 又会继承 EventEmitter 这个 pub/sub 模式组件。

```
class UIBase extends EventEmitter{
   constructor() {
      super();
      this.guid = guid();
   }
}
```

因此，所有的组件都拥有了 pub/sub 模式，即事件发布/订阅功能。这就相对完美地解决了组件之间的通信问题，达到了"高内聚、低耦合"的效果。

具体来说，任何组件在触发某些行为动作时（当然包括收藏按钮在发起收藏行为时），都可以通过以下代码将该行为动作发出。

```
widget.emit('favorAction')
```

同时,其他组件可以通过以下代码捕获相应的动作行为。

```
widget.on('favorAction', function() {
    // toggle status
})
```

具体的组件设计结构如图 7-4 所示。

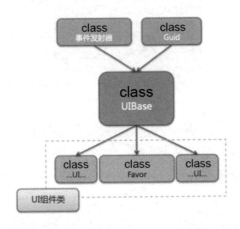

图 7-4

这样的组件行为在一些先进的 MVVM、MVC 等框架中可以良好地实现,比如,在 React 框架中,可以借助 Redux 实现组件之间的通信。Redux 的实质就是一个事件发布/订阅系统,而 connect 就是使组件的行为具备"发布和订阅"的能力。在上述简单的架构中,我们通过面向对象继承使系统自动具备了这样的能力。

同样的设计思想也可以在 Node.js 源码中找到线索,想一想 Node.js 中的 EventEmitter 类即可。

总结

面向对象是一个永远说不完的话题,更是一个永远不会过时的话题,具备良好的面向对象架构能力,对于开发者来说至关重要。同时,由于 JavaScript 面向对象的特殊性,使它区别于其他语言而"与众不同",所以我们在了解了 JavaScript 原型、原型链知识的前提下,对比其他语言的思想来学习 JavaScript 就变得非常重要和有意义了。

08

究竟该如何学习与时俱进的 ES

JavaScript 语言规范始终在与时俱进，除了过于激进的 ES4 被"废除"之外，ES Next 始终在茁壮发展。如今，TC39（Technical Committee 39，JavaScript 委员会）已经明确表示每年更新一个版本，因此用 ES Next 表示那些"正在演进、正在发展"的新特性集。

作为前端开发者，我们该如何看待每年发布一版的 ES Next，又该如何保持学习呢？本篇就来谈一谈 ES Next。我认为列举新特性没有价值，这些东西随处可见，更重要的是分析新特性的由来，剖析如何学习新特性，以及如何利用新特性。

添加新特性的必要性

有很多人不幸患上了"JavaScript fatigue"，表示我"再也学不动了"，求"不要再更新"了。那么，到底要不要更新？我们从一处细节来看一看 ES Next 发展的必要性。

ES7 规范中定义了一个新的数组 API，签名如下。

```
Array.prototype.includes(value : any): boolean
```

它用起来就像这样：

```
[1, 2, 3].includes(3)
// true
```

从命名上就不难理解，这是判断数组中是否含有一个元素的方法，该方法最终返回一个布尔值。有的开发者可能会问：不是有很多现成的方法可以用来判断数组中是否含有一个元素吗？我能列举出来很多：

```
[1, 2, 3].findIndex(i => i === 2)
// 1

[1, 2, 3].find(i => i == 2)
// 2

[1, 2, 3].indexOf(2)

// 1
```

难道这还不够吗？我们甚至可以像下面这样实现一个"一模一样"的 API。

```
const includes = (array, target) =>  !!~ array.indexOf(target)

includes([1,2,3], 3)
// true

includes([1,2,3], 4)
// false
```

对于任何 ES Next 的新特性，开发者若有疑问，都可以在 TC39 提议的 GitHub 中找到，这个新的数组 API 也不例外。下面就来分析一下这一新特性的意义。首先，它在语义上直观明朗，这是 indexOf 无法取代的，此外还有更深层次的必要性和不可替代性。

我们认真审视 Array.prototype.includes 这个 API，发现它是用来判断数组是否包含某一元素的，那么"是否包含"中必然有判断"是否相等"的逻辑。那么，这个"相等"又是如何定义的呢？是 ==还是===？

这里可以说明的是，Array.prototype.indexOf 采用了===进行比较，而 Array.prototype.includes 采用了 SameValueZero()进行比较。

SameValueZero()是什么呢？这是引擎内置的比较方式，并没有对外接口，其实现采用了 Map 和 Set。采用这种比较最直接的好处就是可以判断 NaN（非数），如下所示。

```
[NaN].includes(NaN) // true
[NaN].indexOf(NaN) // -1
```

这就是新特性区别于老特性的地方，很多都体现在细节上，需要开发者用心体会，这也是学习 ES Next 的正确"姿势"之一。

当然，新特性除了体现在这些细节上，也体现在很多更有意义的方面，如异步处理，相信学习过前面内容的读者已经能有所体会了。想一想异步处理从回调到 Promise，再到 Generator 和 async/await，也许你就会明白语言发展的必要性。

学习新特性的正确"姿势"

前面已经通过剖析一个细节为大家介绍了学习新特性的正确"姿势"。除了认真、事无巨细的态度，有时还需要一些"刨根问底""吹毛求疵"的精神。下面就通过一些场景来继续学习。

Object spread 和 Object.assign

Object spread 和 Object.assign 在很多情况下做的事情是一致的，它们都属于 ES Next 的新特性，当然 Object spread 是更新一点的特性。事实上，规范说明中也告诉我们{... obj}和 Object.assign({}, obj)是等价的。

但是，它们之间一定还存在区别。实际上，Object.assign 将会修改它的第一个参数对象，这个修改可以触发其第一个参数对象的 setter。熟悉函数式编程，了解 React/Redux 技术栈的读者可能会听说过"不可变性"的概念。从这个层面上讲，Object spread 操作符会创建一个对象副本，而不会修改任何值，在对不可变性有要求的情况下是一种更好的选择。

当然，可能有读者会说，如果使用 Object.assign，那么当始终保证一个空对象作为第一个参数时，也能实现同样的"不可变性"。话虽如此，但是既然你这么说的话，那我就告诉你，这么做的话，性能就比 Object spread 差太多了。

如果采用 object-assign-vs-object-spread 提供的 benchmark 来比较两者之间的性能差异，则代码如下。

```
const Benchmark = require('benchmark');

const suite = new Benchmark.Suite;

const obj = { foo: 1, bar: 2 };

suite.
  add('Object spread', function() {
    ({ baz: 3, ...obj });
  }).
  add('Object.assign()', function() {
    Object.assign({}, obj, { baz: 3 });
```

```
})
```

执行以上代码，得出的结果如下。

```
Object spread x 3,065,831 ops/sec +-2.12% (85 runs sampled)
Object.assign() x 2,461,926 ops/sec +-1.52% (88 runs sampled)
Fastest is Object spread
```

使用 Object spread 的性能要明显领先于使用 Object.assign。

箭头函数不适用的场景

我们再来分析一道思考题：哪些场景下不适合使用 ES6 箭头函数？

这个问题不是死板地考查对 ES Next 箭头函数的理解，而是反其道而行之，考查其不适用的场景。要回答这个问题，需要思考：开发者习惯使用箭头函数来对 this 指向进行干预，那么反过来说，不需要进行 this 指向干预的情况是不是就不适合使用箭头函数？

构造函数的原型方法需要通过 this 获得实例，因此箭头函数不可以出现在构造函数的原型方法上，以下示例就是典型的错误做法。

```
Person.prototype = () => {
  // ...
}
```

需要获得 arguments 时，箭头函数不具有 arguments 属性，因此在其函数体内无法访问这一特殊的伪数组，那么相关场景下也不适合使用箭头函数。

同时，我们在定义一个对象方法时，预期在方法中能通过 this 访问到对象实例的代码如下。

```
const person = {
  name: 'lucas',
  getName: () => {
    console.log(this.name)
  }
};
person.getName()
```

在上述代码中，getName 函数体内的 this 指向 window，这显然不符合其用意。

同理，在使用动态回调时，对于类似下面这种对回调函数的 this 有特殊场景需求的用法，箭头函数的 this 便无法满足其要求。

```
const btn = document.getElementById('btn')
```

```
btn.addEventListener('click', () => {
  console.log(this === window)
});
```

当点击 Id 为 btn 的按钮时，将会输出 true，事件绑定函数的 this 指向了 window，因此无法获取事件对象。

箭头函数不适用的场景在社区上也有相关文章进行分析，我个人认为这是一个学习新特性的很好的切入点。通过思考"哪些场景不适用"，不仅能够全面了解新特性，也能够将其和老知识融会贯通，可谓学习 ES Next 的正确"姿势"之一。

新特性可以做些什么有趣的事

开发者可能会有这样的体会：ES Next 有那么多新特性，但是平常来来回回就用那么几个，感觉很多都用不上啊！

此外，讲了这么多细节，我们可以用新特性实现哪些很酷的操作呢？其实，除了日常用到的新特性，一些不为大家所熟知的特性往往在框架开发，或者实现更深层次行为操作的场景中应用比较广泛。比如 Proxy，它可以用来定义对象各种基本操作的自定义行为，Vue 双向绑定的实现就可以借助 Proxy 完成。

Proxy 代理

我们先借用上一篇中的示例来看一些简单的场景，代码如下所示。

```
class Person {
  constructor (name) {
    this.name = name
  }
}

let proxyPersonClass = new Proxy(Person, {
  apply (target, context, args) {
    throw new Error(`hello: Function ${target.name} cannot be invoked without 'new'`)
  }
})
```

如下所示，我们对 Person 构造函数进行了代理，这样就可以防止它作为非构造函数被调用。

```
proxyPersonClass('lucas')
// VM173058:9 Uncaught Error: hello: Function Person cannot be invoked without 'new'
    at <anonymous>:1:1
new proxyPersonClass('lucas')
// {name: "lucas"}
```

同样的道理，也可以将 Person 函数静默处理成被非构造函数调用的函数，把对 Person 函数的调用强制转换为用 new 调用，代码如下所示。

```
class Person {
  constructor (name) {
      this.name = name
  }
}

let proxyPersonClass = new Proxy(Person, {
  apply (target, context, args) {
    return new (target.bind(context, ...args))()
  }
})
```

这样即便在不使用 new 关键字时，仍然可以得到 new 调用的实例。

```
proxyPersonClass('lucas')
// Person {name: "lucas"}
```

我们再来看另外一个场景。熟悉前端测试的读者可能对断言 assert 并不陌生，一种常用的使用方式如下。

```
const lucas = {
    age: 23
}
assert['lucas is older than 22!!!'] = 22 > lucas.age

// Error: lucas is older than 22!!!
```

我们看到，assert 赋值语句右侧表达式的结果为一个布尔值，当表达式成立时，断言不会抛出错误；当 assert 赋值语句右侧表达式不成立时，也就是断言失败时，断言就会抛出错误。

乍看上去是不是很神奇？如果在面试过程中，面试官要求你实现一个 assert，该怎么做呢？这样一个断言库本质上还是拦截 assert 对象的赋值（set）操作，具体代码如下所示。

```
const assert = new Proxy({}, {
  set (target, warning, value) {
```

```
    if (!value) {
      console.error(warning)
    }
  }
})
```

通过以上代码，我们只需要判断对 assert 的赋值是否为 true，如果不为 true，则打印错误。

是不是很简单？如下所示，我们可以随意进行断言。

```
const weather = 'cold'
assert['The weather is not good!!!'] = weather === 'good'

// Error: The weather is not good!!!
```

这些只是通过 Proxy 实现的一些很简单的例子，用来抛砖引玉，大家可以充分发挥想象力，创造更多玩法。

Decorator 那些事

除此之外，再给大家介绍一下 ES7 中的 Decorator（装饰器）。

装饰器让你可以在设计时对类和类的属性进行"注解"和修改。

说直白一些，装饰器就是给类添加或修改属性与方法的。这么听上去似乎与刚刚介绍的 Proxy 有异曲同工之妙。一些开发者可能已经在使用装饰器了，这里借助 autobind 这个类库的实现，介绍一下装饰器的玩法。

我们知道，在对象方法中给普通函数赋值后，该普通函数在全局作用域下被调用时，this 的指向会丢失，代码如下。

```
class Person {
  constructor (name) {
    this.name = name
  }
  getPersonName() {
    return this.name
  }
}

const person = new Person('lucas')

const fn = person.getPersonName

fn()
```

```
// Cannot read property 'name' of undefined
   at getPersonName (<anonymous>:6:17)
   at <anonymous>:3:1
```

在执行 fn() 时，this 已经指向了 window，使用 autobind 可以完成对 this 的绑定，如下所示。

```
class Person {
 constructor (name) {
    this.name = name
 }
 @autobind
 getPersonName () {
   return this.name
 }
}
```

那么，autobind 是怎么实现的呢？其伪代码如下。

```
function autobind(target, key, { value: fn, configurable, enumerable }) {
 return {
   configurable,
   enumerable,
   get() {
     const boundFn = fn.bind(this);
     defineProperty(this, key, {
       configurable: true,
       writable: true,
       enumerable: false,
       value: boundFn
     });
     return boundFn;
   },
   set: createDefaultSetter(key)
 };
}
```

autobind 这个装饰器函数接收以下 3 个参数。

- target：目标对象，这里作用于 Person 中的函数、属性。
- key：属性名称。
- descriptor：属性原本的描述符。

autobind 这个装饰器函数最终会返回描述符，这个描述符运行时相当于调用 Object.defineProperty() 修改原有属性，最终的修改结果如下。

```
{
  configurable,
  enumerable,
  get() {
    const boundFn = fn.bind(this);
    defineProperty(this, key, {
      configurable: true,
      writable: true,
      enumerable: false,
      value: boundFn
    });
    return boundFn;
  },
  set: createDefaultSetter(key)
}
```

这样在使用 get 赋值时（const fn = person.getPersonName），赋值结果就会通过 const boundFn = fn.bind(this)对 this 进行绑定，并返回绑定 this 后的结果，进而达到对 getPersonName 属性方法绑定 this 的目的。

这就是装饰器在 autobind 这个库中的应用，这个库大家接触得不多，也许有 React 开发者会使用 autobind 来对事件处理函数进行 this 绑定。总之，autobind 源码实现很好地利用了装饰器特性。

Babel 编译对代码做了什么

为了能够使用新鲜出炉的 ES Next 新特性，必不可少的一环就是使用 Babel，相信每个前端开发者都听说过它的大名。虽然 Babel 目前已经有一个丰富的生态社区了，但是它刚出道时的目标，以及目前最核心的功能就是：编译 ES Next 代码，进行降级处理，进而规避兼容性问题。

那么，Babel 编译到底有什么魔法呢？它的核心原理是使用 AST（抽象语法树）对源码进行分析并转为目标代码，这中间的细节部分会在工程化相关篇章中涉及。上一篇已经对 ES6 class 的编译产出进行了分析，这里再分析一些比较典型的编译结果。

const、let 编译分析

简单来说，const、let 一律会被编译为 var。为了保证 const 的不可变性，Babel 如果在编译过程中发现对 const 声明的变量进行了二次赋值，则会直接报错，这样就可以在编译阶段对错误进行处理。至于 let 的块级概念，我们在 ES5 中一般通过 IIFE（立即调用函数表达式）实现块级作用域，但是

Babel 对此的处理非常取巧，它会在块内给变量换一个名字，这样在块外自然就无法被访问到了。

在之前的篇章中我们提到，使用 let 或 const 声明的变量存在暂时性死区（TDZ）现象。简单回顾一下：代码声明变量所在的区块会形成一个封闭区域，在这个区域中，只要是在声明变量前使用这些变量，就会报错。例如：

```
var foo = 123
{
  foo = 'abc'
  let foo
}
```

将会报错 Uncaught ReferenceError: Cannot access 'foo' before initialization。

那么，Babel 怎么编译这种行为呢？其实，Babel 在编译时会将 let、const 变量重新命名，同时在 JavaScript 严格模式（strict mode）下不允许使用未声明的变量，这样在声明前使用这个变量就会报错。以下代码在 _foo 声明前就进行了赋值使用。

```
"use strict";
var foo = 123
{
  _foo = 'abc'
  var _foo
}
```

当我们加上严格模式的标记时，执行这段代码就会报错，Babel 就是通过上面的代码原理实现 TDZ 效果的。

对于经典的 for 循环问题，Babel 的处理并不让我们感到意外，具体还是使用闭包来存储变量，代码如下所示。

```
let array = []
for (let i = 0; i < 10; i++) {
  array[i] = function () {
    console.log(i)
  }
}
array[6]()
// 6

let array = []
for (var i = 0; i < 10; i++) {
  array[i] = function () {
    console.log(i)
```

```
  }
}
array[6]()
// 10
```

Babel 还使用了闭包保存每一个循环变量 i 的值，代码如下。

```
"use strict";
var array = [];

var _loop = function _loop(i) {
  array[i] = function () {
    console.log(i);
  };
};

for (var i = 0; i < 10; i++) {
  _loop(i);
}
array[6]();
```

细心的同学可能还会想到：使用 const 声明的变量一旦声明，其变量（内存地址）是不可改变的。

```
const foo = 0
foo = 1

// VM982:2 Uncaught TypeError: Assignment to constant variable
```

Babel 对此进行处理的代码如下。

```
"use strict";
function _readOnlyError(name) { throw new Error("\"" + name + "\" is read-only"); }

var foo = 0;
foo = (_readOnlyError("a"), 1);
```

我们通过看编译结果发现，Babel 只要检测到 const 声明的变量被改变赋值，就会主动插入一个 _readOnlyError 函数，并执行此函数。这个函数的执行内容就是报错，因此代码执行时就会直接抛出异常。

箭头函数的编译分析

箭头函数的转换也不难理解。我们来看一个使用了箭头函数的例子，如下。

```
var obj = {
  prop: 1,
```

```
    func: function() {
        var _this = this;

        var innerFunc = () => {
            this.prop = 1;
        };

        var innerFunc1 = function() {
            this.prop = 1;
        };
    },
};
```

Babel 会通过分析，将上述代码转换为以下形式。

```
var obj = {
    prop: 1,
    func: function func() {
        var _this2 = this;

        var _this = this;

        var innerFunc = function innerFunc() {
            _this2.prop = 1;
        };

        var innerFunc1 = function innerFunc1() {
            this.prop = 1;
        };
    }
};
```

通过 var _this2 = this;将当前环境下的 this 保存为_this2，可以在调用 innerFunc 时用新存储的_this2 替换函数体内的 this。

装饰器的编译分析

在上面的内容中，我们介绍了装饰器这个新特性，那么 Babel 又是怎么编译装饰器的呢？方式如下。

```
class Person{
  @log
  say(){}
}
```

这里有一个名为 log 的装饰器，Babel 对此编译出的结果如下。

```
_applyDecoratedDescriptor(
  Person.prototype,
  'say',
  [log],
  Object.getOwnPropertyDescriptor(Person.prototype, 'say'),
  Person.prototype)
)

function _applyDecoratedDescriptor(target, property, decorators, descriptor, context) {
  var desc = {};
  Object['ke' + 'ys'](descriptor).forEach(function (key) {
    desc[key] = descriptor[key];
  });
  desc.enumerable = !!desc.enumerable;
  desc.configurable = !!desc.configurable;

  if ('value' in desc || desc.initializer) {
    desc.writable = true;
  }

  desc = decorators.slice().reverse().reduce(function (desc, decorator) {
    return decorator(target, property, desc) || desc;
  }, desc);

  if (context && desc.initializer !== void 0) {
    desc.value = desc.initializer ? desc.initializer.call(context) : void 0;
    desc.initializer = undefined;
  }

  if (desc.initializer === void 0) {
    Object['define' + 'Property'](target, property, desc);
    desc = null;
  }

  return desc;
}
```

这里主要依赖了_applyDecoratedDescriptor 方法。这个方法将返回描述符 desc，具体的执行逻辑为：先把所有的 decorators 包装成一个数组，并作为_applyDecoratedDescriptor 方法的第三个参数传入；对于 decorators 这个数组，我们会将 target、property、desc 作为参数，依次遍历执行数组中的每一个 decorator 函数；执行后返回每一个 decorator 产生的属性描述符。在上述代码样例中，decorators 这个数组只有一项：log，在遍历数组时，我们会将 target、property、desc 作为参数传给 log 函数并执行，传参后的函数即 log(target, property, desc)，该函数的返回结果即新的属性描述符。

如果读者对装饰器特性能够熟练掌握，那么理解上述源码并不困难。

另外，通过上一篇中对 class 编译结果的分析，我们可以知道：Babel 并没有什么"深不可测"的魔法，感兴趣的读者可以翻看各种 ES Next 的编译结果，通过学习编译结果，来提高对基础内容的认识。

本节对 Babel 编译结果进行了分析，希望感兴趣的读者可以自行研究更多内容。值得提醒大家的一个细节是，Babel 编译的产出结果主要分为两种模式：normal 模式的转换更贴近 ES Next 的写法，力求编译转换得更少，是一种更"激进"的模式；而另一种模式，loose 模式则更贴近 ES5 或现有 ES 老规范的写法，也就是说在兼容性上更加有保障，因此转换代码结果也可能会更加复杂。

总结

JavaScript 语言、ES 规范总是在不断进步、发展，每个开发者都要做到时刻学习、跟进。在这个过程中，除了解新特性之外，新老知识相结合，融会贯通，不断去思考"是什么""为什么"也非常重要。本篇挑选了几个典型的特性，分析了 Babel 编译结果，内容并不算太深，但却给出了一个很好的切入角度。

希望大家能够掌握正确的学习"姿势"，保持好的心态，这也是进阶路上至关重要的一点。

part three

第三部分

翻过 JavaScript 的大山，也许你会觉得学习 HTML 和 CSS 能相对轻松一些，但关于 HTML 和 CSS 的知识仍然"不可忽视"。即使它们不是面试和工作中的"拦路虎"，也是至关重要的内容。本部分，我们不会系统且全面地介绍 HTML 和 CSS 的相关知识点，而是会启发式地从一些细节入手，"管中窥豹"，介绍应该如何学习这些内容，并介绍响应式布局和 Bootstrap 的实现。

不可忽视的 HTML 和 CSS

09 前端面试离不开的"面子工程"

我们都知道前端开发中的"三驾马车":HTML、CSS、JavaScript。从难易程度、受关注程度上来讲,JavaScript 显然始终处于核心地位。但是,这并不意味着 HTML 和 CSS 不重要,如果你轻视它们,那么也许会在开发工作中,甚至面试中吃亏。

作为多年的面试官,我的考查重点无疑是 JavaScript,但在面试过程中,每次也总是会"蜻蜓点水"地问一些有关 HTML 和 CSS 方面的知识,这足以使我了解候选者对待 HTML 和 CSS 的态度及了解程度。其实,HTML 和 CSS 中也有很多有趣的内容,下面就让我们在复习重点知识的同时了解一些前沿用法。

本篇挑选出了 HTML 和 CSS 的几个关键概念,不求"面面俱到",但希望给大家带来新的启发。

如何理解 HTML 语义化

HTML 语义化——这个概念其实诞生了挺长时间,我经常发现在招聘的 JD(Job Description,岗位描述)对候选者有"了解 HTML 语义化""对 HTML 语义化有深刻认知"的要求。对于这种 JD 范式标配的问题,如果面试官真的问起,该如何回答呢?

语义化是什么、为什么、怎么做

简单来说,HTML 语义化就是,根据结构化的内容选择合适的标签。

那么,为什么要做到语义化呢?

直观上很好理解，"合适的标签"是对内容表达的高度概括，这样在进行浏览器爬虫或任何机器在读取 HTML 时，都能更好地理解代码表达的意思，进而获得更高的解析效率。这样带来的好处如下。

- 有利于 SEO。
- 开发维护体验更好。
- 用户体验更好（比如，使用 alt 标签来解释图片信息）。
- 更好的可访问性，方便任何设备（如盲人阅读器）对代码进行解析。

那么，如何做到语义化呢？

其实很简单，这要求我们实时跟进、学习并使用语义化标签。这里帮大家总结了一些典型的 HTML 标签，并进行分类。

可以将 HTML 标签分为 9 大类，每一类都含有语义化的标签内容，如图 9-1 所示。

Head	Sections	Grouping	Tables	Forms	Interactive	Edits	Embedded	Text-level
doctype	body	p	table	form	details	del	img	a
html	article	hr	caption	fieldset	summary	ins	iframe	cm
head	nav	pre	thead	legend	command		embed	strong
title	aside	blockquote	tbody	label	menu		object	i,b
base	section	ol,ul	tfoot	input			param	u,s,small
link	header	li	tr	button			video	abbr
meta	footer	dl,dt,dd	th	select			audio	q
style	h1·h6	figure	td	toxtarea			source	cite
script	main	figcaption	col	option			canvas	dfn
noscript	address	div	colgroup	progress……			area,map,track……	sub,sup,code,br,var,span……

图 9-1

了解了这些语义化的标签，我们就可以按照"标签语义是否能够反映开发者想表达的内容"来选择使用它们了。关于标签的选取标准，我也简单总结了一下，可以用以下代码表达出来。

```
if (导航) {
  return <nav />
}
else if (文稿内容、博客内容、评论内容...包含标题元素的内容) {
  return <article />
}
else if (目录抽象、边栏、广告、批注) {
  return <aside />
}
else if (含有附录、图片、代码、图形) {
  return <figure />
```

```
}
else if (含有多个标题或内容的区块) {
  return <section />
}
else if (含有段落、语法意义) {
  return <p /> || <address /> || <blockquote /> || <pre /> || ...
}
else {
  return <div />
}
```

语义化的发展和高级玩法

说到语义化的发展，这里重点提一个概念：Microformats，如果面试官问到语义化的相关问题时，你能把这个概念搬出来，那么面试的效果将会非常好。那什么是 Microformats 呢？

Microformats，翻译过来就是微格式，是 HTML 标记某些实体的小模式，这些实体包括人、组织、事件、地点、博客、产品、评论、简历、食谱等。它们是在 HTML 中嵌套语义的简单协议，且能迅速地提供一套可被搜索引擎、聚合器等其他工具使用的 API。

除了 hCard 和 hCalendar，还有好几个库特别开发了微格式。

是不是看得一脸困惑？其实很简单，Microformats 的原理就是通过扩展 HTML 元素或属性，来增强 HTML 的语义表达能力。

我们来看一个案例。如图 9-2 所示，在 Wikipedia（维基百科）的页面中，某一部分加上了 vcard 的 class，这是用来做什么的呢？

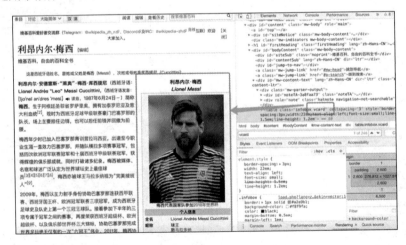

图 9-2

Google 搜索引擎可以通过 Wikipedia 页面中的 vcard 这个 class 读取相关内容，在呈现搜索结果时展现出与搜索内容相关的人物信息。语义化的 class 可以帮助机器学习到（搜索爬出）更多信息，展现出更好的结果页面，如图 9-3 所示。

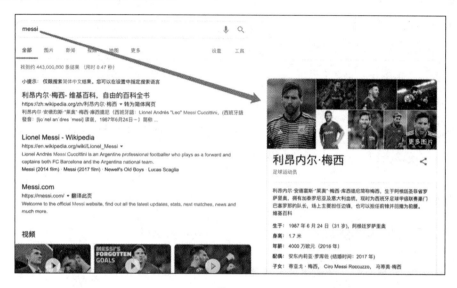

图 9-3

Microdata 属于 WHATWG（网页超文本应用技术工作小组，Web Hypertext Application Technology Working Group） 制定的一种 HTML 规范，并不是一种标准，但它是在语义化发展和应用方面进行的一种很典型的尝试。

BFC 背后的布局问题

CSS 给人的感觉就是简单，但是前端开发者一定深有体会：简单并不意味着容易。这里不再一一列举各种 CSS 的"疑难杂症"，而是深入了解一个概念—— BFC。BFC 是前端面试中的一个超级热点，面试官经常喜欢问的一个问题是：请解释一下 BFC 是什么？

回答这个问题并不困难，但是我们可以继续追问：BFC 会引起哪些布局现象？

本节会对 BFC 进行分析，并顺带回顾一下那些与 CSS 有关的常考的小细节。

BFC 是什么

BFC 是 Block Formatting Context 的简写,我们可以直接将其翻译成"块级格式化上下文"。它会创建一个特殊的区域,在这个区域中,只有 block box 参与布局;而 BFC 的一系列特点和规则规定了在这个特殊的区域中如何进行布局,如何进行定位,区域内元素的相互关系和相互作用是怎样的。这个特殊的区域不受外界影响。

上面提到了 block box 的概念,block box 是指 display 属性为 block、list-item、table 的元素。

顺便插一个问题:那你还知道其他哪些 box 类型吗?

相应地,inline box 也是一种 box 类型,是指 display 属性为 inline、inline-block、inline-table 的元素。CSS3 规范中还加入了 run in box,这里不再展开。

如何形成 BFC

那么什么样的元素会创建一个 BFC 呢?MDN 对此的总结如下。

- 根元素或其他包含根元素的元素
- 浮动元素 (元素的 float 不是 none)
- 绝对定位元素 (元素的 position 为 absolute 或 fixed)
- 内联块 (元素具有 display: inline-block 属性)
- 表格单元格 (元素具有 display: table-cell,HTML 表格单元格默认属性)
- 表格标题 (元素具有 display: table-caption,HTML 表格标题默认属性)
- 具有 overflow 且值不是 visible 的块元素
- 含有样式属性 display: flow-root 的元素
- 含有样式属性 column-span: all 的元素

BFC 决定了什么

前面谈到了 BFC 的一套规则,这套规则的具体描述如下所示。

- 内部的 box 将会独占宽度,且在垂直方向上一个接一个排列。
- box 在垂直方向上的间距由 margin 属性决定,但是同一个 BFC 的两个相邻 box 的 margin 会出现边距折叠现象。

- 每个 box 在水平方向上的左边缘与 BFC 的左边缘相对齐，即使存在浮动也是如此。
- BFC 区域不会与浮动元素重叠，而是会依次排列。
- BFC 区域是一个独立的渲染容器，容器内的元素和 BFC 区域外的元素质检不会有任何干扰。
- 浮动元素的高度也参与 BFC 的高度计算。

从这些规则中，我们至少能总结出如下一些关键要点。

- 边距折叠
- 清除浮动
- 自适应多栏布局

理解了 BFC，我们就可以将这些常考的知识点融会贯通，这也是我选取 BFC 这个概念进行剖析的原因。下面来具体看一个场景。

BFC 实战应用

例题 1

给出如下代码。

```
<style>
    body {
        width: 600px;
        position: relative;
    }

    .left {
        width: 80px;
        height: 150px;
        float: left;
        background: blue;
    }

    .right {
        height: 200px;
        background: red;
    }
</style>

<body>
```

```
    <div class="left"></div>
    <div class="right"></div>
</body>
```

执行以上代码,我们可以得到的布局如图 9-4 所示。

图 9-4

请在不修改已有内容的情况下加入样式,实现自适应(.left 宽度固定,.right 占满剩下的宽度)两栏布局。

我们想一下,根据 BFC 其中一条布局规则,"每个在 box 水平方向上的左边缘与 BFC 的左边缘相对齐,即使存在浮动也是如此",因此.left 会和.right 的左边相接触。出现这样的布局并不意外。

再想一下另一条 BFC 布局规则,"BFC 区域不会与浮动元素重叠,而是会依次排列",因此我们可以使.right 形成 BFC,来实现自适应两栏布局。如何形成 BFC 已经在前面做过介绍了,接下来添加以下代码就可以得到如图 9-5 所示的布局。

```
.right {
    overflow: hidden;
}
```

图 9-5

当然,这种布局可以用更先进的 flex 或 grid 手段解决,但是对于 BFC 这些 CSS 基础知识,我们同样要做到了然于胸。

例题 2

请根据以下代码回答下面的问题。

```
<style>
    .root {
```

```
      border: 5px solid blue;
      width: 300px;
   }

   .child {
      border: 5px solid red;
      width:100px;
      height: 100px;
      float: left;
   }
</style>
<body>
   <div class="root">
      <div class="child child1"></div>
      <div class="child child2"></div>
   </div>
</body>
```

第一个问题：.root 的高度是多少？

事实上，因为.child 为浮动元素，因此会造成"高度塌陷"现象，.root 的高度为 0，如图 9-6 所示。

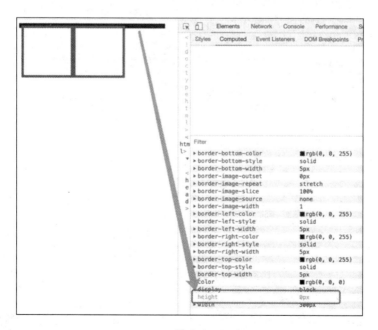

图 9-6

那么，如何解决"高度塌陷"问题呢？

根据 BFC 规则，"浮动元素的高度也参与 BFC 的高度计算"，因此使 .root 形成 BFC 就能解决问题，代码如下。通过图 9-7 可知，此时 .root 的高度不再为 0。

```
.root {
    overflow: hidden;
}
```

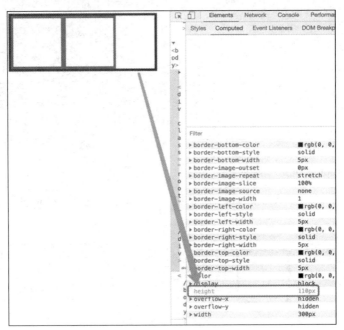

图 9-7

我们看到，此时高度已经被撑开了。

例题 3

根据代码，回答下面的问题。

```
<style>
    p {
        color: blue;
        background: red;
        width: 400px;
        line-height: 100px;
        text-align:center;
        margin: 40px;
    }
</style>
```

```
<body>
   <p>paragraph 1</p>
   <p>paragraph 2</p>
</body>
```

首先回答问题：两段之间的垂直距离为多少？根据 BFC 布局规则，"box 在垂直方向上的间距由 margin 属性决定，但是同一个 BFC 的两个相邻 box 的 margin 会出现边距折叠现象"。事实上，因为存在边距折叠现象，所以该问题的答案为 40px。

那么，如何解决这个问题呢？

最简单地，我们可以在 p 标签中再包裹一个元素，并触发该元素形成一个 BFC，那么这两个 p 标签就不再属于同一个 BFC 了，这样便可以解决问题，如图 9-8 所示。代码如下。

```
<style>
   p {
      color: blue;
      background: red;
      width: 400px;
      line-height: 100px;
      text-align:center;
      margin: 40px;
   }
   .wrapper {
    overflow: hidden
   }
</style>
<body>
   <p>paragraph 1</p>
   <div class="wrapper">
    <p>paragraph 2</p>
   </div>
</body>
```

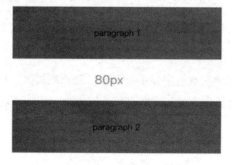

图 9-8

我们通过分析 BFC 是什么、如何形成及其有怎样的布局规则，融会贯通了 CSS 中的很多关键点。也许不少读者能够解决"边距折叠""多栏自适应""高度塌陷"等问题，但是并不能说出解决问题的原理。通过这一节的学习，除了希望能加深大家对 CSS 的理解，更希望能够启发大家思考：我们到底应该如何对待 CSS，如何学习 CSS？

通过多种方式实现居中

"实现居中"也是一道必考题。我们先来看一段示例代码，如下所示。

```html
<style>
.wp {
    border: 1px solid red;
    width: 300px;
    height: 300px;
}

.box {
    background: green;
}

.box .fixed-size {
    width: 100px;
    height: 100px;
}
</style>

<body>
    <div class="wp">
        <div class="box fixed-size">text</div>
    </div>
</body>
```

上面的代码被浏览器渲染后会得到如图 9-9 所示的内容。那如何将其中没有居中的部分居中显示呢？

在很多情况下，我们都需要实现居中显示，但是针对不同情况，使用的方法也有所不同，下面我们分别从居中元素定宽高、居中元素不定宽高两个层面来介绍实现居中显示的不同方法。

图 9-9

居中元素定宽高

在居中元素定宽高的情况下,有以下 3 种实现居中显示的方法。

1. absolute +负 margin

这是一种很容易想到的方法,代码如下。

```
.wp {
    position: relative;
}
.box {
    position: absolute;;
    top: 50%;
    left: 50%;
    margin-left: -50px;
    margin-top: -50px;
}
```

绝对定位的百分比是基于父元素的宽高计算出来的,要想使元素偏移则可以进行如下设置。

```
top: 50%;
left: 50%;
```

元素偏移后,再修正元素自身宽高的一半,即可实现居中显示,如下。这其实是一个简单的数学几何运算。

```
margin-left: -50px;
margin-top: -50px;
```

2. absolute + margin auto

这种方法将各个方向的距离都设置为 0,此时将 margin 配置为 auto,就可以实现居中显示了。使用该方法的代码如下所示。

```css
.wp {
    position: relative;
}
.box {
    position: absolute;;
    top: 0;
    left: 0;
    right: 0;
    bottom: 0;
    margin: auto;
}
```

3. absolute + calc

这种方法和第一种类似，代码如下所示，这里不再展开讲解。

```css
.root {
    position: relative;
}
.textBox {
    position: absolute;;
    top: calc(50% - 50px);
    left: calc(50% - 50px);
}
```

居中元素不定宽高

我们首先给出一个居中元素不定宽高的示例，具体如下。

```html
<style>
.wp {
    border: 1px solid red;
    width: 300px;
    height: 300px;
}

.box {
    background: green;
}
</style>

<body>
    <div class="wp">
       <div class="box ">text</div>
    </div>
</body>
```

对于居中元素不定宽高的情况，依然有很多方法可以实现居中，下面分别介绍一下。

1. absolute + transform

宽高不定时,可以利用 CSS3 新增的 transform,transform 的 translate 属性也可以用来设置百分比,这个百分比是基于自身的宽和高计算出来的,因此可以将 translate 设置为-50%,代码如下。

```
.wp {
    position: relative;
}
.box {
    position: absolute;
    top: 50%;
    left: 50%;
    transform: translate(-50%, -50%);
}
```

2. lineheight

把 box 设置为行内元素,可以通过 text-align 实现水平居中,同时通过 vertical-align 实现垂直方向上的居中,代码如下。

```
.wp {
    line-height: 300px;
    text-align: center;
    font-size: 0px;
}
.box {
    font-size: 16px;
    display: inline-block;
    vertical-align: middle;
    line-height: initial;
    text-align: left; /*修正文字 */
}
```

这个方法充分利用了行内/块级元素的特点。

3. table

其实,历史上的 table 经常被用来做页面布局,这么做的缺点是会增加很多冗余代码,并且性能也不友好。不过处理居中问题,它可是能手。把布局当作一个表格来做的代码如下。

```
<table>
    <tbody>
        <tr>
            <td class="wp">
                <div class="box">test</div>
            </td>
        </tr>
```

```
    </tbody>
</table>
.wp {
    text-align: center;
}
.box {
    display: inline-block;
}
```

4. css-table

如何使用 table 布局的特性效果，但是不采用 table 元素呢？答案是使用 css-table，代码如下。

```
.wp {
    display: table-cell;
    text-align: center;
    vertical-align: middle;
}
.box {
    display: inline-block;
}
```

以上代码使用了 display: table-cell，和 table 布局相比，冗余代码减少了很多。

5. flex

flex 是非常现代的布局方案，可以通过几行代码优雅地实现居中，代码如下。

```
.wp {
    display: flex;
    justify-content: center;
    align-items: center;
}
```

6. grid

grid 布局非常超前，虽然兼容性不好，但是能力超强。使用它实现居中的代码如下。

```
.wp {
    display: grid;
}
.box {
    align-self: center;
    justify-self: center;
}
```

在学习了以上几种布局方法后,我们来简单总结一下。

- PC 端有兼容性要求,宽高固定,推荐使用"absolute +负 margin"的方法实现居中。
- PC 端有兼容性要求,宽高不固定,推荐使用 css-table 实现居中。
- PC 端无兼容性要求,推荐使用 flex 实现居中。
- 移动端推荐使用 flex 实现居中。

总结

与 HTML 和 CSS 有关的问题在面试中考查得较少,但是如果答得不好,对于面试结果来说将是致命的。同时,在工作中,如果这方面存在知识短板,则往往会造成不必要的效率消耗。为了得到更好的面试结果,更为了提高自己的技能,我们应该正视前端领域中这两个离不开的"面子工程"。

10
进击的 HTML 和 CSS

通过前面的介绍，我们认识到 JavaScript 语言发展飞速。其实，HTML 和 CSS 也在不断进步，本篇就来介绍一下发展中的 HTML 和 CSS。之所以说"进击的 HTML 和 CSS"，是因为它们中的很多新特性确实非常实用且具有变革精神。

本篇首先会介绍 HTML 的相关发展情况，接着重点分析 CSS 变量和 CSS Modules，我认为这两个概念代表了未来的发展方向。目前来看，有必要根据具体情况将这两个概念融合到成熟的项目中并加以应用，因此在讲解这方面的内容时，除了会介绍相关的基本理论，还会给出实战案例和构建流程。

进击的 HTML

HTML 规范是 W3C 与 WHATWG 共同合作产出的，HTML5 也不例外。

说是"合作产出"，其实更像是"产出两套 HTML5 规范"。但"话说天下大势，分久必合，合久必分"，如今它们又表示将会开发单一版本的 HTML 规范。

那么，HTML5 给开发者提供了哪些便利呢？简单列举如下。

- 用于绘画的 canvas 元素。
- 用于媒介播放的 video 和 audio 元素。
- 对本地离线存储有更好的支持（localStorage、sessionStorage）。

- 新的语义化标签（article、footer、header、nav、section 等）。
- 新的表单控件（calendar、date、time、email、url、search 等）。

除了以上常规功能，HTML5 还可实现以下功能，我们通过一些示例来具体说明。

1. 给汉字加拼音

HTML5 可以用于给汉字加拼音，示例代码如下，运行效果如图 10-1 所示。

```
<ruby>
    前端开发核心知识进阶
    <rt>
        qianduankaifahexinzhishijinjie
    </rt>
</ruby>
```

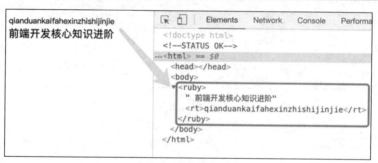

图 10-1

2. 展开和收起组件

我们可以通过 HTML5 来展开和收起组件，代码如下。

```
<details>
  <summary>前端开发核心知识进阶</summary>
前端领域，入门相对简单，可是想要"更上一层楼"却难上加难，市场上高级/资深前端工程师凤毛麟角。这当然未必完全是坏事，一旦突破瓶颈，在技能上脱颖而出，便是更广阔的空间。那么，如何从夯实基础到突破瓶颈？
</details>
```

通过以上几行简单的代码，我们就可以实现一个类似"手风琴"展开和收起的效果。展开效果如图 10-2 所示，收起效果如图 10-3 所示。

以往要实现这样的效果，我们必须依靠 JavaScript。现在来看，HTML 也变得更加具有可交互性。

图 10-2

图 10-3

3. 原生进度条和度量

我们可以使用原生 progress 标签显示进度条，效果如图 10-4 所示。

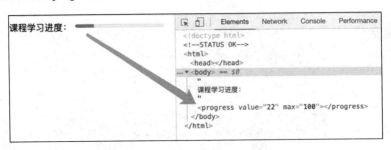

图 10-4

值得一提的是，progress 标签不适合用来表示度量衡，如果想表示度量衡，则应该使用 meter 标签。这又是什么标签呢？

其实，HTML5 中新增加的标签多种多样，感兴趣的读者可以自行了解，这里不再过多介绍。

不可忽视的 Web components

事实上，Web components 的概念在几年前就已经被提出了，但貌似一直没有发展得"如火如荼"，那么这里为什么要单独拿出来讲呢？

我并不想赘述 Web components 的基础概念，但是我认为，作为"更高阶"的前端工程师，要时刻保持技术视野的广度。在框架带来的"组件化""生命周期化"这些统治级别的概念下，Web components 取长补短并带有"原生"优势，因此我认为这是可以深入研究的一个方向。下面总结一下 Web components 的优点。

- 原生规范，无须使用框架

这条优点的后半句话是 "但是继承且具备了框架的优点"。新的 Web components 规范中新增了组件生命周期、slot、模板等概念（可以与 JSX 或 Vue template 类比），这些概念与本来就已经存在的组件化、shadow dom、扩展原生元素的能力相结合，使 Web components 具备了较好的发展前景。

- 原生使用，无须进行编译

想想现有的一系列框架，不论是 Vue 还是 React，都需要进行编译，而 Web components 是原生工具，会得到浏览器的天然支持，可以免去编译构建过程。

- 真正的 CSS scope

Web components 实现了真正的 CSS scope，做到了样式隔离。关于这一点，读者可以与下面即将介绍的 CSS Modules 对照学习。真正的 CSS scope 对于项目的可维护性至关重要。

进击的 HTML 和 CSS 带来了进击的 Web components 概念。通过这个案例，我想让读者了解：真正的高级工程师，不仅要理解 this、熟练掌握各种基础知识（当然，这些是前提），更要有技术嗅觉，对新的解决方案能够理解，面向"未来"编程。

移动端 HTML5 注意事项总结

HTML5 因为其强大、先进的能力，毫无疑问带来了一场开发的变革。在国内，体现最明显的就是产生了各种 H5 移动页面。

因为移动端具有碎片化现象，而且技术落地的成熟度尚浅，因此带来了不少问题，那么在移动端开发 H5 页面有哪些"坑"及小技巧呢？

这里列举一些典型情况，目的在于梳理和整理知识点，因此不进行一一详解。具体信息在社区上都可以找到，感兴趣的读者可以另行学习。

1. 打电话/发短信/写邮件的小技巧

这些技巧都和 a 标签相关，我们可以通过以下代码实现点击链接后拨打指定电话的功能。

```
<a href="tel: 110">打电话给警察局</a>
```

实现发短信功能的代码如下。

```
<a href="sms: 110">发短信给警察局</a>
```

通过以下代码可以实现写邮件功能，实现此功能需要依赖"mailto"。

```
<a href="mailto: 110@govn.com">发邮件给警察局</a>
```

通过以下设置可以在发送邮件时添加抄送。

```
<a href="mailto: 110@govn.com?cc=baba@family.com">发邮件给警察局，并抄送给我爸爸</a>
```

除了抄送，也可以进行私密发送，代码如下。

```
<a href="mailto: 110@govn.com?cc=baba@family.com&bcc=mama@family.com">发邮件给警察局，抄送给我爸爸，并密送给我妈妈</a>
```

同理，也可以通过以下代码实现群发。

```
<a href="mailto: 110@govn.com; 120@govn.com">发邮件给警察局，以及120急救中心</a>
```

既然能支持群发，那么定义主题和内容也不在话下，代码如下。

```
<a href="mailto: 110@govn.com?subject=SOS">发邮件给警察局，并添加救命主题</a>
```

除了自定义主题，我们还可以使用 body 这个 query 来实现自定义邮件内容，代码如下。

```
<a href="mailto: 110@govn.com?subject=SOS&body=快来救我">发邮件给警察局，并添加救命主题和内容</a>
```

内容是支持插入图片和链接的，这里不再一一列举。

2. 移动端产生 300ms 点击延迟及点击穿透现象

这是由于历史原因造成的，一般解决手段为禁止混用 touch 和 click，或者增加一层"透明"蒙层，也可以通过延迟上层元素消失来实现。

3. 点击元素时禁止产生背景或边框

在移动端的某些设备上，点击按钮后会出现丑陋的边框，对于这种情况，我们一般可以使用以下代码，对默认样式进行禁用。

```
-webkit-tap-highlight-color: rgba(0,0,0,0);
```

4. 长按链接与图片时禁止弹出菜单

在移动端的某些设备上，长按链接或图片会默认弹出菜单，我们一般可以使用以下代码来禁止这一默认行为。

```
-webkit-touch-callout: none;
```

5. 禁止用户选中文字

禁止用户选中文字的代码如下。

```
-webkit-user-select:none;
user-select: none;
```

6. 取消输入英文时默认首字母大写

在某些版本的系统中，用户输入英文时，会默认首字母大写，我们可以通过以下代码来关闭这种设置（在 iOS 下生效）。

```
<input autocapitalize="off" autocorrect="off" />
```

7. 语音和视频自动播放

自动播放是一个很麻烦的话题。不同浏览器的内核支持自动播放的情况不一样，甚至 WebKit 内核对于自动播放的策略也一直在调整中。自动播放有时候也带着条件，如设置静音等。

一般，我们设置自动播放的回退策略是用户触摸屏幕时进行播放，相关代码如下。

```
// JavaScript 绑定自动播放（操作 window 时，播放音乐）
$(window).on('touchstart', () => {
    video.play()
})

//微信环境
document.addEventListener("WeixinJSBridgeReady", () => {
    video.play()
}, false)
```

8. 视频全屏播放

为了使视频全屏播放，我们一般进行如下设置。

```
<video x-webkit-airplay="true" webkit-playsinline="true" preload="auto" autoplay src=""></video>
```

但是,最终情况会受到浏览器引擎实现所影响。

9. 开启硬件加速

在做动画时,为了达到更好的性能效果,我们往往会开启硬件加速,一般会进行如下设置。

```
transform: translate3d(0,0,0);
```

10. fixed 定位问题

fixed 定位问题主要体现在 iOS 端,比如,在软键盘弹出的某些情况下,fixed 元素定位会受到影响;在配合使用 transform、translate 的某些情况下,fixed 元素定位也会受到影响。这个问题的一般解决方案是模拟 fixed 定位,或者使用 iScroll 库。

11. 让 Chrome 支持小于 12px 的文字

一般会通过以下代码使 Chrome 支持小于 12px 的文字。

```
-webkit-text-size-adjust:none;
```

CSS 变量和主题切换优雅实现

CSS 变量或 CSS 自定义属性一直以来都是值得关注的方向。前端开发者没必要去"叫嚣" CSS + HTML 是否满足图灵完备,但是 CSS 变量时代确实已经到来。注意,这里所说的不是 CSS 预处理器(类似于 Less、Sass)中的变量,而是实实在在地原生支持特性。

什么是 CSS 变量

什么是 CSS 变量呢?我们直接来看一个例子,代码如下。

```
body {
  background: white;
  color: #555;
}

a, a:link {
  color: #639A67;
}
a:hover {
```

```
  color: #205D67;
}
```

借助 CSS 变量,我们可以对颜色色值进行设置,代码如下所示。

```
:root {
  --bg: white;
  --text-color: #555;
  --link-color: #639A67;
  --link-hover: #205D67;
}
```

这样一来,我们可以直接使用色值来实现代码简化。

```
body {
  background: var(--bg);
  color: var(--text-color);
}

a, a:link {
  color: var(--link-color);
}
a:hover {
  color: var(--link-hover);
}
```

这一点很好理解,在任何语言中,变量都是个好东西:它可以降低维护成本,甚至实现更好的性能。

CSS 变量语法也很简单:我们使用 "--变量名" 的方式定义变量,使用 var(--变量名)的方式消费变量。

想了解更多 CSS 变量的基础内容可以查看有关 "使用 CSS 变量" 的官方资料。

值得一提的是,CSS 变量的兼容性 "出乎意料" 得好,如图 10-5 所示,大部分移动端都已经可以使用 CSS 变量了,PC 端的新版本浏览器基本也都已经支持该变量。

我在自己的项目中已经开始大范围使用 CSS 变量了,在 html 根节点下定义:root,并进行变量声明,如图 10-6 所示。

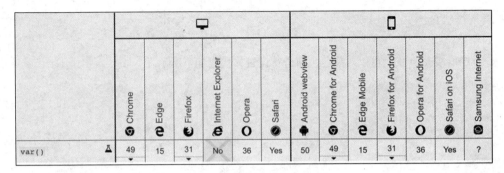

	🖥					📱					
	Chrome	Edge	Firefox	Internet Explorer	Opera	Safari	Android webview	Chrome for Android	Edge Mobile	Firefox for Android	Opera for Android	Safari on iOS	Samsung Internet
var()	49	15	31	No	36	Yes	50	49	15	31	36	Yes	?

图 10-5

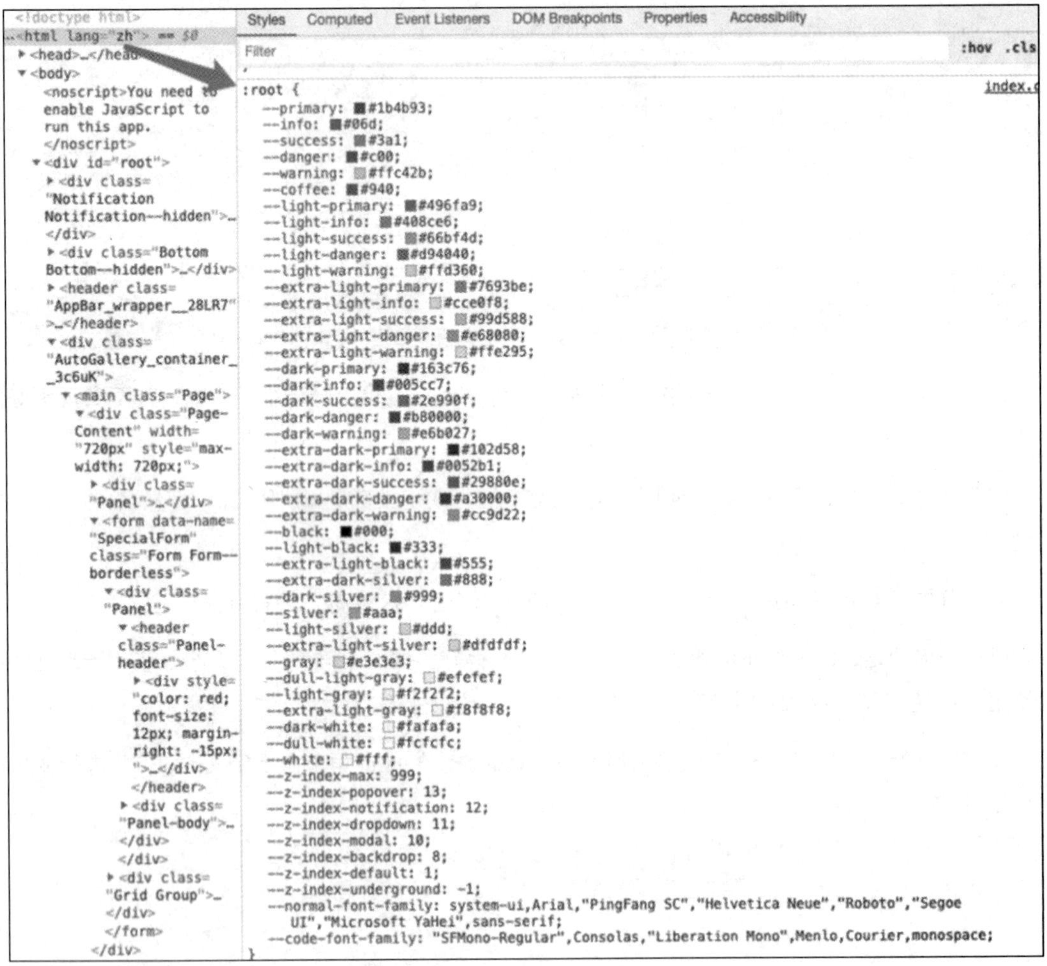

图 10-6

除了简单地应用变量，我们还能玩出哪些更高级的用法呢？下面就来介绍一些高级用法。

使用 CSS 变量实现主题切换

对于一键切换主题这一功能，以往的实现方式较为复杂。如今，借助 CSS 变量，一切都变得容易起来。参考以下代码。

```css
:root {
  --bg: white;
  --text-color: #555;
  --link-color: #639A67;
  --link-hover: #205D67;
}
```

定义一个 .pink-theme 来对应粉色主题，代码如下。

```css
.pink-theme {
  --bg: hotpink;
  --text-color: white;
  --link-color: #B793E6;
  --link-hover: #3532A7;
}
```

这样一来，切换主题就变得非常简单了，代码如下。

```js
const toggleBtn = document.querySelector('.toggle-theme')

toggleBtn.addEventListener('click', e => {
  e.preventDefault()

  if (document.body.classList.contains('pink-theme')) {
    //当前主题为粉色主题，需要移除 pink-theme class
    document.body.classList.remove('pink-theme')

    toggle.innerText = '切换正常主题色'
  } else {
    document.body.classList.add('pink-theme')
    toggle.innerText = '切换为粉色少女主题'
  }
})
```

同时，我们可以将"进击的 CSS"和"进击的 HTML"相结合，利用 localStorage 实现主题的保存，代码如下。

```js
const toggleBtn = document.querySelector('.toggle-theme')
```

```
if (localStorage.getItem('pinkTheme')) {
  document.body.classList.add('pink-theme')
  toggle.innerText = '切换为粉色少女主题'
}

toggleBtn.addEventListener('click', e => {
  e.preventDefault()

  if (document.body.classList.contains('pink-theme')) {
     //当前主题为粉色主题，需要移除 pink-theme class
    document.body.classList.remove('pink-theme')

    toggle.innerText = '切换正常主题色'
    localStorage.removeItem('pinkTheme')
  } else {
    document.body.classList.add('pink-theme')
    toggle.innerText = '切换为粉色少女主题'
    localStorage.setItem('pinkTheme', true)
  }
}))
```

这种主题切换的实现方法非常简单直观，我认为这将会成为 CSS 发展的一个不可避免的趋势。

CSS Modules 理论和实战

我做面试官对 CSS 进行考查时，除了会了解面试者对基础布局的掌握情况及其经验，还非常喜欢问与 CSS 工程相关的题目，比如，如何维护大型项目的 z-index，如何维护 CSS 选择器和样式之间的冲突。本节就来谈一谈 CSS Modules，看一看这个方案是否能让"CSS 冲突成为历史"。

什么是 CSS Modules

CSS Modules 是指，项目中的所有 class 名默认都是局部起作用的。

其实，CSS Modules 并不是一个官方规范，更不是浏览器的机制。因为它依赖我们的项目构建过程，因此基于它的实现往往需要借助 webpack。借助 webpack 或其他构建工具，可以将 class 名唯一化，从而使其只在局部起作用。

这么说可能比较抽象，我们来看一个例子，代码如下。

```
<div class="test">This is a test</div>
```

对应的样式表如下。

```css
.test {
  color: red;
}
```

经过编译构建后，对应的 HTML 代码内容如下所示。

```html
<div class="_style_test_309571057">
  This is a test
</div>
```

同时，经过编译构建后，对应的 CSS 代码内容如下所示。

```css
._style_test_309571057 {
    color: red;
}
```

其中，class 名是动态生成的，在整个项目中这个名字是唯一的。通过命名规范的唯一性，便达到了避免样式冲突的目的。

仔细想来，这样的解决方案似乎有一个问题：如何实现样式复用？因为生成了全局唯一的 class 名，所以我们如何像传统方式那样实现样式复用呢？

从原理上想，全局唯一的 class 名是在构建过程中生成的，所以如果能够在构建过程中进行标识，表示该 class 将被复用，就可以解决问题了。这样的方式需要依靠 composes 关键字实现。我们来看一个具体示例。

在项目样式表 style.css 文件中，有如下相关代码。

```css
.common {
  color: red;
}

.test {
  composes: common;
  font-size: 18px;
}
```

注意，这里使用 composes 关键字在 .test 中关联了 .common 样式。

项目的 HTML 文件中引入了 style.css 文件，并使用了 CSS Modules 特性，代码如下。

```html
import style from "./style.css";
<div class="${style.test}">
    This is a test
</div>
```

以上代码经过编译构建后，得到的代码如下。

```
<div class="_style__test_0980340 _style__common_404840">
    This is a test
</div>
```

我们看到，div 的 class 中加入了_style__common_404840，这样就实现了复用样式。明白了道理，那么该如何应用 CSS Modules 呢？

CSS Modules 实战

本节将会使用 webpack 来构建一个项目，一步一步进行分析讲解。由于本节的主题并不是"如何配置 webpack"，因此一些与 webpack 基础知识有关的内容便不在这里赘述，同时为了简化问题，我们不进行其他 webpack 配置（比如 dev server）。

1. 创建项目

通过命令 npm init --y 进行项目初始化创建。

此时生成的 package.json 文件中的内容如下。

```
{
  "name": "css-modules",
  "version": "1.0.0",
  "description": "README.md",
  "main": "index.js",
  "scripts": {
    "test": "echo \"Error: no test specified\" && exit 1"
  },
  "keywords": [],
  "author": "",
  "license": "ISC"
}
```

2. 创建必要文件

输入命令 mkdir src 来创建 src 文件夹，同时在该目录下创建 index.html 文件，命令是 touch index.html。接着，在./src 文件夹中创建 index.js、style.css 和 app.css 文件，其中 index.js 文件中的代码如下。

```
import bluestyle from './style.css';
import greenstyle from './app.css';

let html = `
<h2 class="${bluestyle.my_css_selector}">I should be displayed in blue.</h2>
<br/>
```

```
<h2 class="${greenstyle.my_css_selector}">I should be displayed in green.</h2>
`;
document.write(html);
```

style.css 文件中的代码如下。

```
.my_css_selector {
    color: blue;
}
```

app.css 文件中的代码如下。

```
.my_css_selector {
    color: green;
}
```

在 style.css 和 app.css 这两个样式文件中，我们使用了相同的 class 名。

3. 安装依赖

接下来安装 webpack、webpack-cli、Babel 全家桶（babel-core、babel-loader、abel-preset-env）、相应的 loaders（css-loader、style-loader）及 extract-text-webpack-plugin 插件。

这些依赖项具体是做什么的这里不再赘述，有不了解的读者可以自行搜索学习。另外，强烈建议安装版本遵循以下代码设置，否则会出现类似 webpack 版本和 extract-text-webpack-plugin 不兼容等版本依赖问题。

```
"babel-core": "^6.26.3",
"babel-loader": "^7.1.4",
"babel-preset-env": "^1.6.1",
"css-loader": "^0.28.11",
"extract-text-webpack-plugin": "^4.0.0-beta.0",
"style-loader": "^0.21.0",
"webpack": "^4.1.0",
"webpack-cli": "^3.1.1"
```

按照正常流程走下来，package.json 文件中的代码如下所示。

```
{
  "name": "css-modules",
  "version": "1.0.0",
  "description": "README.md",
  "main": "index.js",
  "scripts": {
    "test": "echo \"Error: no test specified\" && exit 1"
  },
  "keywords": [],
```

```
"author": "",
"license": "ISC",
"devDependencies": {
  "babel-core": "^6.26.3",
  "babel-loader": "^7.1.4",
  "babel-preset-env": "^1.6.1",
  "css-loader": "^0.28.11",
  "extract-text-webpack-plugin": "^4.0.0-beta.0",
  "style-loader": "^0.21.0",
  "webpack": "^4.1.0",
  "webpack-cli": "^3.1.1"
 }
}
```

4. 编写 webpack 配置。

创建 webpack 配置文件,代码如下。

```
touch webpack.config.js
```

编写 webpack 配置内容,代码如下。

```
var ExtractTextPlugin = require('extract-text-webpack-plugin');

module.exports = {
    entry: './src',
    output: {
        path: __dirname + '/build',
        filename: 'bundle.js'
    },
    module: {
        rules: [
            {
                test: /\.js/,
                loader: 'babel-loader',
                include: __dirname + '/src'
            },
            {
                test: /\.css/,
                loader:
ExtractTextPlugin.extract("css-loader?modules&importLoaders=1&localIdentName=[name]__[local]__[hash:base64:5]")
            }
        ]
    },
    plugins: [
        new ExtractTextPlugin("styles.css")
```

```
    ]
}
```

这里使用了 extract-text-webpack-plugin 插件，并定义插件分析入口为./src 目录，插件进行处理后，输出结果到__dirname + '/build'目录中。对后缀为.css 的文件使用 css-loader 进行解析，输出样式内容到 styles.css 文件中，并在 index.html 文件中引入 styles.css 文件。

注意，这里为 css-loader 设置了 modules 参数，并对其进行了 CSS Modules 处理。

5. 编写 npm script 并运行

最后，将 package.json 中的 script 命令改为如下形式。

```
"scripts": {
    "start": "webpack --mode development"
},
```

使用 npm run start 命令来运行 webpack，此时 package.json 文件中的代码如下。

```
{
  "name": "css-modules",
  "version": "1.0.0",
  "description": "README.md",
  "main": "index.js",
  "scripts": {
    "start": "webpack --mode development"
  },
  "keywords": [],
  "author": "",
  "license": "ISC",
  "devDependencies": {
    "babel-core": "^6.26.3",
    "babel-loader": "^7.1.4",
    "babel-preset-env": "^1.6.1",
    "css-loader": "^0.28.11",
    "extract-text-webpack-plugin": "^4.0.0-beta.0",
    "style-loader": "^0.21.0",
    "webpack": "^4.1.0",
    "webpack-cli": "^3.1.1"
  }
}
```

运行 npm start，得到输出，打开页面会发现，在编译过程中完成了对样式的 CSS Modules 处理，如图 10-7 所示。

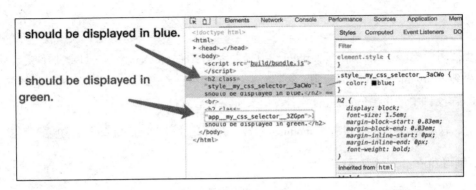

图 10-7

总结

在本篇中,我们既进行了"大面儿"上的梳理,又在关键点上深入进行了"实战"。有趣实用的标签和属性、移动端 HTML5 注意事项总结、HTML5 和 CSS3 面试题梳理,这 3 块内容旨在将碎片化的知识点进行"记事本"式的排列;Web components 方面的内容更多是想给大家带来对新技术的思考和总结;CSS 变量、CSS Modules 是我认为最有发展潜力、最有实用价值、最能马上落地实现的解决方案。

HTML 和 CSS 向来被忽视,但是它们涉及项目组织和构建,涉及新技术的调研和决断,我们切不可含糊对待。

11

响应式布局和 Bootstrap 的实现分析

响应式这个概念曾经非常流行，但从发展来看，似乎"响应式"布局不再是必不可少的。究其原因主要有以下两点。

- 公司研发人员越来越充足，可以在 PC 端和移动端实现两套布局，分项目进行维护。
- 响应式布局在适配上越来越简单。

但是我们仍然不能对这个概念"掉以轻心"，因为响应式布局仍然有其存在的价值：移动端碎片化的现象将会无限期存在；前端也必然进入物联网领域，任何设备界面的响应布局都将会成为关键挑战。除此之外，响应式布局是 CSS 逐步发展中的一环，体现了 CSS 的灵活性。

上帝视角——响应式布局适配方案

首先来梳理一下响应式布局的几种典型方案，具体如下。

- 传统布局
- 相对单位布局
- 通过媒体查询实现的响应式布局
- 基于相对单位 rem 的 flexible 布局
- flex 布局
- grid 布局

- 借助 JavaScript 进行布局

传统布局在前面的内容中有所体现（即多栏自适应布局），这种实现方式比较传统，且实现较为复杂，同时对整体布局侵入影响较大。除了传统布局，我们还会经常用到相对单位布局，这种实现方式比较容易理解，下面就来梳理一下 CSS 中的相对单位。

- em
- rem
- vh、vw、vmin、vmax
- %
- calc()

这里的重点是理解这些相对单位的使用规范，也就是"到底是相对于谁"（注意，这也是一个很重要的面试考点）。

- em 相对于当前元素或当前元素继承来的字体的宽度，但是每个字母或汉字的宽度有可能是不一样的，一般来说是一个大写字母 M 的宽度（事实上，规范中有一个 x-height 概念，建议取 X 的高度，但并没有推荐绝对的计算执行标准，还需要看浏览器的实现，也有的地方采用 O 的高度）；一个非常容易出错的点在于，很多同学会认为 em 相对于父元素的字体大小，但是实际上"相对于谁"取决于应用在什么 CSS 属性上。对于 font-size 来说，em 是相对于父元素的字体大小；在 line-height 中，em 却是相对于自身的字体大小。
- rem 相对于根节点（html）的字体大小。

这两个单位在响应式布局中非常重要，我们后续在真实的线上适配案例中会看到，淘宝的 flexible 布局方案就是以 rem 为核心的。

- vw 相对于视口宽度，100vw 就相当于一个视口宽度。
- vh 与 vw 同理，1vh 表示一个视口高度的 1/100，100vh 就是一个视口高度。
- vmin 相对于视口的宽度或高度中较小的那个，也就是在 1vw 和 1vh 之间取最小值（Math.min(1vw, 1vh)）；vmax 相对于视口的宽度或高度中较大的那个，也就是在 1vw 和 1vh 之间取最大值（Math.max(1vw, 1vh)）。
- %的相对对象会在后续环节中专门介绍。

- calc 是一个响应式布局计算单位，它使得 CSS 有了运算的能力。比如，以下代码实现了根据屏幕宽度进行计算的功能。

```
width: calc(100vw - 80px)
```

真实线上适配案例分析

在进入分析前，我们先罗列一下其他关于响应式布局的概念，具体如下。

- 屏幕分辨率
- 像素（px）
- PPI（Pixel Per Inch）：每英寸包括的像素数
- DPI（Dot Per Inch）：每英寸包括的点数
- 设备独立像素
- 设备像素比（dpr）
- Meta Viewport

这些概念的具体含义都可以在社区中了解到，我们不再赘述。这里重点分析移动端页面的适配实践方案。

首先，淘宝通过设置以下代码来禁用用户缩放功能，使页面宽度和设备宽度对齐（如图 11-1 所示），这种操作一般也是移动端响应式适配的标配。

```
<meta name="viewport"
content="width=device-width,initial-scale=1,minimum-scale=1,maximum-scale=1,user-scalable=no,viewport-fit=cover">
```

图 11-1

我们观察到，在页面根节点 html 元素上显式设置了 font-size，如图 11-2 所示。

图 11-2

在此基础上，我们尝试改变浏览器大小时，html 的 font-size 就会动态发生变化。这其实不难理解，采用 rem 作为相对单位的长宽数值都会随着 resize 事件进行变化，因为 html 的 font-size 是动态变化的。在其页面中，也不难找到如图 11-3 所示的代码。

11 响应式布局和 Bootstrap 的实现分析

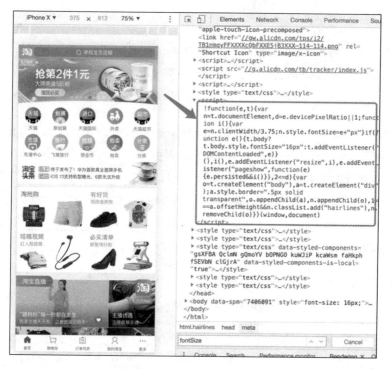

图 11-3

对这段代码的格式进行美化,可以得到以下样式的代码。

```
!function(e, t) {
    var n = t.documentElement,
        d = e.devicePixelRatio || 1;

    function i() {
        var e = n.clientWidth / 3.75;
        n.style.fontSize = e + "px"
    }
    if (function e() {
        t.body ? t.body.style.fontSize = "16px" : t.addEventListener("DOMContentLoaded", e)
    }(), i(), e.addEventListener("resize", i), e.addEventListener("pageshow", function(e) {
        e.persisted && i()
    }), 2 <= d) {
        var o = t.createElement("body"),
            a = t.createElement("div");
        a.style.border = ".5px solid transparent", o.appendChild(a), n.appendChild(o), 1 === a.offsetHeight && n.classList.add("hairlines"), n.removeChild(o)
    }
```

}(window, document)
```

这段代码的核心逻辑不难理解，这是一个 IIFE，在 DOMContentLoaded、resize、pageshow 事件触发时，会对 html 的 font-size 值进行设定，计算方式如下。

```
font-size = document.documentElement.clientWidth / 3.75
```

为什么这么计算呢？可以肯定的是，淘宝的工程师是按照 375px 的视觉稿进行开发的。在 375px 的视觉稿下，html 的 font-size 为 100，那么如果宽度是 75px 的元素，就可以设置为 0.75rem（100 * 0.75 = 75px）；当设备宽度为 414px（iPhone8 plus）时，我们想让上述元素的宽度等比例自适应到 82.8px（75 * 414 / 375），那么在 CSS 样式为 0.75rem 不变的前提下，想计算得到 82.8px，只需使 html 中的 font-size 变为 110.4px 即可（110.4 * 0.75 = 82.8）。那么反过来，这个 110.4 的计算公式就如下所示。

```
document.documentElement.clientWidth / 3.75
```

当然，淘宝在实现响应式布局时除了依靠 rem，还大量运用了 flex 布局，比如，页面中最复杂的布局区块，如图 11-4 所示。虽然其在页面上的显示比较复杂，但实现起来较为简单。

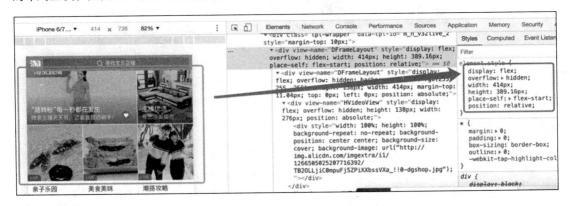

图 11-4

淘宝将整套解决方案开源出来，并命名为 flexible 布局。其实读到这里，你已经理解了这个解决方案的核心原理。

下面再来看一看网易的做法。

如图 11-5 所示，可以看出这里同样采用了 rem 布局，但与淘宝的区别是网易并没有通过 JavaScript 计算 html 中的 font-size，而是通过媒体查询和 calc()，"枚举"了不同设备下不同的 html 的 font-size 值。
```

图 11-5

在页面中,较为复杂的头部 slider 组件的宽度明显是 JavaScript 获取设备宽度后动态赋值的(在图 11-6 中为 414px),而高度则采用了 rem 布局来获取,图 11-6 中的高度 3.7 rem = 55.3px(calc(13.33333333vw) * 3.7)。

图 11-6

总结一下,实现响应式布局并没有那么困难,只要我们掌握了最基本的处理手段,再在实际场景中综合运用多种套路,即可最大限度地灵活实现响应式布局。

Bootstrap 栅格实现思路

Bootstrap 栅格化是一个非常"伟大"的实现,我们在使用 Bootstrap 布局时,可以通过添加类的方法,轻松实现栅格化和流式布局。

下面就选取非常具有代表性的 Bootstrap4 官网中的范例来进行讲解。在宽屏幕下,我们可以看到如图 11-7 所示的视图。

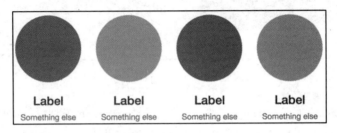

图 11-7

当屏幕宽度小于 576px 时,我们可以看到如图 11-8 所示的视图。

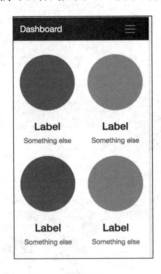

图 11-8

对应代码如下。

```
<div class="col-6 col-sm-3">
    ...
</div>
```

```
<div class="col-6 col-sm-3">
   ...
</div>
<div class="col-6 col-sm-3">
   ...
</div>
<div class="col-6 col-sm-3">
   ...
</div>
```

.col-6 class 的源码可以简单（不完全）归纳如下。

```
.col-6 {
   -webkit-box-flex: 0;
   -webkit-flex: 0 0 50%;
   -ms-flex: 0 0 50%;
   flex: 0 0 50%;
   max-width: 50%;
}
```

.col-sm-3 的源码可以归纳如下。

```
.col-sm-3 {
   -webkit-box-flex: 0;
   -webkit-flex: 0 0 25%;
      -ms-flex: 0 0 25%;
          flex: 0 0 25%;
   max-width: 25%;
}
```

我们看到，本节第一段代码中对同一个节点同时设置了两个 class（col-6 和 col-sm-3）来进行样式声明。

从上面的样式代码中可以看到 flex: 0 0 25%这样的声明，为了理解该声明，我们先来看一下 flex 属性。flex 属性是 flex-grow、flex-shrink 和 flex-basis 的简写（就像 background 是很多背景属性的简写一样），它的默认值为 0 1 auto，后两个属性是可选项。flex 属性的语法格式如下。

```
.item {
   flex: none | [ <'flex-grow'> <'flex-shrink'>? || <'flex-basis'> ]
}
```

- flex-grow：该属性定义项目的放大比例，默认值为 0。我们看到，Bootstrap 代码中的这个值一直为 0，即如果存在剩余空间，也不放大。
- flex-shrink：该属性定义了项目的缩小比例，默认值为 1，即如果空间不足，该项目将缩小。

- flex-basis：该属性定义了在分配多余空间之前，项目占据的主轴空间（main size）。

浏览器会根据这个属性计算主轴是否有多余空间，该属性可以设为与 width 或 height 属性一样的值（如 350px），此时项目将占据固定空间。

这里，Bootstrap 将 flex 设置为了比例值，这也是实现响应式的基础。

但是，col-6 和 col-sm-3 的样式之间很明显是有冲突的，那么它们是如何做到"和平共处"交替发挥作用的呢？

事实上，在屏幕宽度大于 576px 时，会发现.col-sm-3 并没有起作用，这时候起作用的是.col-6。

我们在源码中发现，.col-sm-*的样式声明全部在以下媒体查询中。

```
@media (min-width: 576px) {...}
```

这就保证了在屏幕宽度为 576px 以上时，.col-sm-*的样式声明并不会发挥作用。

在屏幕宽度小于 576px 时，媒体查询及.col-sm-3 的样式声明才会发挥作用。媒体查询的优先级一定大于.col-6，这时可以保证移动端的样式"占上风"。

结合 col-6 和 col-sm-3 对应的样式，我们可以简单总结一下：Bootstrap 主要通过百分比宽度（max-width: 50%; max-width: 25%;）、flex 属性及媒体查询，"三管齐下"来实现栅格化布局的主体。

当然，整个实现过程中还有很多其他细节，我也一直认为 Bootstrap 的源码是管理大型样式项目的优秀典范，有兴趣的读者可以参阅源码进行了解。

横屏适配及其他细节问题

在很多 HTML5 页面中，我们要区分横屏和竖屏，在不同屏幕下要显示不同的布局，所以需要先检测场景，在不同的场景下给定不同的样式。通常，会使用 JavaScript 检查横屏和竖屏情况。

```
window.addEventListener("resize", () => {
    if (window.orientation === 180 || window.orientation === 0) {
        console.log('竖屏')
    };
    if (window.orientation === 90 || window.orientation === -90 ){
        console.log('横屏')
    }
})
```

同样，可以使用纯 CSS 来实现不同场景下的布局。

```
@media screen and (orientation: portrait) {
  /*竖屏样式代码*/
}
@media screen and (orientation: landscape) {
  /*横屏样式代码*/
}
```

这里再总结一下其他常见的响应式布局问题，如下所示。

- 1px 问题
- 适配 iPhoneX 齐刘海
- 图片自适应

这些问题都可以轻松找到解决思路，这里便不再详细给出。

面试题：%相对于谁

前面讲解了实现水平垂直居中的几种方式，其中 absolute + transform 方案对应的代码如下。

```
.wp {
    position: relative;
}
.box {
    position: absolute;
    top: 50%;
    left: 50%;
    transform: translate(-50%, -50%);
}
```

这里用到了不止一处%单位。事实上，上述代码中的%还真代表着不一样的计算规则。top 和 left 对应的 50%分别是指.wrap 相对定位元素宽度和高度的 50%，而 transform 中的 50%分别是指自身元素宽度和高度的 50%。

那么在 CSS 中，这个常见的%单位有着什么样的规则呢？这也是一道很好的面试题目，本节会对此进行梳理。

- position: absolute 中的 %

对于设置绝对定位的元素，我们可以使用 left、top 表示其偏移量，我们把这个元素的祖先元素中第一个存在定位属性的元素当作参照物，其中的 %是相对于参照物的，left 相对于参照物的 width，top 相对于这个参照物的 height。

- position: relative 中的%

对于设置相对定位的元素，%的数值是相对于自身的，left 相对于自身的 width，top 相对于自身的 height。

- position: fixed 中的%

对于设置固定定位的元素，%的数值是相对于视口的，left 相对于视口的 width，top 相对于视口的 height。

- margin 和 padding 中的%

margin 和 padding 中的%非常特殊，它是相对于父元素的宽度的。没错，margin-top: 30%相当于父元素宽度的 30%。

- border-radius 中的%

我们经常对一个正方形元素设置 border-radius: 50%来得到一个圆形，因此不难发现这里的%是相对于自身宽高的。

- background-size 中的%

background-size 中的%和 border-radius 中的一样，也是相对于自身宽高的。

- transform:translate 中的%

transform:translate 中的%是相对于自身宽高的，这也是上述代码能够实现居中的原因。

- text-indent 中的%

text-indent 这个属性可以用来设置首行缩进，其中的%是相对于父元素的 width 的。

- font-size 中的%

当前元素的字体大小用%设置时，会相对于父元素的字体大小进行换算。

- line-height 中的%

使用 line-height 设置行高时，如果单位为%，则是相对于该元素的 font-size 数值的。

这些就是我们常见的使用%的情况，还是很灵活多变的，具体的使用细节都可以在 CSS 规范中找到。开发者需要做到的是了解常见的及特殊的%使用场景。

深入：flex 布局和传统布局的性能对比

最后，让我们来深入探讨一个关于性能的话题：flex 布局对性能的影响主要体现在哪些方面？

这个问题比较"偏门"，很多读者平时应该没有想过。这里指出来是为了拓展思路，让我们更加合理地认识 CSS 布局。

我们先思考一下，flex 布局对性能到底会有什么影响，或者有多大影响。

首先，性能问题一定是一个相对概念，flex 布局与正常的 block layout（non-float）相比，性能开销一定更大。事实上，block layout 永远都是通过单通道算法（single-pass）进行布局的，而 flex 布局却总会触发多通道算法（multi-pass code path）进行布局。比如，常用的 flex-align: stretch 通常都是双通道布局（2-pass），这是无可争议且难以避免的短板，是由它的基因决定的。（单通道和多通道属于图形学算法问题，这里不再展开讲解，读者只需要了解使用单通道的成本更低即可。）

口说无凭，我们来对比一下 flex 布局和 table 布局。

这里可以进行这样一个实现：重复 1000 次如下所示的 DOM。

```
<div class="wrap">
   <div class="cell description">Item Description</div>
   <div class="cell add">Add</div>
   <div class="cell remove">Remove</div>
</div>
```

接着分别使用 flex 布局和 table 布局，并采用 Navigation Timing API 进行布局速度测量，测量代码如下。

```
<script type="text/javascript">
   ;(function TimeThisMother() {
      window.onload = function(){
         setTimeout(function(){
         var t = performance.timing;
            alert("Speed of selection is: " + (t.loadEventEnd - t.responseEnd) + " milliseconds");
         }, 0);
      };
   })();
</script>
```

上面代码运行后，可以得到如下所示的结果。

- flex 布局："Speed of selection is: 248 milliseconds"。

- table 布局："Speed of selection is: 282 milliseconds"。

flex 布局似乎要比 table 布局更快。

一个叫 Chris Coyier 的开发者曾经实现了这样一个 flex 布局生成器，如图 11-9 所示。

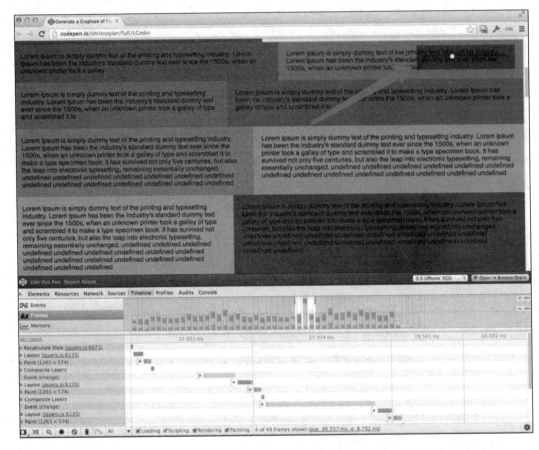

图 11-9

注意右上角的滑动条，越向右滑，页面中不同颜色的区块越多（截图上的滚动条已经很短了，证明页面已经很长，布局区块很多），在如此大规模全面使用 flex 布局的情况下，页面丝毫没有任何卡顿。

如上图所示，打开 Timeline 的级联菜单，点击 record 按钮，并在页面中滑动滑块，最后停止录制，得到瀑布流的紫色部分，可以看到其性能良好。

当然，这样的"模拟"距离真实场景也许还有较大的差距，不排除页面中存在很多图片会使性能开销激增的情况，使用 flex 的某些属性可能也会付出昂贵的性能代价。但是在一般场景下，我认为没有必要去担心 flex 布局的性能问题，至少它比别的方案更靠谱（在不存在兼容性的前提下）。

需要特别提出的是，新版 flex 布局一般比旧版布局模型更快，同样也比基于浮动的布局模型更快。

这里来特别对比一下 flex 布局和浮动布局在性能上的表现。

图 11-10 显示了在 1300 个框上使用浮动布局的开销。

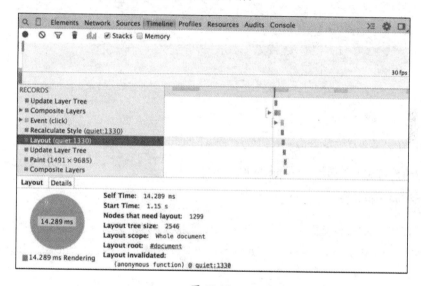

图 11-10

使用 flex 布局更新此示例，会出现不同的情况，如图 11-11 所示。

很明显，在使用相同数量的元素及实现相同视觉外观的情况下，flex 布局所花费的布局完成时间要少得多（本例中分别为 3.5ms 和 14ms）。

最后，布局性能的开销一般与以下因素相关。

- 需要布局的元素数量
- 布局的复杂性

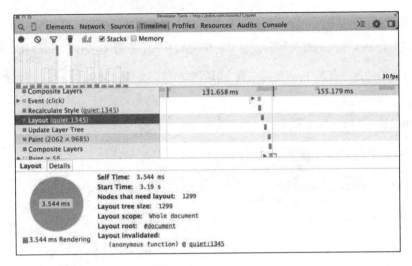

图 11-11

相对地,在提高布局性能方面主要需要注意以下两点。

- 应尽可能避免触发布局(layout / reflow)。
- 避免强制同步布局和布局抖动。

这样一讲,涉及的内容就更多了,我们会在 24 篇中继续讨论这个话题。这里直接给出建议是想告诉大家:不论什么样的布局,一般都很难成为性能瓶颈。同时,CSS 看似简单,却也和性能息息相关。

总结

本篇分析了实现响应式布局的常用手段,并结合实际案例进行了剖析;同时讨论了布局方案对于页面性能的影响。至此,HTML 和 CSS 的相关内容终于告一段落了,读者应该已经清晰地认识到:

- HTML 和 CSS 很重要。
- 如果不花心思,HTML 和 CSS 也不好学。

但是,对于 HTML 和 CSS,我们更应该注重实战,也许可以暂时不用系统地去了解这方面的知识,但是只要遇见一个案例就去攻克一个案例,慢慢地,你就能成为 HTML 和 CSS 专家!

part four

第四部分

本部分将介绍前端框架方面的知识，以 React 为主分析框架对前端而言到底意味着什么，以及我们应该如何学习 React。事实上，对 React 的学习不能只停留在"会用"的层面，学习其组件设计和数据状态管理对于培养编程思维也非常有益，有利于学习者从更高的层面看待问题。同时，我们也会对比 Vue 框架，探讨前端框架的"前世今生"。

前端框架

12

触类旁通多种框架

框架在任何一种编程语言开发范畴中都扮演着举足轻重的角色，在前端开发中尤是如此。目前流行的前端框架三驾马车指的是 Angular、React 和 Vue，它们各有各的特点和受众，都值得开发者认真思考和学习。那么在精力有限的情况下，我们如何做到"触类旁通"、如何提取框架共性、如何提高学习和应用效率呢？

本篇就来剖析这些框架的特点和本质，介绍如何学习并使用这些框架，进而了解前端框架的真谛。

把现代框架的关键词进行提炼，掌握这些关键词，是我们学习的重要一环。这些关键词有双向绑定、依赖收集、发布/订阅模式、MVVM / MVC、虚拟 DOM、虚拟 DOM diff、模板编译等。

响应式框架基本原理

这里不再赘述响应式或数据双向绑定的基本概念，而会直接探究其行为：直观上，数据在变化时不需要开发者去手动更新视图，视图会根据变化的数据"自动"进行更新。想完成这个过程，需要做到以下几点。

- 知道收集视图依赖了哪些数据。
- 感知被依赖数据的变化。
- 数据变化时，自动"通知"需要更新的视图部分，并进行更新。

道理很简单，这个过程对应的技术概念如下。

- 依赖收集
- 数据劫持/数据代理
- 发布/订阅模式

接下来，我们进行重点拆解。

数据劫持/数据代理

感知数据变化的方法很直接，就是进行数据劫持或数据代理。我们往往会通过 Object.defineProperty 这个方法来实现这两种操作。这个方法可以定义数据的 getter 和 setter，具体用法不再赘述。下面来看一个场景。

```
let data = {
  stage: 'GitChat',
  course: {
    title: '前端开发进阶',
    author: 'Lucas',
    publishTime: '2018年5月'
  }
}

Object.keys(data).forEach(key => {
  let currentValue = data[key]
  Object.defineProperty(data, key, {
    enumerable: true,
    configurable: false,
    get() {
      console.log(`getting ${key} value now, getting value is:`, currentValue)
      return currentValue
    },
    set(newValue) {
      currentValue = newValue
      console.log(`setting ${key} value now, setting value is`, currentValue)
    }
  })
})
```

这段代码对 data 数据的 getter 和 setter 方法进行了定义拦截，当我们读取或改变 data 的值时，便可以监听到这种响应，如下所示。

```
data.course
```

```
// getting course value now, getting value is: {title: "前端开发进阶", author: "Lucas",
publishTime: "2018年5月"}
data.course = '前端开发进阶2'
// setting course value now, setting value is 前端开发进阶2
```

但是这种实现有一个问题，例如执行以下代码后，只会得到 getting course value now, getting value is: {title: "前端开发进阶", author: "Lucas", publishTime: "2018 年 5 月"}的输出，修改后的 data.course.title 的信息并没有被打印出来。

```
data.course.title = '前端开发进阶2'

// getting course value now, getting value is: {title: "前端开发进阶", author: "Lucas",
publishTime: "2018年5月"}
```

出现这个问题的原因是，我们的代码只实现了一层 Object.defineProperty，或者说只对 data 的第一层属性执行了 Object.defineProperty，对于嵌套的引用类型数据结构 data.course，我们同样应该进行拦截。

为了达到深层拦截的目的，可以将 Object.defineProperty 的逻辑抽象为 observe 函数，并改用递归实现，代码如下。

```
let data = {
  stage: 'GitChat',
  course: {
    title: '前端开发进阶',
    author: 'Lucas',
    publishTime: '2018年5月'
  }
}

const observe = data => {
  if (!data || typeof data !== 'object') {
    return
  }
  Object.keys(data).forEach(key => {
    let currentValue = data[key]

    observe(currentValue)

    Object.defineProperty(data, key, {
      enumerable: true,
      configurable: false,
      get() {
        console.log(`getting ${key} value now, getting value is:`, currentValue)
        return currentValue
```

```
    },
    set(newValue) {
      currentValue = newValue
      console.log(`setting ${key} value now, setting value is`, currentValue)
    }
   })
  })
}

observe(data)
```

这样一来,就实现了深层数据拦截。拦截效果如下所示。

```
data.course.title = '前端开发进阶 2'
// getting course value now, getting value is: {// ...}
// setting title value now, setting value is 前端开发进阶 2
```

请注意,我们在代理 set 行为时,并没有对 newValue 为复杂类型的情况再次递归调用 observe(newValue) 方法。也就是说,如果给 data.course.title 赋值一个如下所示的引用类型,则无法实现对 data.course.title 数据的观察。

```
data.course.title = {
    title: '前端开发进阶 2'
}
```

这里为了降低学习成本而做了一些简化,默认修改的数值符合语义,都是基本类型。

在尝试对 data.course.title 进行赋值时,首先会读取 data.course,输出 getting course value now, getting value is: {// ...};赋值后,会触发 data.course.title 的 setter,然后输出 setting title value now, setting value is 前端开发进阶 2。

因此,对数据进行拦截并不复杂,这也是很多框架实现的第一步。

监听数组变化

我们将上述数据中的某一项变为数组,如下所示。

```
let data = {
  stage: 'GitChat',
  course: {
    title: '前端开发进阶',
    author: ['Lucas', 'Ronaldo'],
    publishTime: '2018 年 5 月'
  }
}
```

```
}
const observe = data => {
  if (!data || typeof data !== 'object') {
      return
  }
  Object.keys(data).forEach(key => {
    let currentValue = data[key]

    observe(currentValue)

    Object.defineProperty(data, key, {
      enumerable: true,
      configurable: false,
      get() {
        console.log(`getting ${key} value now, getting value is:`, currentValue)
        return currentValue
      },
      set(newValue) {
        currentValue = newValue
        console.log(`setting ${key} value now, setting value is`, currentValue)
      }
    })
  })
}

observe(data)

data.course.author.push('Messi')
// getting course value now, getting value is: {//...}
// getting author value now, getting value is: (2) [(...), (...)]
```

此时，我们只监听到了对 data.course 及 data.course.author 的读取，而数组 push 所产生的行为并没有被拦截。这是因为 Array.prototype 上挂载的方法并不能触发 data.course.author 属性值的 setter，这并不属于做赋值操作，而是调用数组的 push 方法。然而对于基于框架的实现来说，这显然是不满足要求的，当数组变化时我们也应该有所感知。

Vue 同样存在这样的问题，它的解决方法是：将数组的常用方法进行重写，进而覆盖掉原生的数组方法，重写之后的数组方法需要能够被拦截。

实现逻辑如下。

```
const arrExtend = Object.create(Array.prototype)
const arrMethods = [
  'push',
```

```
  'pop',
  'shift',
  'unshift',
  'splice',
  'sort',
  'reverse'
]
arrMethods.forEach(method => {
  const oldMethod = Array.prototype[method]
  const newMethod = function(...args) {
    oldMethod.apply(this, args)
    console.log(`${method}方法被执行了`)
  }
  arrExtend[method] = newMethod
})
```

对数组的 7 个原生方法（push、pop、shift、unshift、splice、sort、reverse）进行重写，核心操作还是调用原生方法 oldMethod.apply(this, args)，除此之外，还可以在调用 oldMethod.apply(this, args) 的前后加入我们需要的任何逻辑。

在上面代码的基础上，我们使用数组的 push 方法时会得到以下结果。

```
Array.prototype = Object.assign(Array.prototype, arrExtend)

let array = [1, 2, 3]
array.push(4)
// push 方法被执行了
```

按照以上思路执行下面的代码，并观察输出结果。

```
const arrExtend = Object.create(Array.prototype)
const arrMethods = [
  'push',
  'pop',
  'shift',
  'unshift',
  'splice',
  'sort',
  'reverse'
]

arrMethods.forEach(method => {
  const oldMethod = Array.prototype[method]
  const newMethod = function(...args) {
    oldMethod.apply(this, args)
    console.log(`${method}方法被执行了`)
```

```javascript
    }
    arrExtend[method] = newMethod
  })

Array.prototype = Object.assign(Array.prototype, arrExtend)


let data = {
  stage: 'GitChat',
  course: {
    title: '前端开发进阶',
    author: ['Lucas', 'Ronaldo'],
    publishTime: '2018年5月'
  }
}

const observe = data => {
  if (!data || typeof data !== 'object') {
      return
  }
  Object.keys(data).forEach(key => {
    let currentValue = data[key]

    observe(currentValue)

    Object.defineProperty(data, key, {
      enumerable: true,
      configurable: false,
      get() {
        console.log(`getting ${key} value now, getting value is:`, currentValue)
        return currentValue
      },
      set(newValue) {
        currentValue = newValue
        console.log(`setting ${key} value now, setting value is`, currentValue)
      }
    })
  })
}

observe(data)

data.course.author.push('Messi')
```

执行以上代码,输出如下。

```
getting course value now, getting value is: {//...}
getting author value now, getting value is: (2) [(...), (...)]
```

```
// push 方法被执行了
```

这种 monkey patch（猴子补丁）的做法本质上就是重写原生方法，这样做不是很安全，也很不优雅，那么有更好的实现方式吗？

答案是有的，可以使用 ES Next 的新特性——Proxy。之前也对该特性进行过介绍，它可以完成对数据的代理。

那么，这两种实现方式有何区别呢？请继续往下看。

Object.defineProperty 和 Proxy

首先尝试使用 Proxy 来完成代码重构，如下。

```
let data = {
  stage: 'GitChat',
  course: {
    title: '前端开发进阶',
    author: ['Lucas'],
    publishTime: '2018 年 5 月'
  }
}

const observe = data => {
  if (!data || Object.prototype.toString.call(data) !== '[object Object]') {
    return
  }

  Object.keys(data).forEach(key => {
    let currentValue = data[key]
    //事实上，Proxy 也可以对函数类型进行代理。这里只对承载数据类型的 object 进行处理，读者了解即可
    if (typeof currentValue === 'object') {
      observe(currentValue)
      data[key] = new Proxy(currentValue, {
        set(target, property, value, receiver) {
          //因为使用数组的 push 方法时会引起 length 属性的变化，所以调用 push 之后会触发两次 set 操作，
//我们只需要保留一次即可
          if (property !== 'length') {
            console.log(`setting ${key} value now, setting value is`, currentValue)
          }
          return Reflect.set(target, property, value, receiver)
        }
      })
    }
    else {
      Object.defineProperty(data, key, {
```

```
      enumerable: true,
      configurable: false,
      get() {
        console.log(`getting ${key} value now, getting value is:`, currentValue)
        return currentValue
      },
      set(newValue) {
        currentValue = newValue
        console.log(`setting ${key} value now, setting value is`, currentValue)
      }
    })
  }
 })
}
observe(data)
```

此时，对数组进行如下操作。

```
data.course.author.push('messi')
// setting author value now, setting value is ["Lucas"]
```

观察输出内容，发现程序已经监听到了深层数据的变动，这已经符合我们的需求了。注意，这里在使用 Proxy 进行代理时，并没有对 getter 进行代理，因此上述代码的输出结果并不像之前使用 Object.defineProperty 那样也会输出 getting value。

整体实现并不难理解，只是需要读者了解最基本的 Proxy 知识。简单总结一下，对于数据键值为基本类型的情况，我们使用 Object.defineProperty；对于键值为对象类型的情况，可以继续递归调用 observe 方法，并通过 Proxy 返回的新对象对 data[key]重新赋值，这个新值的 getter 和 setter 已经被添加了代理。

了解了 Proxy 实现之后，我们对使用 Proxy 实现数据代理和使用 Object.defineProperty 实现数据拦截进行对比，可以得出以下结论。

- Object.defineProperty 不能监听数组的变化，需要对数组方法进行重写。
- Object.defineProperty 必须遍历对象的每个属性，且需要对嵌套结构进行深层遍历。
- Proxy 的代理是针对整个对象的，而不是针对对象的某个属性的，因此不像 Object.defineProperty 必须遍历对象的每个属性，Proxy 只需要做一层代理就可以监听同级结构下的所有属性变化，当然对于深层结构，递归还是需要进行的。
- Proxy 支持代理数组的变化。

- Proxy 的第二个参数除了可以使用 set 和 get，还可以使用 13 种拦截方法，比 Object.defineProperty 更加强大，具体方法这里不再一一列举。
- 使用 Proxy 时，性能将会被底层持续优化；而使用 Object.defineProperty 时，性能已经不再是优化重点。

模板编译原理介绍

至此，我们已经了解了如何监听数据的变化，那么下一步呢？以 Vue 框架为例，先来看一个典型的用法，如下。

```
<body>
  <div id="app">
    <h1>{{stage}}平台课程：{{course.title}}</h1>
    <p>{{course.title}}是{{course.author}}发布的课程</p>
    <p>发布时间为 {{course.publishTime}} </p>
  </div>

<script>
  let vue = new Vue({
    ele: '#app',
    data: {
      stage: 'GitChat',
      course: {
        title: '前端开发进阶',
        author: 'Lucas',
        publishTime: '2018 年 5 月'
      },
    }
  })
</script>
</body>
```

其中，模板变量是通过{{}}的表达方式进行输出的。最终输出的 HTML 内容应该被合适的数据进行填充替换，因此还需要进行编译，在编译过程中任何框架或类库都是相通的，比如，React 中的 JSX 会被编译为 React.createElement，并在生成虚拟 DOM 时进行数据填充。

这里简化一下，将以下模板内容输出为真实的 HTML 即可。

```
<div id="app">
  <h1>{{stage}}平台课程：{{course.title}}</h1>
  <p>{{course.title}}是{{course.author}}发布的课程</p>
```

```
         <p>发布时间为 {{course.publishTime}} </p>
</div>
```

模板编译实现

一提到这样的"模板编译"过程,很多开发者都会想到词法分析,进而会感到头大。其实模板编译的原理很简单,就是使用"正则+遍历"的方式,有时需要使用一些算法知识,但是在这里的场景中,只需要对#app 节点下的内容进行替换,通过正则表达式识别出模板变量,获取对应的数据即可,代码如下。

```
compile(document.querySelector('#app'), data)
function compile(el, data) {
  let fragment = document.createDocumentFragment()

  while (child = el.firstChild) {
    fragment.appendChild(child)
  }

  //对 el 中的内容进行替换
  function replace(fragment) {
    Array.from(fragment.childNodes).forEach(node => {
      let textContent = node.textContent
      let reg = /\{\{(.*?)\}\}/g

      if (node.nodeType === 3 && reg.test(textContent)) {
          const nodeTextContent = node.textContent
        const replaceText = () => {
          node.textContent = nodeTextContent.replace(reg, (matched, placeholder) => {
              return placeholder.split('.').reduce((prev, key) => {
                  return prev[key]
              }, data)
          })
        }

        replaceText()
      }

      //如果还有子节点,则继续递归 replace
      if (node.childNodes && node.childNodes.length) {
        replace(node)
      }
    })
  }
```

```
  replace(fragment)

  el.appendChild(fragment)
  return el
}
```

下面对以上代码进行分析。我们使用 fragment 变量储存生成的真实 HTML 节点中的内容。通过 replace 方法对{{变量}}进行数据替换，同时{{变量}}的表达只会出现在 nodeType === 3 的文本类型节点中，因此对于符合 node.nodeType === 3 && reg.test(textContent)条件的情况，可以进行数据获取和填充。接下来，借助 replace 方法的第二个参数对字符串进行一次性替换，此时对于形如{{data.course.title}}的深层数据，可以通过 reduce 方法获得正确的值。

因为 DOM 结构可能是多层的，所以对存在子节点的节点依然使用递归对 replace 进行替换。

这个编译过程比较简单，没有考虑边界情况，只是单纯地完成了从模板变量到真实 DOM 的转换，读者只需体会其中的简单道理即可。

双向绑定实现

上述实现是单向的，通过数据变化引起了视图变化，那么页面中存在一个输入框时该如何触发数据变化呢？

```
<input v-model="inputData" type = "text" >
```

比如，对于以上语句，我们需要在模板编译中对存在 v-model 属性的 node 进行事件监听，在输入框中有内容输入时，改变 v-model 属性值对应的数据即可（这里对应的数据为 inputData）。为了满足输入内容的同时修改数据源的需求，我们只需要增加 compile 中的 replace 方法逻辑。对于 node.nodeType === 1 的 DOM 类型，实现的伪代码如下：

```
function replace(el, data) {
  //...
  if (node.nodeType === 1) {

    let attributesArray = node.attributes

    Array.from(attributesArray).forEach(attr => {
      let attributeName = attr.name
      let attributeValue = attr.value

      if (name.includes('v-')) {
        node.value = data[attributeValue]
      }
```

```
      node.addEventListener('input', e => {
        let newVal = e.target.value
        data[attributeValue] = newVal
        // ...
        //更改数据源，触发 setter
        // ...
      })
    })
  }

  if (node.childNodes && node.childNodes.length) {
    replace(node)
  }
}
```

发布/订阅模式简单应用

作为前端开发人员，我们对所谓的"事件驱动"理念，即"事件发布/订阅模式（pub/sub 模式）"一定再熟悉不过了。这种模式是 JavaScript 与生俱来的基因：我们可以认为 JavaScript 本身就是事件驱动型语言，比如，应用中对一个 button 进行了事件绑定，用户点击之后就会触发按钮对应的 click 事件。这是因为此时有特定程序正在监听这个事件，随之触发了相关的处理程序。

这个模式的一个好处在于能够对代码进行解耦，实现"高内聚、低耦合"的理念。这种模式对于框架的设计同样也不可或缺。请思考一下：通过学习前面的内容，我们是如何监听数据变化的呢？如果最终想实现响应式 MVVM，或所谓的双向绑定，那么还需要根据这个数据变化做出相应的视图更新。这个逻辑和在页面中对 button 绑定事件处理函数是多么相近。

那么，这样一个"熟悉的"模式应该怎么实现，又该如何在框架中具体应用呢？先来看一看以下代码。

```
class Notify {
  constructor() {
    this.subscribers = []
  }
  add(handler) {
    this.subscribers.push(handler)
  }
  emit() {
    this.subscribers.forEach(subscriber => subscriber())
  }
}
```

使用 Notify 类实例化出 notify，代码如下。

```
let notify = new Notify()

notify.add(() => {
    console.log('emit here')
})

notify.emit()
// emit here
```

这就是一个简单的事件发布/订阅模式实现，以上代码只用来启发思路，实现得比较粗糙，没有进行事件名设置，也没有涉及很多 API，但完全能够说明问题。其实，读者通过阅读 Vue 源代码也能看出 Vue 中的发布/订阅模式很简单。

MVVM 融会贯通

前面讲了数据拦截/数据代理、发布/订阅模式、模板编译这些概念，那么如何根据这些概念实现一个 MVVM 框架呢？其实不管是 Vue 还是其他类库或框架，其解决思想都是建立在前面所讲的概念之上的。

将 MVVM 整个过程串联起来就是：首先对数据进行深度拦截或代理，对每一个属性的 getter 和 setter 进行"加工"。换句话说，我们需要在模板初次编译时，解析指令（如 v-model）并进行依赖收集（{{变量}}），订阅数据的变化。

这里的依赖收集过程具体是指：当调用 compiler 中的 replace 方法时，我们会读取数据进行模板变量的替换，"读取数据时"需要做一个标记，用来表示"我依赖这一项数据"，因此我要订阅这个属性值的变化。Vue 中是通过定义一个 Watcher 类来表示观察订阅依赖的。这就是整个依赖收集过程，换个思路再复述一遍：我们知道模板编译过程中会读取数据，进而触发数据源属性值的 getter，因此上面所说的数据代理的"加工"就是在数据监听的 getter 中记录这个依赖，同时在 setter 触发数据变化时执行依赖对应的相关操作，最终触发模板中的数据变化的。

为了便于理解，下面将以上过程抽象成流程图，如图 12-1 所示。

图 12-1 也是 Vue 框架（类库）的基本架构图。由此可以看出，基于 Vue 的实现，或者大部分基于 MVVM 的实现，就是本节介绍的概念组合应用。

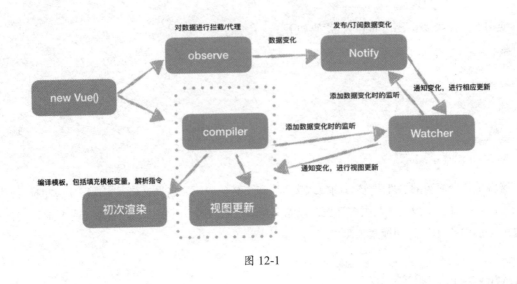

图 12-1

揭秘虚拟 DOM

下面来看现代框架中的另一个重头戏——虚拟 DOM。虚拟 DOM 这个概念其实并没有那么新，甚至在前端 3 大框架问世之前，虚拟 DOM 就已经存在了，只不过 React 创造性地应用了虚拟 DOM，为前端发展带来了变革。Vue 2.0 也很快跟进，使得虚拟 DOM 彻底成为现代框架的重要基因。简单来说，虚拟 DOM 就是用数据结构表示 DOM 结构，它并没有真实挂载到 DOM 上，因此被称为"虚拟 DOM"。

应用虚拟 DOM 的好处很直观：操作数据结构远比通过和浏览器交互去操作 DOM 快。准确理解这句话的意思就是，操作数据结构是指改变对象（虚拟 DOM），这个过程比修改真实 DOM 快很多。但虚拟 DOM 最终也是要挂载到浏览器上成为真实 DOM 节点的，因此使用虚拟 DOM 并不能使操作 DOM 的次数减少，但能够精确地获取最小的、最必要的操作 DOM 的集合。

这样一来，我们抽象表示 DOM，每次通过 DOM diff 计算出视图前后更新的最小差异，再把最小差异应用到真实 DOM 上的做法，无疑更为可靠，性能更有保障。

那么，该如何表示虚拟 DOM，又该如何产出虚拟 DOM 呢？

下面从直观上来看一段 DOM 结构。

```
<ul id="chapterList">
  <li class="chapter">chapter1</li>
  <li class="chapter">chapter2</li>
```

```
<li class="chapter">chapter3</li>
</ul>
```

如果用 JavaScript 来表示这段 DOM 结构,则采用对象结构形式的具体表示如下。

```
const chapterListVirtualDom = {
  tagName: 'ul',
  attributes: {
    id: 'chapterList'
  },
  children: [
    { tagName: 'li', attributes: { class: 'chapter' }, children: ['chapter1'] },
    { tagName: 'li', attributes: { class: 'chapter' }, children: ['chapter2'] },
    { tagName: 'li', attributes: { class: 'chapter' }, children: ['chapter3'] },
  ]
}
```

以上代码中的一些点其实是很容易理解的:tagName 表示虚拟 DOM 对应的真实 DOM 标签类型;attributes 是一个对象,表示真实 DOM 节点上的所有属性;children 对应真实 DOM 的 childNodes,其中 childNodes 的每一项又是类似的结构。

下面来实现一个虚拟 DOM 生成类,用于生产虚拟 DOM,代码如下。

```
class Element {
  constructor(tagName, attributes = {}, children = []) {
    this.tagName = tagName
    this.attributes = attributes
    this.children = children
  }
}

function element(tagName, attributes, children) {
  return new Element(tagName, attributes, children)
}
```

上述虚拟 DOM 可以采用如下方法生成。

```
const chapterListVirtualDom = element('ul', { id: 'list' }, [
  element('li', { class: 'chapter' }, ['chapter1']),
  element('li', { class: 'chapter' }, ['chapter2']),
  element('li', { class: 'chapter' }, ['chapter3'])
])
```

运行以上代码,打印出的内容如图 12-2 所示。

```
> const chapterListVirtualDom = element('ul', { id: 'list' }, [
    element('li', { class: 'chapter' }, ['chapter1']),
    element('li', { class: 'chapter' }, ['chapter2']),
    element('li', { class: 'chapter' }, ['chapter3'])
  ])
< undefined
> chapterListVirtualDom
< ▼ Element {tagName: "ul", attributes: {…}, children: Array(3)}
    ▼ attributes:
        id: "list"
      ▶ __proto__: Object
    ▼ children: Array(3)
      ▼ 0: Element
        ▶ attributes: {class: "chapter"}
        ▶ children: ["chapter1"]
          tagName: "li"
        ▶ __proto__: Object
      ▶ 1: Element {tagName: "li", attributes: {…}, children: Array(1…
      ▶ 2: Element {tagName: "li", attributes: {…}, children: Array(1…
        length: 3
      ▶ __proto__: Array(0)
      tagName: "ul"
    ▶ __proto__: Object
```

图 12-2

是不是很简单？下面继续将虚拟 DOM 生成真实 DOM 节点。首先实现一个 setAttribute 方法，后续的代码都将使用 setAttribute 方法来对 DOM 节点进行属性设置，代码如下所示。

```
const setAttribute = (node, key, value) => {
  switch (key) {
    case 'style':
      node.style.cssText = value
      break
    case 'value':
      let tagName = node.tagName || ''
      tagName = tagName.toLowerCase()
      if (
        tagName === 'input' || tagName === 'textarea'
      ) {
        node.value = value
      } else {
        //如果节点不是 input 或 textarea，则使用 setAttribute 设置属性
        node.setAttribute(key, value)
      }
      break
    default:
      node.setAttribute(key, value)
      break
  }
}
```

下面在 Element 类中加入 render 原型方法，该方法的目的是根据虚拟 DOM 生成真实 DOM 片段，代码如下。

```
class Element {
  constructor(tagName, attributes = {}, children = []) {
    this.tagName = tagName
    this.attributes = attributes
    this.children = children
  }

  render () {
    let element = document.createElement(this.tagName)
    let attributes = this.attributes

      for (let key in attributes) {
        setAttribute(element, key, attributes[key])
      }

    let children = this.children

    children.forEach(child => {
      let childElement = child instanceof Element
        ? child.render() //若 child 也是虚拟节点，则递归进行
        : document.createTextNode(child)  //若是字符串，则直接创建文本节点
      element.appendChild(childElement)
    })

    return element
  }
}
function element (tagName, attributes, children) {
  return new Element(tagName, attributes, children)
}
```

以上实现并不困难，借助的工具方法如下：通过 setAttribute 进行属性的创建；对 children 每一项类型进行判断，如果是 Element 实例，则递归调用 child 的 render 方法，直到遇见文本节点类型，进行内容渲染。

有了真实的 DOM 节点片段，接下来就可以趁热打铁将真实的 DOM 节点渲染到浏览器上了。可以通过 renderDom 方法实现，该方法的实现代码如下。

```
const renderDom = (element, target) => {
  target.appendChild(element)
}
```

至此，我们便实现了生成 DOM 元素的必备方法集合。完整代码如下。

```js
const setAttribute = (node, key, value) => {
  switch (key) {
    case 'style':
      node.style.cssText = value
      break
    case 'value':
      let tagName = node.tagName || ''
      tagName = tagName.toLowerCase()
      if (
        tagName === 'input' || tagName === 'textarea'
      ) {
        node.value = value
      } else {
        //如果节点不是 input 或 textarea，则使用 setAttribute 去设置属性
        node.setAttribute(key, value)
      }
      break
    default:
      node.setAttribute(key, value)
      break
  }
}

class Element {
  constructor(tagName, attributes = {}, children = []) {
    this.tagName = tagName
    this.attributes = attributes
    this.children = children
  }

  render () {
    let element = document.createElement(this.tagName)
    let attributes = this.attributes

    for (let key in attributes) {
      setAttribute(element, key, attributes[key])
    }

    let children = this.children

    children.forEach(child => {
      let childElement = child instanceof Element
        ? child.render()  //若 child 也是虚拟节点，则递归进行
        : document.createTextNode(child)  //若是字符串，则直接创建文本节点
      element.appendChild(childElement)
    })

    return element
```

```js
  }
}

function element (tagName, attributes, children) {
  return new Element(tagName, attributes, children)
}

const renderDom = (element, target) => {
  target.appendChild(element)
}

const chapterListVirtualDom = element('ul', { id: 'list' }, [
  element('li', { class: 'chapter' }, ['chapter1']),
  element('li', { class: 'chapter' }, ['chapter2']),
  element('li', { class: 'chapter' }, ['chapter3']),
])

const dom = chapterListVirtualDom.render()

renderDom(dom, document.body)
```

执行上面代码后，便可以得到真实的 DOM 元素了，结果如图 12-3 所示。

```
> const chapterListVirtualDom = element('ul', { id: 'list' }, [
    element('li', { class: 'chapter' }, ['chapter1']),
    element('li', { class: 'chapter' }, ['chapter2']),
    element('li', { class: 'chapter' }, ['chapter3']),
  ])
< undefined
> chapterListVirtualDom
< ▼ Element {tagName: "ul", attrs: {…}, children: Array(3)}
    ▶ attrs: {id: "list"}
    ▶ children: (3) [Element, Element, Element]
      tagName: "ul"
    ▼ __proto__:
      ▶ constructor: class Element
      ▶ render: render () { let element = document.createElement(this…
      ▶ __proto__: Object
> chapterListVirtualDom.render()
< ▼ <ul>
      <li>chapter1</li>
      <li>chapter2</li>
      <li>chapter3</li>
    </ul>
```

图 12-3

虚拟 DOM diff

有了上述基础，接下来便可以产出一份虚拟 DOM，并渲染在浏览器中了。用户进行特定操作后，会产出一份新的虚拟 DOM，如何得出前后两份虚拟 DOM 的差异，并交给浏览器需要更新的结果呢？这就涉及 DOM diff 的内容了。

从直观上来看，因为虚拟 DOM 是个树形结构，所以我们需要对两份虚拟 DOM 进行递归比较，并将变化存储到变量 patches 中，代码如下。

```
const diff = (oldVirtualDom, newVirtualDom) => {
  let patches = {}

    //递归树，将比较后的结果存储到 patches 中
    walkToDiff(oldVirtualDom, newVirtualDom, 0, patches)

    //返回 diff 结果
    return patches
}
```

walkToDiff 中的前两个参数是需要比较的虚拟 DOM 对象；第三个参数用来记录 nodeIndex，在删除节点时会使用，初始值为 0；第四个参数是一个闭包变量，用来记录 diff 结果。

下面再来看一下 walkToDiff 的实现代码。

```
let initialIndex = 0

const walkToDiff = (oldVirtualDom, newVirtualDom, index, patches) => {
  let diffResult = []

  //如果 newVirtualDom 不存在，则说明该节点已经被移除，接着可以将 type 为 REMOVE 的对象推进
  //diffResult 变量，并记录 index
  if (!newVirtualDom) {
    diffResult.push({
      type: 'REMOVE',
      index
    })
  }
  //如果新旧节点都是文本节点
  else if (typeof oldVirtualDom === 'string' && typeof newVirtualDom === 'string') {
    //比较文本中的内容是否相同，如果不同则记录新的结果
    if (oldVirtualDom !== newVirtualDom) {
      diffResult.push({
        type: 'MODIFY_TEXT',
        data: newVirtualDom,
        index
      })
    }
  }
  //如果新旧节点类型相同
  else if (oldVirtualDom.tagName === newVirtualDom.tagName) {
    //比较属性是否相同
    let diffAttributeResult = {}
```

```
    for (let key in oldVirtualDom) {
      if (oldVirtualDom[key] !== newVirtualDom[key]) {
        diffAttributeResult[key] = newVirtualDom[key]
      }
    }

    for (let key in newVirtualDom) {
      //旧节点不存在的新属性
      if (!oldVirtualDom.hasOwnProperty(key)) {
        diffAttributeResult[key] = newVirtualDom[key]
      }
    }

    if (Object.keys(diffAttributeResult).length > 0) {
      diffResult.push({
        type: 'MODIFY_ATTRIBUTES',
        diffAttributeResult
      })
    }

    //如果有子节点,则遍历子节点
    oldVirtualDom.children.forEach((child, index) => {
      walkToDiff(child, newVirtualDom.children[index], ++initialIndex, patches)
    })
  }
  // 如果节点类型不同,已经被直接替换了,则直接将新的结果放入 diffResult 数组中
  else {
    diffResult.push({
      type: 'REPLACE',
      newVirtualDom
    })
  }

  if (!oldVirtualDom) {
    diffResult.push({
      type: 'REPLACE',
      newVirtualDom
    })
  }

  if (diffResult.length) {
    patches[index] = diffResult
  }
}
```

将上面介绍的所有代码放在一起,就可以得到完整代码了。

下面对 diff 函数进行测试,代码如下。

```
const chapterListVirtualDom = element('ul', { id: 'list' }, [
  element('li', { class: 'chapter' }, ['chapter1']),
  element('li', { class: 'chapter' }, ['chapter2']),
  element('li', { class: 'chapter' }, ['chapter3'])
])
const chapterListVirtualDom1 = element('ul', { id: 'list2' }, [
  element('li', { class: 'chapter2' }, ['chapter4']),
  element('li', { class: 'chapter2' }, ['chapter5']),
  element('li', { class: 'chapter2' }, ['chapter6'])
])
diff(chapterListVirtualDom, chapterListVirtualDom1)
```

执行以上代码，可以得到如图 12-4 所示的 diff 数组。

```
> diff(chapterListVirtualDom, chapterListVirtualDom1)
< ▼{0: Array(1), 1: Array(1), 2: Array(1), 3: Array(1), 4: Array(1),
   5: Array(1), 6: Array(1)}
    ▼0: Array(1)
      ▼0:
        ▼diffAttributeResult:
          ▶attributes: {id: "list2"}
          ▶children: (3) [Element, Element, Element]
          ▶__proto__: Object
          type: "MODIFY_ATTRIBUTES"
        ▶__proto__: Object
        length: 1
        ▶__proto__: Array(0)
    ▼1: Array(1)
      ▼0:
        ▼diffAttributeResult:
          ▶attributes: {class: "chapter2"}
          ▶children: ["chapter4"]
          ▶__proto__: Object
          type: "MODIFY_ATTRIBUTES"
        ▶__proto__: Object
        length: 1
        ▶__proto__: Array(0)
    ▶2: [{…}]
    ▶3: [{…}]
    ▶4: [{…}]
    ▶5: [{…}]
    ▶6: [{…}]
    ▶__proto__: Object
```

图 12-4

最小化差异应用

大功告成之前，我们来看一看已经做了哪些事情：通过 Element class 生成了虚拟 DOM，通过 diff 方法对任意两个虚拟 DOM 进行比对，得到差异。那么，如何将这个差异更新到现有的 DOM 节点中呢？看上去需要使用 patch 方法来完成，代码如下。

```javascript
const patch = (node, patches) => {
  let walker = { index: 0 }
  walk(node, walker, patches)
}
```

patch 方法会接收一个真实的 DOM 节点（它是现有的浏览器中需要进行更新的 DOM 节点），同时会接收一个最小化差异集合，该集合对接 diff 方法返回的结果。patch 方法内部调用了 walk 函数，代码如下。

```javascript
const walk = (node, walker, patches) => {
  let currentPatch = patches[walker.index]

  let childNodes = node.childNodes

  childNodes.forEach(child => {
    walker.index++
    walk(child, walker, patches)
  })

  if (currentPatch) {
    doPatch(node, currentPatch)
  }
}
```

walk 函数会进行自身递归，对当前节点的差异调用 doPatch 方法进行更新。

```javascript
const doPatch = (node, patches) => {
  patches.forEach(patch => {
    switch (patch.type) {
      case 'MODIFY_ATTRIBUTES':
        const attributes = patch.diffAttributeResult.attributes
        for (let key in attributes) {
            if (node.nodeType !== 1) return
            const value = attributes[key]
            if (value) {
              setAttribute(node, key, value)
            } else {
              node.removeAttribute(key)
            }
        }
        break
      case 'MODIFY_TEXT':
        node.textContent = patch.data
        break
      case 'REPLACE':
        let newNode = (patch.newNode instanceof Element) ? render(patch.newNode) : document.createTextNode(patch.newNode)
```

```
      node.parentNode.replaceChild(newNode, node)
      break
    case 'REMOVE':
      node.parentNode.removeChild(node)
      break
    default:
      break
  }
  })
}
```

doPatch 方法会对 4 种类型的 diff 进行处理，最终进行测试，代码如下。

```
var element = chapterListVirtualDom.render()
renderDom(element, document.body)

const patches = diff(chapterListVirtualDom, chapterListVirtualDom1)

patch(element, patches)
```

将刚刚介绍的内容融入前面的完整代码中，就能够得到虚拟 DOM 思想的全部实现了。当然，其中还可以使用一些优化手段，对一些边界情况进行特别的处理，不过如果我们去翻看一些著名的虚拟 DOM 库：snabbdom、etch 等，会发现其实现思想和上述示例完全一致。

总结

现代框架无疑在极大程度上解放了前端生产力，在设计思想上相互借鉴，存在非常多的共性。本篇通过分析前端框架中的共性，梳理概念原理，希望达到"任何一种框架都变得不再神秘"的目的。掌握了这些基本思想，我们不仅能触类旁通，而且可以更快地上手使用框架，吸取优秀框架的精华。

13

你真的懂 React 吗

本篇重点解析一下 React。说 React 是前端中最受瞩目的框架其实并不夸张。React 推出之后，很快风靡业界，它倡导的多种思想也对其他框架（比如 Vue）有着广泛影响。

很多 React 开发者停留在"会使用"的阶段，并没有在细节之处把握 React 精髓；你可能对各种生命周期了如指掌，对"React 虚拟 DOM diff 算法"对答如流，对"单向数据流"如数家珍，可是你真的了解 React 吗？

同时，现在和 React 有关的面试题目越来越范式化，除了实际动手写代码的题目，其他相关面试题目毫无新意，很难考查开发者的 React 功底。

对此，下面挑选出 React 中一些不为人知却又非常重要的点，为大家进行解析。在此过程中，通过剖析实现，读者可以更好、更深入地理解 React，掌握了这些内容，有可能在某些方向上比你的 React 面试官理解得更有深度。

神奇的 JSX

其实，React 的专利发明并不多，比如，虚拟 DOM、组件化思想并不是 Facebook 的原创，但 JSX 是真正源于 React 的创造，我认为这是 React 最伟大的发明。

JSX 是 React 的骨骼，它搭建起了 React 应用的组件，是整个项目的组件框架基础。

不就是 HTML in JS 吗？有什么神奇之处呢？请继续阅读。

JSX 就是丑陋的模板

从直观上看，JSX 是将 HTML 直接嵌入了 JS（JavaScript）代码中，这是刚开始接触 React 时，很多人最不能接受的设定。因为前端开发者被"表现和逻辑层分离"这种思想"洗脑"太久了：表现和逻辑耦合在一起，在某种程度上是一种混乱和困扰。

但是从现在的发展情况来看，JSX 完全符合"真香定律"：JSX 让在前端实现真正意义上的组件化成为可能。

可能有读者认为 JSX 很简单，但是你真的理解它了吗？试着回答下面两个问题：如何在 JSX 中调试代码？为什么不能在 JSX 中直接使用 if...else？

在回答这两个问题之前，先来看一看 JSX 是如何实现条件渲染的。

JSX 实现条件渲染的多种"姿势"

假设收到这样一个很常见的需求：渲染一个列表，但是需要满足列表为空数组时，显示空文案 "Sorry, the list is empty"。列表中的数据可能需要通过网络获取，存在列表中没有初始值为 null 的情况。

通过 JSX 实现这种条件渲染的最简捷的手段就是使用三目运算符，代码如下。

```jsx
const list = ({list}) => {
  const isNull = !list
  const isEmpty = !isNull && !list.length

  return (
    <div>
     {
      isNull
      ? null
      : (
        isEmpty
        ? <p>Sorry, the list is empty </p>
        : <div>
            {
              list.map(item => <ListItem item={item} />)
            }
          </div>
       )
     }
    </div>
  )
}
```

}
```

由于我们加上了出现错误时和正在加载时的逻辑，所以三目运算符嵌套地狱可能就要出现了。

```
const list = ({isLoading, list. error}) => {
  return (

      {
      condition1
        ? <Component1 />
        : (
          condition2
            ? <Component2 />
            : (
              condition3
                ? <Component3 />
                : <Component4 />
            )
        )
      }

  )
}
```

如何破解这种嵌套呢？常用的手段是抽离出 render function，示例如下。

```
const getListContent = (isLoading, list, error) => {
    console.log(list)
    console.log(isLoading)
    console.log(error)
  // ...
    return ...
}

const list = ({isLoading, list, error}) => {
  return (

      {
        getListContent(isLoading, list, error)
      }

  )
}
```

甚至可以使用 IIFE，示例如下。

```
const list = ({isLoading, list, error}) => {
  return (
```
```

```
<div>
  {
    (() => {
      console.log(list)
      console.log(isLoading)
      console.log(error)

      if (error) {
        return <span>Something is wrong!</span>
      }
      if (!error && isLoading) {
        return <span>Loading...</span>
      }
      if (!error && !isLoading && !list.length) {
        return <p>Sorry, the list is empty </p>
      }
      if (!error && !isLoading && list.length > 0) {
        return <div>
          {
            list.map(item => <ListItem item={item} />)
          }
        </div>
      }
    })()
  }
</div>
```

这样一来就可以使用 console.log 进行简单调试了,也可以使用 if...else 实现条件渲染。

再回到根本问题:为什么不能直接在 JSX 中使用 if...else 实现条件渲染,而只能借用函数逻辑实现呢?实际上,我们都知道 JSX 会被编译为 React.createElement。直白地说,React.createElement 的底层逻辑是无法运行 JavaScript 代码的,只能渲染一个结果。因此,JSX 中除了 JavaScript 表达式,不能直接写 JavaScript 语法。准确来讲,JSX 只是函数调用和表达式的语法糖。

React 程序员天天都在使用 JSX,但并不是所有人都明白其背后原理的。

JSX 的强大和灵活

虽然 JSX 只是函数调用和表达式的语法糖,但是 JSX 仍然具有强大的功能且能够使用灵活。React 组件复用最流行的方式都是基于 JSX 能力的,比如,HOC(Higher Order Component,高阶组件)和 render prop 模式,render prop 模式的实现代码如下。

```
class WindowWidth extends React.Component {
  constructor() {
    super()
    this.state = {
      width: 0
    }
  }

  componentDidMount() {
    this.setState(
      {
        width: window.innerWidth
      },
      window.addEventListener('resize', ({target}) => {
        this.setState({
          width: target.innerWidth
        })
      })
    )
  }

  render() {
    return this.props.children(this.state.width)
  }
}
<WindowWidth>
  {
    width => (width > 800 ? <div>show</div> : null)
  }
</WindowWidth>
```

甚至还可以让 JSX 具有 Vue template 的能力，示例代码如下。

```
render() {
  const visible = true

  return (
    <div>
      <div v-if={visible}>
        content
      </div>
    </div>
  )
}
render() {
  const list = [1, 2, 3, 4]
```

```
return (
  <div>
    <div v-for={item in list}>
      {item}
    </div>
  </div>
)
```

JSX 需要在编译后运行，在编译过程中借助 AST（抽象语法树）对 v-if、v-for 进行处理即可。

你真的了解异步的 this.setState 吗

绝大多数 React 开发者都知道 this.setState 是异步执行的，但是我会说你这个结论是错误的！那么，this.setState 到底是异步执行还是同步执行的呢？

this.setSate 这个 API 的官方描述为：setState() does not always immediately update the component. It may batch or defer the update until later. This makes reading this.state right after calling setState() a potential pitfall.

意思是说，setState()方法并不总是能够立刻更新组件，它可能会延迟更新，这样在通过 this.state 读取内容时，就有可能获取不到最新的状态值。

既然用词是 may，那么说明 this.setState 一定不总是异步执行的，也不总是同步执行的。所谓的延迟更新并不是针对所有情况的。

实际上，在 React 控制之内的事件处理过程中，setState 不会同步更新 this.state；而对于 React 控制之外的情况，setState 会同步更新 this.state。

什么是 React 控制内外呢？举个例子，先来看以下代码。

```
onClick() {
  this.setState({
    count: this.state.count + 1
  })
}

componentDidMount() {
  document.querySelectorAll('#btn-raw')
    .addEventListener('click', this.onClick)
}
```

```
render() {
  return (
    <React.Fragment>
      <button id="btn-raw">
        click out React
      </button>

      <button onClick={this.onClick}>
        click in React
      </button>
    </React.Fragment>
  )
}
```

在 id 为 btn-raw 的 button 上绑定的事件，是在 componentDidMount 方法中通过 addEventListener 完成更新的，这是脱离于 React 事件之外的事件，因此它是同步更新的。相反，在代码中第二个 button 上绑定的事件处理函数对应的 setState 是异步更新的。

这样的设计并不难理解，通过延迟更新，可以获得更好的性能。

this.setState Promise 化

官方提供了 this.setState 这种处理异步更新的方法。其中的一个方法就是使 setState 接收第二个参数，并作为状态更新后的回调，但这无疑又带来了我们熟悉的 callback hell（回调地狱）问题。

例如有这样一个场景，我们在开发一个 tabel，这个 table 类似 Excel 的形式，用户敲下回车键时，需要将光标移动到下一行，这是一个 setState 操作，然后马上进行聚焦，这又是一个 setState 操作。如果当前行就是最后一行，那么用户敲下回车键时，需要先创建一个新行，这是第一个 setState 操作，同时将光标移动到新的最后一行，这是第二个 setState 操作；然后在这个新行中进行聚焦，这是第三个 setState 操作。这些 setState 操作依赖于前一个 setState 操作的完成。

面对这种场景，如果我们不想让回调地狱问题出现，那么常见的处理方式就是利用生命周期方法，在 componentDidUpdate 中进行相关操作，第一个 setState 操作完成后，在其触发的 componentDidUpdate 中进行第二个 setState 操作，以此类推。

但是这样存在的问题也很明显：逻辑过于分散。生命周期方法中有很多很难维护的"莫名其妙的操作"会出现"面向生命周期编程"的情况。

回到刚才的问题，解决回调地狱问题其实是前端工程师的拿手好戏，最直接的方案就是将 setState Promise 化，代码如下。

```
const setStatePromise = (me, state) => {
  new Promise(resolve => {
    me.setState(state, () => {
      resolve()
    })
  })
}
```

这只是打补丁的做法，如果使用修改 React 源码的做法，也不困难，如图 13-1 所示。

```
+    let callbackPromise;
+    if (!callback) {
+      class Deferred {
+        constructor() {
+          this.promise = new Promise((resolve, reject) => {
+            this.reject = reject;
+            this.resolve = resolve;
+          });
+        }
+      }
+      callbackPromise = new Deferred();
+      callback = () => {
+        callbackPromise.resolve();
+      };
+    }
     this.updater.enqueueSetState(this, partialState, callback, 'set

+    if (callbackPromise) {
+      return callbackPromise.promise;
+    }
   };
```

图 13-1

原生事件和 React 合成事件

对 React 熟悉的读者可能知道，React 中的事件机制并不是原生的那一套，事件没有绑定在原生 DOM 上，大多数事件都绑定在 document 上（除了少数不会冒泡到 document 的事件，如 video 等）。

同时，React 触发的事件也是对原生事件的包装，并不是原生 event 对象。

出于对性能方面的考虑，合成事件（syntheticEvent）是被池化的。这意味着合成事件对象将会被重用，因此在调用事件回调函数后，合成事件对象上的所有属性都将会被废弃。这样做可以大大节省内存，而不会频繁地创建和销毁事件对象。

这样的事件系统设计，无疑会使性能有所提升，但同时也会引发几个潜在现象。

现象 1：异步访问事件对象

我们不能以异步的方式访问合成事件对象。以下代码所展示的是一个典型的错误示例。

```
function handleClick(e) {
  console.log(e)

  setTimeout(() => {
    console.log(e)
  }, 0)
}
```

在以上代码中，第二个 console.log 总会输出 undefined。

为此，React 也贴心地为我们准备了持久化合成事件的方法，如下。

```
function handleClick(e) {
  console.log(e)

  e.persist()

  setTimeout(() => {
    console.log(e)
  }, 0)
}
```

现象 2：阻止原生事件冒泡

在 React 中直接使用 e.stopPropagation 不能阻止原生事件冒泡，因为事件早已经冒泡到了 document 上，React 在事件冒泡到 document 上时才能够处理事件。以下代码证明了 React 中是无法使用 e.stopPropagation 来阻止事件冒泡的。

```
componentDidMount() {
  document.addEventListener('click', () => {
    console.log('document click')
  })
}

handleClick = e => {
  console.log('div click')
  e.stopPropagation()
}

render() {
  return (
    <div onClick={this.handleClick}>
```

```
    click
  </div>
)
}
```

以上代码执行后首先会打印出 div click,然后打印出 document click。e.stopPropagation 是没有用的。

但是,React 的合成事件为使用原生事件留了一个口子,通过合成事件上的 nativeEvent 属性可以访问原生事件。原生事件上的 stopImmediatePropagation 方法除了能做到像 stopPropagation 一样阻止事件向父级冒泡,还能阻止当前元素剩余的、同类型事件的执行(第一个 click 事件触发时,调用 e.stopImmediatePropagation 能够阻止当前元素的第二个 click 事件触发)。

因此,执行以下代码只会打印出 div click。

```
componentDidMount() {
  document.addEventListener('click', () => {
    console.log('document click')
  })
}

handleClick = e => {
  console.log('div click')
  e.nativeEvent.stopImmediatePropagation()
}

render() {
  return (
    <div onClick={this.handleClick}>
      click
    </div>
  )
}
```

请不要再背诵 diff 算法了

很多开发者在面试中能背诵出 React DOM diff 算法的实现方式,说出著名的"三个假设"(不了解的读者可以先自行学习),可是你真的懂 diff 算法吗?如果我是面试官,就会先问几个简单的问题,看你是否能招架得住。

下面从侧面来剖析一下 diff 算法的细节。

element diff 的那些事儿

我们都知道，React 把对比两个树的时间复杂度从 $O(n^3)$ 降低到 $O(n)$。但是，其中的优化细节和具体方案可能并不为人所知，那么下面就对其中的细节和方案，以及 React 兄弟列表的 diff 细节，具体展开介绍一下。

React 的三个假设在对比 element 时存在短板，所以需要开发者为每一个 element 提供 key，以便 React 可以准确地发现新旧集合节点中的相同节点，对于相同节点无须进行节点删除和创建，只需要将旧集合中节点的位置进行移动，更新为新集合中节点的位置，如图 13-2 所示。

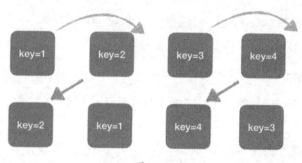

图 13-2

组件的排列顺序由 1234 变为 2143，此时 React 给出的 diff 结果为 2，对 4 不做任何操作，对 1 和 3 执行移动操作即可。

也就是说，如果元素在旧集合中的位置与在新集合中的位置相比更靠后的话，就不需要移动。当然，这种 diff 听上去并非完美无缺。

下面来看图 13-3 所示的情况。

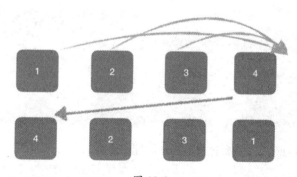

图 13-3

对于图 13-3 所示的情况，实际上，只需要对 4 执行移动操作，然而由于 4 在旧集合中的位置是最靠后的，因此其他节点都要移动到 4 后面。

这种做法无疑是很愚蠢的，性能也会比较差。针对这种情况，官方建议，在开发过程中，尽量减少类似将最后一个节点移动到列表首部的操作。

实际上，很多类 React 类库（Inferno.js、Preact.js）都有了更优的 element diff 移动策略。

加上 key 就一定"性能最优"吗

刚才提到，React 在进行 element 差异比较时，由于 key 的存在，React 可以准确地判断出该节点在新集合中是否存在，这极大地提高了 element 差异比较的效率。

但是，加了 key 就一定比没加 key 的性能更高吗？

我们来看下面这个场景，将集合[1,2,3,4]渲染成 4 组数字（仅仅是数字这么简单），结构如下所示。

```
<div id="1">1</div>
<div id="2">2</div>
<div id="3">3</div>
<div id="4">4</div>
```

如果要将它变为[2,1,4,5]，也就是删除 3，增加 5，那么按照之前的算法，需要把 1 放到 2 后面，删除 3，再新增 5。整个操作移动了一次 DOM 节点，删除和新增节点加起来一共 2 处。

由于 DOM 节点的移动操作开销是比较昂贵的，因此对于这种简单的 node text 更改，不需要进行类似的 element diff 过程，只需要更改 dom.textContent 即可。dom.textContent 中的内容如下所示。

```
const startTime = performance.now()

$('#1').textContent = 2
$('#2').textContent = 1
$('#3').textContent = 4
$('#4').textContent = 5

console.log('time consumed:' performance.now() - startTime)
```

这么看，也许不加 key 的性能要比加上 key 的性能更高。

总结

本篇聚焦 React 中那些"不为人知"的设计细节，这些设计细节从不同角度体现了 React 的理念和思想。仔细想来，也许我之前理解的 React 还很肤浅！实际上，对于任何一个类库或框架，我们都不能停留在初级使用上，而更应该从使用的经验出发，深入细节进行研究，这样才能更好地理解框架，也能更快地提升自我。

14

揭秘 React 真谛：组件设计

组件不是 React 特有的概念，但是 React 将组件化的思想发扬光大，并用到了极致。良好的组件设计是良好的应用开发基础，因此本篇就谈一谈组件设计的奥秘。

下面将以 React 组件为例进行讲解，但是不管是其他框架还是原生 Web component，其中的设计思想是差不多的。

单一职责没那么简单

我们对单一职责并不陌生，原则上讲，组件只应该做一件事情。但是对于应用来说，将全部组件都拆散，使它们只具备单一职责并没有必要，反而增加了编写的烦琐程度。那么，什么时候需要拆分组件，保证单一职责呢？我认为，如果一个功能集合有可能发生变化，那么就需要最大程度地保证单一职责。

单一职责带来的最大好处就是在修改组件时能够做到对全局进行掌控，不必担心对其他组件造成影响。举个例子，我们的组件需要通过网络请求获取数据并展示数据内容，这样一来潜在的功能集合改变就有以下几种。

- 请求 API 地址发生变化。
- 请求返回数据格式发生变化。
- 开发者想更换网络请求第三方库，比如，将 jQuery.ajax 改成 axios。
- 更改请求数据逻辑。

再看一个例子,如果需要一个 table 组件,并渲染一个 list,那么潜在的更改可能如下。

- 限制一次性渲染的 item 个数(只渲染前 10 个,对剩下的进行懒加载)。
- 当数据列表为空时显示 This list is empty。
- 任何渲染逻辑的更改。

下面来看一个实际场景,使用 Weather 组件读取天气预报数据,并进行天气信息展示,代码如下。

```
import axios from 'axios'
class Weather extends Component {
  constructor(props) {
    super(props)
    this.state = { temperature: 'N/A', windSpeed: 'N/A' }
  }

  componentDidMount() {
    axios.get('http://weather.com/api').then(response => {
      const { current } = response.data
      this.setState({
        temperature: current.temperature,
        windSpeed: current.windSpeed
      })
    })
  }

  render() {
    const { temperature, windSpeed } = this.state
    return (
      <div className="weather">
        <div>Temperature: {temperature} °C</div>
        <div>Wind: {windSpeed} km/h</div>
      </div>
    )
  }
}
```

这个组件很容易理解,并且看上去没什么大问题,只是并不符合单一职责。比如,这个 Weather 组件将数据获取与渲染逻辑耦合在了一起,如果数据请求有变化,就需要在 componentDidMount 生命周期中进行改动;如果展示天气的逻辑有变化,就需要对 render 方法进行更改。

如果我们将这个组件拆分成 WeatherFetch 和 WeatherInfo 两个组件,这两个组件各自只需要做一件事情，保持单一职责，则重构后代码如下。

```
import axios from 'axios'
import WeatherInfo from './weatherInfo'

class WeatherFetch extends Component {
  constructor(props) {
    super(props)
    this.state = { temperature: 'N/A', windSpeed: 'N/A' }
  }

  componentDidMount() {
    axios.get('http://weather.com/api').then(response => {
      const { current } = response.data
      this.setState({
        temperature: current.temperature,
        windSpeed: current.windSpeed
      })
    })
  }

  render() {
    const { temperature, windSpeed } = this.state
    return (
      <WeatherInfo temperature={temperature} windSpeed={windSpeed} />
    )
  }
}
```

在另一个文件中实现 WeatherInfo 组件的代码如下。

```
const WeatherInfo = ({ temperature, windSpeed }) =>
(
  <div className="weather">
    <div>Temperature: {temperature} °C</div>
    <div>Wind: {windSpeed} km/h</div>
  </div>
)
```

如果我们想对代码进行重构，使用 async/await 代替 Promise，那么只需要直接更改 WeatherFetch 组件即可，不会对 WeatherInfo 组件有任何影响，代码如下。

```
class WeatherFetch extends Component {
  // ...

  async componentDidMount() {
    const response = await axios.get('http://weather.com/api')
```

```
  const { current } = response.data

  this.setState({
    temperature: current.temperature,
    windSpeed: current.windSpeed
    })
  })
}

// ...
}
```

相应地，如果将显示风速的逻辑从"Wind: 0 km/h"改为文字描述"Wind：风平浪静"，也只需要改动 WeatherInfo 组件，而不会对 WeatherFetch 组件有任何影响，代码如下。

```
const WeatherInfo = ({ temperature, windSpeed }) => {
  const windInfo = windSpeed === 0 ? 'calm' : `${windSpeed} km/h`
  return (
    <div className="weather">
      <div>Temperature: {temperature} °C</div>
      <div>Wind: {windSpeed} km/h</div>
    </div>
  )
}
```

这只是一个简单的例子，在真实的项目中，保持组件的单一职责非常重要，甚至可以使用 HOC 强制组件保持单一职责。

下面思考一个例子，示例代码如下。

```
class PersistentForm extends Component {
  constructor(props) {
    super(props)
    this.state = { inputValue: localStorage.getItem('inputValue') }
    this.handleChange = this.handleChange.bind(this)
    this.handleClick = this.handleClick.bind(this)
  }

  handleChange(event) {
    this.setState({
      inputValue: event.target.value
    })
  }

  handleClick() {
    localStorage.setItem('inputValue', this.state.inputValue)
  }
```

```
render() {
  const { inputValue } = this.state
  return (
    <div className="persistent-form">
      <input type="text" value={inputValue}
        onChange={this.handleChange}
      />
      <button onClick={this.handleClick}>
        Save to storage
      </button>
    </div>
  )
}
}
```

这是一个持久化存储的表单，我们将表单字段内容存储在 localStorage 中，这样不管是刷新页面还是重新进入页面，都会保存上一次点击提交时的内容。可惜的是，PersistentForm 组件包含了两部分职责：存储内容和渲染内容。

这次的重构不再是简单地拆分组件，而是使用 HOC 来实现单一职责，代码如下。

```
class PersistentForm extends Component {
  constructor(props) {
    super(props)
    this.state = { inputValue: props.initialValue }
    this.handleChange = this.handleChange.bind(this)
    this.handleClick = this.handleClick.bind(this)
  }

  handleChange(event) {
    this.setState({
      inputValue: event.target.value
    })
  }

  handleClick() {
    this.props.saveValue(this.state.inputValue)
  }

  render() {
    const { inputValue } = this.state
    return (
      <div className="persistent-form">
        <input type="text" value={inputValue}
          onChange={this.handleChange}
        />
```

```
      <button onClick={this.handleClick}>
        Save to storage
      </button>
    </div>
  )
 }
}
```

与初始实现相比,以上代码中的改动如下:初始 state 的值不再通过直接读取 localStorage 提供,而是由 this.props.initialValue 提供;handleClick 对 this.props.saveValue 进行逻辑调用,而不再直接操作 localStorage。更进一步地,我们可以用 withPersistence 这个 HOC 来实现 this.props.saveValue 方法,代码如下。

```
function withPersistence(storageKey, storage) {
 return function(WrappedComponent) {
  return class PersistentComponent extends Component {
    constructor(props) {
      super(props)
      this.state = { initialValue: storage.getItem(storageKey) }
    }

    render() {
      return (
        <WrappedComponent
          initialValue={this.state.initialValue}
          saveValue={this.saveValue}
          {...this.props}
        />
      );
    }

    saveValue(value) {
      storage.setItem(storageKey, value)
    }
  }
 }
}
```

withPersistence 组件的使用方式如下所示。

```
const LocalStoragePersistentForm
 = withPersistence('key', localStorage)(PersistentForm)
```

这种方式是组件单一职责和组件复用的结合的体现,其他组件当然也可以使用这个 HOC,代码如下。

```
const LocalStorageMyOtherForm
 = withPersistence('key', localStorage)(MyOtherForm)
```

上述关于 withPersistence 组件的设计和使用方法对存储和渲染职责进行了解耦，这样便可以随时切换存储方式，比如，将 localStorage 切换为 sessionStorage，代码如下。

```
const SessionStoragePersistentForm
 = withPersistence('key', sessionStorage)(PersistentForm)
```

组件通信和封装

另一个和组件单一职责相关的话题是组件的封装，封装又涉及组件间的通信问题。我们知道，组件再封装后还是要和其他组件去通信的，那么当我们说封装时在说些什么呢？

组件关联有紧耦合和松耦合之分，紧耦合是指两个或多个组件之间需要了解彼此的组件内设计，这样的情况是我们不想看到的，因为它破坏了组件的独立性，"牵一发而动全身"。这么看来，松耦合带来的好处是很直接的。

- 每个组件的改动完全独立，不影响其他组件。
- 更好的复用设计。
- 更好的可测试性。

下面直接来看一个简单的计数器组件的实现。

```
class App extends Component {
  constructor(props) {
    super(props)
    this.state = { number: 0 }
  }

  render() {
    return (
      <div className="app">
        <span className="number">{this.state.number}</span>
        <Controls parent={this} />
      </div>
    )
  }
}

class Controls extends Component {
```

```
  updateNumber(toAdd) {
    this.props.parent.setState(prevState => ({
      number: prevState.number + toAdd
    }))
  }

  render() {
    return (
      <div className="controls">
        <button onClick={() => this.updateNumber(+1)}>
          Increase
        </button>
        <button onClick={() => this.updateNumber(-1)}>
          Decrease
        </button>
      </div>
    )
  }
}
```

这样的组件实现的问题很明显：App 组件不具有封装性，它将实例传给 Controls 组件，Controls 组件可以直接更改 App state 中的内容。事实上，我们并不是不允许 Controls 组件修改 App 组件中的内容，只是不建议使用 Controls 组件直接调用 App 组件的 setState 方法，因为 Controls 组件如果要调用 App 的 setState，就需要知道 App 组件 state 的结构，需要了解 this.props.parent.state.number 等详情。

同时，上述代码也不利于测试，这一点将在后面进行说明。那么应该如何重构呢？答案就是秉承封装性，使组件的 state 结构只有自己知道，将 updateNumber 迁移至 App 组件内，代码如下。

```
class App extends Component {
  constructor(props) {
    super(props)
    this.state = { number: 0 }
  }

  updateNumber(toAdd) {
    this.setState(prevState => ({
      number: prevState.number + toAdd
    }))
  }

  render() {
    return (
      <div className="app">
        <span className="number">{this.state.number}</span>
        <Controls
          onIncrease={() => this.updateNumber(+1)}
```

```
          onDecrease={() => this.updateNumber(-1)}
        />
      </div>
    )
  }
}

const Controls = ({ onIncrease, onDecrease }) => {
  return (
    <div className="controls">
      <button onClick={onIncrease}>Increase</button>
      <button onClick={onDecrease}>Decrease</button>
    </div>
  )
}
```

这样一来，Controls 组件就不需要知道 App 组件的内部情况了，实现了更好的复用性和可测试性，App 组件因此也具有了更好的封装性。

组合性是灵魂

如果说组件单一职责确定了如何拆分组件，封装性明确了如何组织组件，那么组合性就完成了整个应用的拼接。

React 具有天生的组合基因，我们可以将一个页面拆分成若干个组件，如图 14-1 所示。

图 14-1

这样一来，整个页面对应的声明式代码如下。

```
const app = (
  <Application>
    <Header />
    <Sidebar>
      <Menu />
    </Sidebar>
    <Content>
      <Article />
    </Content>
    <Footer />
  </Application>
)
```

如果两个组件 Composed1 和 Composed2 具有相同的逻辑，则可以使用组合性进行拆分重组，如下。

```
const instance1 = (
  <Composed1>
     // Composed1 逻辑
     //重复逻辑
  </Composed1>
)
const instance2 = (
  <Composed2>
     //重复逻辑
     // Composed2 逻辑
  </Composed2>
)
```

将重复逻辑提取为 Common 组件，代码如下。

```
const instance1 = (
  <Composed1>
    <Logic1 />
    <Common />
  </Composed1>
)
const instance2 = (
  <Composed2>
    <Common />
    <Logic2 />
  </Composed2>
)
```

另外一个组合性的典型应用就是 render prop 模式，前面已经介绍过它了，所以这里只给出一个很简单的示例，不再具体展开讲解，示例代码如下。

```
const ByDevice = ({ children: { mobile, other } }) => {
  return Utils.isMobile() ? mobile : other
}

<ByDevice>
    {{
      mobile: <div>Mobile detected!</div>,
      other:  <div>Not a mobile device</div>
    }}
</ByDevice>
```

副作用和（准）纯组件

纯函数和非纯函数的概念大家并不陌生，简单来说，通过函数参数能够唯一确定函数返回值的函数，我们称之为纯函数，反之就是有副作用的非纯函数。将纯/非纯函数延伸到组件中，就是纯/非纯组件。

在理想主义者眼中，最好的情况是应用全部由纯组件组成，这对组件的调试和健壮性非常重要。但这只是理想情况，在真实环境中，我们需要发送网络请求以获取数据（因为数据不固定，需要从网络获取，这是一种副作用），并进行条件渲染等操作，如何最大限度地保证应用由纯组件或准纯组件组成呢？我们先来下一个定义：

准纯组件是渲染数据全部来自 props，但是会产生副作用的组件。

从非纯组件中提取纯组件部分，是一个很常见且很有效的做法。下面来看一段非纯组件的代码。

```
const globalConfig = {
  siteName: 'Animals in Zoo'
}

const Header = ({ children }) => {
  const heading =
    globalConfig.siteName ? <h1>{globalConfig.siteName}</h1> : null
  return (
    <div>
      {heading}
      {children}
    </div>
  );
}
```

这个组件是典型的非纯组件，因为它依赖全局变量 siteName。其可能渲染出以下两种结果。

```
// globalConfig.siteName 存在时
<div>
  <h1>Animals in Zoo</h1>
  Some content
</div>
// globalConfig.siteName 不存在
<div>
  Some content
</div>
```

在编写测试用例时，还需要考虑 globalConfig.siteName 的值，这会使逻辑更加复杂。

```
import assert from 'assert'
import { shallow } from 'enzyme'
import { globalConfig } from './config'
import Header from './Header'

describe('<Header />', function() {
  it('should render the heading', function() {
    const wrapper = shallow(
      <Header>Some content</Header>
    )
    assert(wrapper.contains(<h1>Animals in Zoo</h1>))
  })

  it('should not render the heading', function() {
    //改动全局变量
    globalConfig.siteName = null
    const wrapper = shallow(
      <Header>Some content</Header>
    )
    assert(appWithHeading.find('h1').length === 0)
  })
})
```

在测试 Header 组件时，不仅需要多测试一种案例，还需要我们手动改写全局变量的值。

一个常用的优化方式是使全局变量作为 Header 的 props 出现，而不再是一个外部的全局变量，这样一来，函数式组件 Header 就完全依赖其参数来决定渲染内容了，代码如下所示。

```
const Header = ({ children, siteName }) => {
  const heading = siteName ? <h1>{siteName}</h1> : null;
  return (
    <div className="header">
      {heading}
      {children}
    </div>
  );
```

```
}

Header.defaultProps = {
  siteName: globalConfig.siteName
}
```

如此，Header 就成了纯组件，测试用例便可以简化为如下所示的形式。

```
import assert from 'assert'
import { shallow } from 'enzyme'
import { Header } from './Header';

describe('<Header />', function() {
 it('should render the heading', function() {
   const wrapper = shallow(
     <Header siteName="Animals in Zoo">Some content</Header>
   )
   assert(wrapper.contains(<h1>Animals in Zoo</h1>))
 });

 it('should not render the heading', function() {
   const wrapper = shallow(
     <Header siteName={null}>Some content</Header>
   )
   assert(appWithHeading.find('h1').length === 0)
 })
})
```

这时，我们不用手动改变变量的值，就可以完成测试逻辑了。

另一个重构非纯组件的典型案例是针对有网络请求的副作用情况的，下面重新放一下在组件单一职责中的代码。

```
import axios from 'axios'
import WeatherInfo from './weatherInfo'

class WeatherFetch extends Component {
  constructor(props) {
    super(props)
    this.state = { temperature: 'N/A', windSpeed: 'N/A' }
  }

  componentDidMount() {
    axios.get('http://weather.com/api').then(response => {
      const { current } = response.data
      this.setState({
        temperature: current.temperature,
        windSpeed: current.windSpeed
```

```
      })
    })
  }

  render() {
    const { temperature, windSpeed } = this.state
    return (
      <WeatherInfo temperature={temperature} windSpeed={windSpeed} />
    )
  }
}
```

从表面上看，WeatherFetch 组件不得不作为非纯组件，因为网络请求不可避免，但是我们可以将请求的主体逻辑分离出组件，使组件只负责调用请求，我将这样的组件称为准纯组件，这种拆分非纯组件的代码实现如下。

```
import { connect } from 'react-redux'
import { fetch } from './action'

export class WeatherFetch extends Component {
  render() {
    const { temperature, windSpeed } = this.props
    return (
      <WeatherInfo temperature={temperature} windSpeed={windSpeed} />
    )
  }

  componentDidMount() {
    this.props.fetch()
  }
}

function mapStateToProps(state) {
  return {
    temperature: state.temperate,
    windSpeed: state.windSpeed
  }
}

export default connect(mapStateToProps, { fetch })
```

我们使用 Redux 来完成整体页面逻辑，这样一来 WeatherFetch 组件至少可以保证相同的 props 会渲染出相同的结果，那么对 WeatherFetch 组件的测试也就变得更加简单清晰。测试代码如下。

```
import assert from 'assert'
import { shallow, mount } from 'enzyme'
```

```
import { spy } from 'sinon'

import { WeatherFetch } from './WeatherFetch';
import WeatherInfo from './WeatherInfo'

describe('<WeatherFetch />', function() {
  it('should render the weather info', function() {
    function noop() {}
    const wrapper = shallow(
      <WeatherFetch temperature="30" windSpeed="10" fetch={noop} />
    )
    assert(wrapper.contains(
      <WeatherInfo temperature="30" windSpeed="10" />
    ))
  });

  it('should fetch weather when mounted', function() {
    const fetchSpy = spy()
    const wrapper = mount(
      <WeatherFetch temperature="30" windSpeed="10" fetch={fetchSpy}/>
    )
    assert(fetchSpy.calledOnce)
  })
})
```

组件可测试性

我们一直在提"可测试性",上面也给出了测试用例代码,我认为是否具有测试意识,是区别高级程序员和一般程序员的标准之一。

还记得上面提到的 Controls 组件吗？它的最初实现代码如下。

```
class App extends Component {
  constructor(props) {
    super(props)
    this.state = { number: 0 }
  }

  render() {
    return (
      <div className="app">
        <span className="number">{this.state.number}</span>
        <Controls parent={this} />
      </div>
    )
```

```
  }
}

class Controls extends Component {
  updateNumber(toAdd) {
    this.props.parent.setState(prevState => ({
      number: prevState.number + toAdd
    }))
  }

  render() {
    return (
      <div className="controls">
        <button onClick={() => this.updateNumber(+1)}>
          Increase
        </button>
        <button onClick={() => this.updateNumber(-1)}>
          Decrease
        </button>
      </div>
    )
  }
}
```

因为 Controls 组件的行为完全依赖其父组件，因此为了测试需要临时构造一个父组件 Temp，代码如下。

```
class Temp extends Component {
  constructor(props) {
    super(props)
    this.state = { number: 0 }
  }
  render() {
    return null
  }
}

describe('<Controls />', function() {
  it('should update parent state', function() {
    const parent = shallow(<Temp/>)
    const wrapper = shallow(<Controls parent={parent} />)

    assert(parent.state('number') === 0)

    wrapper.find('button').at(0).simulate('click')
    assert(parent.state('number') === 1)
```

```
    wrapper.find('button').at(1).simulate('click')
    assert(parent.state('number') === 0)
  });
});
```

这样的测试编写起来会令人觉得非常痛苦,而经过重构之后,编写测试就变得非常简单了,具体代码如下。

```
class App extends Component {
  constructor(props) {
    super(props)
    this.state = { number: 0 }
  }

  updateNumber(toAdd) {
    this.setState(prevState => ({
      number: prevState.number + toAdd
    }))
  }

  render() {
    return (
      <div className="app">
        <span className="number">{this.state.number}</span>
        <Controls
          onIncrease={() => this.updateNumber(+1)}
          onDecrease={() => this.updateNumber(-1)}
        />
      </div>
    )
  }
}

const Controls = ({ onIncrease, onDecrease }) => {
  return (
    <div className="controls">
      <button onClick={onIncrease}>Increase</button>
      <button onClick={onDecrease}>Decrease</button>
    </div>
  )
}

describe('<Controls />', function() {
  it('should execute callback on buttons click', function() {
    const increase = sinon.spy()
    const descrease = sinon.spy()
```

```
    const wrapper = shallow(
      <Controls onIncrease={increase} onDecrease={descrease} />
    )

    wrapper.find('button').at(0).simulate('click')
    assert(increase.calledOnce)
    wrapper.find('button').at(1).simulate('click')
    assert(descrease.calledOnce)
  })
})
```

有的开发者觉得测试不重要,因此也不用关心组件编写的可测试性。其实我认为,之所以会有程序员认为测试不重要,是因为他不具有看待项目的更高视野和角度,也没有编写稳定可靠组件库或其他库的经验。我们要端正态度,想要进阶,就要从态度入手,从掌握一门测试用例的使用入手。

组件命名是意识和态度问题

我为什么要把组件命名放在最后呢?因为组件命名太简单了,任何一个开发者只要有意识,能用心,就能很好地命名组件;同时,组件命名又太重要了,良好的组件命名就是"行走着的注释"。但意识是一个很虚的概念,有的程序员也许天生就不具备,有的程序员即便具备了,也懒得去琢磨。这里不赘述太多道理,读者只需要观察两段代码即可,第一段代码如下所示,我需要在其中加入大量的注释才能使大家理解代码的意思。

```
// <Games>返回一组 game 信息
// data 是一个数组,包含了所有 game 信息
function Games({ data }) {
  //选出前 10 条 games
  const data1 = data.slice(0, 10)
  // list 是包含了 10 条 games 的 Game 组件集合
  const list = data1.map(function(v) {
    return <Game key={v.id} name={v.name} />
  })
  return <ul>{list}</ul>
}

<Games
  data=[{ id: 1, name: 'Mario' }, { id: 2, name: 'Doom' }]
/>
```

第二段代码如下所示,不需要一行注释,非常易于理解。

```
const GAMES_LIMIT = 10

const GamesList = ({ items }) => {
  const itemsSlice = items.slice(0, GAMES_LIMIT)
  const games = itemsSlice.map(gameItem =>
    <Game key={gameItem.id} name={gameItem.name} />
  )
  return <ul>{games}</ul>
}

<GamesList
  items=[{ id: 1, name: 'Mario' }, { id: 2, name: 'Doom' }]
/>
```

组件设计的功力其实从一个命名就能看出来；在做代码审查时，一个命名也能出卖你的深浅。

总结

本篇剖析了组件设计的基本原则，在原则范畴内展现了组件的灵活性，并将组件复用性融汇在其中。其实这些设计原则不仅适用于 React 组件，也适用于任何框架的组件，超脱于组件范畴之外，API 设计也遵循相同的设计原则。这是编程最本质的思想，甚至从某种程度上，在编程之外，由原子组建成大千世界的哲学道理都是异曲同工的。

15

揭秘 React 真谛：数据状态管理

如果说组件是 React 应用的骨骼，那么数据就是 React 应用的血液。单向数据流就像血液一样在应用体中穿梭。处理数据向来不是一件简单的事情，良好的数据状态管理不仅需要经验的积累，更是设计能力的反映。目前来看，Redux 无疑能够将数据状态理清，与此同时 Vue 阵营模仿 Redux 的 Vuex 也起到了相同的效果。本篇就来谈一谈数据状态管理，了解 Redux 的真谛，并分析其利弊和上层解决方案。

数据状态管理之痛

我们先思考一下：为什么需要数据状态管理，数据状态管理到底在解决什么样的问题？这其实是框架、组件化带来的概念。让我们回到最初的起点，还是那个简单的案例：在一个页面上，点击其中一处"收藏"按钮后，页面中的其他"收藏"按钮也会切换为"已收藏"状态。如果没有数据状态，也许我们就需要用以下方式来实现收藏需求。

```
const btnEle1 = $('#btn1')
const btnEle2 = $('#btn2')

btnEle1.on('click', () => {
    if (btnEle.textContent === '已收藏') {
        return
    }
    btnEle1.textContent = '已收藏'
    btnEle2.textContent = '已收藏'
})
```

```
btnEle2.on('click', () => {
    if (btnEle2.textContent === '已收藏') {
        return
    }
    btnEle1.textContent = '已收藏'
    btnEle2.textContent = '已收藏'
})
```

这只是两个按钮的情况,处理起来就非常混乱了,而且难以维护,在这种情况下非常容易滋生bug。

现代化的框架解决这个问题的思路是组件化,组件依赖数据,对应这个场景的数据状态的代码如下。

```
hasMarked: false / true
```

根据 hasMarked 这个状态值,所有的收藏组件都可以响应正确的视图操作。我们把面条式的代码转换成可维护的代码后,对数据的管理就成了重中之重,这就是数据状态的雏形。但是,一旦数据量越来越大,如何与组件形成良好的交互就是一门学问了。比如,我们要考虑以下情况。

- 一个组件需要和另一个组件共享状态。
- 一个组件需要改变另一个组件的状态。

以 React 为例,其他框架类似,如果 React 自己来维护这些数据,则数据状态就是一个对象,并且这个对象在组件之间要互相修改,极其混乱。

接着,我们还要考虑一个问题:hasMarked 这类数据到底是应该放在 state 中维护,还是应该借助数据状态管理类库,如 Redux,来维护呢?至少这样一来,数据源是单一的,数据状态和组件是解耦的,也更加方便开发者进行调试和扩展数据。

我们以 React 的 state 和 Redux 为例,来分析一下"数据由谁来维护"的问题。

- React 的 state 是在组件内部维护的数据,当某项 state 需要与其他组件共享时,我们就可以通过 props 来完成组件间的通信。从实践上来看,这就需要相对顶层的组件维护共享的 state 并提供修改此项 state 的方法,state 本身和修改方法都需要通过 props 传递给子孙组件。
- 使用 Redux 的时候,在 Redux store 中维护数据。任何需要访问并更新数据的组件都需要接入 Redux,完成对 Redux store 的订阅,这通常借助容器组件来完成。Redux 对数据采用集中管理的方式。

我们尝试从数据持久度、数据消费范围的角度来回答这个问题。首先,在数据持久度上,不同状态的数据大体可以分为如下 3 类。

- 快速变更型：这类数据在应用中代表了某些原子级别的信息，且显著特点是变更频率最快。比如，一个文本输入框中的数据值可能会随着用户输入在短时间内持续发生变化。这类数据显然更适合在 React 组件内维护。

- 中等持续型：在用户浏览或使用应用时，这类数据往往会在页面刷新前保持稳定。比如，从异步请求接口通过 AJAX 方式得来的数据，或者用户在个人中心页编辑提交的数据。这类数据较为通用，也许会被不同组件所使用。数据在 Redux store 中维护，并通过 connect 方法和组件进行连接，是一种不错的选择。

- 长远稳定型：指在页面多次刷新或多次访问期间都保持不变的数据。因为 Redux store 会在每次页面挂载后都重新生成一份新的数据，因此这种类型的数据显然应该存储在 Redux 以外的地方，如服务器端数据库或浏览器的本地存储。

下面，我们从另一个维度，即数据消费范围上来分析。数据特性体现在消费层面，即有多少组件需要使用。我们以此来区分 React 和 Redux 的不同分工。广义上，需要消费同一种数据的组件越多，在 Redux store 中维护这种数据就越合理；反之，如果某种数据与其他数据隔离，只服务于应用中某单一部分，那么由 React 维护更加合理。

具体来看，共享的数据应该存在于 React 的高层组件中，由此向低层组件一层层传递。如果在 props 传递深度上只需要一两个层级就能满足消费数据的组件需求，那么这样的跨度是可以接受的；反之，如果跨越层级很多，那么关联到的所有中间层级的组件就都需要进行接力赛式的传递，这样显然会增加很多乏味的传递代码，也破坏了中间组件的复用性。这时，使用 Redux 维护共享状态，合理设置容器组件，通过 connect 来打通数据，就是一种更好的方式。

如果一些完全不存在父子关系的组件需要共享数据，比如，前面提到过的一个页面需要在多处展示用户头像，那么往往会造成数据辐射分散的问题，对于 React 模式的状态管理十分不利。在这种场景下，使用 Redux 同样是更好的选择。

如果应用有跟踪状态的功能，比如，需要完成"重放""返回"或"Redo/Undo"等需求，那么使用 Redux 无疑是最佳选择，因为 Redux 天生擅长于此：每一个 action 都描述了数据状态的改变和更新，非常便于进行数据的集中管理。

最后，什么情况下该使用哪种数据管理方式，是使用 React 维护 state 还是使用 Redux 进行集中管理呢？这样的讨论不会有唯一定论，开发者需要对 React、Redux 有深入理解，并结合场景需求完成选择。

以上案例使用的 Redux 可以被任何一个数据管理类库所取代,也就是说,对于适合放在 Redux 中的数据,如果开发者没有使用 Redux,而使用了 Mobx,那么也应该将其放在 Mobx store 中。

Redux 到底怎么用

下面来看一个示例。某电商网站的应用页面骨架如图 15-1 所示。

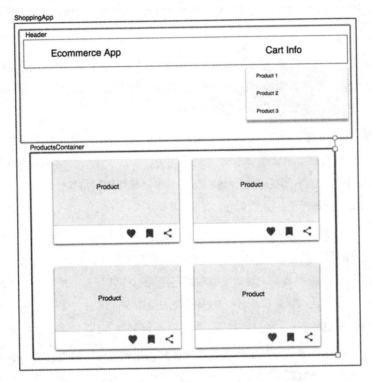

图 15-1

对应的实现代码如下。

```
<ShoppingApp>
  <Header />
  <SideMenu />
  <ProductsContainer>
      //遍历渲染每一个商品
  </ProductsContainer>
</ShoppingApp>
```

其中，ProductsContainer 组件负责渲染每一个商品条目。

```
import Product from './Product'
export default class ProductsContainer extends Component {
  constructor(props) {
    super(props);
    this.state = {
      products: [
        '商品1',
        '商品2',
        '商品3'
      ]
    }
  }
  renderProducts() {
    return this.state.products.map((product) => {
      return <Product name={product} />
    })
  }
  render() {
    return (
      <div className='products-container'>
        {this.renderProducts()}
      </div>
    )
  }
}
```

Product 组件作为 UI 组件/展示组件，负责接收数据、展示数据。这样一来，Product 组件即可用函数式/无状态组件完成编写。

```
import React, { Component } from 'react'
export default class Product extends Component {
  render() {
    return (
      <div className='product'>
        {this.props.name}
      </div>
    )
  }
}
```

使用 React state 就可以实现上面的设计需求，且合理高效。

但是，如果商品有"立即购买"按钮，点击"立即购买"后会将商品加入购物车（对应上面 Cart

Info 部分），这时需要注意，购物车中的商品信息会在多个页面（如下所示）被消费。

- 右上角需要展示购物车中商品数目的当前页面
- 购物车页面本身
- 支付前的确认页面
- 支付页面

这就是单页面应用需要对数据状态进行管理的信号。我们可以维护一个 cartList 数组以供应用消费，这个数组放在 Redux、Mobx 或 Vuex 中都是可行的。

合理的 connect 场景

在使用 Redux 时，我们可以搭配 React-Redux 这个类库来联通（connect）组件和数据，但是容易陷入的常见误区就是滥用 connect，而没有进行更合理的设计分析，或者只在顶层进行 connect 设计，然后需要一层一层地进行数据传递。

比如，在一个页面中存在 Profile、Feeds（信息流）、Images（图片）区域，如图 15-2 所示。

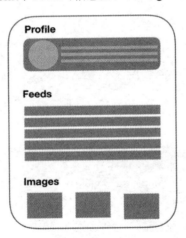

图 15-2

这些区域构成了页面的主体，它们分别对应于 Profile、Feeds、Images 组件，共同作为 Page 组件的子组件而存在，对应的代码如下。

```
<Page>
    <Profile/>
    <Feeds/>
```

```
    <Images/>
</Page>
```

如果只对 Page 这个顶层组件进行 connect 设计，其他组件的数据依靠 Page 组件进行分发，则设计如图 15-3 所示。

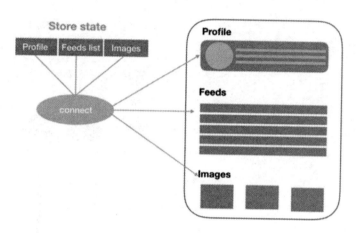

图 15-3

这样做存在的问题如下。

- 当改动 Profile 组件中的用户头像时，由于数据变动，整个 Page 组件都会被重新渲染。
- 当删除 Feeds 组件中的一条信息时，整个 Page 组件也都会被重新渲染。
- 当在 Images 组件中添加一张图片时，整个 Page 组件同样都会被重新渲染。

因此，更好的做法是对 Profile、Feeds、Images 这 3 个组件分别进行 connect 设计，在 connect 方法中使用 mapStateToProps 筛选出不同组件关心的 state 部分，如图 15-4 所示。

这样做的好处很明显，具体如下。

- 当改动 Profile 组件中的用户头像时，只有 Profile 组件会被重新渲染。
- 当删除 Feeds 组件中的一条信息时，只有 Feeds 组件会被重新渲染。
- 当在 Images 组件中添加一张图片时，只有 Images 组件会被重新渲染。

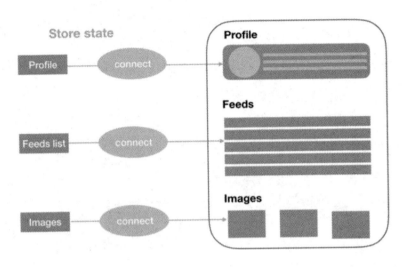

图 15-4

扁平化数据状态

扁平化的数据结构是一个很有意义的概念，它不仅能够合理引导开发逻辑，同时也是性能优化的一种体现。请看如下所示的数据结构。

```
{
  articles: [{
    comments: [{
      authors: [{
      }]
    }]
  }],
  ...
}
```

不难想象，这是一个文章列表加文章评论互动的场景，其对应于 3 个组件：Article、Comment 和 Author。这样的页面设计比比皆是，如图 15-5 所示。

按照上述数据结构，可以想象，reducer 函数的相关数据处理就很棘手了。如果 articles[2].comments[4].authors1 发生了变化，那么想要返回更新后的状态，并保证不可变性，操作起来就没有那么简单了，我们需要对深层对象结构进行拷贝或递归。

图 15-5

因此，更好的数据结构设计一定是扁平化的，我们可以对 articles、comments、authors 进行扁平化处理，例如，使 comments 数组不再存储 authors 数据，而是记录 userId，评论内容中需要用户数据时，只需在 users 数组中按照 userId 进行提取即可。

```
{
  articles: [{
    ...
  }],
  comments: [{
    articleId: ..,
    userId: ...,
    ...
  }],
  users: [{
    ...
  }]
}
```

不同组件只需要关心不同的数据片段，比如，Comment 组件只关心 comments 数组，Author 组件只关心 users 数组。这样不仅操作更合理，而且能有效减少渲染压力。

Redux 的"罪与罚"

上一节重点提到了 Redux，其实现原理比较简单，核心代码也不过几行，简单来说，Redux 是我们之前提到的发布/订阅模式结合函数式编程的体现。这里主要来看一看以 Redux 为首的数据状态管理类库的缺点和优点。

其实，Dan Abramov 很早写的 *You might not need Redux*（《你可能不需要 Redux》）一文中就提到了 Redux 的限制。他提到了"Try Mobx"这种"打脸"行为。归纳一下，Redux 的限制主要体现在以下 5 个方面。

- Redux 带来了函数式编程、不可变性思想等，为了配合这些理念，开发者必须要写很多"模式代码"（boilerplate），烦琐及重复是开发者不愿意容忍的。当然，也有很多巧妙的方法旨在减少 boilerplate，但目前来看，可以说 Redux 天生就带有烦琐的基因。
- 使用 Redux 时，应用需要使用 objects 或 arrays 描述状态。
- 使用 Redux 时，应用需要使用 plain objects 及 actions 来描述变化。
- 使用 Redux 时，应用需要使用纯函数去处理变化。
- 要将应用中的很多状态抽象到 store，不能痛痛快快地写业务代码，出现一个变化就要编写对应的 action（action creator）、reducer 等。

和响应式结合函数式的 Mobx 相比，这些缺点使 Redux 的编程体验大打折扣。

为了弥补这些缺点，社区开启了一轮又一轮的尝试，其中一个努力方向是基于 Redux 封装一整套上层解决方案，这个方向上的成果以 Redux-sage、Dva、Rematch 类库或框架为主。

下面总结一下这些解决方案的特点和思路。

1. 简化初始化过程

传统的 Redux 初始化充满了一些巧妙的方法，过于函数式，且较为烦琐，代码如下。

```
import { createStore, applyMiddleware, compose } from 'redux'
import thunk from 'redux-thunk'
import rootReducer from './reducers'


const initialState = {
    // ...
}
```

```
const store = initialState => createStore(
    rootReducer,
    initialState,
    compose(
        applyMiddleware(thunk),
        // ...
    )
)
```

这里只应用了一个中间件，还没有涉及 devtool 的配置，它类似 Dva 的 Redux 代替品，采用面向对象式的初始化配置。

2. 简化 reducer

传统的 reducer 可能需要编写恼人的 switch...case 或很多样板代码，而基于 Redux 的上层解决方案对 reducer 逻辑进行了封装，以便使用起来能够更加简捷高效。

```
const reducer = {
    ACTIONTYPE1: (state, action) => newState,
    ACTIONTYPE2: (state, action) => newState,
}
```

3. 带请求的副作用

Redux 一般需要使用 thunk 中间件来处理网络请求，它的原理是：首先派发一个 action，但是这个 action 不是 plain object 类型，而是一个函数；thunk 中间件发现 action type 为函数类型时，会把 dispatch 和 getState 等方法作为参数传递给函数进行副作用逻辑。

如果读者不是 React、Redux 的开发者，也许很难看懂上面一段描述，这也是 Redux 处理含有副作用的逻辑较为复杂棘手的体现。更上层的解决方案 Redux-saga 采用 Generator（生成器）的思想或 async/await 处理副作用，无疑更加友好合理。

为了更好地配合生成器方案，上层方案将 action 分为普通 action 和副作用 action，开发者使用起来也更加清晰。

4. 将 reducer 和 action 合并

为了进一步减少模式代码，一个通用的做法是在 Redux 之上，将 reducer 和 action 声明合并，这样可以使声明一步到位，如下所示。

```
const store = {
    state: {
        count: 0,
```

```
        state1: {}
    },
    reduers: {
        action1: (state, action) => newState,
        action2: (state, action) => newState,
    }
}
```

这里定义了两个 action：action1 和 action2。它们出自 store.reducers 的键名，而对应键值即 reducer 逻辑。

这些都是基于 Redux 进行封装的上层解决方案的基本思想，了解了这些，读者就不会再对 Dva、Redux-saga 的原理感到陌生了！

当然，理清了数据状态管理的意义，简化了数据管理的操作后，还要分析到底应该如何组织数据。

我们到底需要怎样的数据状态管理

关于 Redux，这里不再过多讨论。我们试图脱离 Redux 本身，思考到底需要什么样的数据状态管理方案。经过整理，确定我们的核心诉求是：方便地修改数据，方便地获取数据。

新的发展趋势：Mobx

对于核心诉求中的修改数据来说，Redux 提倡以函数式、不可变性、数据扁平化的形式进行；而其中的获取数据说到底是依赖发布/订阅模式进行的。相对地，Mobx 是面向对象和响应式的结合，它的数据源是可变的，对数据的观察是响应式的。下面来看一段用 Mobx 处理数据的代码示例。

```
const foo = observable({
    a: 1,
    b: 2
})

autoRun(() => {
    console.log(foo.a)
})

foo.b = 3 //没有任何输出
foo.a = 2 //输出：2
```

用 Mobx 处理数据像不像前面提到的数据劫持/数据代理？没错，它们的原理是完全一致的。尝试将上面的代码改为以下形式。

```
const state = observable({
    state1: {}
})

autoRun(() => {
    return (<Component state1={state1} />)
})

state.state1 = {}
```

当我们修改 state.state1 时，将会触发 autoRun 的回调，引起组件的重新渲染。不同于 Redux，这就是另一种流派——Mobx 的核心理念。

不管是 Redux 还是 Mobx，它们都做到了：组件可以读取 state，修改 state，且在有新 state 时更新。这里的 state 都是单一数据源，只不过修改 state 的方式不同。更进一步地说，Mobx 通过将对象和数组包装为可观察对象，隐藏了大部分样板代码，比 Redux 更加简捷，也更加魔幻，更像是进行了双向绑定。

我认为，在数据状态不太复杂的情况下，使用 Mobx 也许更加简捷高效；但是如果数据状态非常复杂，或者你是函数式编程的粉丝，则可以考虑使用 Redux，当需要在 Redux 层面上进行封装时，使用像 Dva 这样的方案，是一个明智的选择。

如何做到脱离 Redux（context 和 hook）

有两种方法可以做到脱离 Redux：一是拥抱 Mobx 或 GraphQL，只是这样做还是没有脱离框架或类库；二是使用原生 React 方案，比如，使用 context API，React 16.3 介绍了稳定版的 context 特性，它从某种程度上可以更方便地实现组件间通信，尤其是对跨越多层父子组件的情况更加高效。我们知道 Redux-React 就是基于 context 实现的，那么在一些简单的情况下，完全可以使用稳定的 context，而抛弃 Redux。

在 ReactConf 2018 会议中，React 团队发布了 React hook。简单来看，hook（钩子）给予了函数式组件像类组件一样的工作能力，函数式组件可以使用 state，并且在产生一些副作用后进行更新。useReducer hook 搭配 context API 及 useContext hook 使用，完全可以模仿一个简单的 Redux。使用 useReducer hook 可以像使用 reducer 一样更新 state，useContext 可以跨层级传递数据，原生 React 似乎有了内置 Redux 的能力。当然，这种能力是不全面的，比如，没有对网络请求副作用的管理、时间旅行和调试等功能。

总结

其实，数据状态管理没有永恒的最佳实践。随着应用业务的发展，数据的复杂程度是不断扩张的，数据和组件是绑定在一起的概念，如何梳理好数据，如何对特定的行为修改特定的数据，如何给予特定组件特定的数据，都是非常有趣的话题，也是进阶路上的必修课。

16

React 的现状与未来

React 自推出以来，一直在不断地完善和演进。作为 React 开发者或前端开发者，有幸见证一个伟大框架的成长，是非常幸运的。那么在这个过程中，我们应该学些什么？React 现在处于什么发展阶段？React 未来又将有哪些规划？

高级前端工程师不能只停留在使用框架上，而是要思考上述这些问题。本篇就来聊一聊 React 的现状与未来，如果不熟悉 React，也并不妨碍大家阅读。

React 现状分析

React 经过几年的打磨，目前维持着一个稳定的迭代周期，并不断给开发者带来惊喜。其中难能可贵的是，在破坏性改变不多的前提下仍在持续输出具有变革精神的特性，保持着旺盛的生命力。不管是来自哪个平台的调查，都显示 React 的受众仍然是最多的，可以预见的是，React 未来仍然会统领前端发展。

关于 React 现状，下面总结出 3 个特点。

- 开发模式已经定型，有利于开发者持续学习。
- 仍然由强大的开发团队进行维护，不断带来改变，这些改变一方面使 React 更好，另一方面甚至推动了 JavaScript 语言的发展。
- 社区生态强大，有一系列解决方案，数据状态管理、组件库、服务器端渲染生态群百花齐放。

在这些特点的背后，也有一些让开发者担忧的地方，如下。

- 概念越来越多。一定程度上，新老概念并存，使学习曲线激增。
- 存在较多带有 unsafe_标记的 API，使开发者始终担忧相关 API 会有彻底废弃的那一天。
- 新特性带来了较多魔法，也带来了一些困惑。

当然，这些让开发者担忧的地方并不足以和 React 的强大相提并论，这些问题甚至在任何一个框架中都会存在。因此，我建议不管是工作需要，还是自身学习需要，前端开发者都可以使用并研究 React。

从 React Component 看 React 发展史

回顾 React 发展历史，很多 API 和特性的演进都很有意思，比如 refs、context，其中任何一点都值得单拎出来进行深入分析。但是，我挑选了一个开发者一定会使用的 React Component 话题：从组件的创建和声明方式来看一个框架的变革，并由此引出 React 目前最受关注的 hook 新特性。

React Component 的发展主要经历了以下 3 个阶段。

- createClass 创建组件时期
- ES class 声明组件时期
- 无状态（函数式）组件 + React hook 时期

这一路，也是 React 从一个纯粹的视图层类库变为成熟完善的解决方案的过程。下面就逐一来看一下各个阶段。

createClass 创建组件时期

相信很多新的开发者都没有用过 createClass API 创建组件，createClass 是一个函数，接收参数并返回组件实例，用起来并不复杂，代码如下。

```
import React from 'react'

const component1 = React.createClass({
  propTypes: {
    foo: React.PropTypes.string
  },

  getDefaultProps() {
    return {
```

```
      foo: 'bar'
    }
  },

  getInitialState() {
    return {
      state1: 'lucas'
    }
  },

  handleClick() {

  },

  render() {
    return (
      <p onClick={this.handleClick}></p>
    )
  }
})
```

以上代码看起来很好理解,但是编写还是有些违背直觉。从 React 15.5 版本开始,官方就不再开始推荐使用该函数,到了 React 16 版本,就将其彻底废弃了。

ES class 声明组件时期

createClass 退出历史舞台的原因是被强势的 class 声明组件方式所取代。当时,ES6 正在如火如荼地发展,新增了 class 这一语法糖,React 团队便很快支持了使用 class 声明组件的方式,示例代码如下。

```
class Component1 extends React.Component {
  state = { name: 'Lucas' }

  handleClick = e => {
    console.log(e)
    this.setState({
      name: 'Messi',
    })
  }

  render() {
    return (
      <div onClick={this.handleClick}>
        {{this.state.name}}
```

```
      </div>
    )
  }
}
```

这段代码非常直观清晰，但是 class 声明方式和早期的 createClass 相比有非常重要的两点差别，如下。

- React.createClass 支持在事件处理函数中自动绑定 this，而 class 声明的组件需要开发者手动绑定。
- React.Component 不能使用 React mixins 来实现复用。

这两点显著的差别决定了 React 生态社区的发展方向。

第一点差别决定了 React 放弃了多管闲事地绑定 this，虽然这个行为在很多人看来毫无必要，很多类 React 框架都会帮助开发者对事件处理函数绑定 this，Vue 也是如此。

绑定 this 的方案多种多样，上述代码采用了 ES Next 的属性初始化方法，对 handleClick 进行了绑定。

第二点差别决定了 React 实现复用方式的发展方向。首先肯定的是，官方认为使用 mixins 是弊大于利的，所以已经彻底放弃使用它。社区跟进的复用方案主要有两种，分别是使用高阶组件和 render prop 模式。

其中，高阶组件很好地体现了 React 的函数式思想，是 React 的精华所在。而 render prop 目前也非常流行，并最终推动了 React 自身的发展：新的 context 特性的 API 变为 render prop 模式，这是社区反哺 React 的例证。新的 context 特性的用法如下。

```
<ContextComponent.Consumer>
  {value => (
    <Component value={value}>
  )}
</ContextComponent.Consumer>
```

但是，使用 class 声明组件并不是完美的。React 官方团队认为，这种方式已经背离了 React 的初衷。我总结了一下，class 声明组件的问题有以下两个。

- 带来了面向生命周期编程的困扰，随着逻辑变复杂，组件的生命周期函数随之变得很难维护和理解。我们想弄清楚 componentDidMount、componentDidUpdate、componentWillUnmount、componentWillRecieveProps 这些钩子的逻辑并不困难。但是，这些生命周期函数中的代码和

render 中的 state 及 props 有什么关系？这种问题将会随着应用越来越复杂被无限放大。
- React 是函数式的，而 class 声明组件这种面向对象的行为显得不伦不类。

基于这两点，React 很快推出了函数式组件，（或无状态组件，下面统称为函数式组件，因为在 hook 特性下组件也会有状态）。

函数式组件

函数式组件非常简单，下面就用函数定义一个组件，该函数接收 props 作为参数，只负责渲染。

```
const component = props => <div> { props.name } </div>
```

这样的实现看上去棒极了，组件只负责接收数据并渲染，难得如此清爽和直接。然而它是完全无法取代 class 组件的，因为它不存在生命周期，完全的无状态让我们无法处理必要的逻辑。

因此，class 声明组件结合函数式组件的方案，类似容器组件结合木偶组件，成为现在的主流方式。

从 React component 的发展中可以发现，React 绑定 this 的设计、React 实现复用的方案等一系列知识点，无疑是 React 类库发力的主战场。不过我们继续设想，能不能赋予函数式组件类似生命周期的能力，完美解决 class 组件的问题呢？React 近期引入的 React hook 特性便是为解决这一问题而生的。

颠覆性的 React hook

React hook 是如何解决上述问题的呢？

简单来说，它可以使开发者按业务逻辑拆分代码，而不是按生命周期。这样如果想实现复用，直接在任何组件中引入相关 hook 即可。hook 把代码按照业务逻辑的相关性进行拆分，把同一业务的代码集中在一起，不同业务的代码独立开来，维护起来就清楚很多。

这里不会科普 hook 的使用方案，因为官网上的介绍一定是最好、最详尽的，因此下面会从原理和设计的角度来进行分析。

轻量级 useState

事实上，setState API 并没有什么问题，也足够轻量，真正笨重的是 class 组件与 setState 的结合。

使用 useState hook 使得函数式组件也具备了操作 state 的能力，且不需要引入生命周期函数。

useState 是一个函数，其中的输入参数是 initialState；它会返回一个数组，第一个值是 state，第二个值是改变 state 的函数。

这里多说一个细节，为什么 useState 会返回一个数组呢？如果返回的是一个对象是否会更合适呢？这样表意更加清晰且简单，也支持我们自动设置别名。

useState 其实很好实现，代码如下。

```
const React = (function() {
  let stateValue

  return Object.assign(React, {
    useState(initialStateValue) {
      stateValue = stateValue || initialStateValue

      function setState(value) {
        stateValue = value
      }

      return [stateValue, setState]
    }
  })
})()
```

我们使用 stateValue 闭包变量存储 state，并提供修改 stateValue 的方法 setState，一并作为数组返回。

useEffect 和生命周期那些事儿

函数式组件通过 useState 具备了操控 state 的能力，修改 state 需要在适当的场景下进行：class 声明的组件在组件生命周期中进行 state 更迭，那么在函数式组件中呢？我们需要用 useEffect 模拟生命周期。目前，useEffect 相当于综合了 class Component 中的 componentDidMount、componentDidUpdate、componentWillUnmount 这 3 个生命周期。

也就是说，useEffect 声明的回调函数会在组件挂载、更新、卸载的时候执行。为了避免每次渲染都执行所有的 useEffect 回调，useEffect 提供了第二个参数，该参数是数组类型。只有在渲染时数组中的值发生了变化，才会执行该 useEffect 回调。如果 useEffect 的第二个参数是个空数组，也就是说当前数据状态并不依赖任何其他数据，那么 useEffect 就只会在组件第一次挂载后和卸载前被调用。

下面尝试实现 useEffect，代码如下。

```
const React = (function() {
  let deps

  return Object.assign(React, {
    useEffect(callback, depsArray) {
      const shouldUpdate = !depsArray

      const depsChange = deps ? !deps.every((depItem, index) => depItem === depsArray[index]) : true

      if (shouldUpdate || depsChange) {
        callback()

        deps = depsArray || []
      }
    }
  })
})()
```

闭包变量 deps 会存储前一刻 useEffect 的依赖数组中的值。每次调用 useEffect 时，都会遍历 deps 数组和当前 depsArray 数组中的值，如果其中任何一项有变化，depsChange 的值都将为 true，进而执行 useEffect 的回调。

有读者可能会想到，那么如何模拟生命周期 shouldComponentUpdate 呢？事实上，我们不需要用 useEffect 来实现 shouldComponentUpdate。React 新特性中专门提供了 React.memo 来帮助开发者进行性能优化。另外，useEffect 是无法模拟 getSnapshotBeforeUpdate 和 componentDidCatch 这两个生命周期函数的。

上述两种实现都是简易版的，旨在剖析这两个 hook 的工作原理，很多细节都没有实现。最重要的一点是，如果组件内多次调用 useState 或 useEffect，那么我们的实现为了区分每次调用 useState 之前不同的 state 值及对应的 setter 函数，就需要额外使用一个数组来存储每次调用的配对值，代码如下。

```
const React = (function() {
  let hooks = []
  let currentHook = 0

  return Object.assign(React, {
    useState(initialStateValue) {
      hooks[currentHook] = hooks[currentHook] || initialStateValue
```

```
    function setState(value) {
      hooks[currentHook] = value
    }

    return [hooks[currentHook++], setState]
  },

  useEffect(callback, depsArray) {
    const shouldUpdate = !depsArray

    const depsChange = hooks[currentHook] ? !hooks[currentHook].every((depItem, index) => depItem === depsArray[index]) : true

    if (shouldUpdate || depsChange) {
        callback()

        hooks[currentHook++] = depsArray || []
    }
  }

})
})()
```

这也是 hook 只可以在顶层使用，不能写在循环体、条件渲染，或者嵌套 function 里的原因。React 内部实现需要按调用顺序来记录每个 useState 的调用，以做区分。

useReducer 和 Redux

我们知道，如果 State 的变化有比较复杂的状态流转，则可以使用新的 hook：useReducer 可以让应用更加 Redux 化，使逻辑更加清晰。那么首先思考一个问题：到底该用 useState 还是 useReducer 呢？为此，我总结如下。

使用 useState 的场景有以下几种。

- state 为基本类型（也要看具体情况）。
- state 转换逻辑简单的场景。
- state 转换只会在当前组件中出现，其他组件不需要感知这个 state。
- 多个 useState hook 之间的 state 并没有关联关系。

使用 useReducer 的场景有以下几种。

- state 为引用类型（也要看情况）。

- state 转换逻辑比较复杂的场景。
- 不同 state 之间存在较强的关联关系，应该作为一个 object，用一个 state 来表示的场景。
- 需要更好的可维护性和可测试性的场景。

其实，翻看 React 源码中的 useState 实现就会发现，useState 本质上是 useReducer 的一个语法糖。

再思考第二个问题：useReducer 是否代表 React 内置了 Redux，以便我们可以脱离 Redux 呢？事实上，确实可以用简单的 React 代码，借助 context API 实现一个 React 自带的全局 Redux 或局部 Redux。

在 store.js 文件中设置 reducer 和数据初始状态，代码如下所示。

```
import React from 'react'
const store = React.createContext(null)

export const initialState = {
  // ...
}

export const reducer = (state, action) => {
  switch (action.type) {
    // ...
  }
}
export default store
```

接着使用 Provider 来进行根组件挂载，代码如下。

```
import React, { useReducer } from 'react'
import store, { reducer, initialState } from './store'

function App() {
  const [state, dispatch] = useReducer(reducer, initialState)
  return (
    <store.Provider value={{ state, dispatch }}>
      <div/>
    </store>
  )
}
```

有了 store，业务组件就可以按照下面代码所示的方式来实现状态管理了。

```
import React, { useContext } from 'react'
import store from './store'

cosnt Child = props => {
```

```
const { state, dispatch } = useContext(store)
// ...
}
```

但是这样的行为尚不足以完全取代 Redux，这里不做展开。

React hook 之 hook 之所以被设计为 hook 的原因

学到现在，我们已经了解了以下内容。

- useState 让函数式组件能够使用 state。
- useEffect 让函数式组件可以模拟生命周期方法，并进行副作用操作。
- useReducer 让我们能够更清晰地处理状态数据。
- useContext 可以获取 context 值。

那么，为什么其他的一些 API，如 React.memo 并没有成为一个 hook 呢？事实上，React 认为能够成为 hook 有两个特定条件。

- 可组合：这个新特性需要具有组合能力，也就是说需要有复用价值，因为 hook 的一大目标就是完成组件的复用。因此，开发者可以自定义 hook，而不必使用官方指定的 hook。
- 可调试：hook 的一大特性就是能够调试，如果应用出现差错，要能够从错误的 props 和 state 中找到错误的组件或逻辑，具有这样调试功能的特性才有资格成为一个 hook。

Dan Abramov 专门写了一篇文章 *Why Isn't X a Hook?* 来讲述怎样才算是 hook，这里不再赘述。

值得关注的其他 React 特性

我认为，在众多新特性中还有一个可能会对社区带来较大影响的是 React v16.6 发布的 React.Suspense 和 React.lazy。具体用法这里不再讲解，读者可自行补充基础知识。React.Suspens 给了 React 组件异步(中断)渲染的能力，打破了 React 组件之前同步渲染整个组件的格局。而 React.lazy 带来了延迟加载的能力，可以很好地取代社区上的一些轮子实现。

我们来看一个场景，结合使用 React.Suspense 和 React.lazy 实现代码分割和按需加载。

目前，按需加载一般都采用 react-lodable，这个库稳定优雅且支持服务器端渲染，代码如下。

```
const Loading = ({ delay }) => {
  if (delay) {
    return <Spinner />
  }
  return null
}

export const AsyncComponent = Loadable({
  loader: () => import(/* webpackChunkName: "Component1" */ './component1'),
  loading: Loading,
  delay: 500
})
```

这段代码定义了一个 Loading 组件，在请求返回之前进行服务器端渲染；delay 参数表示时间超过 500ms 才显示 Loading，防止闪烁 Loading 的出现。

如果换成结合使用 React.Suspense 和 React.lazy 的方式，则代码如下。

```
const Component = React.lazy(() => import(/* webpackChunkName: "Component1" */ './component1'))

export const AsyncComponent = props => (
  <React.Suspense fallback={<Loading />}>
    <Component {...props} />
  </React.Suspense>
);
```

React.lazy 封装动态 import 的 React 组件，要求 import 必须返回一个 Promise 对象，并且这个 Promise 对象会被决议为一个 ES 模块，模块中的 export default 必须是一个合法的 React 组件。

React.Suspense 组件中设置了 fallback prop，当发现 Component 是一个 Promise 类型，且这个 Promise 没有被决议时，就启用 fallback prop 所提供的组件，以便在等待网络返回结果时进行服务器端渲染。

我们可以结合 Error Boundary 特性，在出现网络错误或其他错误时进行错误处理。应用 Error Boundary 特性处理可能出现的错误的代码如下。

```
<MyCustomErrorBoundary>
  <AsyncComponent />
</MyCustomErrorBoundary>
```

这样就实现了简单的 react-loadable 库。当然，在 React.suspense 正式发布之前，可以自己手动实现一个 React.Suspense 组件，下面的代码提供了一个简单的版本，但未考虑边界情况。

```
export class Suspense extends React.Component {
  state = {
    isLoading: false
  }

  componentDidCatch(error) {
    if (typeof error.then === 'function') {
      this.setState({ isLoading: true })
      error.then(() => {
        this.setState({ isLoading: false })
      })
    }
  }

  render() {
    const { children, fallback } = this.props
    const { isLoading } = this.state

    return isLoading ? fallback : children
  }
}
```

这段代码的核心思路就是，在首次渲染 Promise 出错时使用 componentDidCatch 进行捕获，然后通过状态切换渲染 fallback 组件；在 Promise 决议之后，通过状态切换渲染目标组件。

总结

本篇梳理了 React 发展史上的重要里程碑，并展望了 React 未来的发展。任何一门框架其实都免不了从问世到巅峰，再到逐步退出的过程。一个框架的兴衰印证着技术潮流的更迭，作为开发者，合理分析框架发展背后的技术趋势非常重要。

17

同构应用中你所忽略的细节

不管是服务器端渲染还是服务器端渲染衍生出的同构应用，现在来看都已经不是新鲜的概念了，实现起来也并不困难。可是有的开发者认为，同构应用不就是调用一个与 renderToString 类似的 API 吗？

讲道理确实是这样的，但是你也许还没有真正在实战中领会同构应用的精髓。

同构应用能够实现的基础是虚拟 DOM，基于虚拟 DOM，我们可以生成真实的 DOM，并由浏览器渲染；也可以调用不同框架的不同 API，将虚拟 DOM 生成字符串，由服务器端传输给客户端。

但是，同构应用也不只是这么简单。拿面试来说，同构应用的考查点不是纸上谈兵的理论，而是实际实施时的细节。本篇就来聊一聊同构应用中往往被忽略的细节，需要读者提前了解服务器端渲染和同构应用的概念。

打包环境区分

我们知道同构应用实现了客户端代码和服务器端代码的基本统一，我们只需要编写一种组件，就能生成适用于服务器端和客户端的组件。可是你是否知道，服务器端代码和客户端代码在大多数情况下还是需要单独处理的。比如，以下差别就决定了客户端和服务器端代码完全复用的难易程度。

1. 路由代码差别

服务器端需要根据请求路径匹配页面组件，客户端需要通过浏览器中的地址匹配页面组件。

对于路由代码的差别化处理，可以参考如下所示的客户端代码。

```
const App = () => {
  return (
    <Provider store={store}>
      <BrowserRouter>
        <div>
          <Route path='/' component={Home}>
          <Route path='/product' component={Product}>
        </div>
      </BrowserRouter>
    </Provider>
  )
}
ReactDom.render(<App/>, document.querySelector('#root'))
```

BrowserRouter 组件根据 window.location 及 history API 实现页面切换，而服务器端肯定是无法获取 window.location 的，服务器端的代码如下。

```
const App = () => {
  return
    <Provider store={store}>
      <StaticRouter location={req.path} context={context}>
        <div>
          <Route path='/' component={Home}>
        </div>
      </StaticRouter>
    </Provider>
}
Return ReactDom.renderToString(<App/>)
```

服务器端需要使用 StaticRouter 组件，并将请求地址和上下文信息作为 location 和 context 传入 StaticRouter。

2. 打包差别

服务器端代码如果需要依赖 Node.js 核心模块或第三方模块，就不再需要把这些模块代码打包到最终代码中了。因为环境已经安装了这些依赖，服务器端代码可以直接引用。这样一来，就需要我们在 webpack 中配置 target:node，并借助 webpack-node-externals 插件解决第三方依赖打包的问题。

对于图片等静态资源，url-loader 会在服务器端代码和客户端代码打包过程中分别引用它们，因此在资源目录中会生成重复的文件。当然，后打包出来的文件会因为重名而覆盖前一次打包出来的结果，但并不影响项目的运行，只是整个构建过程并不优雅。

由于路由代码在服务器端和客户端之间存在差别，因此 webpack 配置文件的 entry 也会不同，其代码如下。

```
{
    entry: './src/client/index.js',
}

{
    entry: './src/server/index.js',
}
```

注水和脱水

什么叫作注水和脱水呢？这和同构应用中的数据获取有关：在服务器端渲染时，服务器端会请求接口获取数据，并处理准备好的数据状态（如果使用 Redux，就是进行 store 的更新），为了减少客户端的请求，我们需要保留这个状态。保留这个状态的一般做法是在服务器端返回 HTML 字符串的时候，将数据 JSON.stringify 一并返回，这个过程叫作脱水（dehydrate）；客户端不需要请求获取数据，因为它可以直接使用服务器端下发的数据，这个过程叫作注水（hydrate）。

上述过程可以用代码来表示。服务器端的代码如下。

```
ctx.body = `
 <!DOCTYPE html>
 <html lang="en">
   <head>
     <meta charset="UTF-8">
   </head>
   <body>
     <script>
       window.context = {
         initialState: ${JSON.stringify(store.getState())}
       }
     </script>
     <div id="app">
       // ...
     </div>
   </body>
 </html>
`
```

同时，客户端的代码如下。

```
export const getClientStore = () => {
  const defaultState = JSON.parse(window.context.state)
  return createStore(reducer, defaultState, applyMiddleware(thunk))
}
```

这一系列操作非常典型，有几个细节非常值得探讨：在服务器端渲染时，服务器端如何能够请求所有的 API，保障数据已经全部被请求了呢？

这个问题一般可以用两种方法来解决。第一种方法是配置路由 route-config，结合 matchRoutes，找到页面上相关组件所需的请求接口的方法并执行请求。这种方法要求开发者通过路由配置信息，显式地告知服务器端他们要请求的内容。

首先来配置路由，代码如下。

```
const routes = [
  {
    path: "/",
    component: Root,
    loadData: () => getSomeData()
  }
  // etc.
]

import { routes } from "./routes"

function App() {
  return (
    <Switch>
      {routes.map(route => (
        <Route {...route} />
      ))}
    </Switch>
  )
}
```

在服务器端代码中，根据静态配置来请求数据，代码如下。

```
import { matchPath } from "react-router-dom"

const promises = []
routes.some(route => {
  const match = matchPath(req.path, route)
  if (match) promises.push(route.loadData(match))
  return match
})

Promise.all(promises).then(data => {
  putTheDataSomewhereTheClientCanFindIt(data)
})
```

另外一种方法的设计思路与 Next.js 的设计思路类似，我们需要在 React 组件上定义静态方法。

比如，定义静态 loadData 方法，在服务器端渲染时，我们可以遍历所有组件的 loadData 方法，获取需要请求的接口。这样的方式借鉴了早期 react-apollo 的解决方案，我个人很喜欢这种设计。下面贴出我为 Facebook 团队的开源项目 react-apollo 贡献的代码，其功能就是遍历组件，获取请求接口。

```
function getPromisesFromTree({
  rootElement,
  rootContext = {},
}: PromiseTreeArgument): PromiseTreeResult[] {
  const promises: PromiseTreeResult[] = [];

  walkTree(rootElement, rootContext, (_, instance, context, childContext) => {
    if (instance && hasFetchDataFunction(instance)) {
      const promise = instance.fetchData();
      if (isPromise<Object>(promise)) {
        promises.push({ promise, context: childContext || context, instance });
        return false;
      }
    }
  });

  return promises;
}

export function walkTree(
  element: React.ReactNode,
  context: Context,
  visitor: (
    element: React.ReactNode,
    instance: React.Component<any> | null,
    context: Context,
    childContext?: Context,
  ) => boolean | void,
) {
  if (Array.isArray(element)) {
    element.forEach(item => walkTree(item, context, visitor));
    return;
  }

  if (!element) {
    return;
  }

  if (isReactElement(element)) {
    if (typeof element.type === 'function') {
      const Comp = element.type;
      const props = Object.assign({}, Comp.defaultProps, getProps(element));
      let childContext = context;
```

```
let child;

if (isComponentClass(Comp)) {
  const instance = new Comp(props, context);

  Object.defineProperty(instance, 'props', {
    value: instance.props || props,
  });
  instance.context = instance.context || context;
  instance.state = instance.state || null;
  instance.setState = newState => {
    if (typeof newState === 'function') {
      newState = (newState as any)(instance.state, instance.props, instance.context);
    }
    instance.state = Object.assign({}, instance.state, newState);
  };

  if (Comp.getDerivedStateFromProps) {
    const result = Comp.getDerivedStateFromProps(instance.props, instance.state);
    if (result !== null) {
      instance.state = Object.assign({}, instance.state, result);
    }
  } else if (instance.UNSAFE_componentWillMount) {
    instance.UNSAFE_componentWillMount();
  } else if (instance.componentWillMount) {
    instance.componentWillMount();
  }

  if (providesChildContext(instance)) {
    childContext = Object.assign({}, context, instance.getChildContext());
  }

  if (visitor(element, instance, context, childContext) === false) {
    return;
  }

  child = instance.render();
} else {
  if (visitor(element, null, context) === false) {
    return;
  }

  child = Comp(props, context);
}

if (child) {
  if (Array.isArray(child)) {
    child.forEach(item => walkTree(item, childContext, visitor));
```

```
      } else {
        walkTree(child, childContext, visitor);
      }
    }
  } else if ((element.type as any)._context || (element.type as any).Consumer) {
    if (visitor(element, null, context) === false) {
      return;
    }

    let child;
    if ((element.type as any)._context) {
      ((element.type as any)._context as any)._currentValue = element.props.value;
      child = element.props.children;
    } else {
      child = element.props.children((element.type as any)._currentValue);
    }

    if (child) {
      if (Array.isArray(child)) {
        child.forEach(item => walkTree(item, context, visitor));
      } else {
        walkTree(child, context, visitor);
      }
    }
  } else {
    if (visitor(element, null, context) === false) {
      return;
    }

    if (element.props && element.props.children) {
      React.Children.forEach(element.props.children, (child: any) => {
        if (child) {
          walkTree(child, context, visitor);
        }
      });
    }
  }
} else if (typeof element === 'string' || typeof element === 'number') {
  visitor(element, null, context);
}
}
```

此外，注水和脱水也是同构应用中最为核心和关键的细节。

请求认证处理

上面讲到服务器端预先请求数据，那么请思考以下场景中的问题：某个请求依赖 cookie 所表明的用户信息，如请求"我的学习计划列表"，这种情况下服务器端发出的请求是不同于客户端的，服务器端发出的请求不会自动带有浏览器添加的 cookie，也不含有浏览器附带的 header（消息头）信息，因此在服务器端发送这个请求后，一定不会得到预期的结果。那么，此时该怎么办呢？

对于这个问题，下面来看一下基于 react-apollo 的解决方案。

```
import { ApolloProvider } from 'react-apollo'
import { ApolloClient } from 'apollo-client'
import { createHttpLink } from 'apollo-link-http'
import Express from 'express'
import { StaticRouter } from 'react-router'
import { InMemoryCache } from "apollo-cache-inmemory"

import Layout from './routes/Layout'

const app = new Express();
app.use((req, res) => {

  const client = new ApolloClient({
    ssrMode: true,
    link: createHttpLink({
      uri: 'http://localhost:3010',
      credentials: 'same-origin',
      headers: {
        cookie: req.header('Cookie'),
      },
    }),
    cache: new InMemoryCache(),
  });

  const context = {}

  const App = (
    <ApolloProvider client={client}>
      <StaticRouter location={req.url} context={context}>
        <Layout />
      </StaticRouter>
    </ApolloProvider>
  );

})
```

该解决方案非常简单，其原理是这样的：服务器端发出请求时需要保留客户端页面请求的信息，并在 API 请求获取信息时携带并透传这个信息。在上述代码中，调用 createHttpLink 方法时，以下配置项是关键。它使服务器端发出的请求完整地还原了客户端信息，因此验证类接口也不会再出现问题。

```
headers: {
    cookie: req.header('Cookie'),
},
```

事实上，在早期 React 中，很多服务器端渲染的轮子都借鉴了 react-apollo 的优秀思想，对这个话题感兴趣的读者可以抽空去了解一下 react-apollo。

样式问题处理

同构应用的样式处理容易被开发者所忽视，而一旦忽视，就会掉到坑里。比如，正常的服务器端渲染只是返回了 HTML 字符串，样式需要浏览器加载完 CSS 后才会加上，而这个样式添加的过程就会造成页面的闪动。再比如，我们不能再使用 style-loader 了，因为这个 webpack loader 会在编译时将样式模块载入 HTML header 中。但是在服务器端渲染环境下，没有 window 对象，style-loader 就会报错。我们一般会将 style-loader 换为 isomorphic-style-loader 来实现样式处理，具体如下。

```
{
    test: /\.css$/,
    use: [
        'isomorphic-style-loader',
        'css-loader',
        'postcss-loader'
    ],
}
```

此外，使用 isomorphic-style-loader 还可以解决页面样式闪动的问题。它的实现原理也不难理解：在服务器端输出 HTML 字符串的同时，可以将样式插入 HTML 字符串中，将结果一同传送到客户端。

isomorphic-style-loader 的原理是什么呢？

我们知道对于 webpack 来说，所有的资源都是模块，webpack loader 在编译过程中可以将导入的 CSS 文件转换成对象，拿到样式信息，因此，isomorphic-style-loader 可以获取页面中的所有组件样式。为了使代码实现更加通用化，isomorphic-style-loader 可以利用 context API 在渲染页面组件时获取所有 React 组件的样式信息，最终插入 HTML 字符串中。

在服务器端渲染时，需要加入以下逻辑。

```js
import express from 'express'
import React from 'react'
import ReactDOM from 'react-dom'
import StyleContext from 'isomorphic-style-loader/StyleContext'
import App from './App.js'

const server = express()
const port = process.env.PORT || 3000

server.get('*', (req, res, next) => {

  const css = new Set() // CSS for all rendered React components

  const insertCss = (...styles) => styles.forEach(style => css.add(style._getCss()))

  const body = ReactDOM.renderToString(
    <StyleContext.Provider value={{ insertCss }}>
      <App />
    </StyleContext.Provider>
  )
  const html = `<!doctype html>
    <html>
      <head>
        <script src="client.js" defer></script>
        <style>${[...css].join('')}</style>
      </head>
      <body>
        <div id="root">${body}</div>
      </body>
    </html>`
  res.status(200).send(html)
})

server.listen(port, () => {
  console.log(`Node.js app is running at http://localhost:${port}/`)
})
```

这里定义了 css Set 类型来存储页面所有的样式，并定义了 insertCss 方法，通过 context 可以将该方法传递给每个 React 组件。这样一来，每个 React 组件就都可以调用 insertCss 方法了，并在调用该方法时，将组件样式加入 css Set 函数中。

最后，用 [...css].join('') 就可以获取页面的所有样式字符串了。

强调一下，isomorphic-style-loader 的源码目前已经更新，采用了最新的 React hook API，这里推荐 React 开发者阅读一下，相信一定能有很多收获！

meta tags 渲染

React 应用的代码骨架往往如下所示。

```
const App = () => {
  return (
    <div>
      <Component1 />
      <Component2 />
    </div>
  )
}
ReactDom.render(<App/>, document.querySelector('#root'))
```

将 App 组件嵌入 document.querySelector('#root')节点中的时候，React 组件一般是不包含 head 标签内容的。但是，单页面应用在切换路由时可能也会需要动态修改 head 标签信息，如 title 内容。也就是说，虽然单页面应用在切换页面时不会经过服务器端渲染，但是仍然需要更改 document 中 title 的内容。

那么，服务器端如何渲染 meta tags 的 head 标签就是一个常被忽略但是至关重要的话题。一般情况下，我们往往使用 react-helmet 库来解决该问题。

例如，在 Home 组件中加入 react-helmet 库所提供的 Helmet 组件的代码如下。

```
import Helmet from "react-helmet";

<div>
    <Helmet>
        <title>Home page</title>
        <meta name="description" content="Home page description" />
    </Helmet>
    <h1>Home component</h1>
```

在 Users 组件中加入 react-helmet 库所提供的 Helmet 组件的代码如下。

```
<Helmet>
    <title>Users page</title>
    <meta name="description" content="Users page description" />
</Helmet>
```

react-helmet 这个库会在 Home 组件和 Users 组件渲染时检测到 Helmet，并自动执行副作用逻辑。

404 处理

当进行服务器端渲染时,我们还需要留心对出现 404 的情况进行处理。假设 layout.js 文件中的内容如下。

```
<Switch>
    <Route path="/" exact component={Home} />
    <Route path="/users" exact component={Users} />
</Switch>
```

当访问 :/home 时,会得到一个空白页面,浏览器也没有得到 404 的状态码。为了处理这种情况,我们加入以下内容。

```
<Switch>
    <Route path="/" exact component={Home} />
    <Route path="/users" exact component={Users} />
    <Route component={NotFound} />
</Switch>
```

同时创建 NotFound.js 文件,文件中的内容如下所示。

```
import React from 'react'
export default function NotFound({ staticContext }) {
    if (staticContext) {
        staticContext.notFound = true
    }
    return (
        <div>Not found</div>
    )
}
```

当访问一个不存在的地址时,我们要返回 404 状态码。一般来说,React router 类库已经对此进行了较好的封装,Static Router 会在组件中注入一个 context prop,并将 context.notFound 赋值为 true,所以我们只需在 server/index.js 中加入以下内容即可。

```
const context = {}
const html = renderer(data, req.path, context);
if (context.notFound) {
    res.status(404)
}
res.send(html)
```

这一系列处理过程中没有什么难点,但是这种处理意识是需要具备的。

安全问题

安全问题非常关键,尤其是涉及服务器端渲染时,开发者要格外小心。这里要特别说明的一点是,前面提到了注水和脱水过程,其中的代码非常容易遭受 XSS 攻击,JSON.stringify(如下所示)可能会造成 script 注入。

```
ctx.body = `
<!DOCTYPE html>
<html lang="en">
  <head>
    <meta charset="UTF-8">
  </head>
  <body>
   <script>
     window.context = {
       initialState: ${JSON.stringify(store.getState())}
     }
   </script>
   <div id="app">
      // ...
   </div>
  </body>
</html>
```

因此,我们需要严格清洗 JSON 字符串中的 HTML 标签和其他危险的字符。我习惯使用 serialize-javascript 库进行处理,这也是同构应用中最容易被忽视的细节。

这里留给大家一个思考题:React dangerouslySetInnerHTML API 也有类似的风险,那么 React 是怎么处理这个安全隐患的呢?

性能优化

虽然我们将数据请求移到了服务器端,但是依然要格外重视性能优化。目前,业界对此的普遍做法包括以下几点。

- 使用缓存:服务器端优化的一个最重要的手段就是缓存,不同于传统服务器端的缓存措施,目前的措施可以实现组件级缓存,业界的 Walmart Labs 在这方面进行的实践非常多,使性能有了较大的提升。感兴趣的读者可以找一下相关的技术资料来学习。

- 采用 HSF 代替 HTTP：HSF 是 High-Speed Service Framework 的缩写，可译为分布式的远程服务调用框架。在对外提供服务上，HSF 的性能远远超过 HTTP。
- 对于服务器端压力过大的场景，可以将服务器端渲染动态切换为客户端渲染。
- 升级 Node.js。
- 升级 React。

总结

本篇没有手把手地教你实现服务器端渲染的同构应用，因为这些知识并不困难，社区上的资料也很多，所以你可以自行学习。我们从更高的角度出发，剖析了同构应用中那些关键的细节和疑难问题的解决方案，这些经验来源于真刀真枪的线上案例，即使读者没有开发过同构应用，也能从中全方位地了解关键信息，一旦掌握了这些细节，同构应用的实现就会更加稳定和可靠。

同构应用的实现其实远比理论上讲的复杂，绝对不是用几个 API 和几台服务器就能完成的，希望大家多思考、多动手，从中真实体会一下。

18

通过框架和类库，我们该学会什么

前端框架确实一直在演进、发展，那么框架除了能简化我们的操作，还能让我们从中学到什么呢？本篇就对这个开放性话题展开讲解。本篇没有大量的代码示例，但请读者在阅读时始终思考一下，通过框架和类库，我们应该学会什么。

由于 React 和 Vue 已经形成了各自的生态，不再是单纯的视图层类库，因此下面将 React 和 Vue 统称为"框架"。

React 和 Vue：神仙打架

React 和 Vue 这两个极其优秀的前端框架基本上占据了前端开发的半壁江山，甚至更多。作为开发者，你可以首选 React 或 Vue 中的一个来用，但是若尝试将两者进行对比，那么一定会有很多收获。

这里将从 5 大方面进行比较：数据绑定、组件化和数据流、数据状态管理、渲染和更新、社区。

数据绑定

Vue 在数据绑定上采取了双向绑定策略，依靠 Object.defineProperty（Vue 3.0 已迁移到 Proxy）及监听 DOM 事件实现。具体实现方法已经在前面剖析过了，简单来说就是，为了监听数据的改变，我们需要对数据进行拦截/代理；对于监听视图的改变，我们需要对 DOM 事件（如 onInput、onChange 等）进行监听。Vue 实例中的 data 和模板展现在一条线上，无论谁被修改，另一方都会发生变动。

值得一提的是，Vue 也支持计算属性，即 computed 属性，这个策略和 React-redux 中的 mapStateToProps 有异曲同工之妙，都是通过计算将所需要的数据注入给组件使用。

需要区分清楚的是，双向绑定和单向数据流并没有直接关联，双向绑定是指数据和视图之间的绑定关系，而单向数据流是指组件之间的数据传递。

React 中并没有数据和视图之间的双向绑定，它的策略是"局部刷新"。当数据发生变化时，直接重新渲染组件，便可以得到最新的视图。这种"无脑"刷新的做法看似粗暴，却换来了简单直观的效果：当应用中的数据发生变化时，只需要刷新即可，而且框架能够对这种刷新在性能上提供一定的保障。

组件化和数据流

Vue 组件不像 React 组件，它不是完全以组件功能和 UI 为维度进行划分的，Vue 组件本质上是一个 Vue 实例。每个 Vue 实例在创建时都需要经过以下几个步骤：设置数据监听，编译模板，将模板应用到 DOM 上，而且要在更新时根据数据变化更新 DOM 的过程。在这个过程中，Vue 也像 React 一样提供了类似组件的生命周期方法。

Vue 组件间通信，或者说组件间数据流，同 React 一样，也是单向的。它们在数据流向上也很类似，即通过 props 实现父组件向下传递数据，Vue 基于 events 实现子组件向上发送消息给父组件，React 基于 props 的回调来实现子组件向父组件传递数据（Vue 也支持）。

当然，这两种框架也分别通过 context 和 provide/inject 实现了跨层级数据通信，它们在这方面的实现也是非常类似的。

数据状态管理

对于较为复杂的数据状态，Redux 是 React 应用开发中最常用的解决方案。这里需要说明的是，Redux 和视图无关，它只是提供了数据状态管理的流程，因此在 Vue 应用开发中使用 Redux 也是完全没有问题的。

当然，在 Vue 应用开发中更常用的是 Vuex，其借鉴了 Redux，具有和 Redux 相同的 store 概念，不允许组件直接修改 store state，而是需要使用 dispatch action 来通知 store 的变化。这个过程不同于 Redux 的函数式思想，其中的一个区别是，Vuex 改变 store 的方法支持提交一个 mutation，而 Redux 并不支持。mutation 类似于事件发布/订阅系统：每个 mutation 都通过一个字符串来表示事件类型（type），并通过一个回调函数（handler）来进行对应的数据修改。另一个显著的区别是，在 Vuex

中，store是被直接注入组件实例中的，因此用起来更加方便；而Redux需要通过connect方法把prop和dispatch注入组件中。

造成这些不同的本质原因可能有如下2个。

- Redux提倡不可变性，而Vuex的数据是可变的，Redux中的reducer每次都会生成新的state以替代旧的state，而Vuex是直接对其进行修改。
- Redux在检测数据变化时，是通过浅比较的方式比较差异的，而Vuex其实和Vue的原理一样，是通过遍历数据的getter/setter来比较的。

渲染和更新

就像前面所提到的，React和Redux倡导不可变性，更新需要维持不可变原则；而Vue对数据进行了拦截/代理，因此它不要求维持不可变性，而允许开发者修改数据，以引起响应式更新。

React更像MVC或MVVM模式中的View层，但是与Redux等搭配后，它也是一个完整的MVVM类库。Vue直接是MVVM模式的典型体现，虽然它一直标榜自己也只是View层，但是毫无疑问它本身包含了对数据的操作。比如，Vue文档中经常会使用VM（ViewModel简称），这个变量名表示Vue实例，其命名会让人想到MVVM，这是MVVM模式的体现。

React所有组件的渲染都依靠灵活且强大的JSX。JSX并不是一种模板语言，而是JavaScript表达式和函数调用的语法糖。在编译之后，JSX被转化为普通的JavaScript对象，用来表示虚拟DOM。

Vue template是典型的模板，比JSX在表达上更加自然。在底层实现上，Vue模板被编译成DOM渲染函数，结合响应系统，进行数据依赖的收集。Vue渲染的过程如下。

1. 通过new Vue语句实例化Vue对象。
2. 挂载$mount方法，通过自定义Render方法、template、el等生成Render函数，准备渲染内容。
3. 通过Watcher进行依赖收集。
4. 当数据发生变化时，执行Render函数并生成VNode对象。
5. 通过patch方法，对比新旧VNode对象，通过DOM diff算法添加、修改、删除真正的DOM元素。

当然，Vue也可以支持JSX。

关于更新时的性能问题，简单来说，在React应用中，当某个组件的状态发生变化时，它就会以该组件为根，重新渲染整个组件子树。当然，我们可以使用 PureComponent，或是手动实现 shouldComponentUpdate 方法，来规避不必要的渲染。但是，这个实现过程要知悉数据状态结构，会产生一定的额外负担，比如，我们要进行精细的值比较等。

在 Vue 应用中，组件的依赖是在渲染过程中自动追踪的，因此系统能精确地知晓哪个组件需要被重渲染。从理论上看，Vue 的渲染更新机制更加细粒度，也更加精确。

社区

这两个框架都具有非常强大的社区，但是在社区理念方面，Vue 和 React 稍有不同。以路由系统的实现为例，Vue 的路由库和状态管理库都是由官方维护的，并且与核心库是同步更新的；而 React 把这件事情交给了社区，比如，在 React 应用中需要引入 react-router 库来实现路由系统。

新版本发布的思考

我一直认为，开发者可以从框架新版本的迭代 changelog 中汲取非常多的养分。因为每次发版都是经过开源框架的维护团队精心设计的，更新点或涉及 bug 修复或涉及新的特性，所以我们可以通过思考"为什么会有这些变动""为什么这样解决 bug"等问题来学习其中的设计理念。

除此之外，我建议开发者从更高的层次"开启上帝视角"，抓住某一个话题、某一次变更进行研究、学习。这里以 Vue 3.0 带来的一些思考为例。

在编写本篇内容之时，恰逢尤雨溪在上海的 VueConf 上进行分享，演讲主题为 *State of Vue*，其中涉及新版本发布。从这次新版本发布对 Vue 的改动及本书内容来看，我能找到很多切入点进行分析，如使用 Proxy 实现数据代理、重构虚拟 DOM。

尤雨溪表示，Vue 3.0 与以往的版本相比更加快速。那么"更加快速"是如何做到的呢？我们在 12 篇中对比过使用 Object.defineProperty 和 Proxy 实现的数据拦截和代理。在 Vue 3.0 中，Vue 团队就是用 Proxy 代替 Object.defineProperty 来达到更好的性能保障的。

除此之外，Vue 新版本还重构了虚拟 DOM，正好在 12 篇中也简单实现了一个粗糙的虚拟 DOM，这里可以展开谈一谈。传统虚拟 DOM 的性能瓶颈在于虚拟 DOM 的 diff，也许某次更新只有一个很小的变动，但还是需要对比整个虚拟 DOM 树，这显然是非常不划算的。

Vue 新版本将虚拟 DOM 的节点分为动态节点和静态节点。静态节点是指不会发生改变的节点，在进行 diff 操作时应该规避这些节点，只需要对比动态节点。如何理解动态节点和静态节点呢？先来看一下下面的代码。

```
<template>
    <div>
        <div id="1">
            <p>前端进阶 </p>
            <p>前端进阶 </p>
            <p>前端进阶 </p>
            <p> {{data.foo}} </p>
            <p>前端进阶 </p>
            <p>前端进阶 </p>
        </div>
    </div>
</template>
```

对于以上代码，最理想的情况是只需要对比可能会发生变化的 p 标签。再来看一看下面这段代码。

```
<template>
    <div>
        前端进阶
    </div>
    <div v-if="XXX">
        <span>前端进阶</span>
        <span>{{data.foo}}</span>
    </div>
</template>
```

对于上面这段代码来说，最理想的情况是只需要对比 <div v-if="XXX"> 及 <span>{{data.foo}}</span>，因为前者可能会根据判断条件消失或出现，后者直接取决于模板变量的值，都属于动态节点。

这样一来，我们便可以根据模板将动态节点切割为区块，在进行 diff 操作时，对区块中的动态节点进行递归对比即可。因此，基于新的 diff 策略，更新时的性能不再取决于模板整体节点数量的多少，而和动态内容的数量成正相关。

当然，这次发布的 Vue 新版本还有很多有意思的点，将其与 React 和 React hook 相比也非常有趣，这里不再展开。

从框架再谈基础

本节内容不需要详细展开,每一个开发者都应该认识到基础的重要性。从框架上来看,如果基础薄弱,你可能就不会明白"为什么 React 事件处理函数还需要手动绑定 this,而 React 生命周期函数却不需要手动绑定 this""为什么 Vue 可以实现双向绑定"。

研究框架也不一定非要等到基础很扎实的时候再开始,学习框架之时就是对基础进行查缺补漏的好时机。

总结

本篇重点对框架进行了对比、分析了框架的发展趋势,学起来比较轻松。每个开发者都应该能从中体会到,从框架和类库中,我们是可以学到很多东西的。也许,通过这种形式,我们不仅能够从更高层面上理解框架,而且能够在进一步学习框架等前端知识方面得到启发。

至此,与框架相关的内容便介绍完了,让我们调整一下心情,进入下一部分的学习。

part five

第五部分

资深程序员永远逃不开的重点工作之一就是"基础构建"和"项目架构构建"。本部分将从模块化谈起，结合 webpack、Lerna 等工具，为大家还原一个真实的"基建"场景，深入项目组织设计，并落实代码规范工具设计。

前端工程化

19 深入浅出模块化

模块化是工程化的基础：只有能将代码模块化，拆分为合理单元，才能使其具备调度整合的能力，才有架构和工程一说。早期，JavaScript 只作为浏览器端脚本语言出现，负责简单的页面交互，并不具备先天的模块化能力。

随着 Node.js 的发展和 ES 的演进，模块化如今在前端领域早就不是新鲜的概念。但是，对于模块化，我们不应该只停留在了解、会用的基础上，还要深入其中，了解以下内容。

- 模块化经历了怎样的发展历程，我们从中能学到哪些知识？
- 与其他早已发展成熟的语言相比，JavaScript 语言的模块化又有哪些特点？
- 新的模块化特性有哪些？动态导入（dynamic import）现在停留在哪个阶段？

让我们通过本篇来了解以上内容。不同于社区上常见的文章，我们并不会把焦点放在介绍各种模块化方案的使用方法上，而是直接剖析其实现，分析标准的制定。

模块化简单概念

到底什么是模块化？简单来说就是，对于一个复杂的应用程序，与其将所有代码一股脑儿地放在一个文件中，不如按照一定的语法，遵循确定的规则（规范）将其拆分到几个互相独立的文件中。这些文件应该具有原子特性，也就是说，其内部完成共同的或类似的逻辑，通过对外暴露一些数据或调用方法，与外部完成整合。

这样一来，每个文件彼此独立，开发者更容易开发和维护代码，模块之间又能够互相调用和通信,这是现代化开发的基本模式。

其实,不论是我们的日常生活还是其他科学领域,都离不开模块化的概念,它主要体现了可复用性、可组合性、中心化、独立性等原则。

在模块化的基础上结合工程化,又可以衍生出很多概念和话题,如基于模块化的 tree shaking 技术、模块循环加载的处理等。不过不要着急,我们先来看一下前端模块化的发展历程。

模块化发展历程

我认为前端模块化发展主要经历了以下 3 个阶段。

- 早期"假"模块化时代
- 规范标准时代
- ES 原生时代

这些阶段依次递进,每一种新方案的诞生,都离不开老方案带来的启示。

早期"假"模块化时代

在早期,JavaScript 属于运行在浏览器端的玩具脚本,它只负责实现一些简单的交互。随着互联网技术的演进,这样的设计逐渐不能满足业务的需求,这时开发者往往会从代码可读性上借助函数作用域来模拟模块化,我称其为函数模式,即将不同功能封装成不同的函数。

```
function f1(){
    //...
}
function f2(){
    //...
}
```

这样的实现其实根本不算模块化,各个函数在同一个文件中,混乱地互相调用,而且存在命名冲突的风险。这没有从根本上解决问题,只是从代码编写的角度,将代码拆分成了更小的函数单元而已。

于是,聪明的开发者很快就想出了第二种方式,姑且称它为对象模式,即利用对象,实现命名空间的概念,使用这种方式的示例代码如下。

```javascript
const module1 = {
    foo: 'bar',
    f11: function f11 () { //... },
    f12: function f12 () { //... },
}
const module2 = {
    data: 'data',
    f21: function f21 () { //... },
    f22: function f22 () { //... },
}
```

这里模拟了简单的 module1、module2 命名空间，因此可以在函数主体中调用以下语句。

```javascript
module1.f11()
console.log(module2.data)
```

可是，这样做的问题也很明显，module1 和 module2 中的数据并不安全，任何开发者都可以修改。比如，像下面这样直接修改赋值的代码。

```javascript
module2.data = 'modified data'
```

这会使得对象内部成员可以随意被改写，极易出现 bug。那么，有什么手段能弥补这个不足呢？

想一想之前讲到的关于闭包的内容，从某种角度上看，闭包简直就是一个天生解决数据访问性问题的方案。通过立即执行函数（IIFE），我们构造一个私有作用域，再通过闭包，将需要对外暴露的数据和接口输出，我们称之为 IIFE 模式。将立即执行函数与闭包结合使用的实现代码如下。

```javascript
const module = (function(){
    var foo = 'bar'
    var fn1 = function (){
        // ...
    }
    var fn2 = function fn2(){
        // ...
    }
    return {
        fn1: fn1,
        fn2: fn2
    }
})()
```

我们在调用 module 时，如果想要访问变量 foo，是访问不到具体数据的，代码如下所示。

```javascript
module.fn1()
module.foo
```

```
// undefined
```

了解了这种模式，我们就可以在此基础上"玩出另外一个花儿"来，这种模式的变种可以结合顶层 window 对象进行实现，代码如下。

```
(function(window) {
    var data = 'data'

    function foo() {
        console.log(`foo executing, data is ${data}`)
    }
    function bar() {
        data = 'modified data'
        console.log(`bar executing, data is now ${data} `)
    }
    window.module1 = { foo, bar }
})(window)
```

数据 data 完全做到了私有，外界无法修改 data 值。那么如何访问 data 呢？这时就需要模块内部设计并暴露相关接口。上述代码只需要调用模块 module1 暴露给外界（window）的函数即可，调用方式如下。

```
module1.foo()
// foo executing, data is data
```

修改 data 值的途径，也只能由模块 module1 提供。

```
module1.bar()
// bar executing, data is now modified data
```

如此一来，代码已经初具"模块化"的实质了，实现了模块化所应该具备的初级功能。

进一步思考，如果 module1 依赖外部模块 module2，该怎么办？可以将代码写为如下所示的形式。

```
(function(window, $) {
    var data = 'data'

    function foo() {
        console.log(`foo executing, data is ${data}`)
        console.log($)
    }
    function bar() {
        data = 'modified data'
        console.log(`bar executing, data is now ${data} `)
    }
```

```
    window.module1 = { foo, bar }
})(window, jQuery)
```

事实上,这就是现代模块化方案的基石。至此,我们经历了模块化的第一阶段:"假"模块化时代。这种实现极具阿Q精神,它并不是语言原生层面上的实现,而是开发者利用语言,借助JavaScript特性,对类似的功能进行了模拟,为后续方案打开了大门。

规范标准时代:CommonJS

Node.js 无疑对前端的发展具有极大的促进作用,它带来的 CommonJS 模块化规范像一股"改革春风":在 Node.js 中,每一个文件就是一个模块,具有单独的作用域,对其他文件是不可见的。关于 CommonJS 的规范,这里不做过多介绍,读者可自行理解其基础内容,这里只看一下它的几个容易被忽略的特点。

- 文件即模块,文件内的所有代码都运行在独立的作用域中,因此不会污染全局空间。
- 模块可以被多次引用、加载。在第一次被加载时,会被缓存,之后都从缓存中直接读取结果。
- 加载某个模块,就是引入该模块的 module.exports 属性。
- module.exports 属性输出的是值的拷贝,一旦这个值被输出,模块内再发生变化也不会影响到输出的值。
- 模块按照代码引入的顺序进行加载。
- 注意 module.exports 和 exports 的区别

CommonJS 规范如何用代码在浏览器端实现呢?其实就是实现 module.exports 和 require 方法。

实现思路:根据 require 的文件路径加载文件内容并执行,同时将对外接口进行缓存。因此我们需要定义一个 module 对象,代码如下。

```
let module = {}
module.exports = {}
```

接着,借助立即执行函数,对 module 和 module.exports 对象进行赋值,如下。

```
(function(module, exports) {
    // ...
}(module, module.exports))
```

规范标准时代：AMD

由于 Node.js 运行于服务器上，所有的文件一般都已经存储在本地硬盘中了，不需要额外的网络请求进行异步加载，因此通过 CommonJS 规范加载模块是同步的。只有加载完成，才能执行后续操作。但是，如果 Node.js 在浏览器环境中运行，那么由于需要从服务器端获取模块文件，所以此时采用同步的方式显然就不合适了。为此，社区推出了 AMD 规范。

AMD 规范的全称为 Asynchronous Module Definition，看到 Asynchronous，我们就能够知道它的模块化标准不同于 CommonJS，按照该标准加载模块时是异步的，这种标准是完全适用于浏览器的。

AMD 规范规定了如何定义模块，如何对外输出，如何引入依赖。这一切都需要代码去实现，因此一个著名的库——require.js 应运而生，require.js 的实现很简单：通过 define 方法，将代码定义为模块；通过 require 方法，实现代码的模块加载。

define 和 require 就是 require.js 在全局注入的函数。

在熟练使用 require.js 的基础上，建议读者阅读一下其源码。事实上，require.js 也是借助一个立即执行函数来实现的，其中的代码如下。

```
var require, define;
(function (global, setTimeout) {
    // ...
}(this, (typeof setTimeout === 'undefined' ? undefined : setTimeout)));
```

我们看到，require.js 在全局定义了 require 和 define 两个方法，利用立即执行函数将全局对象（this）和 setTimeout 传入函数体内。define 方法的具体实现逻辑如下。

```
define = function (name, deps, callback) {
    // ...
    if (context) {
        context.defQueue.push([name, deps, callback]);
        context.defQueueMap[name] = true;
    } else {
        globalDefQueue.push([name, deps, callback]);
    }
}
```

以上代码主要用于将依赖注入依赖队列。require 的主要作用是完成 script 标签的创建去请求相应的模块，并对模块进行加载和执行，其代码如下。

```
req.load = function (context, moduleName, url) {
  var config = (context && context.config) || {},
  node;
```

```javascript
if (isBrowser) {
    //create a async script element
    node = req.createNode(config, moduleName, url);

    //add Events [onreadystatechange,load,error]
    ......

    //set url for loading
    node.src = url;

    //insert script element to head and start load
    currentlyAddingScript = node;
    if (baseElement) {
        head.insertBefore(node, baseElement);
    } else {
        head.appendChild(node);
    }
    currentlyAddingScript = null;

    return node;
} else if (isWebWorker) {
    .........
}
};

req.createNode = function (config, moduleName, url) {
    var node = config.xhtml ?
        document.createElementNS('http://www.w3.org/1999/xhtml', 'html:script') :
        document.createElement('script');
    node.type = config.scriptType || 'text/javascript';
    node.charset = 'utf-8';
    node.async = true;
    return node;
};
```

了解了上面的代码，细心的读者可能会有疑问：在我们使用require.js后，并没有发现额外多出来的script标签，这个秘密就在于checkLoaded方法会把已经加载完毕的脚本删除，因为我们需要的是模块内容，所以一旦加载完成，就没有必要保留script标签了。删除script标签的具体实现代码如下。

```javascript
function removeScript(name) {
    if (isBrowser) {
        each(scripts(), function (scriptNode) {
            if (scriptNode.getAttribute('data-requiremodule') === name &&
                scriptNode.getAttribute('data-requirecontext') === context.contextName)
```

```
            scriptNode.parentNode.removeChild(scriptNode);
            return true;
        }
    });
 }
}
```

规范标准时代：CMD

CMD 规范整合了 CommonJS 和 AMD 规范的特点，它的全称为 Common Module Definition，与 require.js 类似，CMD 规范的实现为 sea.js。

AMD 和 CMD 的两个主要区别如下。

- AMD 需要异步加载模块，而 CMD 在加载模块时，可以通过同步的形式（require），也可以通过异步的形式（require.async）。
- CMD 遵循依赖就近原则，AMD 遵循依赖前置原则。也就是说，在 AMD 中，我们需要把模块所需要的依赖都提前声明在依赖数组中；而在 CMD 中，我们只需要在具体代码逻辑内，使用依赖前，引入依赖的模块即可。

具体到 CMD 规范的代码实现，sea.js 与 require.js 之间并没有本质差别，这里不再另做分析。

规范标准时代：UMD

UMD 的全称为 Universal Module Definition，看到 Universal，我们可以猜到它允许在环境中同时使用 AMD 规范与 CommonJS 规范，相当于一个整合的规范。该规范的核心思想在于利用立即执行函数根据环境来判断需要的参数类别，譬如，UMD 在判断出当前模块遵循 CommonJS 规范时，模块化代码会以如下方式执行。

```
function (factory) {
    module.exports = factory();
}
```

而如果 UMD 判断出当前模块遵循 AMD 规范，则函数的参数就会变成 define，适用 AMD 规范，具体代码如下。

```
(function (root, factory) {
    if (typeof define === 'function' && define.amd) {
        // AMD 规范
        define(['b'], factory);
    } else if (typeof module === 'object' && module.exports) {
```

```
        //类 Node 环境,并不支持完全严格的 CommonJS 规范
        //但是属于 CommonJS-like 环境,支持 module.exports 用法
        module.exports = factory(require('b'));
    } else {
        //浏览器环境
        root.returnExports = factory(root.b);
    }
}(this, function (b) {
    //返回值作为暴露内容
    return {};
}));
```

至此,我们便介绍完了模块化的 Node.js 和社区解决方案。这些方案充分利用了 JavaScript 的语言特性,并结合浏览器端的特点,加以实现。不同的实现方式体现了不同的设计哲学,但是它们的最终方向都指向了模块化的几个原则:可复用性、可组合性、中心化、独立性。下一节会继续探讨模块化这个主题,介绍 ES 原生时代的解决方案。

ES 原生时代

本节来探讨 ES 原生时代的模块化内容,并结合 tree shaking 这个话题进行展开。

ES 模块(或称为 ESM)的具体使用方法这里不再做具体介绍,请读者先了解相关基础内容。

ES 模块的设计思想是尽量静态化,这样能保证在编译时就确定模块之间的依赖关系,每个模块的输入和输出变量也都是确定的;而 CommonJS 和 AMD 模块无法保证在编译时就确定这些内容,它们都只能在运行时确定。这是 ES 模块和其他模块规范最显著的差别。第二个差别在于,CommonJS 模块输出的是一个值的拷贝,ES 模块输出的是值的引用。下面来看一个示例。

```
// data.js
export let data = 'data'
export function modifyData() {
    data = 'modified data'
}

// index.js
import { data, modifyData } from './lib'
console.log(data) // data
modifyData()
console.log(data) // modified data
```

我们在 index.js 中调用了 modifyData 方法，之后查询 data 值，得到了最新的变化；而同样的逻辑在 CommonJS 规范下的表现如下。

```
// data.js
var data = 'data'
function modifyData() {
    data = 'modified data'
}

module.exports = {
    data: data,
    modifyData: modifyData
}

// index.js
var data = require('./data').data
var modifyData = require('./data').modifyData
console.log(data) // data
modifyData()
console.log(data) // data
```

因为在 CommonJS 规范下输出的是值的拷贝，而非引用，因此在调用 modifyData 之后，index.js 的 data 值并没有发生变化，其值为一个全新的拷贝。

ES 模块为什么要设计成静态的

将 ES 模块设计成静态的，一个明显的优势是，通过静态分析，我们能够分析出导入的依赖。如果导入的模块没有被使用，我们便可以通过 tree shaking 等手段减少代码体积，进而提升运行性能。这就是基于 ESM 实现 tree shaking 的基础。

这么说可能过于笼统，下面从设计的角度分析这种规范的利弊。静态性需要规范去强制保证，因此 ES 模块规范不像 CommonJS 规范那样灵活，其静态性会带来如下一些限制。

- 只能在文件顶部引入依赖。
- 导出的变量类型受到严格限制。
- 变量不允许被重新绑定，引入的模块名只能是字符串常量，即不可以动态确定依赖。

这样的限制在语言层面带来的便利之一是，我们可以通过分析作用域，得出代码中变量所属的作用域及它们之间的引用关系，进而可以推导出变量和导入依赖变量之间的引用关系，在没有明显引用时，可以对代码进行去冗余。

tree shaking

上面说到的"在没有明显引用时,可以对代码进行去冗余",就是我们经常提到的 tree shaking,它的目的是减少应用中没有被实际运用的 JavaScript 代码。对无用代码进行清除,意味着可以得到更小的代码体积,而代码体积的缩减对用户体验可以起到积极的作用。

在计算机科学中,一个典型的去除无用代码、冗余代码的手段是 DCE(Dead Code Elimination,死码消除)。那么,tree shaking 和 DCE 有什么区别?

Rollup 的主要贡献者 Rich Harris 做过这样的比喻:假设我们用鸡蛋做蛋糕,显然不需要蛋壳而只需要蛋清和蛋黄,那么如何去除蛋壳呢?DCE 是这样做的,直接把整个鸡蛋放到碗里搅拌,蛋糕做完后再慢慢地从里面挑出蛋壳。

相反,与 DCE 不同,tree shaking 是一开始就把蛋壳剥离,留下蛋清和蛋黄。事实上,也可以将 tree shaking 理解为一种广义上的 DCE,它在打包时便会去掉用不到的代码。

当然,说到底,tree shaking 只是一种辅助手段,良好的模块拆分和设计才是减少代码体积的关键。

tree shaking 的使用也存在一些局限,它还有很多不能清除无用代码的场景,比如,Rollup 的 tree shaking 只能处理函数和顶层的 import/export 导入的变量,不能把没用到的类的方法清除;具有副作用的脚本无法被清除。

webpack 和 Rollup 构建工具目前在实现 tree shaking 方面都有成熟的方案,但是笔者并不建议将其马上引入项目中。事实上,是否要在成熟的项目上立即实施 tree shaking 需要妥善考虑。

ES 的 export 和 export default

ES 模块化导出有 export 和 export default 两种。这里建议减少使用 export default 导出,一方面是因为 export default 会导出整体对象结果,不利于通过 tree shaking 进行分析;另一方面是因为 export default 导出的结果可以随意命名变量,不利于团队统一管理。

未来趋势和思考

个人认为,ES 模块化是未来的发展趋势,它的优点毫无争议,比如,具有开箱即用的 tree shaking 和对未来浏览器的兼容性支持。Node.js 的 CommonJS 模块化方案甚至会慢慢过渡到 ES 模块化上。

如果你正在使用 webpack 构建应用项目，那么 ES 模块化应该是首选方案；如果你的项目是一个前端库，我也建议你使用 ES 模块化。这么看来，或许只有在编写 Node.js 程序时，才需要考虑使用 CommonJS 模块化方案。

在浏览器中快速使用 ES 模块化

目前，各大浏览器的较新版本都已经开始逐步支持 ES 模块化了。如果我们想在浏览器中使用原生 ES 模块化方案，则只需要在 script 标签上添加一个 type="module"属性。通过该属性，浏览器就知道这个文件是以模块化的方式运行的。而对于不支持 ES 模块的浏览器，则需要通过 nomodule 属性来指定某脚本为回退方案。

```
<script type="module">
    import module1 from './module1'
</script>
<script nomodule>
    alert('你的浏览器不支持 ES 模块，请先升级！')
</script>
```

使用 type="module"的另一个作用是进行 ES Next 兼容性嗅探。因为支持了 ES 模块化的浏览器，所以能够直接支持很多 ES 新特性。

在 Node.js 中使用 ES 模块化

Node.js 从 9.0 版本开始支持 ES 模块化，执行脚本启动时需要加上--experimental-modules，不过这一用法要求相应的文件后缀名必须为.mjs，这样就可以在 Node.js 中使用 ES 模块化了。

```
node --experimental-modules module1.mjs
import module1 from './module1.mjs'
console.log(module1)
```

另外，在 Node.js 中使用 ES 模块化的另一种方式是，安装 babel-cli 和 babel-preset-env，配置.babelrc 文件后，执行./node_modules/.bin/babel-node 或 npx babel-node 。

在工具方面，webpack 本身维护了一套模块系统，这套模块系统兼容了几乎所有前端历史进程下的模块规范，包括 AMD、CommonJS、ES 模块等，具体分析可见 20 篇。

总结

通过本篇的学习，我们了解了 JavaScript 模块化的历史，重点分析了不同过渡方案的不同实现及 ES 模块化标准的细节，希望可以使大家对模块系统有一个清晰的认识，同时希望大家可以仔细阅读源码，对代码设计形成自己的理解和体会。

20

webpack 工程师和前端工程师

说起前端工程化，webpack 必然在前端工具链中占有最重要的地位；说起前端工程师进阶，webpack 更是一个绕不开的话题。

从原始的"刀耕火种时代"，到 Gulp、Grunt 等早期方案的横空出世，再到 webpack 通过其丰富的功能和开放的设计一举奠定"江湖地位"，我想每个前端工程师都需要熟悉各个时代的"打包神器"。

作为团队中不可或缺的高级工程师，能否玩转 webpack，能否通过工具搭建令人舒适的工作流和构建基础，能否不断适应技术发展打磨编译体系，将直接决定你的工作价值。

本篇将分析 webpack 工作原理，探究 webpack 能力边界，重点会结合实践并加以应用。

webpack 到底将代码编译成了什么

项目中经过 webpack 打包后的代码究竟被编译成了什么？也许你对这个问题的答案非常好奇。业务中的代码往往非常复杂，经过 webpack 编译后的代码可读性非常差。但是，不管是复杂的项目还是最简单的一行代码，其经过 webpack 编译打包后，所产出的结果在本质上都是相同的。下面我们试图从最简单的情况开始，研究 webpack 打包产出的秘密。

CommonJS 规范下的打包结果

如何着手分析 CommonJS 规范下的打包结果呢？首先，如下所示，创建并切入到项目，进行初始化。

```
mkdir webpack-demo
cd webpack-demo
npm init -y
```

接着，安装 webpack 的最新版本，安装命令如下。

```
npm install --save-dev webpack
npm install --save-dev webpack-cli
```

在根目录下创建 index.html，其中的代码如下。

```html
<!DOCTYPE html>
<html lang="en">
<head>
    <title>Document</title>
</head>
<body>
    <div id="app"></div>
    <script src="./dist/main.js"></script>
</body>
</html>
```

然后创建./src 文件夹，在 src 文件夹中，因为我们要研究模块化打包产出，这涉及依赖关系，所以要在./src 目录下创建 hello.js 和 index.js。index.js 为入口脚本，它将依赖 hello.js，具体代码如下。

```
const sayHello = require('./hello')
console.log(sayHello('lucas'))
```

hello.js 中的内容如下。

```
module.exports = function (name) {
    return 'hello ' + name
}
```

这里为了演示，采用了 CommonJS 规范，也没有加入 Babel 编译环节。直接执行以下命令，可以得到产出，产出内容出现在./dist 文件中。

```
node_modules/.bin/webpack --mode development
```

打开./dist/main.js，可以看到最终的编译结果。

```
(function(modules) {
    //缓存已经加载过的 module 的 exports
    var installedModules = {};

    //__webpack_require__ 与 CommonJS 的 require()类似，它是 webpack 加载函数，用来加载 webpack
定义的模块，返回 exports 导出的对象
    function __webpack_require__(moduleId) {
```

```js
        //如果缓存中存在当前模块，则直接返回结果
        if (installedModules[moduleId]) {
            return installedModules[moduleId].exports
        }

        //第一次加载时，初始化模块对象，并将当前模块进行缓存
        var module = installedModules[moduleId] = {
            i: moduleId, //模块 Id
            l: false, //是否已加载标识
            exports: {} //模块导出对象
        };

        /**
        * 执行模块
        * @param module.exports
        * 模块导出对象引用，改变模块包裹函数内部的 this 指向
        * @param module --当前模块对象引用
        * @param module.exports --模块导出对象引用
        * @param __webpack_require__ --用于在模块中加载其他模块
        */
        modules[moduleId].call(module.exports, module, module.exports,
__webpack_require__);

        //标记是否已加载标识
        module.l = true;

        //返回模块导出对象引用
        return module.exports
    }

    __webpack_require__.m = modules;
    __webpack_require__.c = installedModules;
    //定义 exports 对象导出的属性
    __webpack_require__.d = function(exports, name, getter) {
        //如果 exports（不含原型链上）中没有[name]属性，则定义该属性的 getter
        if (!__webpack_require__.o(exports, name)) {
            Object.defineProperty(exports, name, {
                enumerable: true,
                get: getter
            })
        }
    };
    __webpack_require__.r = function(exports) {
        if (typeof Symbol !== 'undefined' && Symbol.toStringTag) {
            Object.defineProperty(exports, Symbol.toStringTag, {
                value: 'Module'
            })
        }
```

```js
        Object.defineProperty(exports, '__esModule', {
            value: true
        })
    };
    __webpack_require__.t = function(value, mode) {
        if (mode & 1) value = __webpack_require__(value);
        if (mode & 8) return value;
        if ((mode & 4) && typeof value === 'object' && value && value.__esModule) return value;
        var ns = Object.create(null);
        __webpack_require__.r(ns);
        Object.defineProperty(ns, 'default', {
            enumerable: true,
            value: value
        });
        if (mode & 2 && typeof value != 'string') for (var key in value) __webpack_require__.d(ns, key, function(key) {
            return value[key]
        }.bind(null, key));
        return ns
    };
    __webpack_require__.n = function(module) {
        var getter = module && module.__esModule ?
        function getDefault() {
            return module['default']
        } : function getModuleExports() {
            return module
        };
        __webpack_require__.d(getter, 'a', getter);
        return getter
    };
    __webpack_require__.o = function(object, property) {
        return Object.prototype.hasOwnProperty.call(object, property)
    };
    // __webpack_public_path__
    __webpack_require__.p = "";

    //加载入口模块并返回入口模块的 exports
    return __webpack_require__(__webpack_require__.s = "./src/index.js")
})({
    "./src/hello.js": (function(module, exports) {
        eval("module.exports = function(name) {\n    return 'hello ' + name\n}\n\n//# sourceURL=webpack:///./src/hello.js?")
    }),
    "./src/index.js": (function(module, exports, __webpack_require__) {
        eval("var sayHello = __webpack_require__(/*! ./hello */ \"./src/hello.js\")\nconsole.log(sayHello('lucas'))\n\n//# sourceURL=webpack:///./src/index.js?")
```

```
    })
});
```

我们先把以上代码最核心的骨架提取出来，会发现它其实就是一个 IIFE（立即调用函数表达式）。

```
(function(modules){
  // ...
})({
  "./src/hello.js": (function(){
    // ...
  }),
  "./src/index.js": (function() {
    // ...
  })
})
```

Ben Cherry 的著名文章 *JavaScript Module Pattern: In-Depth* 介绍了用 IIFE 实现模块化的多种进阶尝试，阮一峰老师在其博客中也提到了相关内容。我们对用 IIFE 实现模块化并不陌生。

深入研究上述代码结果（已添加注释），我们可以提炼出以下几个关键点。

- webpack 的打包结果就是一个 IIFE，一般被称为 webpackBootstrap，这个 IIFE 接收一个对象 modules 作为参数，modules 对象的 key 是依赖路径，value 是经过简单处理后的脚本（它不完全等同于我们编写的业务脚本，而是被 webpack 包裹后的内容）。
- 打包结果中定义了一个重要的模块加载函数__webpack_require__。
- 首先使用模块加载函数__webpack_require__去加载入口模块./src/index.js。
- 加载函数__webpack_require__使用了闭包变量 installedModules，它的作用是将已加载过的模块结果保存在内存中。

如果读者对于产出的结果源码存在不理解的地方，请继续往下阅读，我们将会在"webpack 工作基本原理"一节中做进一步说明。

ES 规范下的打包结果

以上是基于 CommonJS 规范的模块化写法，而业务中的代码往往遵循 ES Next 模块化标准，并通过 Babel 进行编译，那么在这样的流程下会得到什么结果呢？下面就让我们动手尝试一下吧！

首先，安装依赖，代码如下。

```
npm install --save-dev webpack
npm install --save-dev webpack-cli
```

```
npm install --save-dev babel-loader
npm install --save-dev @babel/core
npm install --save-dev @babel/preset-env
```

同时配置 package.json,即在 package.json 文件中写入以下内容。

```
"scripts": {
    "build": "webpack --mode development --progress --display-modules --colors --display-reasons"
},
```

设置 npm script 以便运行 webpack 的构建流程代码,同时在 package.json 中加入如下所示的 Babel 配置。

```
"babel": {
    "presets": ["@babel/preset-env"]
}
```

将 index.js 和 hello.js 改写为 ESM 形式,如下。

```
// hello.js
const sayHello = name => `hello ${name}`
export default sayHello

// index.js
import sayHello from './hello.js'
console.log(sayHello('lucas'))
```

执行以下代码,得到的打包主体与之前的内容基本一致。

```
npm run build
```

但是在细节上,我们发现在执行脚本中多了以下语句。

```
__webpack_require__.r(__webpack_exports__)
```

实际上,__webpack_require__.r 这个方法是用来给模块的 exports 对象加上 ES 模块化规范的标记的。

具体标记方式为:如果当前环境支持 Symbol 对象,则可以通过 Object.defineProperty 为 exports 对象的 Symbol.toStringTag 属性赋值 Module,这样做的结果是 exports 对象在调用 toString 方法时会返回 Module,同时将 exports.__esModule 赋值为 true。

除了 CommonJS 和 ES Module 规范,webpack 同样支持 AMD 规范,这里不再基于此规范进行分析,读者可以自行在此规范下对代码重新打包来观察这 3 种规范之间的区别。总之,希望大家记住 webpack 打包输出的结果就是一个 IIFE,通过这个 IIFE 及 webpack_require 来支持各种模块化打包方案。

按需加载下的打包结果

在现代化的业务中，尤其是在单页应用中，我们往往会使用按需加载的方式，那么在这种相对较新的加载方式下，webpack 又会产出什么样的代码呢？

首先安装 Babel 插件，以支持动态引入（dynamic import）。

```
npm install --save-dev babel-plugin-dynamic-import-webpack
```

在 webpack.config.js 中添加相关插件配置。

```
module.exports={
    module:{
        rules:[
            {
                test: /\.js$/,
                exclude: /node_modules/,
                loader: "babel-loader",
                options: {
                    "plugins": [
                        "dynamic-import-webpack"
                    ]
                }
            }
        ]
    }
}
```

同时，在 index.js 文件中使用动态引入的方式按需加载 ./hello 文件，实现按需加载的代码如下。

```
import('./hello').then(sayHello => {
    console.log(sayHello('lucas'))
})
```

最后执行以下代码。

```
npm run build
```

这样一来，我们发现重新构建后会输出两个文件，分别是执行入口文件 main.js 和异步加载文件 0.js，因为异步按需加载时，我们显然不能把所有的代码再打包到一个 bundle 中了。

0.js 文件中的内容如下。

```
(window["webpackJsonp"] = window["webpackJsonp"] || []).push([
[0],
{
    "./src/hello.js": (function(module, __webpack_exports__, __webpack_require__) {
        "use strict";
```

```
            eval("__webpack_require__.r(__webpack_exports__);\n//    module.exports =
function(name) {\n//    return 'hello ' + name\n// }\nvar sayHello = function sayHello(name)
{\n    return \"hello \".concat(name);\n};\n\n/* harmony default export */
__webpack_exports__[\"default\"] =          (sayHello);\n\n//#
sourceURL=webpack:///./src/hello.js?")
    })
}])
```

main.js 文件中的内容也与之前相比变化较大，限于篇幅，这里不给出完整代码，各位读者可通过本书提供的配套 GitHub 资源链接下载执行项目，分析代码变化。

相比常规打包产出的结果，按需加载下打包的产出结果变化较大，也更加复杂，下面总结了两点变化。

- 多了一个 __webpack_require__.e。

- 多了一个 webpackJsonp。

其中，__webpack_require__.e 实现非常重要，它初始化了一个 Promise 数组，使用 Promise.all() 异步插入 script 脚本；webpackJsonp 会挂载到全局对象 window 上，进行模块安装。

熟悉 webpack 的读者可能会知道 CommonsChunkPlugin 插件（在 webpack v4 版本中已经被取代），这个插件用来分割第三方依赖或公共库的代码，将业务逻辑和稳定的库脚本分离，以达到优化代码体积、合理使用缓存的目的。实际上，这样的思路和上述按需加载的思路不谋而合，具体实现也一致。我们可以推测，开发者使用 CommonsChunkPlugin 插件对代码进行打包后的结构和上面的代码结构类似，都存在 webpack_require.e 和 webpackJsonp，因为提取公共代码和异步加载本质上都是构建时进行代码分割，再在必要时进行加载。具体实现可以观察 webpack_require.e 和 webpackJsonp。

至此，我们分析了业务中几乎所有的打包方式及 webpack 产出结果。虽然这些内容较为晦涩，源码冗长而难以阅读，但是这对我们理解 webpack 内部工作原理，以及编写 webpack loader、webpack 插件意义重大。只有分析过这些最基本的编译后的代码，我们才能对上线后的代码质量做到心里有底。在出现问题时，能够驾轻就熟，独当一面。这也是高级 Web 工程师所必备的素养。

如果读者在阅读 webpack 打包后的代码方面存在一些困难，也没有关系，细节实现相对打包思想设计来说并没有那么重要。也许你试着去设计一个模块系统，了解一下 require.js 或 sea.js 的实现，就不会觉得这些内容那么高深了。可以将这些代码的实现细节放在一边，学完后面的篇章后，再返回来看，可能效果更好。

webpack 工作基本原理

通过前面一节的学习，我们了解了 webpack 编译产出的结果是什么，并对结果进行了分析。"知其然，知其所以然"，知晓了打包结果，下面就可以尝试分析产出过程，了解 webpack 工作的基本原理了。

webpack 工作流程如图 20-1 所示。

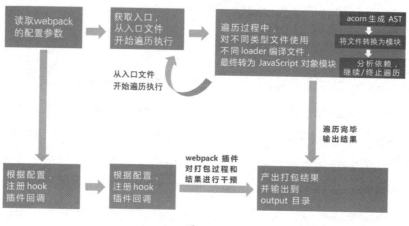

图 20-1

简单总结起来，流程大概如下。

- 首先，webpack 会读取项目中由开发者定义的 webpack.config.js 配置文件，或者从 shell 语句中获得必要的参数。这是 webpack 内部接收业务配置信息的方式。这样就完成了配置读取的初步工作。

- 接着，将所需的 webpack 插件实例化，在 webpack 事件流上挂载插件钩子，这样在合适的构建过程中，插件就具备了改动产出结果的能力。

- 同时，根据配置所定义的入口文件，从入口文件（可以不止一个）开始，进行依赖收集，对所有依赖的文件进行编译，这个编译过程依赖 loaders，不同类型的文件根据开发者定义的不同 loader 进行解析。编译好的内容使用 acorn 或其他抽象语法树能力，解析生成抽象语法树，分析文件依赖关系，将不同模块化语法（如 require）等替换为 __webpack_require__，即使用 webpack 自己的加载器进行模块化实现。

- 上述步骤完成后，产出结果，根据开发者配置，将结果打包到相应目录。

值得一提的是，在整个打包过程中，webpack 和插件都采用基于事件流的发布/订阅模式，监听某些关键过程，并在这些环节中执行插件任务。最后，所有文件的编译和转化都已经完成，输出最终资源。

如果深入剖析源码，则上述过程可以用更加专业的术语总结为：模块会经历加载（loaded）、封存（sealed）、优化（optimized）、分块（chunked）、哈希（hashed）和重新创建（restored）这几个经典步骤。这里，我们了解大体流程即可。

梳理完 webpack 的工作流程，我们还需要在理论上熟悉以下概念。

抽象语法树

即便大家没有接触过抽象语法树，也应该不是第一次听说这个概念。

在计算机科学中，抽象语法树（Abstract Syntax Tree，AST）是源码语法结构的一种抽象表示。它以树状的形式表现编程语言的语法结构，树上的每个节点都表示源码中的一种结构和表达。

之所以说语法是抽象的，是因为这里的语法并不会表示出真实语法中出现的每个细节。比如，类似于 if-condition-then 这样的条件跳转语句可以用带有两个分支的节点来表示。

AST 并不会被计算机所识别，更不会被运行，它是对编程语言的一种表达，为代码分析提供了基础。

webpack 将文件转换成 AST 的目的就是方便开发者提取模块文件中的关键信息。这样一来，我们就可以知晓开发者到底写了什么东西，也就可以根据这些写出的东西进行分析和扩展。在代码层面，我们可以把 AST 理解为一个 object。比如，下面这句简单的赋值语句：

```
var ast = 'AST demo'
```

转换为 AST 后的代码如下所示。

```
{
  "type": "Program",
  "start": 0,
  "end": 20,
  "body": [
    {
      "type": "VariableDeclaration",
      "start": 0,
      "end": 20,
      "declarations": [
        {
          "type": "VariableDeclarator",
```

```
      "start": 4,
      "end": 20,
      "id": {
        "type": "Identifier",
        "start": 4,
        "end": 7,
        "name": "ast"
      },
      "init": {
        "type": "Literal",
        "start": 10,
        "end": 20,
        "value": "AST demo",
        "raw": "'AST demo'"
      }
    }
  ],
  "kind": "var"
  }
 ],
 "sourceType": "module"
}
```

从以上代码中可以看出，AST 结果精确地表明了这是一条变量声明语句，语句起始于哪里、赋值结果是什么等信息都被表达出来。

有了这样的语法树，开发者便可以针对源文件进行一些分析、加工或转换操作了。

compiler 和 compilation

compiler 和 compilation 这两个对象是 webpack 核心原理中最重要的概念。它们是理解 webpack 工作原理、loader 和插件工作的基础。

- compiler 对象：它的实例包含了完整的 webpack 配置，且全局只有一个 compiler 实例，因此它就像 webpack 的骨架或神经中枢。当插件被实例化的时候，就会收到一个 compiler 对象，通过这个对象可以访问 webpack 的内部环境。

- compilation 对象：当 webpack 以开发模式运行时，每当检测到文件变化时，一个新的 compilation 对象就会被创建。这个对象包含了当前的模块资源、编译生成资源、变化的文件等信息。也就是说，所有构建过程中产生的构建数据都会被存储在该对象上，它也掌控着构建过程中的每一个环节。该对象还提供了很多事件回调供插件做扩展。

两者的关系可以通过图 20-2 来说明。

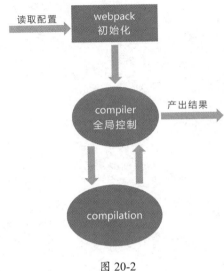

图 20-2

  webpack 的构建过程是通过 compiler 控制流程，通过 compilation 进行代码解析的。在开发插件时，我们可以从 compiler 对象中得到所有与 webpack 主环境相关的内容，包括事件钩子。更多信息将在下一节介绍。

  compiler 对象和 compilation 对象都继承自 tapable 库，该库暴露了所有和事件相关的发布/订阅的方法。webpack 中基于事件流的 tapable 库不仅能保证插件的有序性，还能使整个系统扩展性更好。

探秘并编写 webpack loader

  熟悉了概念，下面就来进行实战，了解如何编写一个 webpack loader。事实上，在 webpack 中，loader 是真正发生魔法的一个阶段：Babel 将 ES Next 编译成 ES5，sass-loader 将 SCSS/Sass 编译成 CSS，等等，都是由相关的 loader 或 plugin 完成的。因此，从直观上理解，loader 的工作就是接收源文件，对源文件进行处理，并返回编译后的文件，如图 20-3 所示。

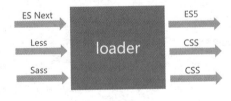

图 20-3

可以看到，loader 秉承了单一职责，完成了最小单元的文件转换。当然，一个源文件可能需要经历多步转换才能正常使用，比如，Sass 文件会先通过 sass-loader 输出 CSS，之后将内容交给 css-loader 处理，甚至还需要将 css-loader 输出的内容交给 style-loader 处理，并转换成通过脚本加载的 JavaScript 代码，使用方式如下。

```
module.exports = {
 ...
 module: {
  rules: [{
   test: /\.less$/,
   use: [{
    loader: 'style-loader' //通过 JavaScript 字符串创建 style node
   }, {
    loader: 'css-loader' //编译 CSS 使其符合 CommonJS 规范
   }, {
    loader: 'less-loader' //将 Less 编译为 CSS
   }]
  }]
 }
}
```

当我们串联地调用多个 loader 去转换一个文件时，每个 loader 都会链式地顺序执行。在 webpack 中，在同一文件存在多个匹配 loader 的情况下，各个 loader 的执行过程会遵循以下原则。

- loader 的执行顺序和配置顺序是相反的，即配置的最后一个 loader 最先执行，第一个 loader 最后执行。
- 第一个执行的 loader 接收源文件中的内容作为参数，其他 loader 接收前一个执行的 loader 的返回值作为参数。最后执行的 loader 会返回最终结果。

图 20-4 所示的流程就对应了上面代码中的配置内容。

图 20-4

因此，在开发一个 loader 时，只需关心输入和输出，但需要注意保持其职责的单一性。

不难理解，loader 的本质就是函数，其最简单的结构如下所示。

```
module.exports = function(source){
    // some magic...
    return content
}
```

loader 就是一个基于 CommonJS 规范的函数模块，它接收内容（这里的内容可能是源文件，也可能是经过其他 loader 处理后的结果），并返回新的内容。

更进一步，我们知道在配置 webpack 时，可以对 loader 增加一些配置，比如著名的 babel-loader 的简单配置，如下所示。

```
module:{
    rules:[
        {
            test: /\.js$/,
            exclude: /node_modules/,
            loader: "babel-loader",
            options: {
                "plugins": [
                    "dynamic-import-webpack"
                ]
            }
        }
    ]
}
```

这样一来，上文中简单的 loader 写法便不能满足需求了，因为编写 loader 时，除了编写 source 内容，还需要根据开发者配置的 options 信息进行构建定制化处理，以输出最后的结果。那么，如何获取 options 呢？这时就需要用到 loader-utils 模块了。

```
const loaderUtils = require("loader-utils")
module.exports = function(source) {
    //获取开发者配置的 options
    const options = loaderUtils.getOptions(this)
    // some magic...
    return content
}
```

另外，对于 loader 返回的内容，在实际开发中，单纯对 content 进行改写并返回改写后的内容，也许是不够的。

比如，我们想对 loader 处理过程中的错误进行捕获，或者想导出 sourceMap 等信息时，该如何做呢？

这种情况需要用 loader 中的 this.callback 来返回内容。this.callback 中可以传入 4 个参数，分别如下。

- error：当 loader 出错时向外抛出一个 error。
- content：经过 loader 编译后需要导出的内容。
- sourceMap：为方便调试编译后的 source map。
- ast：本次编译生成的抽象语法树。之后执行的 loader 可以直接使用这个 AST，进而省去重复生成 AST 的过程。

使用 this.callback 后，我们的 loader 代码就变得更加复杂了，同时能够处理更加多样的需求，比如，下面的代码可用于获取开发者传入的配置信息，并根据信息做出处理。

```
module.exports = function(source) {
    //获取开发者配置的 options
    const options = loaderUtils.getOptions(this)
    // some magic...
    // return content
    this.callback(null, content)
}
```

注意，当使用 this.callback 返回内容时，该 loader 必须返回 undefined，这样 webpack 就知道该 loader 返回的结果在 this.callback 中，而不在 return 中。

细心的读者可能会问：这里的 this 指向谁？事实上，这里的 this 指向的是一个叫 loaderContext 的 loader-runner 特有对象。如果刨根问底，就要细读 webpack loader 部分的相关源码了，但这并不是本节内容的主题，感兴趣的读者可以针对 webpack 源码再进行分析。

默认情况下，webpack 传给 loader 的内容源都是 UTF-8 格式编码的字符串。但 file-loader 这个常用的 loader 不是处理文本文件的，而是处理二进制文件的，在这种情况下，可以通过 source instanceof Buffer === true 来判断内容源类型，示例如下。

```
module.exports = function(source) {
    source instanceof Buffer === true
    return source
}
```

如果自定义的 loader 也会返回二进制文件，则需要在文件中显式注明，如下所示。

```
module.exports.raw = true
```

当然，还存在使用异步 loader 的情况，即并不能同步完成对 source 的处理的情况，这时使用简单的 async-await 即可,代码如下。

```
module.exports = async function(source) {
    function timeout(delay) {
        return new Promise((resolve, reject) => {
            setTimeout(() => {
                resolve(source)
            }, delay)
        })
    }
    const content = await timeout(1000)
    this.callback(null, content)
}
```

另一种异步 loader 的解决方案是使用 webpack 提供的 this.async,调用 this.async 会返回一个回调函数,可以在异步操作完成后进行调用。上面的示例代码可以改写为以下形式。

```
module.exports = async function(source) {
    function timeout(delay) {
        return new Promise((resolve, reject) => {
            setTimeout(() => {
                resolve(source)
            }, delay)
        })
    }
    const callback = this.async()
    timeout(1000).then(data => {
        callback(null, data)
    })
}
```

实际上,对于我们熟悉的 less-loader,翻看其源码,就能发现它的核心是利用 less 这个库来解析 less 样式代码,less 库解析后会返回一个 Promise,因此 less-loader 是异步的,其正是运用了 this.async() 来实现的。

至此,我们便了解了 loader 的编写套路,更多细节内容,比如 loader 缓存开关、全程传参 pitch 等用法在此不做过多讨论,读者可以根据需要进行了解。

工程师想要进阶,就一定要学以致用,解决实际问题。下面就来编写一个 path-replace-loader 来实际演练一下。这个 loader 将允许把 require 语句中的 base path 替换为动态指定的 path,使用和配置方式如下。

```
module.exports = {
    module: {
        rules: [{
```

```
            test: /\.js$/,
            loader: 'path-replace-loader',
            exclude: /(mode_modules)/,
            options: {
                path: 'ORIGINAL_PATH',
                replacePath: 'REPLACE_PATH'
            }
        }]
    }
}
```

根据上面所介绍的内容，给出 path-replace-loader 源码，如下所示。

```
const fs = require('fs')
const loaderUtils = require('loader-utils')

module.exports = function(source) {
    this.cacheable && this.cacheable()
    const callback = this.async()
    const options = loaderUtils.getOptions(this)

    if (this.resourcePath.indexOf(options.path) > -1) {
        const newPath = this.resourcePath.replace(options.path, options.replacePath)

        fs.readFile(newPath, (err, data) => {
            if (err) {
                if (err.code === 'ENOENT') return callback(null, source)
                return callback(err)
            }

            this.addDependency(newPath)
            callback(null, data)
        })
    }
    else {
        callback(null, source)
    }
}
module.exports.raw = true
```

这只是一个简单的实例，但却涵盖了编写 loader 时需要注意的不少内容，下面就来简单分析一下。由于以上所编写的是一个异步 loader，因此可以使用下面的返回方式。

```
const callback = this.async()
// ...
callback(null, data)
```

通过以下语句，可以获取开发者的配置信息，并通过对比开发者配置的路径与 this.resourcePath（当前资源文件路径）来进行路径替换。

```
const options = loaderUtils.getOptions(this)
// ...
const newPath = this.resourcePath.replace(options.path, options.replacePath)
```

该实例对错误的处理也很简单：如果新的目标路径文件不存在，则返回原路径文件，代码如下。

```
if (err.code === 'ENOENT') return callback(null, source)
```

其他错误也一并是通过 return callback(err) 抛出的。

该实例的主逻辑使用了 this.addDependency(newPath)将新的文件加入 webpack 依赖中，并通过 callback(null, data)返回内容。

这个过程并不复杂，同时思路非常清晰。通过这个案例，读者可以根据自身团队的需求，编写不同复杂度的 webpack loader，以实现不同程度的拓展。

探秘并编写 webpack plugin

除了 webpack loader，webpack plugin 也是 webpack 中的一个重要概念。loader 和 plugin 就像 webpack 的双子星，有着共同之处，但是分工却很明晰。

我们反复提到过 webpack 事件流机制，该机制是说，在 webpack 构建的生命周期中，webpack 会广播许多事件。在该机制下，开发者注册的各种插件可以根据需要监听与自身相关的事件。插件捕获事件后，可以在合适的时机通过 webpack 提供的 API 去改变编译输出结果。

具体来说，webpack loader 和 webpack plugin 的差异如下。

- loader 其实就是一个转换器，执行单纯的文件转换操作。
- plugin 是一个扩展器，它丰富了 webpack 本身，在 loader 中的操作执行结束后，webpack 进行打包时，weback plugin 并不直接操作文件，而是基于事件机制工作，监听 webpack 打包过程中的某些事件，见缝插针，修改打包结果。

究竟应该如何从零开始，编写一个 webpack 插件呢？

首先，要清楚当前插件要解决什么问题，根据问题找到相应的钩子事件，在相关事件中进行操作，改变输出结果。这就需要清楚开发中都有哪些钩子。下面列举一些常用的钩子，完整内容可以在官网查看"compiler 暴露的所有事件钩子"的相关内容。

我们知道，compiler 对象暴露了和 webpack 整个生命周期相关的钩子，可以通过如下方式对相关钩子进行访问。

```
//基本写法
compiler.hooks.someHook.tap(...)
```

例如，如果希望 webpack 在读取 entry 配置后就执行某项工作，就可以使用以下代码实现。

```
compiler.hooks.entryOption.tap(...)
```

这是因为名为 entryOption 的 SyncBailHook 类型的 hook，会监听入口配置信息执行完毕的事件，并在该事件触发时执行插入的自定义操作。

又如，如果希望在生成的资源输出之前执行某个功能，则可以通过下面的代码来实现。

```
compiler.hooks.emit.tap(...)
```

这是因为名为 emit 的 AsyncSeriesHook 类型的 hook（钩子），会监听资源输出前的时间节点，并基于此节点执行插入的自定义操作。

一个自定义 webpack plugin 的骨架结构就是一个带有 apply 方法的类，示例如下。

```
class CustomPlugin {
    constructor(options) {
        this.options = options
    }
    apply(compiler) {
        //相关钩子的注册回调
        compiler.hooks.someHook.tap('CustomPlugin', () => {
            // magic here...
        })

        //打印出此时 compiler 对象暴露的钩子
        for(var hook of Object.keys(compiler.hooks)){
            console.log(hook)
        }
    }
}
module.exports = customPlugin
```

compiler 除了暴露了与 webpack 整体构建生命周期相关的钩子，还暴露了与模块和依赖相关的、粒度更小的钩子，读者可以参考官网中的"compilation 暴露的所有事件钩子"找到合适的时机插入自定义行为。使用与 compilation 相关的钩子的通用写法如下。

```js
class CustomPlugin {
    constructor(options) {
        this.options = options
    }
    apply(compiler) {
        compiler.hooks.compilation.tap('CustomPlugin', function(compilation, callback) {
            compilation.hooks.someOtherHook.tap('SomePlugin', function() {
                // some magic here
            })
        })
    }
}

module.exports = customPlugin
```

最后，可以总结一下编写 webpack 插件的套路。

- 定义一个 JavaScript class 函数，或在函数原型（prototype）中定义一个以 compiler 对象为参数的 apply 方法。
- 在 apply 方法中通过 compiler 插入指定的事件钩子，并在钩子回调中获取 compilation 对象。
- 使用 compilation 修改 webpack 打包的内容。

当然，plugin 中也存在异步操作的情况，比如，一些事件钩子所执行的就是异步操作。相应地，我们可以使用 tapAsync 和 tapPromise 方法来处理异步操作，代码如下。

```js
class CustomAsyncPlugin {
    constructor(options) {
        this.options = options
    }
    apply(compiler) {
        compiler.hooks.emit.tapAsync('CustomAsyncPlugin', function(compilation, callback) {
            setTimeout(() => {
                callback()
            }, 1000)
        })

        compiler.hooks.emit.tapPromise('CustomAsyncPlugin', function(compilation, callback) {
            return asyncFun().then(() => {
                //...
            })
        })
```

```
    }
}
```

实战案例

接下来,编写一个简单的 webpack plugin。相信不少 React 开发者都了解,在使用 create-react-app 开发项目时,如果发生错误,就会出现 error overlay 提示。下面就来开发一个类似的功能,代码如下。

```
module.exports = {
    // ...
    plugins: [new ErrorOverlayPlugin()],
    devtool: 'cheap-module-source-map',
    devServer: {}
}
```

我们借助 errorOverlayMiddleware 中间件来进行错误拦截并展示,代码如下。

```
import errorOverlayMiddleware fomt 'react-dev-utils/errorOverlayMiddleware'
class ErrorOverlayPlugin {
    apply(compiler) {
        const className = this.constructor.name
        if (compiler.options.mode !== 'development') return

        compiler.hooks.entryOption.tap(className, (context, entry) => {
            const chunkPath = require.resolve('./entry')
            adjustEntry(entry, chunkPath)
        })

        compiler.hooks.afterResolvers.tap(className, ({ options }) => {
            if (options.devServer) {
                const originalBefore = options.devServer.before
                option.devServer.before = (app, server) => {
                    if (originalBefore) {
                        originalBefore(app, server)
                    }
                    app.use(errorOverlayMiddleware())
                }

            }
        })
    }
}

function adjustEntry(entry, chunkPath) {
    if (Array.isArray(entry)) {
        if (!entry.includes(chunkPath)) {
```

```
                entry.unshift(chunkPath)
            }
        }
        else {
            Object.keys(entry).forEach(entryName => {
                entry[name] = adjustEntry(entry[entryName], chunkPath)
            })
        }
    }
}
module.exports = ErrorOverlayPlugin
```

通过参考源码，我们发现，编写一个 webpack plugin 确实并不困难，只要开发者了解相关步骤，熟记相关 hook，并多加尝试即可。

简单分析一下上面的代码。在非生产环境下不能打开错误窗口，而应该直接返回，这样是为了避免影响线上体验。

在 entryOption hook 中获取开发者配置的 entry，并通过 adjustEntry 方法获取正确的入口模块，该方法支持将 entry 配置为 array 和 object 两种形式。在 afterResolvers hook 中判断开发者是否开启 devServer，并通过 app.use(errorOverlayMiddleware())对相关中间件进行注册。

在实际生产环境中，webpack pulgin 的生态丰富多样，一般来说，已有插件就可以满足大部分开发需求。如果团队结合自身业务需求，自主编写 webpack plugin，进而反哺生态，也是非常值得鼓励的。

webpack plugin 的开发重点

到目前为止，本节所介绍的内容已经可以带领大家入门插件开发。在学习过程中我们会发现，webpack plugin 的开发重点在于对 compilation 和 compiler，以及两者对应的钩子事件的理解、运用。webpack 的事件机制基于 tapable 库，因此想完全理解 webpack 事件和钩子，就有必要学习 tapable 库。

事实上，tapable 库更加复杂且神通广大，它除了可以提供同步和异步类型的钩子，还可以根据执行方式（串行/并行）衍生出 Bail、Waterfall、Loop 多种类型。站在 tapable 等库的肩膀上，webpack plugin 的开发更加灵活，可扩张性更强。

学习的目的在于应用。相信通过本节的学习，读者已经能够理解 webpack 开发插件的流程了。根据项目需要和业务特点，手握 webpack 插件开发的理论钥匙，在实践中多摸索、多尝试，就一定会有所收获。

webpack 和 Rollup

Rollup 号称下一代打包方案,它的功能和特点非常突出,如下。

- 依赖解析,打包构建。
- 仅支持 ES Next 模块。
- 内置支持 tree shaking 功能。

Rollup 凭借其清新且友好的配置,以及强大的功能横空出世,吸睛无数。

如果说 webpack 是目前最流行的打包方案,那么 Rollup 就是下一代打包方案。既然同为打包方案,那么两者有何区别呢?目前,业界对两者的定位可以总结为一句话:建库用 Rollup,其他场景用 webpack。

为什么这么说呢?还记得我们在前面提过的 webpack 打包结果吗?从结果上看,使用 webpack 打包会生成比较多的冗余代码,这对于业务代码来说没什么问题,能保证较强的程序健壮性和语法还原度,同时有利于保障兼容性。也许开发者会关心代码量多带来的冗余问题,但衡量其优缺点和开发效率方面的性价比,webpack 始终是业务开发的首选;但对于库来说就不一样了,对相同的脚本进行打包,如果使用 Rollup,则复杂的模块冗余就会完全消失。Rollup 通过将代码顺序引入同一个文件来解决模块依赖问题,因此通过 Rollup 来做拆包就会出现问题,原因是模块完全透明了。在复杂应用中,我们往往需要进行拆包,而在库的编写中很少用到这样的功能,因此使用 Rollup 对库进行打包是没有问题的。

当然,"建库用 Rollup,其他场景用 webpack"不是一个绝对的原则。如果你需要进行代码拆分(Code Splitting),或者有很多静态资源需要处理,或者构建的项目需要引入很多 CommonJS 规范的模块,又或者需要获得相对更大的社区的支持,那么 webpack 就是不错的选择。

如果你的代码库是基于 ES Next 模块的,而且你希望自己写的代码能够被其他人直接使用,那么,你需要的打包工具可能就是 Rollup 。

我们借用上一节中的代码,来看一看经过 Rollup 编译之后的代码会是什么样子的。main.js 文件中的内容如下。

```
import sayHello from './hello.js'
console.log(sayHello('lucas'))
```

hello.js 文件中的内容如下。

```javascript
const sayHello = name => `hello ${name}`
export default sayHello
```

编译结果非常简单，如下。

```javascript
const sayHello = name => `hello ${name}`
console.log(sayHello('lucas'))
```

这与 webpack 的打包产出结果形成了鲜明的对比。此外，这种打包方式天然支持 tree shaking。下面，我们改写上例，加入一个没有用到的 sayHi 函数。

main.js 文件中的内容如下。

```javascript
import { sayHello } from './hello.js'
console.log( sayHello( 'lucas' ) )
```

向 hello.js 文件中加入以下内容。

```javascript
export const sayHi = name => `hi ${name}`
export const sayHello = name => `hello ${name}`
```

打包结果如下。

```javascript
'use strict';
const sayHello = name => `hello ${name}`;
console.log( sayHello( 'lucas' ) );
```

通过顺序引入依赖，打包结果非常简单、清晰，并且自动做到了 tree shaking，其中的原理及相关知识已经在 19 篇中进行过说明。

综合运用

至此，我们对于 webpack 已经有了较为深入的理解。但是，以上实战案例中的代码都是一些小型的 demo，综合运用这些知识到底能解决哪些问题呢？

这里有一个很好的例子。

我们知道，2018 年号称小程序元年，以微信小程序为首，百度智能小程序、支付宝小程序、头条小程序纷纷入局。作为开发人员应该注意到，由于各平台小程序的开发语法和技术方案不尽相同，所以小程序在带来无限开发红利的同时，也带来了巨大的多端开发成本。

如果团队能够实现这样一个脚手架——以微信小程序为基础将微信小程序的代码平滑转换为各端小程序，那岂不是会大幅提高开发效率？

可是在技术方案上应该如何实现呢？受 cantonjs 库的启发，我们团队打造了一款跨多端的小程序脚手架，其基本原理正是以 webpack 开发架构为基础的，而对于微信小程序的规范化打包，以及不同平台的差异化编译，则主要依靠自定义实现 webpack loader 和 webpack plugin 来处理。

在这套脚手架的基础上，开发者可以选择任何一套小程序源码（基于微信小程序/支付宝小程序/百度小程序）来开发多端小程序。脚手架支持自动编译 wxml 文件（微信小程序）为 axml 文件（支付宝小程序）或 swan 文件（百度小程序），能够转换基础平台 API，比如，将 wx（微信小程序核心对象）转换为 my（支付宝小程序核心对象）或 swan（百度小程序核心对象）。对于个别接口在平台上的天生差异，开发者可以通过__WECHAT__、__ALIPAY__或__BAIDU__来动态处理。

至于__WECHAT__、__ALIPAY__或__BAIDU__全局变量的注册，我们可以通过 DefinePlugin 这个 webpack 的内置插件在 webpack 编译阶段进行。DefinePlugin 的代码如下。

```
new webpack.DefinePlugin({
  // Definitions...
})
```

通过 webpack loader 可以使 webpack 能编译或处理*.wxml 上引用的文件，并将原 App 中的 API 进行转换，使用方式与正常的 webpack 配置 loader 完全相同。具体实用案例的代码如下。

```
{
  test: /\.wxml$/,
  include: /src/,
  use: [
    {
      loader: 'file-loader',
      options: {
        name: '[name].[ext]',
        useRelativePath: true,
        context: resolve('src'),
      },
    },
    {
      loader: 'mini-program-loader',
      options: {
        root: resolve('src'),
        enforceRelativePath: true,
      },
```

```
    },
  ],
}
```

注意，声明 loader 的顺序表明，要先通过 mini-program-loader 进行处理，再将其结果交给 file-loader 处理。mini-program-loader 的实现并不复杂，可以先使用 sax.js 解析 wxml（XML 风格）文件，然后进行 API 转换实现。sax.js 是解析 XML 或 HTML 的基础库，正好适用于我们各端小程序的主文档文件（wxml、swan、axml）。

下面通过 webpack-plugin 插件实现对 ./app.js 入口文件的自动分析，智能打包，同时抹平 API 之间的差异。

```
import MiniProgramWebpackPlugin from 'mini-program-webpack-plugin'
export default {
  // ...configs,
  plugins: [
    // ...other,
    new MiniProgramWebpackPlugin(options)
  ],
}
```

在编写的 loader 和 plugin 的基础上，我们实现的这个脚手架可以通过 script 脚本启动不同目标的小程序平台编译工具：yarn start、yarn start:alipay、yarn start:baidu。同时，开发者可以根据自身项目的特点，在脚手架中添加 prettier 和 lint 标准等。

至此，一个基于 webpack、webpack loader、webpack plugin 的脚手架综合应用便已经简要介绍完毕。

通过这个案例，我们发现 webpack 的能力边界是无穷的，以高级前端工程师为目标的程序员应该尽最大努力来开发 webpack 的潜能。

总结

从技术层面上来看，webpack 工程师的能力是强于前端工程师的。webpack 工程师不仅仅是会配置 webpack，而且应该对 Node.js 知识、AST 知识、架构设计、代码设计原则等都有深入了解。社区提供了大量的开箱即用工具，希望大家能够借助这些工具掌握这方面的知识，并在此基础上运用自如。

21

前端工程化背后的项目组织设计

通过上一篇的学习,我们看到了前端构建工具及其背后蕴含的技术设计。前端工程化包罗万象,本篇将分析项目组织设计的相关内容。

大型前端项目的组织设计

随着业务复杂度的直线上升,前端项目不管是从代码量上,还是从依赖关系上都呈爆炸式增长。同时,由于团队中一般不止有一个业务项目,所以"多个项目之间如何配合""如何维护相互关系""公司自己的公共库版本如何管理"这些问题随着业务扩展纷纷浮出水面。一名合格的高级前端工程师,必需能在宏观上妥善处理这些问题。

当然,不是每个开发者都有机会接触项目设计。如果读者没有面对过上述问题,也许并不容易理解这些问题究竟意味着什么。举个例子,团队主业务项目名为 App-project,这个仓库依赖了组件库 Component-lib,因此 App-project 项目的 package.json 文件中会有类似下面的代码。

```
{
    "name": "App-project",
    "version": "1.0.0",
    "description": "This is our main app project",
    "main": "index.js",
    "scripts": {
        "test": "echo \\\"Error: no test specified\\\" && exit 1"
    },
    "dependencies": {
        "Component-lib": "^1.0.0"
```

```
    }
}
```

针对以上情况，产品经理提出要更改 Component-lib 组件库中的 modal 组件样式及交互行为，那么作为开发者，我们需要切换到 Component-lib 项目中，进行相关需求开发，开发完毕后进行测试。这里的测试包括 Component-lib 中的单元测试，当然也包括在实际项目中进行的效果验收。为了方便调试，有经验的开发者也许会使用 npm link/yarn link 来开发和调试效果。当确认一切没问题后，我们还需要发布 Component-lib 项目的新版本，并将 App-project 项目中的 Component-lib 版本提升为 1.0.1。所有这些都顺利完成后，才能在 App-project 项目中进行升级。

```
{
    //...
    "dependencies": {
        "Component-lib": "^1.0.1"
    }
}
```

这个过程已经比较复杂了。中间环节出现任何纰漏都要重复上述所有步骤。另外，这里只存在单一依赖关系，现实中的 App-project 不可能只依赖 Component-lib。这种项目管理的方式无疑是低效且痛苦的。那么在项目设计哲学上，有更好的方式吗？答案是肯定的。下面就对管理组织代码的两种主要方式（monorepo 和 multirepo）进行讲解。

monorepo 和 multirepo

multirepo，顾名思义，就是将应用按照模块分别在不同的仓库中进行管理，即上述 App-project 和 Component-lib 项目的管理模式；而 monorepo 就是将应用中所有的模块一股脑儿全部放在同一个项目中，这样自然就完全规避了前文描述的困扰，不需要单独发包、测试，且所有代码都在一个项目中管理，一同部署上线，能够在开发阶段更早地复现 bug，暴露问题。

这就是项目代码在组织上的不同哲学：一种倡导分而治之，一种倡导集中管理。究竟是把鸡蛋放在同一个篮子里，还是倡导多元化，这就要根据团队的风格及面临的实际场景进行选型了。

下面试着从 multirepo 和 monorepo 两种处理方式的弊端说起，希望给读者更多的参考和建议。

multirepo 存在以下问题。

- 开发调试及版本更新效率低下。
- 团队技术选型分散，不同库的实现风格可能存在较大差异（比如有的库依赖 Vue，有的依赖 React）。

- changelog 梳理困难，Issues 管理混乱（对于开源库来说）。

而 monorepo 缺点也非常明显，具体如下。

- 库体积超大，目录结构复杂度上升。
- 需要使用维护 monorepo 的工具，这就意味着学习成本比较高。

清楚了不同项目组织管理的缺点，再来看一下社区上的经典选型案例。

Babel 和 React 都是典型的 monorepo，其 Issues 和 Pull requests 都集中在唯一的项目中，changelog 可以简单地从一份 commits 列表中梳理出来。先来看一下 React 项目仓库，从如下所示的目录结构中即可看出其强烈的 monorepo 风格。

```
react-16.2.0/
 packages/
  react/
  react-art/
  react-.../
```

因此，react 和 react-dom 在 npm 上是两个不同的库，它们只不过是在 React 项目中通过 monorepo 的方式进行管理的。至于为什么 react 和 react-dom 是两个包，读者可以自行思考一下。

使用 Lerna 实现 monorepo

Lerna 是 Babel 管理自身项目的开源工具，官网对 Lerna 的定位非常简单直接：A tool for managing JavaScript projects with multiple packages.（Lerna 是一个管理多包共存问题的 JavaScript 项目工具。）

我们来建立一个简单的 demo。首先安装依赖，并创建项目，代码如下。

```
mkdir new-monorepo && cd new-monorepo
npm init -y
npm i -g lerna（有需要的话要执行 sudo）
git init new-monorepo
lerna init
```

创建成功后，Lerna 会在 new-monorepo 项目下自动添加以下 3 个文件。

- packages
- lerna.json
- package.json

通过如下代码添加第一个项目 module-1。

```
cd packages
mkdir module-1
cd module-1
npm init -y
```

这样便在./packages 目录下新建了第一个项目 module-1，并在 module-1 中添加了一些依赖，使模拟的场景更加真实。接下来，用同样的方式建立 module-2 及 module-3。

此时，读者可以自行观察 new-monorepo 项目下的目录结构，如下所示。

```
packages/
  module-1/
    package.json
  module-2/
    package.json
  module-3/
    package.json
```

然后，退到主目录下安装依赖。

```
cd ..
lerna bootstrap
```

关于该命令的作用，官网上的直述为：Bootstrap the packages in the current Lerna repo. Installs all of their dependencies and links any cross-dependencies.

也就是说，假设我们在 module-1 项目中添加了依赖 module-2，那么执行 lerna bootstrap 命令后，就会在 module-1 项目的 node_modules 目录下创建软链接直接指向 module-2 目录。也就是说，lerna bootstrap 命令会建立整个项目内子应用模块之间的依赖关系，这种建立方式不是通过硬安装，而是通过软链接指向相关依赖的。

在正确连接了 Git 远程仓库后，就可以通过以下命令来发布项目了。

```
lerna publish
```

这条命令可以将各个 package 一步步发布到 npm 中。Lerna 还可以支持自动生成 changelog 等功能。这里不再统一介绍。

至此，你可能觉得 Lerna 还挺简单。但其实里面还有更多学问，如 Lerna 支持下面两种模式。

1. Fixed/Locked 模式

Babel 便采用了这样的模式。这个模式的特点是，开发者执行 lerna publish 命令后，Lerna 会在 lerna.json 中找到指定的版本号。如果这一次发布包含某个项目的更新，那么就会自动更新版本号。对于各个项目相关联的场景，这样的模式非常有利，任何一个项目进行大版本升级，其他项目的大版本号也都会更新。

2. Independent 模式

不同于 Fixed/Locked 模式，在 Independent 模式下，各个项目相互独立。开发者需要独立管理多个包（package）的版本更新。也就是说，我们可以具体到更新每个包的版本。每次发布时，Lerna 都会配合 Git 检查相关包文件的变动，只发布有改动的包。

开发者可以根据团队需求进行模式选择。

我们也可以使用 Lerna 安装依赖，该命令可以在项目下的任何文件夹中执行。

```
lerna add dependencyName
```

Lerna 默认支持 hoist 选项，即默认在 lerna.json 文件中有如下设置内容。

```
{ bootstrap: { hoist: true } }
```

这样一来，项目中所有包下的 package.json 文件中都会出现 dependencyName 包声明语句，内容如下。

```
packages/
module-1/
  package.json(+ dependencyName)
  node_modules
module-2/
  package.json(+ dependencyName)
  node_modules
module-3/
  package.json(+ dependencyName)
  node_modules
node_modules
    dependencyName
```

这种方式会在父文件夹的 node_modules 中高效安装 dependencyName 依赖（Node.js 会向上在祖先文件夹中查找依赖）。对于未开启 hoist 的情况，执行 lerna add 后需要执行以下命令。

```
lerna bootstrap --hoist
```

如果我们想有选择地升级某个依赖，比如只想为 module-1 升级 dependencyName 依赖的版本，则可以使用 scope 参数，如下所示。

```
lerna add dependencyName --scope=module-1
```

这时，module-1 文件夹下会有一个 node_modules 文件，其中包含了 dependencyName 依赖的最新版本。

分析一个项目迁移案例

接下来会选取一个正在线上运行的 multirepo 项目，来演示使用 Lerna 将其迁移到 monorepo 的过程。

背景介绍

该项目使用 TypeScript 和 Rollup 工具进行开发，并使用 TypeDoc 生成规范化文档。在使用 Lerna 进行 monorepo 化之前，这样的技术方案带来的困扰显而易见，下面就来分析一下当前技术栈的弊端，以及 monorepo 化能为这些项目带来哪些好处。

- 如果 @mitter-io/core 中出现任何一处改动，其他所有的包就都需要升级到 @mitter-io/core 最新版本，不管这些改动是为了发布新特性还是为了修复问题，所要花费的成本都比较大。
- 如果这些包都能共同分享版本，那么带来的收益也是非常巨大的。
- 对于这些不同的仓库来说，由于技术栈相似，一些构建脚本大体相同，部署流程也都一致，所以如果能够将这些脚本统一抽象，也将带来便利。

迁移步骤

我们使用 Lerna 构建 monorepo 项目，命令如下。

```
mkdir my-new-monorepo && cd my-new-monorepo
git init .
lerna init
```

不同于之前的示例，这次是在新的项目 my-new-monorepo 中导入已有项目 my-single-repo-package-1，并完成 my-new-monorepo 的 monorepo 化设计，因此可以使用以下命令。

```
lerna import ~/projects/my-single-repo-package-1 --flatten
```

这行命令不仅可以导入项目，同时会将已有项目中的 commit 记录一并搬迁过来。我们可以放心地在新 monorepo 仓库中使用 git blame 命令来进行回溯。

如此一来，便可以得到如下所示的项目结构。

```
packages/
  core/
  models/
  node/
  react-native/
  web/
lerna.json
package.json
```

接下来，运行以下代码进行依赖维护和发布。

```
lerna bootstrap
lerna publish
```

注意，并不是每次都需要执行 lerna bootstrap，在第一次切换到项目，安装所有依赖时执行一次即可。

对于每一个 package 来说，其 package.json 文件中都有如下所示的 npm script 声明。

```
"scripts": {
  ...
  "prepare": "yarn run build",
  "prepublishOnly": "./../../ci-scripts/publish-tsdocs.sh",
  ...
  "build": "tsc --module commonjs && rollup -c rollup.config.ts && typedoc --out docs --target es6 --theme minimal --mode file src"
}
```

受益于 monorepo，所有项目得以集中管理在一个仓库中，这样我们便可以将所有 package 中公共的 npm 脚本移到 ./scripts 文件中，且可以在单一 monorepo 项目的不同包之间共享构建脚本了。

运行公共脚本时，有时候有必要知道当前运行的项目信息。npm 能够读取到每个 package.json 文件中的信息，因此，可以在每个包的 package.json 文件中添加以下信息。

```
{
  "name": "@mitter-io/core",
  "version": "0.6.28",
  "repository": {
    "type": "git"
  }
}
```

之后，如下变量就都可以被 npm script 使用了。

```
npm_package_name = @mitter-io/core
npm_package_version = 0.6.28
npm_package_repository_type = git
```

流程优化

团队中的正常开发流程是，每个程序员新建一个 git 分支，通过代码审核后进行合并。整套流程在 monorepo 架构下非常清晰，下面来梳理一下。

- 开发完成后，我们计划进行版本升级，只需要运行 lerna version 命令。

- Lerna 会提供交互式 prompt，对下一版本进行序号升级。

```
lerna version --force-publish
lerna notice cli v3.8.1
lerna info current version 0.6.2
lerna info Looking for changed packages since v0.6.2
? Select a new version (currently 0.6.2) (Use arrow keys)
❯ Patch (0.6.3)
  Minor (0.7.0)
  Major (1.0.0)
  Prepatch (0.6.3-alpha.0)
  Preminor (0.7.0-alpha.0)
  Premajor (1.0.0-alpha.0)
  Custom Prerelease
  Custom Version
```

选定新版本之后，Lerna 会自动改变每个包的版本号，在远程仓库中创建一个新的 tag，并将所有的改动推送到 GitLab 实例中。

接下来，通过 CI（Continuous Integration，持续集成）进行构建实际上只需要以下两步。

- build，即构建。

- publish，即发布。

构建实际上就是运行以下代码。

```
lerna bootstrap
lerna run build
```

而发布也不复杂，只需要执行以下代码即可。

```
git checkout master
```

```
lerna bootstrap
git reset --hard
lerna publish from-package --yes
```

注意，这里使用了 lerna publish from-package，而不是简单的 lerna publish。因为开发者在本地已经运行了 lerna version，这时再运行 lerna publish 会收到"当前版本已经发布"的提示。而 from-package 参数会告诉 Lerna 发布所有非当前 npm package 版本的项目。

通过这个案例，我们了解了 Lerna 构建 monorepo 时的经典套路，Lerna 还封装了更多的 API 来支持更加灵活的 monorepo 的创建，感兴趣的读者可以自行研究。个人认为，monorepo 和 multirepo 未来将会持续并存，开发者应该根据项目特点来选择使用哪种方式。

依赖关系简介

说到项目中的依赖关系，我们往往会想到使用 yarn/npm 解决依赖问题。依赖关系大体上可以分为嵌套依赖和扁平依赖。

在项目中，我们引用了 3 个包：PackageA、PackageB、PackageC，它们都依赖了 PackageD 的不同版本。那么在安装时，如果 PackageA、PackageB、PackageC 在各自的 node_modules 目录中分别含有 PackageD，那么我们就将其理解为嵌套依赖，示例如下。

```
PackageA
    node_modules/PackageD@v1.1
PackageB
    node_modules/PackageD@v1.2
PackageC
    node_modules/PackageD@v1.3
```

如果在安装时，先安装了 PackageA，那么 PackageA 依赖的 PackageD 版本就会成为主版本，但它又和 PackageA、PackageB、PackageC 一起平级出现，所以我们认为这是扁平依赖。此时 PackageB、PackageC 各自的 node_modules 目录中也含有各自的 PackageD 版本。

```
PackageA
PackageD@v1.1
PackageB
    node_modules/PackageD@v1.2
PackageC
    node_modules/PackageD@v1.3
```

npm 在安装依赖包时，会将依赖包下载到当前的 node_modules 目录中。对于嵌套依赖和扁平依赖的话题，npm 给出了不同的处理方案。npm3 以下的版本在安装依赖时非常直接，它会按照包依赖的树形结构将其下载到本地 node_modules 目录中，也就是说，每个包都会将该包的依赖放到当前包所在的 node_modules 目录中。

这么做是因为考虑到了包依赖的版本错综复杂，同一个包因为被依赖的关系会出现多个版本，保证树形结构的安装能够简化和统一对于包的安装和删除行为。这样能够简单地解决多版本兼容问题，但也带来了较大的冗余。

npm3 采用了扁平结构，在安装依赖包时更加智能，具体体现在：在安装依赖包时，npm3 会按照 package.json 中声明的顺序依次安装包，遇到新的包就把它放在第一级 node_modules 目录中。后面再进行安装时，如果遇到一级 node_modules 目录已经存在的包，就会先判断包版本，如果版本一样则跳过安装，否则会按照 npm2 的方式安装在树形目录结构下。

npm3 这种安装方式只能够部分解决依赖重复的问题，对于一些场景，依然无法做到将依赖去重。比如，项目中有 PackageA、PackageB、PackageC、PackageD，PackageB、PackageC 依赖模块 PackageD v2.0，PackageA 依赖模块 PackageD v1.0，如果在安装时先安装了 PackageD v1.0，然后分别在 PackageB、PackageC 树形结构内部安装了 PackageD v2.0，则会造成一定程度的冗余。为了解决这个问题，就有了 npm dedupe 命令。

关于 npm 和 yarn 的内容足以单独开讲，这里不再展开。

另外，为了保证同一个项目中不同团队成员安装的版本依赖相同，我们往往会使用 package-lock.json 或 yarn-lock.json 这类文件，并通过 Git 上传 package-lock.json 或 yarn-lock.json 以共享指定版本的依赖。

这些内容与开发息息相关，但是往往会被开发者忽视。依赖问题说小很小，说复杂也很复杂，下面再来看一个循环依赖的问题。

复杂依赖关系分析和处理

对于前端项目来说，安装依赖非常简单，执行以下命令即可。

```
npm install / yarn add
```

但是，安装一时爽，带来的依赖关系却会慢慢地让人头大。依赖关系的复杂性带来的主要副作用就是循环依赖。

这里来重点说一下。简单来说，循环依赖就是模块 A 和模块 B 相互引用。在不同的模块化规范下，对循环依赖的处理不尽相同。

下面在 Node.js 中制造一个简单的循环引用场景。

假设模块 A 的内容如下。

```
exports.loaded = false
const b = require('./b')
module.exports = {
    bWasLoaded: b.loaded,
    loaded: true
}
```

模块 B 的内容如下。

```
exports.loaded = false
const a = require('./a')
module.exports = {
    aWasLoaded: a.loaded,
    loaded: true
}
```

在 index.js 文件中调用以下代码。

```
const a = require('./a');
const b = require('./b')
console.log(a)
console.log(b)
```

在这种情况下执行代码，并未出现死循环崩溃的现象，而是输出以下结果。

```
{ bWasLoaded: true, loaded: true }
{ aWasLoaded: false, loaded: true }
```

这多亏了模块加载过程中的缓存机制，使 Node.js 对模块加载进行了缓存。按照执行顺序，第一次加载 a 时会执行 const b = require('./b')，所以可以直接进入模块 B 中，而此时在模块 B 中又会执行 const a = require('./a')，由于模块 A 已经被缓存，因此模块 B 返回的结果如下。

```
{
    aWasLoaded: false,
    loaded: true
}
```

模块 B 加载完成后，回到模块 A 中继续执行，模块 A 返回的结果如下。

```
{
    aWasLoaded: true,
    loaded: true
}
```

据此分析，我们不难理解最终的打印结果。

总的来说，Node.js 或 CommonJS 规范得益于其缓存机制，可以使程序在遇见循环引用时不会崩溃。但是，这样的机制仍然会有问题：它只会输出已执行部分，对于未执行部分 export 来说，其内容为 undefined。

ES 模块与 CommonJS 规范不同，ES 模块不存在缓存机制，而是动态引用依赖的模块。

ES 模块的设计思想是，尽量静态化，这样在编译时就能确定模块之间的依赖关系。这也是 import 命令一定要出现在模块开头部分的原因。在模块中，import 实际上不会直接执行模块，而是只生成一个引用。在模块内真正引用依赖逻辑时，模块会从依赖中进行取值。这样的设计非常有利于 tree shaking 技术的实现。

在工程实践中，循环引用的出现往往是由设计不合理造成的。如果使用 webpack 进行项目构建，则可以使用 webpack 插件 circular-dependency-plugin 来帮助检测项目中存在的所有循环依赖。循环依赖这个问题说大不大，说小不小，我们应该尽可能在设计之初规避。

另外，复杂的依赖关系至少还会带来以下问题。

- 依赖版本不一致
- 依赖丢失

对此，开发者需要根据实际情况进行处理，同时，合理使用 npm/yarn 工具也能起到非常关键的作用。

使用 yarn workspace 管理依赖关系

monorepo 项目中的依赖管理问题值得重视。现在来看一下非常流行的 yarn workspace 是如何处理这种问题的。

workspace 的定位为：It allows you to setup multiple packages in such a way that you only need to run yarn install once to install all of them in a single pass.

翻译过来的意思就是，workspace 能帮助你更好地管理有多个子包的 monorepo，开发者既可以在每个子包下使用独立的 package.json 管理依赖，又可以享受通过一条 yarn 命令安装或升级所有依赖的便利。

引入 workspace 后，在根目录下执行以下命令，所有的依赖都会被安装或更新。

```
yarn install / yarn updrade XX
```

当然，如果只想更新某一个包内的版本，则可以通过以下代码完成。

```
yarn workspace <workspace-name> upgrade XX
```

在使用 yarn 的项目中，使用 yarn workspace 时不需要安装其他的包，只需要简单更改 package.json 便可以工作。

```
// package.json
{
  "private": true,
  "workspaces": ["workspace-1", "workspace-2"]
}
```

需要注意的是，如果需要启用 workspace，则必须将这里的 private 字段设置为 true。同时，workspaces 这个字段的值对应一个数组，数组中的每一项都是字符串，分别表示一个 workspace（可以理解为一个 repo）。

接着，可以在 workspace-1 和 workspace-2 项目中分别添加 package.json 文件中的内容，如下所示。

workspace-1 项目：

```
{
  "name": "workspace-1",
  "version": "1.0.0",

  "dependencies": {
    "react": "16.2.3"
  }
}
```

workspace-2 项目：

```
{
  "name": "workspace-2",
  "version": "1.0.0",

  "dependencies": {
```

```
    "react": "16.2.3",
    "workspace-1": "1.0.0"
  }
}
```

执行 yarn install 命令后,可以发现项目根目录下的 node_modules 内已经包含了所有声明的依赖,且各个子包的 node_modules 中不会重复存在依赖,只会引用根目录下 node_modules 中的 React 包。

我们发现,yarn workspace 和 Lerna 有很多共同之处,解决的问题也有部分重叠。下面就对比一下 yarn workspace 和 Lerna。

- yarn workspace 寄存于 yarn 中,不需要开发者额外安装工具即可使用,使用起来也非常简单,只需要在 package.json 中进行相关的配置,但不像 Learn 那样提供了大量 API。
- yarn workspace 只能在根目录中引入,不需要在各个子项目中引入。

事实上,Lerna 可以与 yarn workspace 共存,两者搭配使用能够发挥更大的作用。在我们的团队中,Lerna 负责版本管理与发布,其强大的 API 和设置可以使我们在开发时做到灵活细致;workspace 负责依赖管理,使整个流程非常清晰。

在 Lerna 中使用 workspace,首先需要修改 lerna.json 文件中的设置。

```
{
  ...
  "npmClient": "yarn",
  "useWorkspaces": true,
  ...
}
```

然后,将根目录下 package.json 文件中的 workspaces 字段设置为 Lerna 标准的 packages 目录。

```
{
  ...
  "private": true,
  "workspaces": [
    "packages/*"
  ],
  ...
}
```

注意,如果我们开启了 workspace 功能,则 lerna.json 中的 packages 值便不再生效。原因是 Lerna 会将 package.json 文件的 workspaces 中所设置的 workspaces 数组作为 lerna packages 的路径,也就是各个子仓库的路径。换句话说,Lerna 会优先使用 package.json 中的 workspaces 字段,在不存在该字段的情况下再使用 lerna.json 中的 packages 字段。如果未开启 workspace 功能,则 lerna.json 文件中的配置如下所示。

```
{
  "npmClient": "yarn",
  "useWorkspaces": false,
  "packages": [
    "packages/11/*",
    "packages/12/*"
  ]
}
```

根目录下 package.json 文件中的配置如下所示。

```
{
  "private": true,
  "workspaces": [
    "packages/21/*",
    "packages/22/*",
  ],
  ...
}
```

那么，这就意味着使用 yarn 管理的是 package.json 文件中 workspaces 所对应的项目路径下的依赖：packages/21/* 及 packages/22/*；而 Leran 管理的是 lerna.json 文件中 packages 所对应的 packages/11/* 及 packages/12/*。

总结

本篇主要探讨了大型前端项目的组织选型问题，着重分析了 monorepo 方案，内容注重实战。对于大型代码库的组织，本篇梳理了一条清晰的工作流程。找到适合自己团队的风格，是一名合格的开发者所需要具备的技能。

但是，关于 npm 和 yarn，以及所牵扯出的依赖问题、monorepo 设计问题仍然是开发中面对的挑战，其中涉及的话题仍然值得深挖和系统展开。对于具体工程化项目的代码组织选型和设计，开发者一定要通过动手来理解。

22

代码规范工具及技术设计

不管是团队的扩张还是业务的发展，都会导致项目代码量出现爆炸式增长。为了防止"野蛮生长"现象，我们需要有一个良好的技术选型和成熟的架构做支撑，也需要团队中每一个开发者都能用心维护项目。在此方向上，除了通过人工代码审查来维护项目规范，相信大家还会使用一些规范工具。

作为一名前端工程师，如何尽可能地发挥现代化工具的作用？在必要的情况下，如何开发适合自己团队需求的工具？本篇将围绕这些问题展开。

自动化工具巡礼

现代前端开发使用的"武器"都已经非常自动化了。不同工具有不同分工，我们的目标是合理结合各种工具，打造一条完善的自动化流水线，以高效率、低投入的方式，为我们的代码质量提供有效保障。

prettier

首先从 prettier 说起，英文单词 prettier 是 pretty 的比较级，pretty 可译为"漂亮的、美观的"，所以顾名思义，prettier 这个工具能够美化我们的代码，或者说格式化、规范化代码，使其更加工整。它一般不会检查代码的具体写法，而是在"可读性"上做文章，目前支持包括 JavaScript、JSX、Angular、Vue、Flow、TypeScript、CSS（Less、SCSS）、JSON 等多种语言，以及数据交换格式、语法规范扩展。总结一下，它能够将原始代码风格移除，并替换为团队统一配置的代码风格。虽然几乎所有团队都在使用这款工具，不过下面还是简单分析一下使用它的原因吧。

- 构建并统一代码风格。
- 帮助团队新成员快速融入团队。
- 开发者可以完全聚焦业务开发，不必在代码整理上花费过多心思。
- 方便低成本灵活接入，并快速发挥作用。
- 清理并规范已有代码。
- 减少潜在 bug。
- 有丰富强大的社区支持。

下面来看一个简单的 demo。首先，通过下面的命令创建一个项目。

```
mkdir prettier-demo && cd prettier-demo
```

然后，通过下面的命令进行项目初始化。

```
yarn init -y
```

接着安装依赖，命令如下。

```
yarn add prettier --dev --exact
```

在 package.json 文件中加入 scripts，如下所示。

```
{
  "name": "prettier-demo",
  "version": "1.0.0",
  "scripts": {
    "prettier": "prettier --write src/index.js"
  },
}
```

prettier --write src/index.js 的意思是运行 prettier，并对 src/index.js 文件进行处理，--write 标识告诉 prettier 要把格式化后的内容保存到当前文件中。

在 ./src 目录中新建 index.js 文件，并在文件中键入一些格式缺失的代码，如下所示。

```
let person = {
        name: "Yoda",
   designation: 'Jedi Master '
   }
```

```
      function trainJedi (jediWarrion) {
  if (jediWarrion.name === 'Yoda') {
    console.log('No need! already trained')
  }
  console.log(`Training ${jediWarrion.name} complete`)
}

         trainJedi(person)
trainJedi({ name: 'Adeel', designation: 'padawan'})
```

同时，在根文件中创建 prettier.config.js 文件，并在文件中添加 prettier 规则。

```
module.exports = {
  printWidth: 100,
  singleQuote: true,
  trailingComma: 'all',
  bracketSpacing: true,
  jsxBracketSameLine: false,
  tabWidth: 2,
  semi: true,
}
```

prettier 会读取这些规则，并按照以上规则配置、美化代码。对于这些规则，我们通过其名称便能理解其大概意思，更多内容留给大家去官网查看。

运行以下命令，代码就会被自动格式化了。

```
yarn prettier
```

当然，prettier 也可以与编辑器结合，在开发者保存代码后立即对代码进行美化，我们也可以将 prettier 集成到 CI 环节或 git pre-commit 阶段。比如，使用 pretty-quick 在代码提交时对代码进行美化，命令如下。

```
yarn add prettier pretty-quick husky --dev
```

同时，需要在 package.json 中配置以下内容。

```
{
    "husky": {
        "hooks": {
            "pre-commit": "pretty-quick --staged"
        }
    }
}
```

在 husky 中定义 pre-commit 阶段，并只对 staged 的文件进行格式化。

这里使用了官方推荐的 pretty-quick 来实现 pre-commit 阶段的美化，这只是其中一种实现方式，还可以通过 lint-staged 来实现。在下面介绍 ESLint 和 husky 时会讲到 lint-staged。通过 demo 可以看出，prettier 确实很灵活，且自动化程度很高，接入项目也十分方便。

ESLint

下面来看一下以 ESLint 为代表的 linter。多数编程语言都有 linter，它们往往被集成在编译阶段，完成 coding linting。code linting 表示基于静态分析代码原理找出代码反模式的过程。

对于 JavaScript 这种动态、松类型的语言来说，开发者在编写代码时更容易犯错。由于 JavaScript 不具备先天编译流程，因此往往会在运行时暴露错误，而 linter，尤其是最具代表性的 ESLint，可以使开发者在执行前就发现代码错误或不合理的写法。

ESLint 中最重要的几点哲学思想如下。

- 所有规则都插件化。
- 所有规则都可插拔（随时开关）。
- 所有设计都透明化。
- 使用 espree 进行 JavaScript 解析。
- 使用 AST 分析语法。

下面来简单配置一个 ESLint 规则，步骤如下。

首先，初始化项目，命令如下。

```
yarn init -y
```

然后，通过以下命令安装依赖。

```
yarn add eslint --dev
```

接着，执行以下命令。

```
npx eslint --init
```

之后就可以使用 eslint 对任意文件进行处理了，命令如下。

```
eslint XXX.js
```

当然，想要顺利执行 eslint，还需要安装应用规则插件。

那么，如何声明并使用规则呢？在根目录中打开.eslintrc 配置文件，在该文件中加入以下内容。

```
{
    "rules": {
        "semi": ["error", "always"],
        "quote": ["error", "double"]
    }
}
```

semi、quote 就是 ESLint 规则的名称，其值对应的数组第一项可以为 off/0、warn/1、error/2，分别表示关闭规则、以 warning 形式打开规则、以 error 形式打开规则。

同样，我们还会在.eslintrc 文件中发现以下内容，表示 ESLint 的默认规则都将会被打开。

```
"extends": "eslint:recommended"
```

当然，我们也可以选取其他规则集合，比较出名的有以下两个。

- Google JavaScript Style Guide
- Airbnb JavaScript Style Guide

继续拆分.eslintrc 文件，可以看到它主要由 6 个字段组成，代码如下。

```
module.exports = {
  env: {},
  extends: {},
  plugins: {},
  parser: {},
  parserOptions: {},
  rules: {},
}
```

- env：指定想启用的环境。
- extends：指定额外配置的选项，如['airbnb']表示使用 Airbnb 的 linting 规则。
- plugins：设置规则插件。
- parser：默认情况下，ESLint 使用 espree 进行解析。
- parserOptions：如果更改了默认解析器，则需要配置 parserOptions 来自定义解析器。
- rules：定义拓展的及通过插件添加的所有规则。

注意，上述代码采用了.eslintrc.js 的 JavaScript 文件格式，此外还可以采用.yaml、.json、yml 等格式。如果项目中含有多种配置文件格式，则优先级顺序如下。

```
.eslintrc.js
.eslintrc.yaml
.eslintrc.yml
.eslintrc.json
.eslintrc
package.json
```

最终，可以在 package.json 中添加 scripts，如下所示。

```
"scripts": {
  "lint": "eslint --debug src/",
  "lint:write": "eslint --debug src/ --fix"
},
```

scripts 中的 lint 将遍历所有文件，并在每个存在错误的文件中提供详细日志，但开发者需要手动打开这些文件并更正错误；lint:write 与 lint 类似，但它可以自动纠正错误。

linter 和 prettier

我们应该如何对比以 ESLint 为代表的 linter 和 prettier 呢？它们到底是什么关系？就像本篇开头所提到的那样，它们用来解决不同的问题，定位不同，但又可以相辅相成。

所有的 linter 都与 ESLint 类似，其规则可以划分为以下两类。

1. 格式化规则（formatting rule）

典型的格式化规则有 max-len、no-mixed-spaces-and-tabs、keyword-spacing、comma-style，它们有"限制一行的最大长度""禁止使用空格和 Tab 混合缩进"等代码格式方面的规范。事实上，如果开发者写出的代码违反了这类规则，且在 lint 阶段前需要先经过 prettier 进行处理，那么这些问题就会先在 prettier 阶段被纠正，因此 linter 不会抛出提醒，非常让人省心，这是 linter 和 prettier 重叠的地方。

2. 代码质量规则（code quality rule）

代码质量规则有 no-unused-vars、no-extra-bind、no-implicit-globals、prefer-promise-reject-errors，它们有"限制声明未使用变量""限制不必要的函数绑定"等代码写法方面的规范。这时，prettier 对这些规则就无法进行审查和美化了。但是，这些规则对于代码质量和强健性至关重要，还是需要 linter 来保障的。

如同 prettier，ESLint 也可以被集成到编辑器或 git pre-commit 阶段。前面已经演示过了 prettier 搭配 husky 的使用方式，下面就来介绍一下 husky 到底是什么。

husky 和 lint-staged

其实，husky 就是通过 Git 命令的钩子，在 Git 命令进行到某一时段时，可以被交给开发者完成某些特定的操作。安装 husky 的命令如下。

```
yarn add --dev husky
```

然后，在 package.json 文件中添加以下内容。

```
"husky": {
  "hooks": {
      "pre-commit": "YOUR_SCRIPT",
      "pre-push": "YOUR_SCRIPT"
  }
},
```

这样，每次提交（commit）或推送（push）代码时，就可以执行相关 npm 脚本。需要注意的是，在整个项目上运行 lint 会很慢，我们一般只会对更改的文件进行检查，这时就需要用到 lint-staged，如下所示。

```
yarn add --dev lint-staged
```

然后，在 package.json 文件中添加以下内容。

```
"lint-staged": {
    "*.(js|jsx)": ["npm run lint:write", "git add"]
},
```

最终代码如下。

```
"scripts": {
    "lint": "eslint --debug src/",
    "lint:write": "eslint --debug src/ --fix",
    "prettier": "prettier --write src/**/*.js"
},
"husky": {
    "hooks": {
       "pre-commit": "lint-staged"
    }
},
"lint-staged": {
    "*.(js|jsx)": ["npm run lint:write", "npm run prettier", "git add"]
},
```

这段代码表示在 pre-commit 阶段使用 ESLint 和 prettier 对后缀为 js 或 jsx 且进行过修改的文件进

行处理，之后再通过 git add 命令将本次改动添加到暂存区。

俗话说"工欲善其事，必先利其器"，本节对常用工具进行了介绍，请读者亲自动手实践，了解其中的奥秘。

工具背后的技术原理和设计

在这一节中，我们挑选实现更为复杂精妙的 ESLint 进行分析。大家都清楚，ESLint 是基于抽象语法树（AST）进行工作的，AST 已经不是一个新鲜话题，我们在 20 篇中就介绍过。ESLint 使用 espree 来解析 JavaScript 语句，生成 AST。有了完整的解析树，就可以基于解析树对代码进行检测和修改了。

ESLint 的灵魂是其中的每条规则，每条规则都是独立且插件化的，下面选择比较简单的"禁止块级注释规则"的源码来分析。

```
module.exports = {
  meta: {
    docs: {
      description: '禁止块级注释',
      category: 'Stylistic Issues',
      recommended: true
    }
  },
  create (context) {
    const sourceCode = context.getSourceCode()
    return {
      Program () {
        const comments = sourceCode.getAllComments()
        const blockComments = comments.filter(({ type }) => type === 'Block')
        blockComments.length && context.report({
          message: 'No block comments'
        })
      }
    }
  }
}
```

从中可以看出，一条规则就是一个 node 模块，它由 meta 和 create 组成。meta 包含了该条规则的文档描述，相对简单；而 create 会接收一个 context 参数，返回一个对象。

同时，create 可以从 context 中取得当前执行的代码，并通过选择器获取当前需要的内容。如以上代码所示，我们会获取代码的所有 comments（sourceCode.getAllComments()），如果 blockComments 的长度大于 0，则会报错，抛出 No block comments 信息。

再来看一个 no-console 规则的实现，代码如下。

```
"use strict";

module.exports = {
    meta: {
        type: "suggestion",

        docs: {
            description: "disallow the use of `console`",
            category: "Possible Errors",
            recommended: false,
            url: "https://eslint.org/docs/rules/no-console"
        },

        schema: [
            {
                type: "object",
                properties: {
                    allow: {
                        type: "array",
                        items: {
                            type: "string"
                        },
                        minItems: 1,
                        uniqueItems: true
                    }
                },
                additionalProperties: false
            }
        ],

        messages: {
            unexpected: "Unexpected console statement."
        }
    },

    create(context) {
        const options = context.options[0] || {};
        const allowed = options.allow || [];
        function isConsole(reference) {
            const id = reference.identifier;
            return id && id.name === "console";
        }
```

```
        function isAllowed(node) {
            const propertyName = astUtils.getStaticPropertyName(node);

            return propertyName && allowed.indexOf(propertyName) !== -1;
        }

        function isMemberAccessExceptAllowed(reference) {
            const node = reference.identifier;
            const parent = node.parent;

            return (
                parent.type === "MemberExpression" &&
                parent.object === node &&
                !isAllowed(parent)
            );
        }

        function report(reference) {
            const node = reference.identifier.parent;

            context.report({
                node,
                loc: node.loc,
                messageId: "unexpected"
            });
        }

        return {
            "Program:exit"() {
                const scope = context.getScope();
                const consoleVar = astUtils.getVariableByName(scope, "console");
                const shadowed = consoleVar && consoleVar.defs.length > 0;
                const references = consoleVar
                    ? consoleVar.references
                    : scope.through.filter(isConsole);

                if (!shadowed) {
                    references
                        .filter(isMemberAccessExceptAllowed)
                        .forEach(report);
                }
            }
        };
    }
};
```

以上代码通过 astUtils.getVariableByName(scope, "console")及 isConsole 函数来判别是否出现了 console 语句，通过 allowed.indexOf(propertyName) !== -1 来过滤白名单。

其实现非常简单，只要了解了这些，相信你也能写出 no-alert,no-debugger 规则的代码。

再来看一下 no-duplicate-case 规则,它监测 switch...case 中是否存在相同的 case 分支,代码如下。

```javascript
module.exports = {
  meta: {
    type: "problem",

    docs: {
      description: "disallow duplicate case labels",
      category: "Possible Errors",
      recommended: true,
      url: "https://eslint.org/docs/rules/no-duplicate-case"
    },

    schema: [],

    messages: {
      unexpected: "Duplicate case label."
    }
  },

  create(context) {
    const sourceCode = context.getSourceCode();

    return {
      SwitchStatement(node) {
        const mapping = {};

        node.cases.forEach(switchCase => {
          const key = sourceCode.getText(switchCase.test);

          if (mapping[key]) {
            context.report({ node: switchCase, messageId: "unexpected" });
          } else {
            mapping[key] = switchCase;
          }
        });
      }
    };
  }
};
```

以上代码非常简单,在初始化时使用一个空的 mapping,然后通过每次添加 case 来对 mapping 进行扩充,如果存在相同的 case 则进行报告。

虽然 ESLint 背后的技术内容比较复杂,但是基于 AST 技术,它已经给开发者提供了较为成熟的 API。写一条自己的规则并不是很难,只需要开发者找到相关的 AST 选择器,如上面代码中的

getAllComments()，更多的选择器可以参考 Selectors - ESLint - Pluggable JavaScript linter 一文。熟练掌握选择器将是我们开发插件扩展的关键。

当然，有一些场景远不止这么简单，比如，多条规则串联起来生效的场景。

事实上，具体的规则可以从多个源来定义，比如，可以在代码的注释或配置文件中进行规则定义。

ESLint 首先收集到所有规则的配置源，将所有规则归并后进行多重遍历：首先由源码生成的 AST 将语法节点传入队列中；之后遍历所有应用规则，采用事件发布/订阅模式（类似 webpack tapable）为所有规则的选择器添加监听事件；在触发事件时执行规则插件，如果发现有问题，则将上报信息记录下来。最终记录下来的问题信息将会被输出。

ESLint 的相关源码如下。

```
function runRules(sourceCode, configuredRules, ruleMapper, parserOptions, parserName, settings, filename) {
    const emitter = createEmitter();
    const nodeQueue = [];
    let currentNode = sourceCode.ast;

    Traverser.traverse(sourceCode.ast, {
        enter(node, parent) {
            node.parent = parent;
            nodeQueue.push({ isEntering: true, node });
        },
        leave(node) {
            nodeQueue.push({ isEntering: false, node });
        },
        visitorKeys: sourceCode.visitorKeys
    });
    const lintingProblems = [];
    Object.keys(configuredRules).forEach(ruleId => {
        const severity = ConfigOps.getRuleSeverity(configuredRules[ruleId]);

        if (severity === 0) {
            return;
        }

        const rule = ruleMapper(ruleId);
        const messageIds = rule.meta && rule.meta.messages;
        let reportTranslator = null;
        const ruleContext = Object.freeze(
            Object.assign(
                Object.create(sharedTraversalContext),
```

```javascript
            {
                id: ruleId,
                options: getRuleOptions(configuredRules[ruleId]),
                report(...args) {
                    
                    if (reportTranslator === null) {...}
                    const problem = reportTranslator(...args);
                    if (problem.fix && rule.meta && !rule.meta.fixable) {
                        throw new Error("Fixable rules should export a `meta.fixable` property.");
                    }
                    lintingProblems.push(problem);
                }
            }
        )
    );
    
    const ruleListeners = createRuleListeners(rule, ruleContext);
    
    // add all the selectors from the rule as listeners
    Object.keys(ruleListeners).forEach(selector => {
        emitter.on();
    });
});
const eventGenerator = new CodePathAnalyzer(new NodeEventGenerator(emitter));

nodeQueue.forEach(traversalInfo => {
    currentNode = traversalInfo.node;
    if (traversalInfo.isEntering) {
        eventGenerator.enterNode(currentNode);
    } else {
        eventGenerator.leaveNode(currentNode);
    }
});

return lintingProblems;
}
```

程序中免不了有各种条件语句、循环语句，因此代码的执行是非顺序的。这类语句的相关规则，如"检测定义但不使用变量""switch-case 中避免执行多条 case 语句"等，涉及 ESLint 更高级的代码路径分析（code path analysis）概念等。ESLint 将代码路径抽象为以下 5 个事件。

- onCodePathStart

- onCodePathEnd

- onCodePathSegmentStart
- onCodePathSegmentEnd
- onCodePathSegmentLoop

利用这 5 个事件，我们可以更加精确地控制检测范围和粒度。更多 ESLint 规则的实现可以通过翻看源码进行学习。总之，根据这 5 个事件即可监测非顺序性代码，其核心原理还是事件机制。

下面以 no-unreachable 规则为例来说明如何通过事件机制来监测非顺序性代码，并对相关代码进行审查。no-unreachable 规则可以通过监测 return、throws、break、continue 的使用识别出不会被执行的代码，并给出错误报告，代码如下。

```javascript
function isInitialized(node) {
    return Boolean(node.init);
}
function isUnreachable(segment) {
    return !segment.reachable;
}
class ConsecutiveRange {
    constructor(sourceCode) {
        this.sourceCode = sourceCode;
        this.startNode = null;
        this.endNode = null;
    }   get location() {
        return {
            start: this.startNode.loc.start,
            end: this.endNode.loc.end
        };
    }   get isEmpty() {
        return !(this.startNode && this.endNode);
    }   contains(node) {
        return (
            node.range[0] >= this.startNode.range[0] &&
            node.range[1] <= this.endNode.range[1]
        );
    }   isConsecutive(node) {
        return this.contains(this.sourceCode.getTokenBefore(node));
    }   merge(node) {
        this.endNode = node;
    }
    reset(node) {
        this.startNode = this.endNode = node;
    }
}
module.exports = {
    meta: {
```

```
        type: "problem",
        docs: {
            description: "disallow unreachable code after `return`, `throw`, `continue`, and `break` statements",
            category: "Possible Errors",
            recommended: true,
            url: "https://eslint.org/docs/rules/no-unreachable"
        },

        schema: []
    },

    create(context) {
        let currentCodePath = null;
        const range = new ConsecutiveRange(context.getSourceCode());
        function reportIfUnreachable(node) {
            let nextNode = null;
            if (node && currentCodePath.currentSegments.every (isUnreachable)) {
                if (range.isEmpty) {
                    range.reset(node);
                    return;
                }             if (range.contains(node)) {
                    return;
                }             if (range.isConsecutive(node)) {
                    range.merge(node);
                    return;
                }

                nextNode = node;
            }            if (!range.isEmpty) {
                context.report({
                    message: "Unreachable code.",
                    loc: range.location,
                    node: range.startNode
                });
            }            range.reset(nextNode);
        }

        return {
            // Manages the current code path.
            onCodePathStart(codePath) {
                currentCodePath = codePath;
            },

            onCodePathEnd() {
                currentCodePath = currentCodePath.upper;
            },          BlockStatement: reportIfUnreachable,
        BreakStatement: reportIfUnreachable,
```

```
            ClassDeclaration: reportIfUnreachable,
            ContinueStatement: reportIfUnreachable,
            DebuggerStatement: reportIfUnreachable,
            DoWhileStatement: reportIfUnreachable,
            ExpressionStatement: reportIfUnreachable,
            ForInStatement: reportIfUnreachable,
            ForOfStatement: reportIfUnreachable,
            ForStatement: reportIfUnreachable,
            IfStatement: reportIfUnreachable,
            ImportDeclaration: reportIfUnreachable,
            LabeledStatement: reportIfUnreachable,
            ReturnStatement: reportIfUnreachable,
            SwitchStatement: reportIfUnreachable,
            ThrowStatement: reportIfUnreachable,
            TryStatement: reportIfUnreachable,

            VariableDeclaration(node) {
                if (node.kind !== "var" ||         node.declarations.some(isInitialized)) {
                    reportIfUnreachable(node);
                }
            },

            WhileStatement: reportIfUnreachable,
            WithStatement: reportIfUnreachable,
            ExportNamedDeclaration: reportIfUnreachable,
            ExportDefaultDeclaration: reportIfUnreachable,
            ExportAllDeclaration: reportIfUnreachable,

            "Program:exit"() {
                reportIfUnreachable();
            }
        };
    }
};
```

以上代码是通过 isUnreachable 函数来判别一个代码路径是否无法触及的，下面提供相关的反例来帮助大家理解。请看以下代码。

```
function foo() {
    return true;
    console.log("done");
}

function bar() {
    throw new Error("Oops!");
    console.log("done");
}
```

```
while(value) {
   break;
   console.log("done");
}

throw new Error("Oops!");
console.log("done");

function baz() {
   if (Math.random() < 0.5) {
      return;
   } else {
      throw new Error();
   }
   console.log("done");
}
```

因为 unreachable 的代码需要被放在一个区块中理解，通过单条语句是无法进行判别的，因此需要使用 ConsecutiveRange 类来保留连续代码信息。

最后，这种优秀的插件扩展机制对于设计一个库，尤其是设计一个规范工具来说，是非常值得借鉴的。事实上，prettier 也会在新的版本中引入插件机制，目前已经在 beta 版本中引入，感兴趣的读者可以下载该版本尝试使用。

自动化规范与团队建设

自动化规范中还有一些其他细节，比如，使用 EditorConfig 来保证编辑器的统一设置，确保在制表符空格或换行方面的一致性，以及通过结合使用 commitlint 和 husky 来保证 commit 信息的规范。

我们首先安装 commitlint cli 和 conventional config，命令如下。

```
npm install --save-dev @commitlint/{config-conventional,cli}
```

接着配置 commitlint，命令如下。

```
echo "module.exports = {extends: ['@commitlint/config-conventional']}" > commitlint.config.js
```

并在 commit-msg 的 git hook 阶段检查 commit 信息，在 package.json 文件中添加以下代码。

```
{
   "husky": {
```

```
    "hooks": {
        "commit-msg": "commitlint -E HUSKY_GIT_PARAMS"
    }
  }
}
```

我们也可以根据团队需求做更多定制化的尝试，比如，自动规范化或生产 commit 信息，有了规范的 commit 信息后，就可以提取关键内容，规范化生产 changelog 等。

对于代码规范，还可以从团队文档的生产入手，进行代码约束和规范制定。举个例子，如果使用 React 开发项目，那么 React 组件文档是如何规范化生成的呢？如何提高组件使用的效率，减少学习成本？我在掘金 AMA 上做客时，有人便提出了这样的问题。

我们组内面临着对最古老的 React 管理平台进行重构的任务，这次我们想生成关于管理平台的阅读文档（包括常用的样式命名、工具方法、全局组件、复杂 API 交互流程等）。

所以我想提出的问题是：面向 React 代码的可维护性和可持续发展（避免每个团队成员都把单个功能实现一遍，当新成员加入时能够知道有哪些功能可以从现有的代码中复用，也能够知道有哪些功能还没有，可以添加进去），业内有哪些工具、npm 库或开发模式是可以确切帮助解决痛点或改善现状的呢？

确实，随着项目复杂度的提升，各种组件也呈爆炸式增长。让这些组件方便易用，满足快速上手的需求，同时不成为负担，避免重复造轮子的现象，良好的组件管理在团队中非常重要。

社区在 React 组件管理方面的探索很多，相关方案也各有特色，下面简单梳理一下。

- 最知名的方案一定是 storybook，它会生成一个静态页面，专门用来展示组件的实际效果及用法；缺点是业务侵入性较强，且 story 的编写成本较高。
- 我个人很喜欢的方案是 react-docgen，它的风格比较极客，能够分析并提取 React 组件信息。原理是使用 recast 和 @babel/parser AST 进行分析，最终产出一个 JSON 文档。它的缺点是较为轻量，缺乏有效的可视化能力。
- 在 react-docgen 之上，我们可以考虑使用的方案是 React Styleguidist，这是一款 React 组件文档生成器，支持丰富的 demo，可能会更多地满足日常需求。
- 一些小而美的解决方案，如 react-doc、react-doc-generator、cherrypdoc，也都可以考虑尝试。

"自己动手，丰衣足食"，其实开发一个类似的工具并不会太复杂。如果有时间和精力，你可以根据自己的需求，整理一个完全匹配自己团队的 React 组件管理文档，或者其他与框架或业务相关的文档，这非常有意义。

总结

在规范化的道路上，只有你想不到，没有你做不到。

简单的规范化工具用起来非常清爽，但是背后的实现却蕴含了很深的设计与技术细节，值得我们深入学习。

作为前端工程师，我们应该从平时开发的痛点和效率瓶颈入手，敢于尝试，不断探索。保证团队开发的自动化程度，就能减少不必要的麻烦。

在自动化规范与团队建设方面，除了有本篇介绍的一些"偏硬"的强制规范手段，还有一些"偏软"的手段，比如团队氛围、人工代码审查等，也直接决定着团队的代码质量。进阶的工程师不仅需要在技术上成长，也需要在团队建设上有所见地。

part six

第六部分

性能优化是理论和实践相结合的重要话题。本部分将介绍大量重要的性能优化知识点，如性能监控、错误收集与上报等，同时将结合项目实例和 React 来探讨性能优化问题。阅读本部分之前，大家需要了解缓存策略、浏览器渲染的特点、JavaScript 异步单线程对性能的影响、网络传输知识等内容，同时也要具备一些实践经验，如用 Chrome devtool 分析火焰图、编写并运行出准确的 benchmark 等。

性能优化

23

性能监控和错误收集与上报

性能始终是前端领域中非常重要的话题，它直接决定了产品体验的优劣，重要性无须赘言。我们在体验一个产品时，能够直观地感受到其性能大概如何，可是如何量化衡量性能的好坏呢？

同时，我们无法保证程序永远不出问题，那么在程序出现问题时如何及时获得现场数据、还原现场，以做出准确的响应呢？

离开了实际场景谈这些话题都是"耍流氓"，性能数据的监控、错误信息的收集和上报都应该基于线上真实环境。这对于我们随时掌控线上产品，优化应用体验具有重大意义。

本篇内容就聚焦在性能监控和错误收集与上报系统上，希望大家通过学习本篇内容，不仅能够对性能数据进行分析、处理错误，还能建设一个成熟的配套系统。

性能监控指标

既然是性能监控，那么首先就需要明确衡量指标。一般来说，业界认可的常用指标有首次绘制（FP）时间、首次有内容绘制（FCP）时间、首次有意义绘制（FMP）时间、首屏时间、用户可交互（TTI）时间。接下来分别看一看每个指标的含义。

- 首次绘制时间：对于应用页面，首次出现视觉上不同于跳转之前内容的时间点，或者说是页面发生第一次绘制的时间点。
- 首次有内容绘制时间：指浏览器完成渲染 DOM 中第一部分内容（可能是文本、图像或其他任何元素）的时间点，此时用户应该在视觉上有直观的感受。

- 首次有意义绘制时间：指页面关键元素的渲染时间。这个概念并没有标准化定义，因为关键元素可以由开发者自行定义——究竟什么是"有意义"的内容，只有开发者或产品经理自己了解。
- 首屏时间：对于所有网页应用，这是一个非常重要的指标。用大白话来说，就是进入页面之后，应用渲染完成整个手机屏幕（未滚动之前）内容的时间。需要注意的是，业界对于这个指标其实没有确切的定论，比如，这个时间是否包含手机屏幕内图片的渲染完成时间。
- 用户可交互时间：顾名思义，就是用户可以与应用进行交互的时间。一般来讲，我们认为是 DOMReady 的时间，因为我们通常会在这时绑定事件操作。如果页面中涉及交互的脚本没有下载完成，那么当然没有到达所谓的用户可交互时间。那么，如何定义 DOMReady 时间呢？我推荐参考司徒正美的文章《何谓 DOMReady》。

图 23-1 是访问 Medium 移动网站分析得到的时序图，读者可根据网页加载的不同时段体会各个时间节点的变化。

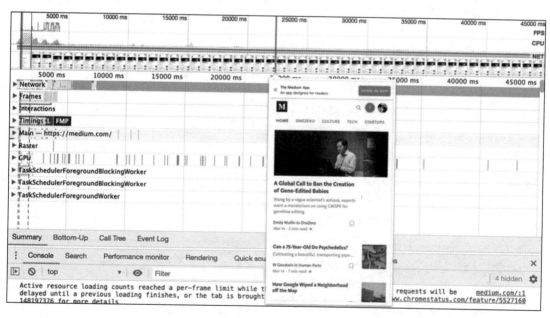

图 23-1

Google Lighthouse 对网站的分析结果如图 23-2 所示。

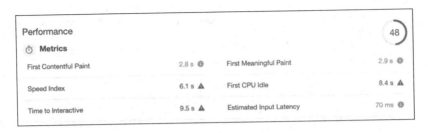

图 23-2

请注意，First Meaningful Paint、First Contentful Paint 及 Time to Interactive（可交互时间）都包含在结果中。

这里先对这些时间节点及数据有一个感性的认识，后面将会逐步学习如何统计这些时间，并做出如图 23-2 所示的分析系统。接下来，继续了解两个概念。

总下载时间：页面所有资源加载完成所需要的时间。一般可以统计 window.onload 时间，这样可以统计出同步加载的资源全部加载完的耗时。如果页面中存在较多异步渲染，那么可以将异步渲染全部完成的时间作为总下载时间。

自定义指标：由于应用特点不同，所以我们可以根据需求自定义时间。比如，一个类似 Instagram 的页面由图片瀑布流组成，那么我们可能非常关心屏幕中第一排图片渲染完成的时间。

这里提一下，DOMContentLoaded 与 load 事件的区别。其实从这两个事件的命名中就能体会到，DOMContentLoaded 指的是文档中 DOM 内容加载完毕的时间，也就是说 HTML 结构已经是完整的了。但是我们知道，很多页面都包含图片、特殊字体、视频、音频等其他资源，由于这些资源由网络请求获取，需要额外的网络请求，因此 DOM 内容加载完毕时，这些资源还没有请求或渲染完成。当页面上所有资源加载完成后，Load 事件才会被触发。因此，在时间线上，Load 事件往往会落后于 DOMContentLoaded 事件，如图 23-3 所示。

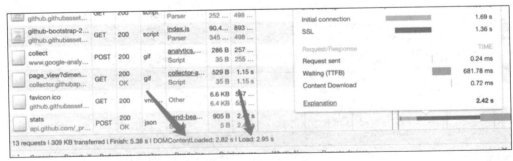

图 23-3

从图 23-3 中可以看出，页面加载一共请求了 13 个资源，大小一共为 309 KB，DOMContentLoaded 的执行时间为 2.82 s，Load 的时间为 2.95 s，页面完全稳定的时间为 5.38 s。

FMP 的智能获取算法

这里结合自定义指标和首次有意义绘制（FMP）时间，稍微延伸一点内容：由于首次有意义绘制比较主观，开发者可以自行指定究竟哪些属于有意义的渲染元素，因此可以通过 FMP 的智能获取算法来自定义 FMP 时间。该算法的实现过程如下。

首先，获取有意义的渲染元素。一般认为，具备以下几个条件的元素更像是有意义的元素。

- 体积占比比较大。
- 屏幕内可见占比大。
- 属于资源加载元素（img、svg、video、object、embed、canvas）。
- 由具备以上特征的多种元素共同组成的元素。

根据元素对页面视觉的贡献对元素特点的权重进行划分，具体权重值如下所示。

```
const weightMap = {
    SVG: 2,
    IMG: 2,
    CANVAS: 3,
    OBJECT: 3,
    EMBED: 3,
    VIDEO: 3,
    OTHER: 1
}
```

接着，对整个页面进行深度优先遍历搜索，之后对每一个元素进行分数计算，具体通过 element.getBoundingClientRect 获取元素的位置和大小，然后通过计算所有元素的"width * height * weight *元素在 viewport 中的面积占比"的乘积，确定元素的最终得分。将该元素的子元素得分之和与其得分进行比较，取较大值，记录在候选集合中。这个集合是可视区域内得分最高的元素的集合，我们会对这个集合的得分取均值，然后过滤出在平均分之上的元素集合，进行时间计算。这就得到了一个智能的 FMP 时间。最终，代码由 qbright 实现。

性能数据获取

了解了上述性能指标，下面来分析一下这些性能指标的数据究竟该如何计算并获取。

window.performance：强大但有缺点

目前最为流行和靠谱的方案是采用 window.performance API 计算性能指标数据，该 API 非常强大，不仅能计算出与页面性能相关的数据，还能计算出与页面资源加载和异步请求相关的数据。

调用 window.performance.timing 会返回一个对象，这个对象包含各种页面加载和渲染的时间节点，如图 23-4 所示。

```
> window.performance.timing
< ▼ PerformanceTiming {navigationStart: 1552643270035, unloadEventSt
    edirectEnd: 0, …}
       connectEnd: 1552643270591
       connectStart: 1552643270046
       domComplete: 1552643272983
       domContentLoadedEventEnd: 1552643272856
       domContentLoadedEventStart: 1552643272834
       domInteractive: 1552643272834
       domLoading: 1552643271627
       domainLookupEnd: 1552643270046
       domainLookupStart: 1552643270046
       fetchStart: 1552643270038
       loadEventEnd: 1552643272988
       loadEventStart: 1552643272983
       navigationStart: 1552643270035
       redirectEnd: 0
       redirectStart: 0
       requestStart: 1552643270591
       responseEnd: 1552643271483
       responseStart: 1552643271206
       secureConnectionStart: 1552643270297
       unloadEventEnd: 1552643271324
       unloadEventStart: 1552643271324
     ▶ __proto__: PerformanceTiming
```

图 23-4

我们可以通过对上图中的信息进行计算得到以下代码。

```
const window.performance = {
    memory: {
        usedJSHeapSize,
        totalJSHeapSize,
        jsHeapSizeLimit
    },

    navigation: {
        //通过页面重定向跳转到当前页面的次数
```

```
        redirectCount,
        //以哪种方式进入页面
        // 0 正常跳转进入
        // 1 通过 window.location.reload()重新刷新进入
        // 2 通过浏览器历史记录及浏览器中的前进后退按钮进入
        // 255 通过其他方式进入
        type,
    },
    timing: {
        //等于前一个页面的 unload 时间,如果没有前一个页面,则等于 fetchStart 时间
        navigationStart
        //前一个页面的 unload 时间,如果没有前一个页面或前一个页面与当前页面在不同域中,则值为 0
        unloadEventStart,
        //前一个页面中 unload 事件绑定的回调函数执行完毕的时间
        unloadEventEnd,
        redirectStart,
        redirectEnd,
        //检查缓存前,准备请求第一个资源的时间
        fetchStart,
        //域名查询开始的时间
        domainLookupStart,
        //域名查询结束的时间
        domainLookupEnd,
        // HTTP(TCP) 开始建立连接的时间
        connectStart,
        // HTTP(TCP) 建立连接结束的时间
        connectEnd,
        secureConnectionStart,
        //连接建立完成后,请求文档开始的时间
        requestStart,
        //连接建立完成后,文档开始返回并收到内容的时间
        responseStart,
        //最后一个字节返回并收到内容的时间
        responseEnd,
        // Document.readyState 值为 loading 的时间
        domLoading,
        // Document.readyState 值为 interactive 的时间
        domInteractive,
        // DOMContentLoaded 事件开始的时间
        domContentLoadedEventStart,
        // DOMContentLoaded 事件结束的时间
        domContentLoadedEventEnd,
        // Document.readyState 值为 complete 的时间
        domComplete,
        // load 事件开始的时间
        loadEventStart,
        // load 事件结束的时间
```

```
        loadEventEnd
    }
}
```

根据这些时间节点选择相应的时间两两做差，便可以计算出一些典型指标，具体如下。

```
const calcTime = () => {
    let times = {}
    let t = window.performance.timing

    // 重定向时间
    times.redirectTime = t.redirectEnd - t.redirectStart

    // DNS 查询耗时
    times.dnsTime = t.domainLookupEnd - t.domainLookupStart

    // TCP 建立连接完成握手的时间
    connect = t.connectEnd - t.connectStart

    // TTFB 读取页面第一个字节的时间
    times.ttfbTime = t.responseStart - t.navigationStart

    // DNS 缓存时间
    times.appcacheTime = t.domainLookupStart - t.fetchStart

    //卸载页面的时间
    times.unloadTime = t.unloadEventEnd - t.unloadEventStart

    // TCP 连接耗时
    times.tcpTime = t.connectEnd - t.connectStart

    // request 请求耗时
    times.reqTime = t.responseEnd - t.responseStart

    //解析 DOM 树耗时
    times.analysisTime = t.domComplete - t.domInteractive

    //白屏时间
    times.blankTime = t.domLoading - t.fetchStart

    // domReadyTime 即用户可交互时间
    times.domReadyTime = t.domContentLoadedEventEnd - t.fetchStart

    //用户等待页面完全可用的时间
    times.loadPage = t.loadEventEnd - t.navigationStart

    return times
}
```

这个 API 的功能非常强大，但是并不适用于所有场景。比如，如果在单页应用中改变 URL 但不刷新页面（单页应用的典型路由方案），那么使用 window.performance.timing 所获取的数据是不会更新的，还需要开发者重新设计统计方案。同时，window.performance.timing 可能无法满足一些自定义的数据。下面来分析一下部分无法直接获取的性能指标的计算方法。

自定义时间计算

首屏时间的计算方式不尽相同，开发者可以根据自己的需求来确定首屏时间的计算方式。下面列举几个典型的方案。

对于网页高度小于屏幕的网站来说，统计首屏渲染耗时非常简单，只要在页面底部加上脚本，记录执行该脚本的时间，并将这个时间与 window.performance.timing.navigationStart 时间做差，即得到首屏渲染耗时。

但网页高度小于屏幕的网站毕竟是少数，对于网页高度大于一屏的页面来说，需要先估算出接近于一屏幕的最后一个元素的位置，然后在该位置插入下面的脚本。

```
var time = +new Date() - window.performance.timing.navigationStart
```

上述方案显然是比较理想化的，我们很难通过自动化工具或一段集中管理的代码对时间进行统计。开发者直接在页面 DOM 中插入时间统计，不仅使代码侵入性太强，而且花费的成本很高。同时，这样的计算方式其实并没有考虑首屏图片加载的情况，也就是说对于首屏图片未加载完的情况，我们也认为加载已经完成。如果要考虑首屏图片的加载，那么建议使用通过集中化脚本统计首屏时间的方法：使用定时器不断检测 img 节点，判断图片是否在首屏且加载完成，找到首屏加载最慢的图片加载完成的时间，从而计算出首屏时间；如果首屏没有图片，那就使用 DOMReady 时间。计算首屏渲染耗时的相关代码如下。

```
const win = window
const firstScreenHeight = win.screen.height
let firstScreenImgs = []
let isFindLastImg = false
let allImgLoaded = false
let collect = []

const t = setInterval(() => {
    let i, img
    if (isFindLastImg) {
        if (firstScreenImgs.length) {
            for (i = 0; i < firstScreenImgs.length; i++) {
                img = firstScreenImgs[i]
```

```js
                if (!img.complete) {
                    allImgLoaded = false
                    break
                } else {
                    allImgLoaded = true
                }
            }
        } else {
            allImgLoaded = true
        }
        if (allImgLoaded) {
            collect.push({
                firstScreenLoaded: startTime - Date.now()
            })
            clearInterval(t)
        }
    } else {
        var imgs = body.querySelector('img')
        for (i = 0; i < imgs.length; i++) {
            img = imgs[i]
            let imgOffsetTop = getOffsetTop(img)
            if (imgOffsetTop > firstScreenHeight) {
                isFindLastImg = true
                break
            } else if (imgOffsetTop <= firstScreenHeight
            && !img.hasPushed) {
                img.hasPushed = 1
                firstScreenImgs.push(img)
            }
        }
    }
}, 0)

const doc = document
doc.addEventListener('DOMContentLoaded', () => {
    const imgs = body.querySelector('img')
    if (!imgs.length) {
        isFindLastImg = true
    }
})

win.addEventListener('load', () => {
    allImgLoaded = true
    isFindLastImg = true
    if (t) {
        clearInterval(t)
    }
})
```

另外一种方式是不使用定时器，且默认影响首屏时间的主要因素是图片的加载，如果没有图片，那么纯粹渲染文字是很快的，因此，可以通过统计首屏内图片的加载时间获取首屏渲染完成的时间，代码如下。

```javascript
(function logFirstScreen() {
    let images = document.getElementsByTagName('img')
    let iLen = images.length
    let curMax = 0
    let inScreenLen = 0

    //图片的加载回调
    function imageBack() {
        this.removeEventListener
            && this.removeEventListener('load', imageBack, !1)
        if (++curMax === inScreenLen) {
            //所有在首屏的图片均已加载完成的话，发送日志
            log()
        }
    }
    //对所有位于指定区域的图片绑定回调事件
    for (var s = 0; s < iLen; s++) {
        var img = images[s]
        var offset = {
            top: 0
        }
        var curImg = img
        while (curImg.offsetParent) {
            offset.top += curImg.offsetTop
            curImg = curImg.offsetParent
        }
        //判断图片在不在首屏
        if (document.documentElement.clientHeight < offset.top) {
            continue
        }
        //图片还没有加载完成的话
        if (!img.complete) {
            inScreenLen++
            img.addEventListener('load', imageBack, !1)
        }
    }
    //如果首屏没有图片，则直接发送日志
    if (inScreenLen === 0) {
        log()
    }
    //对发送日志进行统计
    function log () {
        window.logInfo.firstScreen = +new Date() -
```

```
window.performance.timing.navigationStart
        console.log('首屏时间: ', +new Date() - window.performance.timing.navigationStart)
    }
})()
```

可见，除了可以使用教科书般强大的 Performance API，我们也完全拥有自主权来统计各种页面性能数据。这需要开发者根据具体场景和业务需求，结合社区已有方案，找到完全适合自己的统计采集方式。

本节介绍了性能核心指标及获取方式，关键在于合理利用强大的 API。与此同时，对于"开放性"数据，需要结合实际，灵活进行开发。

错误信息收集

提到错误信息收集方案，大家应该首先会想到两种：通过 try catch 捕获错误，以及通过 window.onerror 进行监听。

认识 try catch 方案

先来看一下 try catch 方案，代码如下。

```
try {
    //代码块
} catch(e) {
    //错误处理
    //这里可以将错误信息发送给服务器端
}
```

这种方式需要开发者对预估存在错误风险的代码进行包裹，这个包裹过程可以手动添加，也可以通过自动化工具或类库完成。自动化方案是基于 AST 技术实现的，比如，UglifyJS 通过提供操作 AST 的 API，使我们可以对每个函数添加 try catch，社区上的 foio 实现就是一个很好的例子。为函数自动包裹 try catch 的实现代码如下。

```
const fs = require('fs')
const _ = require('lodash')
const UglifyJS = require('uglify-js')

const isASTFunctionNode = node => node instanceof UglifyJS.AST_Defun || node instanceof UglifyJS.AST_Function
```

```javascript
const globalFuncTryCatch = (source, errorHandler) => {
    if (!_.isFunction(errorHandler)) {
        throw 'errorHandler should be a valid function'
    }

    const errorHandlerSource = errorHandler.toString()
    const errorHandlerAST = UglifyJS.parse('(' + errorHandlerSource + ')(error);')
    var tryCatchAST = UglifyJS.parse('try{}catch(error){}')
    const sourceAST = UglifyJS.parse(source)
    var topFuncScope = []

    tryCatchAST.body[0].catch.body[0] = errorHandlerAST

    const walker = new UglifyJS.TreeWalker(function (node) {
        if (isASTFunctionNode(node)) {
            topFuncScope.push(node)
        }
    })
    sourceAST.walk(walker)
    sourceAST.transform(transfer)

    const transfer = new UglifyJS.TreeTransformer(null,
        node => {
            if (isASTFunctionNode(node) && _.includes(topFuncScope, node)) {
                var stream = UglifyJS.OutputStream()
                for (var i = 0; i < node.body.length; i++) {
                    node.body[i].print(stream)
                }
                var innerFuncCode = stream.toString()
                tryCatchAST.body[0].body.splice(0, tryCatchAST.body[0].body.length)
                var innerTyrCatchNode = UglifyJS.parse(innerFuncCode, {toplevel: tryCatchAST.body[0]})
                node.body.splice(0, node.body.length)
                return UglifyJS.parse(innerTyrCatchNode.print_to_string(), {toplevel: node});
            }
        })
    const outputCode = sourceAST.print_to_string({beautify: true})
    return outputCode
}

module.exports.globalFuncTryCatch = globalFuncTryCatch
```

我们从 globalFuncTryCatch 函数的第一个参数中获得目标代码 source，将其转换为 AST 的代码如下。

```javascript
const sourceAST = UglifyJS.parse(source)
```

globalFuncTryCatch 函数的第二个参数为开发者定义的出现错误时的响应函数，我们将错误响应函数字符字符串化并转为 AST，插入 catch 块中，代码如下。

```
var tryCatchAST = UglifyJS.parse('try{}catch(error){}')
const errorHandlerSource = errorHandler.toString()
const errorHandlerAST = UglifyJS.parse('(' + errorHandlerSource + ')(error);')
tryCatchAST.body[0].catch.body[0] = errorHandlerAST
```

这样，借助于 globalFuncTryCatch 便可以对每个函数添加 try catch 语句，并根据 globalFuncTryCatch 的第二个参数传入自定义的错误处理函数（可以在该函数中进行错误上报），代码如下。

```
globalFuncTryCatch(inputCode, function (error) {
    //此处是异常处理代码，可以上报并记录日志
    // ...
})
```

这里的关键在于要使用 UglifyJS 来对 AST 进行遍历，并向其中加入标记的内容，代码如下。

```
const walker = new UglifyJS.TreeWalker(function (node) {
    if (isASTFunctionNode(node)) {
        topFuncScope.push(node)
    }
})
sourceAST.walk(walker)
sourceAST.transform(transfer)
```

最终返回经过处理后的代码，如下所示。

```
const outputCode = sourceAST.print_to_string({beautify: true})
return outputCode
```

使用 try catch 可以保证页面不崩溃，并对错误进行兜底处理，这是一个非常好的习惯。

try catch 方案的局限性

try catch 处理异常的能力有限，对于处理运行时非异步错误是没有问题的，但却无法处理语法错误和异步错误。下面来看一个处理运行时非异步错误的示例，代码如下。

```
try {
    a //未定义变量
} catch(e) {
    console.log(e)
}
```

上面代码中的错误可以被 try catch 处理。但是，将上述代码改为语法错误后（代码如下），try catch 就无法捕获错误了。

```
try {
   var a =\ 'a'
} catch(e) {
   console.log(e);
}
```

再来看一下处理异步错误的情况，代码如下。

```
try {
   setTimeout(() => {
      a
   })
} catch(e) {
   console.log(e)
}
```

该错误也无法被捕获，如图 23-5 所示。

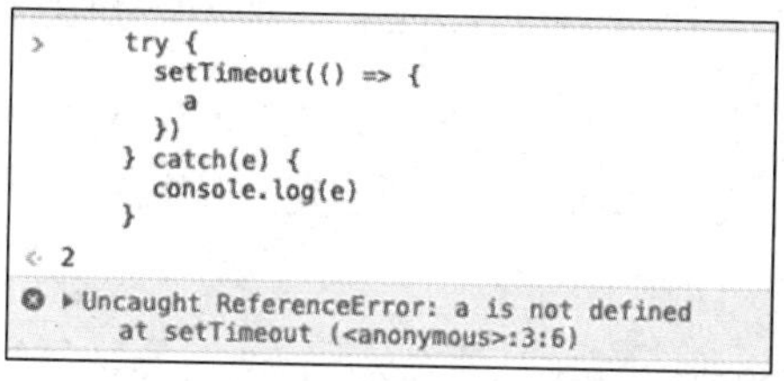

图 23-5

在 setTimeout 中再加一层 try catch 代码，才可以捕获该错误，如图 23-6 所示。

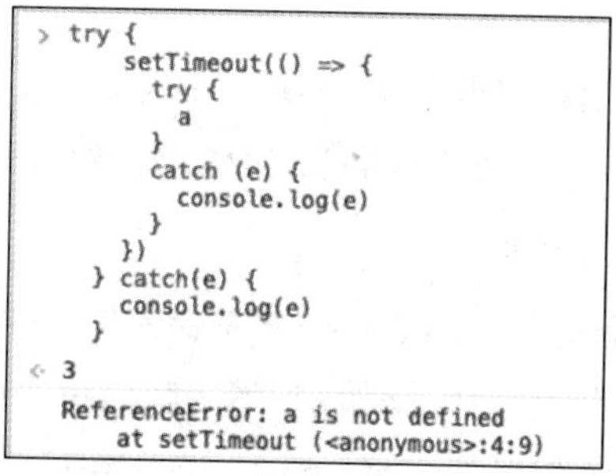

图 23-6

总结一下就是，try catch 能力有限，且对于代码的侵入性较强。

认识 window.onerror

下面再看一下 window.onerror 对错误进行处理的方案。开发者只需要给 window 添加 onerror 事件监听，同时注意将 window.onerror 放在所有脚本之前，便能对语法异常和运行异常进行处理，代码如下。

```
window.onerror = function (message, source, lineno, colno, error) {
    // ...
}
```

这里的参数较为重要，包含稍后需要上传的信息，具体解释如下。

- message 为错误信息提示。
- source 为错误脚本地址。
- lineno 为错误代码所在的行号。
- colno 为错误代码所在的列号。
- error 为错误的对象信息，比如，error.stack 会获取错误的堆栈信息。

window.onerror 这种方式对代码侵入性较小，因此不必通过 AST 向代码中自动插入脚本。onerror 除了对语法错误和网络错误（因为网络请求异常不会发生事件冒泡）无能为力，对异步和非异步错误都能捕获到运行时错误。

但是需要注意的是，如果想使用 window.onerror 函数消化错误，则需要显示返回 true，以保证错误不会向上抛出，控制台上也不会出现一堆错误提示信息。

跨域脚本的错误处理

千万不要以为掌握了以上内容就万事大吉了，现实中的场景多种多样，有一些场景有加载不同域的 JavaScript 脚本的需求，这样的场景较为常见，比如，加载第三方内容以展示广告，进行性能测试、错误统计，使用第三方服务，等等。

对于不同域的 JavaScript 文件，window.onerror 不能保证获取到有效信息。出于安全原因，不同浏览器返回的错误信息参数可能并不一致。比如，跨域之后，window.onerror 在很多浏览器中是无法捕获异常信息的，要统一返回脚本错误（script error），就需要对 script 脚本进行如下设置。

```
crossorigin="anonymous"
```

同时要在服务器端添加 Access-Control-Allow-Origin header 内容以指定允许哪些域的请求访问。

使用 source map 进行错误还原

到目前为止，我们已经学习了获取错误信息的"十八般武艺"。但是，如果错误脚本是经过压缩的，那么纵使你有千般本领，也无用武之地了，因为这样捕获到的错误信息的位置（行列号）会出现较大偏差，错误代码也由于经过压缩而难以辨认。这时就需要启用 source map 了。很多构建工具都支持 source map，比如，对利用 webpack 打包压缩生成的一份对应脚本的 map 文件进行追踪时，就会在 webpack 中开启 source map 功能，代码如下所示。

```
module.exports = {
    // ...
    devtool: '#source-map',
    // ...
}
```

webpack 的 source map 不是这里的讲解重点，因此便不再展开。

针对 Promise 的错误收集与处理

我们再来看一下针对 Promise 的错误收集与处理。我们都提倡养成写 Promise 的时候最后写上 catch 函数的习惯，不过 ESLint 插件 eslint-plugin-promise 也会帮我们完成这项工作，其会通过 catch-or-return 来保障代码中所有的 Promise（被显式返回的除外）都有相应的 catch 处理，而以下写法是无法通过代码检查的。

```
var p = new Promise()
p.then(fn1)
p.then(fn1, fn2)
function fn1() {
    p.then(doSomething)
}
```

这类 ESLint 插件是基于 AST 实现的，逻辑也很简单，其实现方式如下。

```
module.exports = {
 meta: {
   docs: {
     // ...
   },
   messages: {
     // ...
   }
 },
 create(context) {
  const options = context.options[0] || {}
```

```javascript
const allowThen = options.allowThen
let terminationMethod = options.terminationMethod || 'catch'

if (typeof terminationMethod === 'string') {
  terminationMethod = [terminationMethod]
}

return {
  ExpressionStatement(node) {
    if (!isPromise(node.expression)) {
      return
    }

    if (
      allowThen &&
      node.expression.type === 'CallExpression' &&
      node.expression.callee.type === 'MemberExpression' &&
      node.expression.callee.property.name === 'then' &&
      node.expression.arguments.length === 2
    ) {
      return
    }

    if (
      node.expression.type === 'CallExpression' &&
      node.expression.callee.type === 'MemberExpression' &&
      terminationMethod.indexOf(node.expression.callee.property.name) !== -1
    ) {
      return
    }

    if (
      node.expression.type === 'CallExpression' &&
      node.expression.callee.type === 'MemberExpression' &&
      node.expression.callee.property.type === 'Literal' &&
      node.expression.callee.property.value === 'catch'
    ) {
      return
    }

    context.report({
      node,
      messageId: 'terminationMethod',
      data: { terminationMethod }
    })
  }
}
```

        }
    }

上述代码依然是基于 AST 的，且对业务代码中含有 Promise 逻辑的语句进行了判别，具体判断规则是，看 Promise 实例的 then 方法后是否接入了 catch 方法，如果没有接入 catch 方法，则会报错。

可能大家会想到，Promise 实例的 then 方法中的第二个 onRejected 函数也能处理错误，这和上面提到的 catch 方法有什么差别呢？请看下面的代码。

```
new Promise((resolve, reject) => {
    throw new Error()
}).then( () => {
    console.log('resolved')
}, err => {
    console.log('rejected')
    throw err
}).catch(err => {
    console.log(err, 'catch')
})
```

上述代码执行后，将会输出 rejected，在有 onRejected 的情况下，onRejected 就会发挥作用，catch 不会被调用。而执行下面代码时，输出为 VM705:10 Error at Promise.then (<anonymous>:4:9) "catch"。此时，onRejected 并不能捕获 then 方法第一个参数 onResolved 函数中的错误。

```
new Promise((resolve, reject) => {
    resolve()
}).then(() => {
    throw new Error()
    console.log('resolved')
}, err => {
    console.log('rejected')
    throw err
}).catch(err => {
    console.log(err, 'catch')
})
```

通过对比可以看出，catch 也许是进行错误处理时更好的选择。但是，这两种方式各有特点，读者需要对 Promise 有较为深入的认识才能够更好地使用它们。

除此之外，在对 Promise 进行错误处理时，还可以捕获事件 unhandledrejection，并在此事件中集中进行错误收集，代码如下。

```
window.addEventListener("unhandledrejection", e => {
    e.preventDefault()
    console.log(e.reason)
```

```
    return true
})
```

处理网络加载错误

前面介绍的处理方式都是在浏览器端的脚本逻辑产生错误时进行的,下面设想用 script 标签、link 标签进行脚本或其他资源加载(代码如下),此时会由于某种原因(可能是服务器错误,也可能是网络不稳定)导致脚本请求失败,网络加载错误。

```
<script src="***.js"></script>
<link rel="stylesheet" href="***.css">
```

那么,为了捕获这些加载异常,可以进行如下操作。

```
<script src="***.js" onerror="errorHandler(this)"></script>
<link rel="stylesheet" href="***.css" onerror="errorHandler(this)">
```

除此之外,也可以使用 window.addEventListener('error')方式对加载异常进行处理。注意,这时无法使用 window.onerror 进行处理,因为 window.onerror 事件是通过事件冒泡获取 error 信息的,而网络加载错误是不会进行事件冒泡的。

这里多提一下,不支持冒泡的事件还有鼠标聚焦/失焦(focus/blur)、与鼠标移动相关的事件(mouseleave / mouseenter)、一些 UI 事件(如 scroll、resize 等)。

因此,我们可以知道 window.addEventListener 不同于 window.onerror,它是通过事件捕获获取 error 信息,从而对网络资源的加载异常进行处理的,代码如下。

```
window.addEventListener('error', error => {
   console.log(error)
}, true)
```

那么,怎么区分网络资源加载错误和其他一般错误呢?这里有个小技巧,普通错误的 error 对象中会有一个 error.message 属性,表示错误信息,而资源加载错误对应的 error 对象却没有,因此可以根据以下代码进行区分。

```
window.addEventListener('error', error => {
    if (!error.message) {
        //网络资源加载错误
        console.log(error)
    }
}, true)
```

但是,正因为没有 error.message 属性,所以我们也就没有额外信息获取具体加载的错误细节,现阶段也无法具体区分加载的错误类别，比如，该错误是因为资源不存在产生的 404 错误还是服务器端错误等，只能配合后端日志进行排查。

至此，简单总结一下 window.onerror 和 window.addEventListener('error')的区别。

- window.onerror 需要进行函数赋值，比如，window.onerror = function() {//...}，因此重复声明后会被替换，后续赋值会覆盖之前的值，这是一个弊端。如图 23-7 所示的示例。

```
> window.onerror = function() {console.log(1)}
< f () {console.log(1)}
> window.onerror = function() {console.log(2)}
< f () {console.log(2)}
> window.dispatchEvent(new Event('error'))
  2                                        web-8a293c1….js:1
< true
```

图 23-7

- window.addEventListener('error')可以绑定多个回调函数，按照绑定顺序依次执行，如图 23-8 所示的示例。

```
> window.addEventListener('error', () => {console.log(1)})
< undefined
> window.addEventListener('error', () => {console.log(2)})
< undefined
> window.dispatchEvent(new Event('error'))
  1                                        web-8a293c1….js:1
  2                                        web-8a293c1….js:1
< true
```

图 23-8

页面崩溃收集和处理

一个成熟的系统还需要收集崩溃和卡顿信息，为此可以监听 window 对象的 load 和 beforeunload 事件，并结合 sessionStorage 对网页崩溃实施监控。

```
window.addEventListener('load', () => {
    sessionStorage.setItem('good_exit', 'pending')
})

window.addEventListener('beforeunload', () => {
    sessionStorage.setItem('good_exit', 'true')
})

if(sessionStorage.getItem('good_exit') &&
    sessionStorage.getItem('good_exit') !== 'true') {
```

```
//捕获到页面崩溃
}
```

这段代码很简单，思路是首先在网页 load 事件的回调里利用 sessionStorage 将 good_exit 值记录为 pending；接下来，在页面无异常退出前，即在 beforeunload 事件回调中将 sessionStorage 记录的 good_exit 值修改为 true。因此，如果页面没有崩溃的话，good_exit 值会在离开前被设置为 true，否则程序就可以通过 sessionStorage.getItem('good_exit') && sessionStorage.getItem('good_exit') !== 'true' 判断出页面崩溃，并进行处理。

如果应用中部署了 PWA，那么便可以享受 service worker 带来的福利！这里可以通过 service worker 来完成网页崩溃的处理工作。基本原理就是，service worker 和网页的主线程相互独立，因此即便网页发生了崩溃现象，也不会影响 service worker 所在线程的工作。我们在监控网页的状态时，是通过 navigator.serviceWorker.controller.postMessage API 来进行信息的获取和记录的。

框架的错误处理

对于框架来说，React 在 16 之前的版本是使用 unstable_handleError 来处理捕获错误的；16 之后的版本使用了著名的 componentDidCatch 来处理错误。Vue 中提供了 Vue.config.errorHandler 来处理捕获到的错误，如果开发者没有配置 Vue.config.errorHandler，那么捕获到的错误会以 console.error 的方式输出。具体 API 的使用方式和框架特点，这里不再赘述。

上面提到，框架会通过 console.error 的方式抛出错误，因此可以劫持 console.error 来捕获框架中的错误并做出处理。

```
const nativeConsoleError = window.console.error
window.console.error = (...args) => nativeConsoleError.apply(this, [`I got ${args}`])
```

执行被劫持后的 console.error 逻辑，输出如图 23-9 所示。

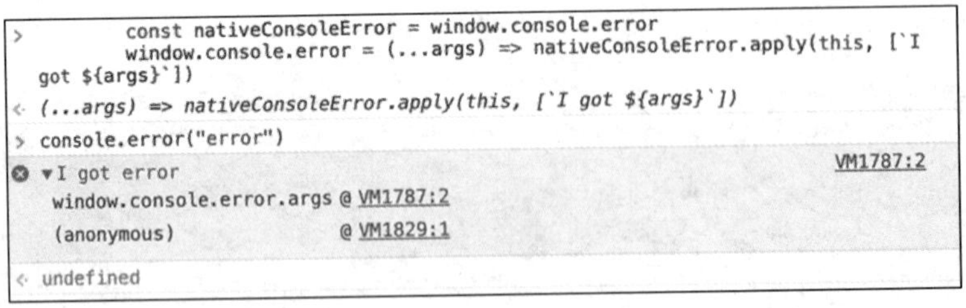

```
>      const nativeConsoleError = window.console.error
       window.console.error = (...args) => nativeConsoleError.apply(this, [`I
    got ${args}`])
<  (...args) => nativeConsoleError.apply(this, [`I got ${args}`])
> console.error("error")
⊘ ▼I got error                                                    VM1787:2
    window.console.error.args @ VM1787:2
    (anonymous)              @ VM1829:1
← undefined
```

图 23-9

最后总结一下处理的错误或异常，如下所示。

- JavaScript 语法错误、代码异常
- AJAX 请求异常（xhr.addEventListener('error', function (e) { //... })）
- 静态资源加载异常
- Promise 异常
- 跨域脚本错误
- 页面崩溃
- 框架错误

在真实生产环境中，错误和异常多种多样，需要开发者格外留心，并注意覆盖每一种情况。另外，除了性能和错误信息，一些额外信息，如页面停留时间、长任务处理耗时等往往对分析网页表现非常重要。对于错误信息采集和处理的介绍就到此为止，接下来看一下数据的上报和系统设计。

性能数据和错误信息上报

数据都有了，那么该如何上报呢？可能有的开发者会想："不就是一个 AJAX 请求吗？"实际上还真没有这么简单，有一些细节需要考虑。

1. 上报采用单独域名是否更好？

我们发现，成熟的网站数据上报的域名往往与业务域名并不相同。这样做的好处主要有以下两点。

- 使用单独域名，可以防止对主业务服务器造成压力，能够避免日志相关处理逻辑和数据在主业务服务器上的堆积。
- 另外，很多浏览器对同一个域名的请求量有并发数的限制，单独域名能够充分利用现代浏览器的并发设置。

2. 独立域名的跨域问题

对于单独的日志域名，肯定会涉及跨域问题。我们经常发现页面使用构造空的 Image 对象的方式（如下所示）进行数据上报。原因是请求图片并不涉及跨域的问题。

```
let url = 'xxx'
let img = new Image()
```

```
img.src = url
```

我们可以将数据进行序列化,作为 URL 参数进行传递,代码如下。

```
let url = 'xxx?data=' + JSON.stringify(data)
let img = new Image()
img.src = url
```

3. 何时上报数据

页面加载性能数据可以在页面稳定后进行上报。

一次上报就是一次访问,对于其他错误和异常数据的上报,假设我们的应用日志量很大,那么就有必要将日志合并,在同一时间统一上报。那么,在什么场景下上报性能数据呢?一般有如下 4 种场景。

- 页面加载和重新刷新
- 页面切换路由
- 页面所在的 Tab 标签重新变得可见
- 页面关闭

但是,对于越来越多的单页应用来说,需要格外注意数据上报时机。

介绍完以上细节问题,我们来着重聊一聊单页应用上报。

如果切换路由是通过改变 hash 值来实现的,那么只需要监听 hashchange 事件;如果是通过 history API 改变 URL 来实现的,那么需要使用 pushState 和 replaceState 事件。当然,一劳永逸的做法是进行打补丁(monkey patch),并结合发布/订阅模式为相关事件的触发添加处理。

```
const patchMethod = type =>
  () => {
    const result = history[type].apply(this, arguments)
    const event = new Event(type)
    event.arguments = arguments
    window.dispatchEvent(event)
    return result
  }

history.pushState = patchMethod('pushState')
history.replaceState = patchMethod('replaceState')
```

以上代码通过重写 history.pushState 和 history.replaceState 方法,添加并触发 pushState 和

replaceState 事件，可以在 history.pushState 和 history.replaceState 事件触发时添加订阅函数并进行上报。

```
window.addEventListener('replaceState', e => {
    // report...
})
window.addEventListener('pushState', e => {
    // report...
})
```

对于非单页面应用，该何时上报，以及如何上报呢？

如果是在页面离开时进行数据发送的，那么在页面卸载期间是否能够安全地发送完数据就是一个难题，因为在页面跳转，进入下一个页面时，难以保证异步数据的安全发送。如果使用同步的 AJAX 方法，则代码如下所示。

```
window.addEventListener('unload', logData, false);
const logData = () => {
    var client = new XMLHttpRequest()
    client.open("POST", "/log", false) //第三个参数表明XHR是同步的
    client.setRequestHeader("Content-Type", "text/plain;charset=UTF-8")
    client.send(data)
}
```

上述代码可以完成数据的上报，但是会对页面跳转的流畅程度和用户体验造成影响。

这里给大家推荐一下 sendBeacon 方法，其代码如下。

```
window.addEventListener('unload', logData, false)
const logData = () => {
    navigator.sendBeacon("/log", data)
}
```

navigator.sendBeacon 天生就是来解决网页跳转时的请求发送问题的。它的几个特点决定了对应问题的解决方案。

- 它的行为是异步的，也就是说请求的发送不会阻塞跳转到下一个页面，因此可以保证跳转的流畅度。
- 它在没有极端数据量和队列总数的限制下，会优先返回 true 以保证请求成功发送。

目前，Google Analytics 使用 navigator.sendBeacon 来上报数据，通过动态创建 img 标签，以及在 img.src 中拼接 URL 的方式发送请求，不存在跨域限制。如果 URL 太长，就会采用 sendBeacon 的方式发送请求；如果浏览器不支持 sendBeacon 方法，则发送 AJAX post 同步请求。对 URL 长度进行

判断的代码如下所示。

```
const reportData = url => {
  // ...
  if (urlLength < 2083) {
     imgReport(url, times)
  } else if (navigator.sendBeacon) {
     sendBeacon(url, times)
  } else {
     xmlLoadData(url, times)
  }
}
```

如果网页访问量很大,那么因为一个错误所发送的信息就会非常多,我们可以给错误信息的上报设置一个采集率,如下所示。采集率可以根据实际情况来设定,设定方法多种多样。

```
const reportData = url => {
  //只采集 30%
  if (Math.random() < 0.3) {
     send(data)
  }
}
```

无侵入和性能友好的方案设计

到目前为止,我们已经了解了性能监控和错误收集的所有必要知识点。那么根据这些知识点,如何设计一个好的系统方案呢?

首先,这样的系统大致可分为 4 个阶段,如图 23-10 所示。

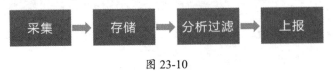

图 23-10

下面针对这几个阶段聊一下关键方面的核心细节。

1. 数据上报优化

借助 HTTP 2.0 带来的新特性,我们可以持续优化上报性能。比如,采用 HTTP 2.0 头部压缩,以减少数据传送大小;采用 HTTP 2.0 多路复用技术,以充分利用链接资源。

2. 接口和智能化设计

由于线上情况复杂多样，所以我们需要选择更加智能化的方案。关于这一点，我们可以从以下几个方面考虑。

- 识别流量高峰和低谷时期，动态设置上报采样率。
- 增强数据清洗能力，提高数据的可用性，对一些垃圾信息进行过滤。
- 通过配置化，减少业务接入成本。
- 如果用户一直触发错误，则系统会不停地上报相同的错误内容，这时可以考虑是否需要进行短时间滤重。

3. 实时性

目前，我们对系统数据的分析都是后置的，而如果想做到实时提醒，就要依赖后端服务，将超过阈值的情况进行邮件或短信发送。

在这个链路中，将每个细节单独拿出来都是一个值得玩味的话题，比如，报警阈值如何设定。在不同的时段和日期，应用的流量差别可能很大，比如，点评类应用或酒店预订类应用在节假日产生的流量就远远高于平时。如果不对报警阈值做特殊处理，那么由于报警过于敏感，运维人员或开发人员也许就会受到"骚扰"。业界流行 3-sigma 的阈值设置。3-sigma 是一个统计学概念，表示对于一个正态分布或近似正态分布来说，数值分布在（$\mu-3\sigma, \mu+3\sigma$）中属于正常范围区间。

总结

本篇梳理了性能监控和错误收集上报等方方面面的内容。前端业务场景和浏览器的兼容性千差万别，因此数据监控上报系统要兼容多种情况。页面生命周期、业务逻辑复杂性也决定了成熟稳定的系统不是一蹴而就的。我们要继续结合经验和新技术，对比类似 Sentry 这样的巨型方案，探索如何建立更加稳定高效的系统。

24
如何解决性能优化问题

一直以来,性能优化都是前端的重要课题,不仅能实实在在地影响产品性能,也会在面试环节被反复提及。无论面试者是初入前端的新手,还是工作经验丰富的老手,面试官都能在性能方面找到合适的切入点,对面试者进行考查。

前端性能是一个太过宽泛的话题,脱离场景和需求谈性能往往毫无意义。我相信很少有面试官会直接抛出"如何优化前端性能"这样一个空架子问题。也不会有技术经理直接丢给你"把产品性能提升一些"这样的项目。毕竟这样的问题太大,根本让人无从下手。我们需要针对具体场景和瓶颈来分析。

但是,如果面试官真的这么问了该怎么办呢?

如果是我,也许会这样回答:前端性能涉及方方面面,优化角度和切入点都有所不同;我认为,主要可以分为页面工程优化和代码细节优化两大方向。页面工程优化从页面请求开始,涉及网络协议、资源配置、浏览器性能、缓存等;代码细节优化方面的工作相对零散,比如,我们要了解 JavaScript 对 DOM 的操作过程、宿主环境及单线程的相关内容等,以写出性能友好的代码。

为了更好地还原真实场景,下面将配合开放例题和代码例题这两类面试题目从以上两方面进行解析。

开放例题实战

如上所述,面试官往往会根据面试者的实际经验或性能的某一细分方向进行深度提问,以了解面试者的知识储备及在以往项目中的表现。

作为一个面试者，我曾经被问到过这样的问题："在平时工作中做过哪些性能优化方面的项目？"

我是这样回答的：因为我服务的是有亿级流量的 To C 型产品，因此在平时工作中一直在性能优化方面持续进行探索和迭代；除了对代码细节进行优化，还会对较大型的工程进行优化，主要包括 WebP 图片格式替换、资源打包和逆向代码拆分（按需加载）等。

WebP 图片优化

因为并不知道面试官会考查到什么程度，所以以上回答可以避免因自己"侃侃而谈"而造成的尴尬。在这样的面试场景中，我往往会把主动权交给面试官。大部分面试官会继续追问，比如，他对 WebP 图片格式优化项目感兴趣，那我就会从项目的立项、实施、收益的角度进行解答，表现作为一个项目负责人对优化项目的理解。

我们的产品页面中往往存在大量的图片内容，因此图片的性能优化是瓶颈和重点。除了使用传统的图片懒加载手段，我还调研并实施了 WebP 图片格式的替换。由于可能存在潜在的兼容性问题，所以我会在替换图片格式之前先进行 WebP 图片格式的兼容性嗅探。此操作借鉴了社区的一贯做法，利用 img 标签加载一张 base64 的 WebP 格式图片，并将结果存入 localStorage 中防止重复判断。如果该终端支持 WebP 图片格式，则再对图片格式进行替换。这个兼容性嗅探过程被封装成 Promise 化的通用接口，相关代码片段如下。

```
const supportWebp = () => new Promise(resolve => {
    const image = new Image()
    image.onerror = () => resolve(false)
    image.onload = () => resolve(image.width === 1)
    image.src =
'data:image/webp;base64,UklGRiQAAABXRUJQVlA4IBgAAAAwAQCdASoBAAEAAwA0JaQAA3AA/vuUAAA='
}).catch(() => false)
```

这时，面试官往往会进一步关心项目收益情况。这需要面试者根据实情作答，比如，我会像下面这样回答。

在具体上线时，我对 10%的流量进行了分组切分。5%为对照组，仍然采用传统格式；另外 5%为试验组，进行 WebP 格式试验。最终结果显示收益非常有限。为此，我进行了分析：认为出现近似零收益的原因是图片服务的缓存出现了问题。由于新转换的一批 WebP 格式图片没有被缓存，因而性能出现了问题。为了验证猜想，我决定继续进行扩量试验并观察结果。果然，后续排除缓存问题后，收益提升了 25%~30%左右。

通过以上回答，我如实讲述了出现的非预期案例，并说明遇见问题时如何进行分析进而解决问题的一系列过程。这样的回答能明确表现出我确实做过该项目并进行了思考分析，最终落地。这类思路也更容易被面试官所接受。

由此可以看出，性能优化其实并不难做，重要的是解决问题的思路，以及解决问题的过程中对项目的把控。这些内容我们称之为"软素质"。

按需加载优化

如果面试官围绕着刚才列举的"资源打包和逆向代码拆分（按需加载）"方向提问，我仍然会采用同样的思路进行回答：

> 我接手项目后，发现历史原有的资源打包配置并不合理，严重影响了性能表现。因此，我借助构建工具对资源进行了合并打包。但是，需要注意的是，我的策略并不是大刀阔斧地进行资源合并，因为这样会让 bundle.js 的体积越来越大，所以需要进行逆向代码拆分。
>
> 如图 24-1 所示，以实际页面为例，当点击左图播放按钮后，页面会出现视频列表浮层（如右侧所示，点击视频前后为同一页面，类似单页应用）。视频列表浮层包含了滚动处理、视频播放等多项复杂逻辑，因此我并没有对这个浮层的脚本进行合并打包，而是进行单独拆分。当用户点击浮层触发按钮后，再执行对这一部分脚本的请求。

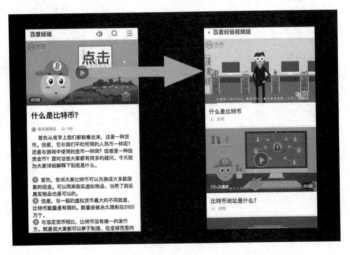

图 24-1

对于工程方面涉及的性能优化，不仅需要做，还要用数据证明做法的合理性。

同时，我对用户点击触发按钮的概率进行了统计，发现进入页面的用户只有 10% 左右会点击按钮，从而触发视频列表浮层。也就是说，大部分（90%）用户并不会看到这一浮层，延迟按需加载是有统计数据支持的。

通过这个案例，我们发现性能优化其实是一个开放式问题，非常依赖实践。读者可根据上面的例子，结合自己的项目进行回答。

虽然以上回答没有涉及代码实现，但是能够反映出面试者的项目意识和方向意识，这在工程方面的性能优化实践中是非常难能可贵的。上面提到的借助构建工具进行"按需加载"并不是使用成熟的 webpack 工具链实现的，而是采用公司内部封装的工程化工具实现的。在几年前，这样的方案并不成熟，因此我写了一些按需加载的插件，配合自己的工程化工具使用。

很多面试官都会对这方面的内容很感兴趣，可以将面试的问题延伸到 FIS 和 webpack 的比较，以及工程化工具的设计等话题。

工程方面涉及的性能优化还包括图片懒加载、雪碧图、合理设置缓存策略、使用 prefetch 或 preload 进行预加载、以 tree shaking 手段为主进行代码瘦身等内容。这里不再一一举例，感兴趣的读者可以自学。

讲不完的工程化优化

以上是工程化性能的实际题目，总之，工程师需要对日常项目进行深入总结，结合产品角度、研发角度进行描述，在面试前就需要做到心中有数、胸有成竹，才能在面试中取得好的表现。

另外，在具体的实现方向上，关于性能优化的切入点也有很多，比如，动画性能、操作 DOM、浏览器加载与渲染性能、性能测量与监控等方向。

这些方向并不是相互独立的，而是彼此依存的，比如，动画性能与浏览器加载和渲染性能息息相关。这里用一道经典的面试题来分析它们之间的关系：如果发现页面动画效果卡顿，你会从哪些角度解决问题？

解决这个问题需要从动画实现入手，具体可以进行以下操作。

- 一般来说，CSS3 动画会比基于 JavaScript 实现的动画效率更高，因此会优先使用 CSS3 来实现动画（这一点并不绝对）。
- 在使用 CSS3 实现动画时，要考虑开启 GPU 加速（这一点也并不总是产生正向效果）。

- 优先使用资源消耗最低的 transform 和 opacity 两个属性。
- 使用 will-change 属性。
- 独立合成层，减少绘制区域。
- 对于只能使用 JavaScript 实现动画效果的情况，可以考虑使用 requestAnimationFrame 和 requestIdleCallback API。
- 批量进行样式变换，减少布局抖动。

事实上，上面每个操作的背后都包含着很多知识点，如下。

- 如何理解 requestAnimationFrame 和 60fps？
- 如何实现 requestAnimationFrame polyfill？
- 哪些操作会触发浏览器 reflow（重排）或 repaint（重绘）？
- 对于给出的代码，如何进行优化？
- 如何实现滚动时的节流、防抖函数？

关于这些问题，我们会选取其中几个在接下来的内容中分析。一起进入代码例题实战环节吧！

代码例题实战

"白板写代码"是考查基础能力、思维能力的有效手段。本节会列举几段与性能相关的代码片段，供读者体会。

实战 1：初步解决布局抖动问题

请对以下代码进行优化。

```
var h1 = element1.clientHeight
element1.style.height = (h1 * 2) + 'px'

var h2 = element2.clientHeight
element2.style.height = (h2 * 2) + 'px'

var h3 = element3.clientHeight
element3.style.height = (h3 * 2) + 'px'
```

这是一道较为基础的题目，上面的代码会造成典型的布局抖动问题。

布局抖动是指 DOM 元素被 JavaScript 多次反复读写，导致文档多次无意义重排。我们知道浏览器很"懒"，它会合并（batch）当前操作，统一进行重排。可是，如果在当前操作完成前从 DOM 元素中获取值，那么就会迫使浏览器提早执行布局操作，这被称为强制同步布局。这样做对于低配置的移动设备来说，后果是不堪设想的。

对 element1 进行读、写操作后，又企图去获取 element2 的值，浏览器为了获取正确的值，只能进行重排，因此优化思路如下。

```
//读
var h1 = element1.clientHeight
var h2 = element2.clientHeight
var h3 = element3.clientHeight

//写（无效布局）
element1.style.height = (h1 * 2) + 'px'
element2.style.height = (h2 * 2) + 'px'
element3.style.height = (h3 * 2) + 'px'
```

实战 2：使用 window.requestAnimationFrame 对上题代码进行优化

如果读者对 window.requestAnimationFrame 不熟悉的话，可以先来看一下 MDN 上的说明：该方法告诉浏览器你希望执行的操作，并请求浏览器在下一次重绘之前调用指定的函数来更新。

该方法的语法如下。

```
window.requestAnimationFrame(callback)
```

也就是说，当你需要更新屏幕画面时就可以调用此方法。浏览器在下次重绘前会统一执行回调函数，优化方案如下。

```
//读
var h1 = element1.clientHeight
//写
requestAnimationFrame(() => {
    element1.style.height = (h1 * 2) + 'px'
})

//读
var h2 = element2.clientHeight
//写
requestAnimationFrame(() => {
    element2.style.height = (h2 * 2) + 'px'
```

```
})
//读
var h3 = element3.clientHeight
//写
requestAnimationFrame(() => {
    element3.style.height = (h3 * 2) + 'px'
})
```

我们将代码中所有 DOM 的写操作放在下一帧一起执行。这样可以有效减少无意义的重排，显然效率更高。

实战 3：延伸题目，实现 window.requestAnimationFrame 的 polyfill

polyfill 就是我们常说的垫片，此处指在浏览器兼容性不支持的情况下的备选实现方案。

在一些老版本浏览器中无法兼容 window.requestAnimationFrame，为了让代码在老机器中也能运行该逻辑并不报错，请用代码实现 window.requestAnimationFrame 逻辑，代码如下所示。

```
if (!window.requestAnimationFrame) window.requestAnimationFrame = (callback, element) =>
{
    const id = window.setTimeout(() => {
        callback()
    }, 1000 / 60)
    return id
}
if (!window.cancelAnimationFrame) window.cancelAnimationFrame = id => {
    clearTimeout(id)
}
```

上面的代码按照每秒钟 60 次屏幕刷新频率（大约每 16.7ms 一次），并使用 window.setTimeout 来模拟 window.requestAnimationFrame 方法。这是一种粗略的实现，并没有考虑统一浏览器前缀和 callback 参数等问题。对于一般需求，上面的代码已经能够满足要求了。

实战 4：为以下每个 li 添加点击事件

根据以下 HTML 内容，为每个 li 添加点击事件。

```
<div>
    <ul>
        <li>1</li>
        <li>2</li>
        <li>3</li>
        <li>4</li>
```

```
        <li>5</li>
        <li>6</li>
        <li>7</li>
        <li>8</li>
        <li>9</li>
        <li>10</li>
    </ul>
</div>
```

这道题目非常基础，但是在实现方式上需要注意是否使用了事件委托。如果面试者直接对 li 进行绑定处理，那么很容易给面试官留下"平时代码缩写习惯不好"的印象，因为这样的处理会造成潜在的性能负担。更好的做法显然是下面这样的。

```
window.onload = () => {
    const ul = document.getElementsByTagName('ul')[0]
    const liList = document.getElementsByTagName('li')

    ul.onclick = e => {
        const normalizeE = e || window.event
        const target = normalizeE.target || normalizeE.srcElement

        if (target.nodeName.toLowerCase() == "li") {
            alert(target.innerHTML)
        }
    }
}
```

一般情况下，作为面试官，我不会提示面试者采用事件委托的写法，而是观察他的第一反应，对其代码习惯进行考查，当面试者没有采用事件委托的写法时，才会进一步追问。

实战 5：实现节流、防抖

我们知道，鼠标滚动（scroll）、调整窗口大小（resize）、敲击键盘（keyup）这类事件被触发的频率往往极高。这时，事件对应的回调函数也会在极短时间内反复执行。想象一下，如果这些回调函数内的逻辑涉及复杂的计算，或者对 DOM 操作非常频繁，从而产生大量布局操作、绘制操作，那么就会带来阻塞主线程的危险，直接后果就是掉帧，用户能够感受到明显的卡顿。

有经验的程序员为了规避这样的问题，往往会使用节流（throttle）或防抖（debounce）来进行处理，因此节流和防抖已经成为非常常见的优化手段，也是如今面试的必考内容。

节流和防抖总是一起出现的，那么它们有什么不同呢？

首先，节流和防抖解决的问题相同，方向类似，两者并不会减少事件的触发，而是减少事件触发时回调函数的执行次数。但是，在达成这个目的的方式上，节流和防抖采用的手段是不一样的。

- 防抖：抖动现象的本质是短时间内产生了高频次触发。因此，我们可以把短时间内的多个连续调用归并成一次，也就是只触发一次回调函数。
- 节流：顾名思义，就是使短时间内的函数调用以一个固定的频率（一定周期）间隔执行，这就如同通过水龙头开关限制出水口流量一样。

另外，请参考图示来进一步感受两者的不同。防抖图示如图 24-2 所示。

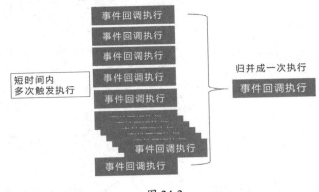

图 24-2

节流图示如图 24-3 所示。

图 24-3

了解了原理，我们再来实现一下事件防抖，代码如下。

```
//简单的防抖函数
const debounce = (func, wait, immediate) => {
    let timeout
    return function () {
        const context = this
        const args = arguments
```

```js
        const callNow = immediate & !timeout

        timeout && clearTimeout(timeout)

        timeout = setTimeout(function() {
            timeout = null
            if (!immediate) func.apply(context, args)
        }, wait)

        if (callNow) func.apply(context, args)
    }
}
//使用了防抖函数
window.addEventListener('scroll', debounce(() => {
    console.log('scroll')
}, 500))

//没使用防抖函数
window.addEventListener('scroll', () => {
    console.log('scroll')
})
```

如以上代码所示，我们使用 setTimeout 在 500ms 后执行事件回调，如果在这 500ms 内又有相关事件触发，则通过 clearTimeout(timeout)取消上一次设置的回调。因此，在 500ms 内没有连续触发多次 scroll 事件时才会真正触发 scroll 回调函数，或者说，500ms 内的多次调用被归并成了一次，在最后一次抖动执行完毕后才会执行回调。同时，我们设置了 immediate 参数，用以立即执行回调。

事件节流的实现思想与事件防抖类似，代码如下。

```js
const throttle = (func, wait) => {
    let startTime = 0
    return function() {
        let handleTime = +new Date()
        let context = this
        const args = arguments

        if (handleTime - startTime >= wait) {
            func.apply(context, args)
            startTime = handleTime
        }
    }
}
window.addEventListener('scroll', throttle(() => {
```

```
        console.log('scroll')
}, 500))
```

当然，我们同样可以用 setTimeout 来实现，代码如下。

```
const throttle = (func, wait) => {
    let timeout

    return function () {
        const context = this
        const args = arguments
        if (!timeout) {
            timeout = setTimeout(function () {
                func.apply(context, args)
                timeout = null
          }, wait)
        }
    }
}
```

与事件防抖相比，事件节流少了 clearTimeout 的操作，请读者细心对比。

要准确理解节流和防抖，还需要多动手实践。这里也建议大家有时间研究一下 lodash 库关于节流和防抖的实现。事实上，这个话题还可以玩出很多花样来，比如，如何暴露给开发者 cancelDebounce，以上代码中 throttle 的两种方式是否可以优化，等等。

总结

性能优化实在是一个极大的话题，需要我们在平时的工作学习中不断积累优化经验。对于准备面试的朋友，在面试前，除了需要时刻注意保持良好的代码编写习惯、掌握常见考点，还需要整理、回顾、复盘平时遇到的与性能相关的项目。

本篇内容难以覆盖性能优化的方方面面，本书的其他篇章还会就这个话题进行相关的讨论，如在网络协议、缓存策略、数据结构和算法等方面的性能优化。

25

以 React 为例，谈谈框架和性能

在上一篇中，我们提到了性能优化。除了工程化层面的性能优化和语言层面的性能优化，框架层面的性能优化也备受瞩目。本篇就来聊一聊框架的性能，并以 React 为例进行分析。

框架的性能到底指什么

说起框架的性能话题，很多读者可能会想到"不要过早地做优化"这条原则。实际上，大部分应用的复杂度并不会对性能和产品体验构成挑战。毕竟我们知道，现代化的框架凭借高效的虚拟 DOM diff 算法、响应式理念及框架内部引擎，已经做得较为完美了，一般项目需求不会对性能产生太大的压力。

但是对于一些极其复杂的需求，性能优化问题是无法回避的。如果你开发的是图形处理应用、DNA 检测实验应用、富文本编辑器或功能丰富的表单型应用，则很容易触碰到性能瓶颈。同样，作为框架的使用者，也需要对性能优化有所了解，这对理解框架本身也有很大的帮助。

前端开发自然离不开浏览器，而性能优化大都在和浏览器打交道。我们知道，页面每一帧的变化都是由浏览器绘制出来的，并且这个绘制频率受限于显示器的刷新频率，因此一个重要的性能数据指标是每秒 60 帧的绘制频率。这样进行简单的换算之后，每一帧只有 16.6ms 的绘制时间。

如果一个应用对用户的交互响应处理过慢，则需要花费很长的时间来计算更新数据，这就会造成应用缓慢、性能低下的问题，使得用户体验极差。对于框架来说，以 React 为例，开发者不需要额外关注 DOM 层面的操作，因为 React 通过维护虚拟 DOM 并使用其高效的 diff 算法，就可以决策出每次更新的最小化 DOM 合并操作。实际上，使用 React 能做到的性能优化，使用纯原生的

JavaScript 也能做到，甚至做得更好。只不过通过 React 进行统一处理后，可以大大节省开发成本，同时降低应用性能对开发者优化技能的依赖。

因此，对于现代框架在性能方面的优化，除了可以想办法缩减自身的包体积，主要在于框架本身运行时对 DOM 层操作的合理性及自身引擎计算的高效性等方面的优化。

React 的虚拟 DOM diff

React 主要通过以下几种方式来保证虚拟 DOM diff 算法和更新都能够高效。

- 使用高效的 diff 算法。
- 进行 batch 操作。
- 摒弃脏检测更新方式。

任何一个组件使用 setState 方法时，React 都会认为该组件变"脏"了，进而触发组件本身的重新渲染（re-render）。同时，因为 React 始终维护两套虚拟 DOM，其中一套是更新后的虚拟 DOM，另一套是前一个状态的虚拟 DOM，所以可以通过对这两套虚拟 DOM 执行 diff 算法，找到需要变化的最小单元集，然后把这个最小单元集应用在真实的 DOM 中。

通过 diff 算法找到这个最小单元集后，React 采用启发式的思路进行了一些假设，将两棵 DOM 树之间的差异寻找成本由 $O(n^3)$ 缩减到 $O(n)$。

说到这里，你一定很想知道 React 进行了哪些大胆假设吧，下述两点便是。

- 对 DOM 节点跨层级移动的情况忽略不计。
- 拥有相同类型的两个组件生成相似的树形结构，拥有不同类型的两个组件生成不同的树形结构。

根据这些假设，React 采取的策略如下。

- React 对组件树进行分层比较，两棵树只会对同一层级的节点进行比较。
- 当对同一层级的节点进行比较时，对于不同的组件类型，直接将整个组件替换为更新后的组件。对于图 25-1 所示的组件结构，如果子组件 B 和 H 的类型同时发生变化，那么当遍历到 B 组件时，直接将其替换为更新后的组件可以减少不必要的资源消耗。

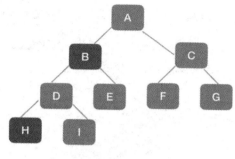

图 25-1

- 当对同一层级的节点进行比较时,对于相同的组件类型,如果组件的 state 或 props 发生变化,则直接重新渲染组件本身。开发者可以尝试使用 shouldComponentUpdate 生命周期函数来规避不必要的渲染。
- 当对同一层级节点进行比较时,开发者可以使用 key 属性来声明同一层级节点的更新方式。

另外,setState 方法会引发"蝴蝶效应",并通过创新的 diff 算法找到需要更新的最小单元集,但是这些变更并不一定立即同步生效。实际上,React 会执行 setState 的合并操作,通俗地讲就是"积攒归并"一批变化后,再统一进行更新。显然,这是出于对性能的考虑。

提升 React 应用性能的建议

我们知道,React 渲染真实的 DOM 节点的过程由两个主要过程组成。

- 对 React 内部维护的虚拟 DOM 进行更新。
- 对比前后两个虚拟 DOM,并将 diff 所得结果应用于真实的 DOM 中。

这两步极其关键。设想一下,如果虚拟 DOM 更新很慢,那么重新渲染势必会很耗时。本节就针对此问题对症下药,介绍更多性能优化方面的小技巧。

最大限度地减少重新渲染

为了提升 React 应用性能,我们首先想到的就是最大限度地规避不必要的重新渲染。但是,当状态发生变化时,重新渲染是 React 内部的默认行为,我们如何保证不必要的渲染呢?

最先想到的解决方案一定是使用 shouldComponentUpdate 生命周期函数,它旨在对比前后状态(state/props)是否出现了变更,根据是否变更来决定组件是否需要重新渲染。

实际上，开发者还可以通过很多方式给 React 发送"不需要渲染"的信号。

比如，对于无状态组件返回同一个 element 实例的情况，如果每次执行 render 方法都返回相同的 element 实例，则 React 会认为组件并没有发生变化，代码如下所示。

```
class MyComponent extends Component {
  text = "";
  renderedElement = null;
  _render() {
    return <div>{this.props.text}</div>
  }
  render() {
    if (!this.renderedElement || this.props.text !== this.text) {
      this.text = this.props.text;
      this.renderedElement = _render();
    }
    return this.renderedElement;
  }
}
```

熟悉 lodash 库的读者可能会想到 lodash 库中的 memoize 函数，使用该函数可以简化上述代码，如下。

```
import memoize from 'lodash/memoize'

class MyComponent extends Component {
  _render = memoize((text) => <div>{text}</div>)
  render() {
    return _render(this.props.text)
  }
}
```

我们不妨在之前介绍的高阶组件的基础上设想这样一类高阶组件：它能够细粒度地控制组件的渲染行为。比如，某个组件仅仅在某一项 props 变化时才会触发重新渲染。这样一来，开发者就可以完全掌控组件渲染时机，更有针对性地进行渲染优化。

这样的方法有点类似于农业灌溉上的滴灌技术，它规避了代价昂贵的粗暴型灌溉，而是精准地定位需求，从而达到节约水资源的目的。

在社区中，优秀的 recompose 库恰好可以满足我们的需求。例如，以下是利用了 recompose 库的 onlyUpdateForKeys 装饰器的代码。

```
@onlyUpdateForKeys(['prop1', 'prop2'])
class MyComponent2 extends Component {
  render() {
    //...
```

    }
}
```

在使用 onlyUpdateForKeys 装饰器的情况下，MyComponent2 组件只在 prop1 和 prop2 发生变化时才会进行渲染，其他 props 无论发生什么改变，都不会触发重新渲染。

onlyUpdateForKeys 背后的"黑魔法"其实并不难理解，只需要在高阶组件中调用 shouldComponentUpdate 方法，并在该方法中将比较对象由完整的 props 转为传入的指定 props 即可。感兴趣的读者可以翻阅 recompose 源码进行了解。

## 规避 inline function 反模式

我们需要注意一个"反模式"。当使用 render 方法时，要留意 render 方法内创建的函数或数组等，它们可能是显式生成的，也可能是隐式生成的。这些新生成的函数或数组在达到一定数量时会造成一定的性能负担。同时，render 方法经常被反复执行多次，也就是说总有新的函数或数组被创建，这样会造成内存无意义开销。

对性能比较友好的做法往往是，只创建一次自定义函数，而不是每次渲染时都创建一次，代码如下。

```
render() {
  return <MyInput onChange={this.props.update.bind(this)} />;
}
```

或者可以使用如下操作。

```
render() {
  return <MyInput onChange={() => this.props.update()} />;
}
```

对于在 render 方法内产生新的数组或其他类型数据的情况，也存在相似的问题，比如下面的代码。

```
render() {
  return <SubComponent items={this.props.items || []}/>
}
```

这样做会在每次渲染且 this.props.items 不存在时创建一个空数组。对此，更好的做法如下。

```
const EMPTY_ARRAY = []
render() {
   return <SubComponent items={this.props.items || EMPTY_ARRAY}/>
}
```
```

事实上，不得不说，这些副作用对性能的影响都微乎其微，它们并不是性能恶化的罪魁祸首。但是理解这些内容对于编写高质量的代码还是有帮助的，后续会针对这种情况进行框架层面上的启发式探索。

使用 PureComponent 保证开发性能

PureComponent 大体与 Component 相同，唯一不同的地方是 PureComponent 会自动帮助开发者使用 shouldComponentUpdate 生命周期方法。也就是说，当组件 state 或 props 发生变化时，正常的 Component 都会自动进行重新渲染，在这种情况下，shouldComponentUpdate 会默认返回 true。但是，PureComponent 会先进行比较，即比较前后的 state 和 props 是否相等。需要注意的是，这种比较是浅比较。如何理解所谓的浅比较呢？以下是一段典型的浅比较代码。

```
function shallowEqual (objA: mixed, objB: mixed) {
    if (is(objA, objB)) {
        return true;
    }

    if (typeof objA !== 'object' || objA === null ||
        typeof objB !== 'object' || objB === null) {
        return false;
    }

    const keysA = Object.keys(objA);
    const keysB = Object.keys(objB);

    if (keysA.length !== keysB.length) {
        return false;
    }

    for (let i = 0; i < keysA.length; i++) {
        if (
        !hasOwnProperty.call(objB, keysA[i]) ||
        !is(objA[keysA[i]], objB[keysA[i]])
        ) {
            return false;
        }
    }

    return true;
}
```

基于以上代码，我们总结出使用 PureComponent 时需要注意的细节，如下。

- 既然是浅比较，也就是说在比较 props 和 state 时，如果比较对象是 JavaScript 基本类型，则会对其值是否相等进行判断；如果比较对象是 JavaScript 引用类型，如 object 或 array，则会判断其引用是否相同，而不会对值进行比较。
- 开发者需要避免共享（mutate）带来的问题。

如果在一个父组件中对 object 进行了 mutate 操作，且子组件依赖此数据，并采用了 PureComponent 声明，那么子组件将无法进行更新。尽管 props 中的某一项值发生了变化，但是由于它的引用并没有发生变化，因此 PureComponent 的 shouldComponentUpdate 会返回 false。更好的做法是在更新 props 或 state 时，返回一个新的对象或数组。

分析一个真实案例

设想一下，如果应用组件非常复杂，含有一个具有很长列表的组件，且只是其中一个子组件发生了变化，那么使用 PureComponent 进行对比，有选择性地进行渲染，一定比对所有列表项目都重新渲染划算很多。

我们来看一个案例：简单实现一个采用 PureComponent 和不采用 PureComponent 的性能差别对比试验。假如在页面中需要渲染非常多的用户信息，所有的用户信息都被维护在一个 users 数组中，数组的每一项为一个 JavaScript 对象，表示一个用户的基本信息，那么可以使用 User 组件负责渲染每一个用户的信息内容，示例如下。

```
import User from './User'
const Users = ({users}) =>
    <div>
        {users.map(user => <User {...user} />)}
    </div>
```

这样做存在的问题是，users 数组作为 Users 组件的 props 出现时，如果 users 数组的第 K 项发生变化，则 users 数组便会发生变化，Users 组件重新渲染会导致所有的 User 组件都进行渲染。对于某个 User 组件，如果第 K 项并没有发生变化，这个 User 组件就不需要重新渲染，但也不得不进行必要的渲染。

在测试中，我们渲染了一个有 200 项数据的数组，代码如下。

```
const arraySize = 200;
const getUsers = () =>
  Array(arraySize)
    .fill(1)
    .map((_, index) => ({
```

```
  name: 'John Doe',
  hobby: 'Painting',
  age: index === 0 ? Math.random() * 100 : 50
}));
```

注意，这里在 getUsers 方法中对 age 属性进行了判断，保证每次调用时，getUsers 返回的数组只有第一项的 age 属性值不同，其余的全部为 50。在测试组件的 componentDidUpdate 中保证数组将会触发 400 次重新渲染，并且每次只改变数组的第一项 age 属性，其他的均保持不变，代码如下。

```
const repeats = 400;
componentDidUpdate() {
  ++this.renderCount;
  this.dt += performance.now() - this.startTime;
  if (this.renderCount % repeats === 0) {
    if (this.componentUnderTestIndex > -1) {
      this.dts[componentsToTest[this.componentUnderTestIndex]] = this.dt;
      console.log(
        'dt',
        componentsToTest[this.componentUnderTestIndex],
        this.dt
      );
    }
    ++this.componentUnderTestIndex;
    this.dt = 0;
    this.componentUnderTest = componentsToTest[this.componentUnderTestIndex];
  }
  if (this.componentUnderTest) {
    setTimeout(() => {
      this.startTime = performance.now();
      this.setState({ users: getUsers() });
    }, 0);
  }
  else {
    alert(`
    Render Performance ArraySize: ${arraySize} Repeats: ${repeats}
    Functional: ${Math.round(this.dts.Functional)} ms
    PureComponent: ${Math.round(this.dts.PureComponent)} ms
    Component: ${Math.round(this.dts.Component)} ms
    `);
  }
}
```

下面对 3 种组件声明方式进行对比。

1. 函数式方式，代码如下。

```
export const Functional = ({ name, age, hobby }) => (
```

```
  <div>
    <span>{name}</span>
    <span>{age}</span>
    <span>{hobby}</span>
  </div>
)
```

2. PureComponent 方式，代码如下。

```
export class PureComponent extends React.PureComponent {
  render() {
    const { name, age, hobby } = this.props;
    return (
      <div>
        <span>{name}</span>
        <span>{age}</span>
        <span>{hobby}</span>
      </div>
    )
  }
}
```

3. 经典 class 方式，代码如下。

```
export class Component extends React.Component {
  render() {
    const { name, age, hobby } = this.props;
    return (
      <div>
        <span>{name}</span>
        <span>{age}</span>
        <span>{hobby}</span>
      </div>
    )
  }
}
```

使用 PureComponent 声明的组件会自动在触发渲染前后进行{name, age, hobby}对象值比较。如果对象值没有发生变化，则 shouldComponentUpdate 返回 false，以规避不必要的渲染。因此，使用 PureComponent 声明的组件性能明显优于其他方式。在不同的浏览器环境下，结论如下。

- 在 Firefox 下，PureComponent 渲染效率高出 30%。
- 在 Safari 下，PureComponent 渲染效率高出 6%。
- 在 Chrome 下，PureComponent 渲染效率高出 15%。

实际上，我们是通过定义 changedItems 来表示变化数组的项目，通过 array 表示所需渲染的数组的。changedItems.length/array.length 的比值越小，表示数组中变化的元素越少，React.PureComponent

涉及的性能优化也就越有必要实施，因为 React.PureComponent 通过浅比较规避了不必要的更新过程，而浅比较自身的计算成本一般都不值一提。

当然，PureComponent 也不是万能的，尤其是使用它进行浅比较时，开发者需要格外注意。因此在特定情况下，开发者根据需求自己实现 shouldComponentUpdate 中的比较逻辑将是更高效的选择。

React 性能设计亮点

React 的性能设计亮点非常多，除了老生常谈的虚拟 DOM，还有很多不为人知的细节，比如事件机制（合成和池化）、React Fiber 设计。

React 性能设计亮点之事件

React 事件机制在前面已经有所介绍，下面总结一下性能亮点的具体体现。

- 将所有事件挂载到 document 节点上，利用事件代理实现优化。
- 采用合成事件，在原生事件的基础上包装合成事件，并结合池化思路实现内存保护。

React 性能设计亮点之 setState

setState 这个谜之 API 在前面也有所介绍，其异步（或者叫合并）设计也是出于性能的考虑。这种优化思路已经被很多框架所借鉴，Vue 中也有类似的设计。

React 性能设计亮点之 React Fiber

通过前面的介绍，我们知道在浏览器主线程中，JavaScript 代码在调用栈执行时，可能会调用浏览器的 API 对 DOM 进行操作；也可能执行一些异步任务，这些异步任务如果是以回调的方式处理的，往往会被添加到 event queue 中；如果是以 Promise 的方式处理的，就会被先放到 job queue 中。这种操作涉及宏任务和微任务，这些异步任务和渲染任务将会在下一个时序中由调用栈处理执行。

理解了这些，大家就会明白，如果调用栈运行一个很耗时的脚本，比如解析一个图片，则调用栈就会像北京上下班高峰期的环路入口一样，被这个复杂任务堵塞。主线程中的其他任务都要排队等待处理，进而阻塞 UI 响应。这时，用户点击、输入、页面动画等都没有了响应。

这样的性能瓶颈就如同阿喀琉斯之踵一样，在一定程度上限制着 JavaScript 的发挥。

一般，有两种方案可以用来突破以上瓶颈，其中之一就是将耗时高、成本高、易阻塞的长任务进行切片，分成子任务，并异步执行它们。

这样一来，这些子任务就会在不同的执行栈的执行周期执行，进而使主线程可以在子任务间隙中执行 UI 更新操作。设想一个常见的场景：如果需要渲染一个由 10 万条数据组成的列表，我们就可以将数据分段，使用 setTimeout API 进行分步处理，这样构建渲染列表的工作就被分成了不同的子任务并在浏览器中依次执行。在这些子任务执行的间隙，浏览器就可以处理 UI 更新。

React 在 JavaScript 执行层面花费的时间较多，因为这一过程十分复杂：

构建 Virtual DOM →计算 DOM diff →生成 render patch

也就是说，在一定程度上，React 著名的调度策略——stack reconciler（堆栈协调），是 React 的性能瓶颈。因为该策略会深度优先遍历所有的 Virtual DOM 节点，计算完整棵 Virtual DOM 树的 diff 后，才会使任务出栈并释放主线程，所以浏览器主线程在被 React 更新状态任务占据时，用户与浏览器进行的任何交互都不会得到反馈，只有等到任务结束后，才能得到浏览器的响应。

从 Vue 3.0 动静结合的 Dom diff 谈起

Vue 3.0 提出了动静结合的 DOM diff 思想，我个人认为这是 Vue 近几年在创新上的一个很好的体现。Vue 3.0 之所以能够做出动静结合的 DOM diff，或者把这个问题放得更大，之所以能够做到预编译优化，是因为 Vue 可以静态解析模板，在解析模板时，整个解析过程是：利用正则表达式顺序解析模板，当解析到开始标签、闭合标签和文本时就会分别执行对应的回调函数，来达到构造 AST 的目的。

上述过程可以用图 25-2 来概括。

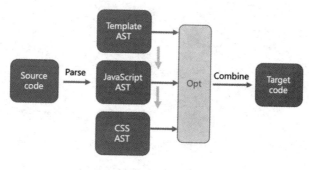

图 25-2

将这个过程用代码进行表述，如下所示。

```
const ast = parse(template, options)
optimize(ast, options)
const code = generate(ast, options)
```

借助预编译过程，Vue 可以最大限度地做到预编译优化。比如，在预编译时标记出模板中可能变化的组件节点，再次进行 diff 操作时就可以跳过"永远不会变化的节点"，而只需要对比"可能会变化的动态节点"。这也就是动静结合的 DOM diff 将 diff 成本从与模板大小正相关优化到与动态节点正相关优化的理论依据。

类似地，我们也可以标记出一些快速通道（fast path）。比如，对于某个复杂组件中的 className 发生变化的场景（这个场景很常见，比如通过根据变量更改 className 来应用不同的样式），就可以在预编译阶段进行特定的标记，在重新渲染 diff 时只需要更新新的 className 即可。

从预编译优化的本质上来看，React 能否像 Vue 那样进行预编译优化呢？

在进行预编译优化时，Vue 需要做数据双向绑定，进行数据拦截或代理，所以需要在预编译阶段静态分析模板，分析出视图依赖了哪些数据进行响应式处理；而 React 只需要进行局部重新渲染，它所负责的就是一堆递归 React.createElement 的执行调用，无法从模板层面进行静态分析。

以下这样的 JSX

```
<div>
    <p>
        <span> This is a test </span>
    </p>
</div>
```

将会被编译为以下内容。

```
React.createElement(
  "div", null,
  React.createElement(
    "p", null,
    React.createElement(
      "span", null, "This is a test"
    )
  )
)
```

因此，React JSX 过度的灵活性会导致运行时可以用于优化的信息不足。但是，在 React 框架之外，我们作为开发者因为能够接触到 JSX 编译成 React.createElement 的整个过程，所以还是可以通过工程化手段达到类似目的的。开发者在项目中开发 Babel 插件，以便将 JSX 编译成 React.createElement，那么优化手段就是从编写 Babel 插件开始的。

图 25-3 展示了一个 JSX 编译的过程。

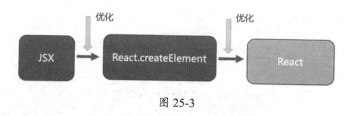

图 25-3

那么，开发者到底应该怎么做才能实现预编译优化呢？

为此，我挑出了一些具有代表性的案例，这些案例都是开发者在开发 Babel 插件的情况下实现的预编译优化。

静态元素提升

将静态不变的节点在预编译阶段就抽象成函数或静态变量，这和在 Vue 框架内所做的一样，不过需要开发者自己实现，这样一来就不需要在每次重新渲染时生成多余的实例，只需要调用_ref 变量即可，代码如下。

```
const _ref = <span>Hello World</span>
class MyComponent extends React.Component {
 render() {
  return (
   <div className={this.props.className}>
    {_ref}
   </div>
  )
 }
}
```

在运行时代码中删除 propTypes

propTypes 提供了许多验证工具，用来帮助确定 React 组件中 props 数据的有效性。但是，React 在 v15.5 后就移除了 propTypes，现在使用 prop-types 库来代替它。

propTypes 对于业务开发非常有用，帮助我们弥补了 JavaScript 数据类型检查的不足。但是，线上代码中的 propTypes 是多余的。因此，在运行时代码中删除 propTypes 就变得比较有必要了。

在运行时代码中去除内联函数

第三个优化场景是这样的：我们知道当组件内存在函数声明的逻辑（比如，使用箭头函数或使用 bind 声明函数）或闭包变量时，组件每刷新一次，都会生成一个新的函数或闭包变量。我们将这种不必要的函数称为内联函数。

比如，在下面这段代码中，transformedData 和 onClick 对应的匿名函数都会随着组件渲染重新生成一个全新的引用。

```
export default ({ data, sortComparator, filterPredicate, history }) => {
 const transformedData = data
   .filter(filterPredicate)
   .sort(sortComparator)

 return (
   <div>
     <button
       className="back-btn"
       onClick={() => history.pop()}
     />
     <ul className="data-list">
       {transformedData.map(({ id, value }) => (
         <Item value={value}>
       ))}
     </ul>
   </div>
 )
}
```

反复生成这些内联函数或数据，对 React 运行时性能或多或少会有一点影响，也给垃圾回收带来了压力。

在工程中，可以通过插件对内联函数或变量进行内存持久化处理来减少以上影响。最终，经过预编译优化的代码如下。

```
let _anonymousFnComponent

export default ({ data, sortComparator, filterPredicate, history }) => {
 const transformedData = React.useMemo(
   () =>
     data.filter(filterPredicate).sort(sortComparator),
   [data, data.filter, filterPredicate, sortComparator]
 )
```

```
return React.createElement(_anonymousFnComponent = _anonymousFnComponent || (() => {
  const _onClick2 = React.useCallback(
    () => history.pop(),
    [history, history.pop]
  )

  return (
    <div>
      <button className="back-btn" onClick={_onClick2} />
      <ul className="data-list">
        {transformedData.map(({ id, value }) =>
          React.createElement(
            //...
          )
        )}
      </ul>
    </div>
  )
}), null)
}
```

我们使用了 React 的新特性 useMemo 和 useCallback 将这些变量包裹。useMemo 和 useCallback 都会在组件第一次渲染时执行，之后会在其依赖的变量，也就是 useMemo 和 useCallback 的第二个参数数组内的数值发生改变时再次执行；这两个 hook 都会返回缓存的值，useMemo 返回缓存的变量，useCallback 返回缓存的函数。

transformedData 在数据源 data、data.filter、filterPredicate、sortComparator 发生变化时才会更新，并重新生成一份 transformedData，函数渲染时，只要依赖的 data、data.filter、filterPredicate、sortComparator 不变，就不会重新生成 transformedData，而是使用缓存的值。onClick 也使用了 useCallback 将函数引用持久化保存，和 useMemo 的道理一样。

通过以上做法，就避免了在组件重新渲染时，总是生成不必要的内联函数和闭包变量的困扰。

使用无状态组件

我们知道，函数式组件未来会比 class 组件（类组件）有更好的性能，并且不管是从性能、可组合性还是 TS 契合度上，函数都要优于 class。

在下面的例子中，我们会使符合条件的 class 声明组件在预编译阶段自动转化为函数式组件。

我们的目标是将一个典型的 class 组件改写为一个函数式组件，代码如下。

```
class MyComponent extends React.Component {
  static propTypes = {
    className: React.PropTypes.string.isRequired
  }

  render() {
    return (
      <div className={this.props.className}>
        <span>Hello World</span>
      </div>
    )
  }
}
```

在预编译阶段，以上代码会被优化为以下内容。

```
const MyComponent = props =>
  <div className={props.className}>
    <span>Hello World</span>
  </div>

MyComponent.propTypes = {
  className: React.PropTypes.string.isRequired
}
```

这里展开实现一下 Babel 插件，代码如下。其中会涉及一些 AST 的内容，读者只需要明白其实现思想即可。

```
module.exports = function({ types: t }) {
  return {
    visitor: {
      Class(path) {
        const state = {
          renderMethod: null,
          properties: [],
          thisProps: [],
          isPure: true
        }

        path.traverse(bodyVisitor, state)

        let replacement = []

        state.thisProps.forEach(function(thisProp) {
          thisProp.replaceWith(t.identifier('props'))
          thisProp.replaceWith(t.identifier('props'))
        })
```

```js
      replacement.push(
        t.functionDeclaration(
          id,
          [t.identifier('props')],
          state.renderMethod.node.body
        )
      )

      state.properties.forEach(prop => {
        replacement.push(t.expressionStatement(
          t.assignmentExpression('=',
            t.MemberExpression(id, prop.node.key),
            prop.node.value
          )
        ))
      })

      if (t.isExpression(path.node)) {
        replacement.push(t.returnStatement(id))

        replacement = t.callExpression(
          t.functionExpression(null, [],
            t.blockStatement(replacement)
          ),
          []
        )
      }

      path.replaceWithMultiple(
        replacement
      )
    }
  }
}

const bodyVisitor = {
  ClassMethod(path) {
    if (path.node.key.name === 'render') {
      this.renderMethod = path
    } else {
      this.isPure = false
      path.stop()
    }
  },

  ClassProperty(path) {
    const name = path.node.key.name
```

```
    if (path.node.static && (
      name === 'propTypes' ||
      name === 'defaultProps'
    )) {
      this.properties.push(path)
    } else {
      this.isPure = false
      this.isPure = false
    }
  },

  MemberExpression(path) {
    this.thisProps.push(path)
  },

  JSXIdentifier(path) {
    if (path.node.name === 'ref') {
      this.isPure = false
      path.stop()
    }
  }
}
```

对于以上代码，我们需要先明确，什么样的 class 组件具备转换成函数式组件的条件？

首先，class 组件不能具有 this.state 的引用，组件中不能出现任何生命周期方法，也不能出现 createRef，因为这些特性在函数式组件中并不存在。

满足这样的条件后，再在 JSX 转换过程中进行组件替换：首先通过 AST 进行遍历，在遍历过程中找到符合条件的 class 组件，我们用 isPure 来标记是否符合条件，同时在遍历时将每一个符合条件的 class 组件的 render 方法储存，作为转换函数式组件的返回值；储存 propTypes 和 defaultProps 静态属性，以便之后挂载到函数组件的函数属性上；同时将 this.props 的用法转为 props, props 会作为函数式组件的参数出现，最后再按照上述规则修改 AST，新的 AST 相关组件节点就会生成函数式组件。

Prepack 对于框架的影响

Prepack 同样是 Facebook 团队的作品。它在构建阶段就试图了解代码将要做什么，因此即使你只是编写了普通的 JavaScript 代码，它也会自动生成等价的预编译代码，以减少运行时的计算量。

下面来看一个斐波那契数列求和的例子，此例中的代码经过 Prepack 处理之后会直接输出结果，运行时就能得到 610 这个结果。这么看来，Prepack 是一个 JavaScript 的部分求值器 (Partial Evaluator),

可在编译时执行原本在运行时执行的计算过程,并通过重写 JavaScript 代码来提高其执行效率。

我用 Prepack 处理了一下 React 组件,并将处理前后的 React 组件进行了对比。在图 25-4 中,左边是我编写的代码,在不使用 Prepack 进行处理的情况下,运行时代码如右边部分所示。

```
(function () {                                          1  (function () {
  const Bar = (props) => {                              2    var _$0 = this;
    return <div>{props.text}</div>;                     3
  }                                                     4    var _1 = props => {
                                                        5      var list = ['1', '2'];
  const Foo = props => {                                6      return <div>
    var list = ['1', '2']                               7        {list.map(item => <_2 text={item} />)}
                                                        8      </div>;
    return (                                            9    };
      <div>                                            10
        {list.map(item => <Bar text={item} /> )}       11    var _2 = props => {
      </div>                                           12      return <div>{props.text}</div>;
    );                                                 13    };
  }                                                    14
                                                       15    _$0.Foo = _1;
  // __optimizeReactComponentTree(Foo)                 16  }).call(this);
  Foo
  window.Foo = Foo
})()
```

图 25-4

在图 25-5 中,左边是我编写的代码,在使用 Prepack 进行处理的情况下,运行时代码如右边部分所示。

```
(function () {                                          1  (function () {
  const Bar = (props) => {                              2    var _$0 = this;
    return <div>{props.text}</div>;                     3
  }                                                     4    var _1 = (props, context) => {
                                                        5      _4 === void 0 && $f_0();
  const Foo = props => {                                6      return _2;
    var list = ['1', '2']                               7    };
                                                        8
    return (                                            9    var $f_0 = function () {
      <div>                                            10      _4 = <div>1</div>;
        {list.map(item => <Bar text={item} /> )}       11      _7 = <div>2</div>;
      </div>                                           12      _2 = <div>{_4}{_7}</div>;
    );                                                 13    };
  }                                                    14
                                                       15    var _4;
  __optimizeReactComponentTree(Foo)                    16
  // Foo                                               17    var _7;
  window.Foo = Foo                                     18
})()                                                   19    var _2;
                                                       20
                                                       21    _$0.Foo = _1;
                                                       22  }).call(this);
```

图 25-5

经过 Preack 优化后，运行时代码减少了 map 计算等，生成的组件内容可以直接作为运行时结果。

总结

关于框架性能方面的内容实际上要从两方面来学习：一方面，在使用层面上，需要了解框架，以保证可以进行性能优化；另一方面，需要了解框架实现，思考作者在框架编译时和运行时的两个重要环节内是如何处理代码，并持续进行优化的。

总而言之，框架的性能优化仍然属于语言范畴和浏览器范畴的优化，一些思想具有共通性，希望大家一起积累思考。

part seven

第七部分

前端开发离不开编程基础,良好的编程思维、基本的算法知识,可以说是每一位工程师所必须具备的。本部分将用 JavaScript 来描述多种设计模式,手把手教大家用 JavaScript 处理各种数据结构,并强化对一些常考前端算法的理解和掌握。

编程思维和算法

26

揭秘前端设计模式

设计模式是一个一言难尽的概念。维基百科中对设计模式的定义是,在软件工程中,设计模式(Design Pattern)是对软件设计中普遍存在(反复出现)的各种问题所提出的解决方案。这个术语是由埃里希·伽玛(Erich Gamma)等人在20世纪90年代从建筑设计领域引入计算机科学中的。设计模式并不是直接用来完成代码的编写的,而是描述在各种不同情况下要怎么解决问题的一种方案。

为什么说这是一个一言难尽的概念呢?首先,从设计模式的定义中可以看出这是一套理论,干巴巴地描述其所有内容并没有太大意义。我们不会在面试中提出"请你解释一下设计模式""你会多少种设计模式"这类问题。一般认为设计模式有23种,这23种设计模式的本质是面向对象设计原则的实际运用,是对类的封装性、继承性和多态性,以及类的关联关系和组合关系的总结应用。

对于JavaScript或前端开发来说,设计模式似乎是一个有些遥远的概念。我们应该如何了解并学习设计模式呢?

我认为对设计模式不能停留在理论认识上,而应该结合实际代码将其应用到实践中。本篇首先会介绍设计模式的基本概念,分享一些经典的设计模式书籍及相关经验,这部分内容也许会稍微有些无趣;之后会深入结合前端开发实践,挑选那些我们一直使用的、会用到的设计模式进行讲解。

设计模式到底是什么

根据前面的介绍,我们可能会认为设计模式是一种经验总结,但它其实就是一套"兵法",一共包含了23个套路,最终目的是获得更好的代码重用性、可读性、可靠性、可维护性。

在平常开发中，也许你并没有意识到，但其实已经在使用设计模式了。在前面的篇章中，我们其实也有所提及，比如单例模式、发布/订阅模式、原型模式等。

如果到这里，仍然不明白设计模式到底是什么也别着急，请继续阅读以下内容。

设计模式原则

既然是一套理论，一种约定和规范，那么设计模式也就有自己的模式原则。总体来说，其 6 大原则包括开闭原则、里氏替换原则、依赖反转原则、接口隔离原则、最小知道原则、合成复用原则。下面来逐一了解一下。

1. 开闭原则（Open Close Principle）

理解开闭原则，就要了解开和闭。这里的开是指对扩展开放，闭是指对修改关闭。想象一下，我们有一套实现，提供一个服务，这样的程序需要能够随时进行扩展、随时支持第三方的自定义配置，但是不能去修改已有的实现代码。

比如，我们做了一个 UI 组件，业务方在使用时显然不能够修改我们的代码，但是仍然可以对代码进行扩展。再比如，在实现一个编辑器时，著名的 Draft.js 库提供了灵活的插件机制，可以实现热插拔效果，使整个程序具有良好的扩展性，易于维护和升级。Redux 库、Koa 库等基本所有的库中都有开闭原则的体现。

对于面向对象类型的语言来说，想要严格遵守开闭原则，往往需要使用接口和抽象类，这一点我们会在具体设计中再次提到。

2. 里氏替换原则（Liskov Substitution Principle）

里氏替换原则稍微有些抽象，但它是面向对象设计的基本原则之一。

里氏替换原则要求，在任何基类可以发挥作用的地方，子类一定可以发挥作用。

这句话怎么理解呢？想一想我们的继承实现，里氏替换原则就是继承复用的基础。只有当派生类可以随时替换掉其基类，且功能不被破坏，基类的方法仍然能被使用时，才算真正做到了继承，继承才能真正实现复用。当然，派生类也需要随时能够在基类的基础上增加新的行为。

事实上，里氏替换原则是对开闭原则的补充。

3. 依赖反转原则（Dependence Inversion Principle）

该原则要求针对接口进行编程，使高层次的模块不依赖低层次的模块的实现细节，两者都应该依赖于抽象接口。更多理论内容这里不再展开，后续会在程序设计中结合实例提及。

4. 接口隔离原则（Interface Segregation Principle）

接口隔离的意思或目的是减少耦合的出现。在大型软件架构中，使用多个相互隔离的接口，一定比使用单个大而全的接口要好。

5. 最少知道原则，又称迪米特法则（Demeter Principle）

顾名思义，最少知道是指，一个系统的功能模块应该最大限度地不知晓其他模块的出现，减少感知，模块之间应相对独立。

6. 合成复用原则（Composite Reuse Principle）

合成复用原则是指，尽量使用合成/聚合的方式，而不是使用继承。这是很有意思的一点，我们知道，基于原型的继承在很多方面都优于基于类的继承，原因在于基于原型的继承模式体现了可组合性，能够规避"大猩猩-香蕉"等问题的出现。组合是非常优秀的编程思想，这一点在函数式编程中最大程度地得到了印证。

设计模式的 3 大类型和 23 种套路

设计模式实践起来并没有什么困难，所有的设计模式大体上可以归结为 3 大类：创建型、结构型、行为型，具体细分见图 26-1。

创建型（Creational Pattern）：创建型的 5 种设计模式提供了更加灵活的对象创建方式，同时可以隐藏创建的具体逻辑。与直接使用 new 运算符实例化对象相比，这些模式具有更强的灵活性及可定制性。

结构型（Structural Pattern）：结构型的 7 种设计模式关注类和对象的组合，结合继承的概念，这些设计模式能使对象具有更加灵活的功能设定。

行为型（Behavioral Pattern）：行为型的 11 种设计模式聚焦于对象和类之间的通信，这是构建大型程序架构必不可少的部分。

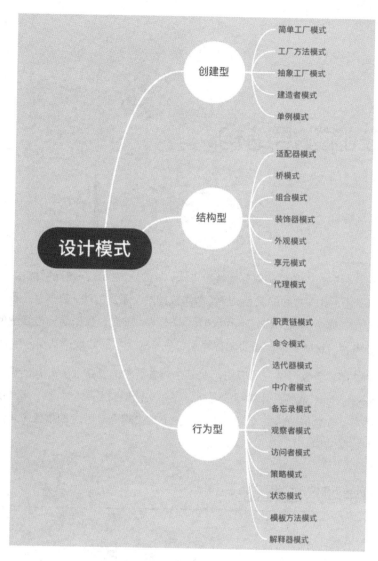

图 26-1

总结

本篇介绍了设计模式的基础理论及学习方式,其中有一些概念较为抽象,希望读者们能够认真思考,后续可以结合前端实例进行理解,以获得更深入的认识。

27
无处不在的数据结构

数据结构是计算机中组织和存储数据的特定方式,目的是方便且高效地对数据进行访问和修改。一方面,数据结构表述了数据之间的关系,以及操作数据的一系列方法,数据又是程序的基本单元,因此无论是哪种语言、哪个领域,都离不开数据结构;另一方面,数据结构是算法的基础,其本身包含了算法的部分内容。也就是说,想要掌握算法,先有一个牢固的数据结构基础是必要条件。

前端领域也到处体现着数据结构的应用,尤其是随着需求的复杂度上升,前端工程师越来越离不开数据结构。React、Vue 这些设计精巧的框架,在线文档编辑系统、大型管理系统,甚至一个简单的检索需求,都离不开数据结构的支持。是否掌握了这个难点是进阶的重要考量。本篇就带大家来学习无处不在的数据结构。

数据结构和学习方法概览

我通常将数据结构分为以下 8 类。

- 数组:Array
- 堆栈:Stack
- 队列:Queue
- 链表:Linked List
- 树:Tree
- 图:Graph

- 字典树：Trie
- 散列表（哈希表）：Hash Table

这么多类该如何介绍呢？我认为，只是按部就班地实现各种数据结构的意义不大，这些内容读者都可以从算法书籍中找到。更重要的是应用，也只有在应用中，才能真正记住并掌握特定的数据结构，才能在下次有类似场景时想起来相关的数据结构实现。因此，本篇将从前端出发，从前端类库和典型场景入手，结合数据结构来剖析其实现和应用。这需要对每种数据结构都有一个大概的认知，我们可以先从下面的内容中感知一下。

- 栈和队列是类似数组的结构，非常多的初级题目要求用数组实现栈和队列，它们在插入和删除的方式上和数组有所差异，但是实现起来还是非常简单的。
- 链表、树和图这种数据结构的特点是，其节点需要引用其他节点，因此在增删时，需要注意对相关前驱和后继节点的影响。
- 可以从堆栈和队列出发构建链表。
- 树和图最为复杂，因为它们本质上是链表的扩展概念。
- 散列表的关键是理解散列函数，明白依赖散列函数实现保存和定位数据的过程。
- 从直观上来看，链表适合记录和存储数据，哈希表和字典树在检索数据及搜索方面有更多的应用场景。

以上这些直观感性的认知并不是"永远正确的"，应该根据具体场景进行不同的应用。我们将在下面的学习中去印证这些认知，你将会看到熟悉的 React、Vue 框架的部分实现，还会看到典型的算法场景，不过在阅读下面的内容之前需要先做好基础知识的储备。

栈和队列

栈和队列是一种操作受限的线性结构，它们非常简单，虽然 JavaScript 并没有原生内置这样的数据结构，但是我们可以轻松地将它们模拟出来。

栈的实现遵循后进先出（Last In, First Out，LIFO）原则，示例代码如下。

```
class Stack {
  constructor(...args) {
    this.stack = [...args]
  }
```

```js
// Modifiers
push(...items) {
  return this.stack.push(...items)
}

pop() {
  return this.stack.pop()
}

// Element access
peek() {
  return this.isEmpty()
    ? undefined
    : this.stack[this.size() - 1]
}

// Capacity
isEmpty() {
  return this.size() == 0
}

size() {
  return this.stack.length
}
}
```

队列的实现遵循先进先出（First in,First out，FIFO）原则，示例代码如下。

```js
class Queue {
  constructor(...args) {
    this.queue = [...args]
  }

  // Modifiers
  enqueue(...items) {
    return this.queue.push(...items)
  }

  dequeue() {
    return this.queue.shift()
  }

  // Element access
  front() {
    return this.isEmpty()
      ? undefined
      : this.queue[0]
```

```
}
back() {
  return this.isEmpty()
      ? undefined
      : this.queue[this.size() - 1]
}
// Capacity
isEmpty() {
  return this.size() == 0
}
size() {
  return this.queue.length
}
}
```

栈和队列的实际应用场景比比皆是，比如下面这些。

- 浏览器的历史记录，因为回退总是回退到上一个最近的页面，所以它需要遵循栈的原则。
- 与浏览器的历史记录类似，任何 undo/redo 都是基于栈的实现。
- 在代码中，广泛应用递归产生的调用栈同样也是栈思想的体现。
- 同上，浏览器在抛出异常时，通常都会抛出调用栈信息。
- 在计算机科学领域中的应用也比较广泛，如进制转换、括号匹配、栈混洗、表达式求值等。
- 队列的应用更为直观，我们常说的宏任务/微任务都是队列，不管是什么类型的任务，都是先进先执行。
- 在后端中的应用也比较广泛，如消息队列（RabbitMQ、ActiveMQ 等），这类队列能起到延迟缓冲的功效。

我们看到，不管是栈还是队列，都是用数组来模拟的。数组是最基本的数据结构，但是它的价值是惊人的。这里稍微提一下，React 中的 hook 从本质上看可以简单地被看作数组。

另外，再提一个与性能后话相关的问题，HTTP 1.1 中存在队头阻塞问题，该问题是由队列这样的数据结构引起的。先来看一下 HTTP 1.0，对于同一个 TCP 连接，HTTP 1.0 会将所有请求都放入队列中，这样一来，由于先进先出的原则，在客户端中只有前一个请求得到了响应，下一个请求才会发出。在 HTTP 1.1 中，这样的情况得到了改观，每一个连接都被默认为长连接，因此对于同一个 TCP 连接，不必等到前一个响应返回，就能发出下一个请求。但是，这只解决了客户端的队头阻塞问题，事实上，HTTP 1.1 规定，服务器端的响应返回顺序需要遵循其接收到的相应顺序，这样做的问题是，如果第一个请求需要较长时间处理，响应较慢，就会拖累其他后续请求的响应，这仍然是一种队头阻塞。

HTTP 2 采用了二进制分帧和多路复用等方法，使同域名下的通信都在同一个连接上完成，并且这种连接是双向的，在这个连接上可以并行进行请求和响应而互不干扰。

这里延伸得有点多了，其实主要就是读者需要明白队列和栈这类数据结构的应用及利弊。

链表

栈和队列都可以用数组实现，链表同样和数组一样，都是按照一定的顺序存储元素的，不同的地方在于链表不能像数组一样通过下标对元素进行访问，而是通过每个元素指向其下一个元素的方式进行访问。这里不再过多介绍链表方面的基础知识，对链表仍然不理解的读者可以先自行学习。

直观上可以得出这样一个结论：链表不需要一段连续的存储空间，"指向下一个元素"的方式能够更大限度地利用内存。

根据以上结论可以继续总结出链表的优点，如下。

- 链表的插入和删除操作的时间复杂度是常数级的，我们只需要改变相关节点的指针指向即可。
- 链表可以像数组一样顺序访问元素，查找元素的时间复杂度是线性的。

下面来看一看链表的应用场景。

React 的核心算法 Fiber 就是通过链表实现的，这里可以对此稍做展开。React 最早使用大名鼎鼎的堆栈协调（stack reconciler）调度算法，这一点在前面篇章已经有所涉及。堆栈协调调度算法最大的问题在于，它是像函数调用栈一样，递归地、自顶向下地进行 diff 和 render 相关操作的，在堆栈协调调度算法执行的过程中，该调度算法始终会占据浏览器主线程。也就是说在此期间，用户的交互所触发的布局行为、动画执行任务都不会被立即响应，从而影响用户体验。

因此，React Fiber 将渲染和更新过程进行了拆解，简单来说，就是每次检查虚拟 DOM 的一小部分，在检查间隙会检查是否还有时间继续执行下一个虚拟 DOM 树上的某个分支任务，同时观察是否有更优先的任务需要响应，如果没有时间执行下一个虚拟 DOM 树上的某个分支任务，且有更高优先级的任务，React 就会让出主线程，直到主线程不忙的时候继续执行那个分支任务。

所以，React Fiber 其实很简单，它将堆栈协调过程分成块，一次执行一块，执行完一块之后需要将结果保存起来，根据是否还有空闲的响应时间（requestIdleCallback）来决定下一步策略。当所有的块都已经执行完毕后，就进入提交阶段，这个阶段需要更新 DOM，整个过程是一口气同步完成的。

以上是比较主观的介绍，下面来看一下具体实现。

React Fiber 是专门用于 React 组件堆栈调用的重新实现，可以随意中断调用栈并手动操作调用栈，也就是说一个 Fiber 就是一个虚拟堆栈帧，其结构如下所示。

```
function FiberNode(
  tag: WorkTag,
  pendingProps: mixed,
  key: null | string,
  mode: TypeOfMode,
) {
  // Instance
  // ...
  this.tag = tag;

  // Fiber
  this.return = null;
  this.child = null;
  this.sibling = null;
  this.index = 0;

  this.ref = null;

  this.pendingProps = pendingProps;
  this.memoizedProps = null;
  this.updateQueue = null;
  this.memoizedState = null;
  this.dependencies = null;

  // Effects
  // ...
  this.alternate = null;
}
```

这么看，Fiber 就是一个对象，通过 parent、children、sibling 维护一个树形关系，同时，parent、children、sibling 又都是 Fiber 结构，FiberNode.alternate 这个属性用来存储上一次渲染的结果，事实上整个 Fiber 模式就是一个链表。React 也借此从依赖于内置堆栈的同步递归模型，变为具有链表和指针的异步模型了。

具体的渲染过程如下。

```
function renderNode(node) {
  //判断是否需要渲染该节点，如果props发生变化，则调用render
  if (node.memoizedProps !== node.pendingProps) {
    render(node)
  }

  //是否有子节点，如果有则进行子节点渲染
  if (node.child !== null) {
    return node.child
  //是否有兄弟节点，如果有则进行兄弟节点渲染
  } else if (node.sibling !== null){
    return node.sibling
  //没有子节点和兄弟节点
  } else if (node.return !== null){
    return node.return
  } else {
    return null
  }
}

function workloop(root) {
  nextNode = root
  while (nextNode !== null && (no other high priority task)) {
    nextNode = renderNode(nextNode)
  }
}
```

注意，在 workloop 中，while 的条件是 nextNode !== null && (no other high priority task)，这是描述 Fiber 工作原理的关键伪代码。

当然，这里为了说明链表的数据结构，使用了较为简略的伪代码，没有深入介绍 requestAnimationFrame(callback) 和 requestIdleCallback(callback) 的实现。关于 React Fiber 的介绍先到此为止，重点是体会链表数据结构的思想。

链表实现

想要实现链表，首先要对链表进行分类，常见的有单向链表和双向链表。

- 单向链表：单向链表是维护一系列节点的数据结构，其特点是每个节点都包含数据，同时包含指向链表中下一个节点的指针。
- 双向链表：与单向链表不同，双向链表的特点是每个节点除了包含其数据，还包含分别指向

其前驱节点和后继节点的指针。

由于篇幅有限，这里只挑选比较复杂的双向链表来介绍一下实现思路。

首先，根据双向链表的特点，实现一个节点构造函数（节点类）的代码如下。

```
class Node {
  constructor(data) {
    // data 为当前节点所储存的数据
    this.data = data
    // next 指向下一个节点
    this.next = null
    // prev 指向前一个节点
    this.prev = null
  }
}
```

有了节点类，下面来初步实现双向链表类。

```
class DoublyLinkedList {
  constructor() {
   //双向链表的开头
   this.head = null
   //双向链表的结尾
   this.tail = null
  }

  // ...
}
```

接下来，需要实现双向链表原型中的一些方法，这些方法包括以下几种。

- add：在链表尾部添加一个新的节点。
- addAt：在链表指定位置添加一个新的节点。
- remove：删除链表指定数据项节点。
- removeAt：删除链表指定位置节点。
- reverse：翻转链表。
- swap：交换两个节点数据。
- isEmpty：查询链表是否为空。
- length：查询链表长度。

- traverse：遍历链表。
- find：查找某个节点的索引。

下面来逐一实现链表的各种方法，add 方法的代码如下。

```
add(item) {
  //实例化一个节点
  let node = new Node(item)

  //如果当前链表还没有头
  if(!this.head) {
    this.head = node
    this.tail = node
  }
  //如果当前链表已经有了头，则只需要在尾部加上该节点
  else {
    node.prev = this.tail
    this.tail.next = node
    this.tail = node
  }
}
```

addAt 方法的代码如下。

```
addAt(index, item) {
  let current = this.head

  let counter = 1
  let node = new Node(item)

  //如果在头部插入
  if (index === 0) {
    this.head.prev = node
    node.next = this.head
    this.head = node
  }
  //如果在非头部插入，则需要从头开始找寻插入位置
  else {
    while(current) {
      current = current.next
      if( counter === index) {
        node.prev = current.prev
        current.prev.next = node
        node.next = current
        current.prev = node
      }
      counter++
```

```
    }
  }
}
```

remove 方法的代码如下。

```
remove(item) {
  let current = this.head

  while (current) {
      //找到了目标节点
    if (current.data === item ) {
      //目标链表只有当前目标项,即目标节点既是链表头又是链表尾
      if (current == this.head && current == this.tail) {
        this.head = null
        this.tail = null
      }
      //目标节点为链表头
      else if (current == this.head ) {
        this.head = this.head.next
        this.head.prev = null
      }
      //目标节点为链表尾
      else if (current == this.tail ) {
        this.tail = this.tail.prev;
        this.tail.next = null;
      }
      //目标节点在链表首尾之间,即中部
      else {
        current.prev.next = current.next;
        current.next.prev = current.prev;
      }
    }
    current = current.next
  }
}
```

removeAt 方法的代码如下。

```
removeAt(index) {
 //都是从头开始遍历
 let current = this.head
 let counter = 1

 //删除链表头部
 if (index === 0 ) {
  this.head = this.head.next
  this.head.prev = null
```

```
  }
  else {
    while(current) {
      current = current.next
      //如果目标节点在链表尾部
      if (current == this.tail) {
        this.tail = this.tail.prev
        this.tail.next = null
      }
      else if (counter === index) {
        current.prev.next = current.next
        current.next.prev = current.prev
        break
      }
      counter++
    }
  }
}
```

reverse 方法的代码如下。

```
reverse() {
  let current = this.head
  let prev = null

  while (current) {
    let next = current.next

    //前后倒置
    current.next = prev
    current.prev = next

    prev = current
    current = next
  }

  this.tail = this.head
  this.head = prev
}
```

swap 方法（用于交换两个节点的数据值）的代码如下。

```
swap(index1, index2) {
  //使 index1 始终小于 index2，方便后面查找交换
  if (index1 > index2) {
    return this.swap(index2, index1)
  }
```

```
  let current = this.head
  let counter = 0
  let firstNode

  while(current !== null) {
    //找到第一个节点,并储存起来
    if (counter === index1 ){
        firstNode = current
    }

    //找到第二个节点,并进行数据交换
    else if (counter === index2) {
      // ES 提供了更简捷的交换数据的方法,这里用传统方式实现更为直观
      let temp = current.data
      current.data = firstNode.data
      firstNode.data = temp
    }

    current = current.next
    counter++
  }
  return true
}
```

isEmpty 方法的代码如下。

```
isEmpty() {
  return this.length() < 1
}
```

isEmpty 方法使用了 length 方法实现,length 方法的代码如下。

```
length() {
  let current = this.head
  let counter = 0
  while(current !== null) {
    counter++
    current = current.next
  }
  return counter
}
```

length 方法通过遍历链表返回链表的长度。

traverse 方法的代码如下。

```
traverse(fn) {
  let current = this.head
```

```
while(current !== null) {
  fn(current)
  current = current.next
}
return true
}
```

有了上面 length 方法的遍历实现,traverse 方法也就不难理解了,它接收一个遍历执行函数,在 while 循环中进行调用。

最后,search 方法的代码如下。

```
search(item) {
  let current = this.head
  let counter = 0

  while( current ) {
    if( current.data == item ) {
      return counter
    }
    current = current.next
    counter++
  }
  return false
}
```

至此,我们就实现了所有 DoublyLinkedList 类双向链表的方法。仔细分析一下整个实现过程可以发现,双向链表的实现并不复杂,在手写过程中需要开发者做到"心中有表",考虑到当前节点的 next 和 prev 取值,其在逻辑实现上还是很简单的。

掌握了这些内容,再回想一下链表的应用,以及 React Fiber 的设计和实现,也许一切就都变得不再神秘。

树

前端开发者对树这个数据结构应该丝毫不陌生,不同于之前介绍的数据结构,树是非线性的。因为树决定了其存储的数据有明确的层级关系,因此对于维护具有层级特性的数据,树是一个天然良好的选择。

前面提到,树有很多种分类,但是它们都具有以下特性。

- 除了根节点,所有的节点都有一个父节点。

- 每一个节点都可以有若干个子节点，如果没有子节点，那么就称此节点为叶子节点。
- 一个节点所拥有的叶子节点的个数被称为该节点的度，因此叶子节点的度为 0。
- 在所有节点中，最大的度为整棵树的度。
- 树的最大层次被称为树的深度。

从应用上来看，前端开发中的 DOM 就是树状结构的；同理，不管是 React 还是 Vue 的虚拟 DOM 也都是树。

下面从最基本的二叉树入手，来慢慢深入了解这个数据结构。

二叉搜索树的实现和遍历

说二叉树是最基本的树，是因为它的结构最简单，每个节点最多包含两个子节点。二叉树又非常有用，因为根据二叉树可以延伸出二叉搜索树（BST）、平衡二叉搜索树（AVL）、红黑树（R/B Tree）等。

二叉搜索树有以下特性。

- 左子树上所有节点的值均小于或等于它的根节点的值。
- 右子树上所有节点的值均大于或等于它的根节点的值。
- 左、右子树也分别为二叉搜索树。

根据其特性实现二叉搜索树时，应该先构造一个节点类，如下所示。

```
class Node {
  constructor(data) {
    this.left = null
    this.right = null
    this.value = data
  }
}
```

接着，按照惯例实现二叉搜索树的以下方法。

- insertNode：根据一个父节点插入一个子节点。
- insert：插入一个新节点。
- removeNode：根据一个父节点移除一个子节点。
- remove：移除一个节点。

- findMinNode：获取子节点的最小值。

- searchNode：根据一个父节点查找子节点。

- search：查找节点。

- preOrder：前序遍历。

- InOrder：中序遍历。

- PostOrder：后续遍历。

下面来实现树结构的各种方法，insertNode 和 insert 方法的代码如下。

```
insertNode(root, newNode) {
  if (newNode.value < root.value) {
    (!root.left) ? root.left = newNode : this.insertNode(root.left, newNode)
  } else {
    (!root.right) ? root.right = newNode : this.insertNode(root.right, newNode)
  }
}

insert(value) {
    let newNode = new Node(value)
    if (!this.root) {
      this.root = newNode
    } else {
      this.insertNode(this.root, newNode)
    }
}
```

这两种方法是理解二叉搜索树的关键，理解了这两种方法，下面的其他方法也就"不在话下"了。可以看到，insertNode 方法会先判断目标父节点和插入节点的值，如果插入节点的值更小，则放到父节点的左边，接着递归调用 this.insertNode(root.left, newNode)；如果插入节点的值更大，则放到父节点的右边。

insert 方法中多了构造 Node 节点实例这一步，而 removeNode 和 remove 方法的代码如下。

```
removeNode(root, value) {
    if (!root) {
      return null
    }

    if (value < root.value) {
      root.left = this.removeNode(root.left, value)
      return root
```

```
    } else if (value > root.value) {
      root.right = tis.removeNode(root.right, value)
      return root
    } else {
      //找到需要删除的节点
      //如果当前 root 节点无左右子节点
      if (!root.left && !root.right) {
        root = null
        return root
      }

      //只有左节点
      if (root.left && !root.right) {
        root = root.left
        return root
      }
      //只有右节点
      else if (root.right) {
        root = root.right
        return root
      }

      //有左右两个子节点
      let minRight = this.findMinNode(root.right)
      root.value = minRight.value
      root.right = this.removeNode(root.right, minRight.value)
      return root
    }
  }
}
remove(value) {
  if (this.root) {
    this.removeNode(this.root, value)
  }
}
```

上述代码不难理解，可能最需要读者思考的就是要删除的节点含有左右两个子节点的情况，具体的实现代码如下。

```
//有左右两个子节点
let minRight = this.findMinNode(root.right)
root.value = minRight.value
root.right = this.removeNode(root.right, minRight.value)
return root
```

当需要删除的节点（目标节点）含有左右两个子节点时，因为我们要把当前节点删除，所以就需要找到合适的补位节点，这个补位节点一定在该目标节点的右侧树中，因为这样才能保证补位节点的值一定大于该目标节点的左侧树所有节点的值,而该目标节点的左侧树不需要调整;同时,为了保证补位节点的值一定要小于该目标节点的右侧树节点的值,要找到的补位节点应该是该目标节点的右侧树中值最小的那个节点。

下面借助 this.findMinNode 方法实现这个过程。

```
findMinNode(root) {
    if (!root.left) {
      return root
    } else {
      return this.findMinNode(root.left)
    }
}
```

该方法会不断进行递归,直到找到最左侧的叶子节点。

查找节点的方法(searchNode 和 search)的实现代码如下。

```
searchNode(root, value) {
    if (!root) {
      return null
    }

    if (value < root.value) {
      return this.searchNode(root.left, value)
    } else if (value > root.value) {
      return this.searchNode(root.right, value)
    }

    return root
}

search(value) {
    if (!this.root) {
      return false
    }
    return Boolean(this.searchNode(this.root, value))
}
```

这段代码也比较简单,其实就是对递归进行了运用。

最能体现递归优势的其实是对树的遍历。我们先来看一下前序遍历,代码如下。

```
preOrder(root) {
     if (root) {
       console.log(root.value)
       this.preOrder(root.left)
```

```
        this.preOrder(root.right)
    }
}
```

中序遍历的示例代码如下。

```
inOrder(root) {
    if (root) {
      this.inOrder(root.left)
      console.log(root.value)
      this.inOrder(root.right)
    }
}
```

后序遍历的示例代码如下。

```
postOrder(root) {
    if (root) {
      this.postOrder(root.left)
      this.postOrder(root.right)
      console.log(root.value)
    }
}
```

前序遍历、中序遍历、后序遍历的区别其实就在于，执行 console.log(root.value) 方法的位置不同。

字典树

字典树（Trie）是针对特定类型的搜索而优化的树数据结构，典型的例子是 autoComplete，也就是说，它适合实现通过部分值得到完整值的场景。字典树因此也是一种搜索树，有时候也被叫作前缀树，因为任意一个节点的后代都存在共同的前缀。更多基础概念请读者先自行了解。下面总结一下它的特点。

- 字典树能做到高效查询和插入，时间复杂度为 $O(k)$，k 为字符串长度。
- 但是如果大量字符串没有共同前缀，那就会很耗内存，读者可以想象一下最极端的情况，所有单词都没有共同前缀时，这棵字典树是什么样子。
- 字典树的核心就是减少不必要的字符比较，得到较高的查询效率，也就是说用空间换时间，再利用共同前缀来提高查询效率。

除了刚刚提到的 autoComplete 自动填充的情况，字典树还有很多其他应用场景，比如搜索、输入法选项、分类、IP 地址检索、电话号码检索等。

字典树的实现和遍历

字典树的实现也不复杂,我们一步步来看。首先实现一个字典树上的节点,代码如下。

```
class PrefixTreeNode {
 constructor(value) {
   //存储子节点
   this.children = {}
   this.isEnd = null
   this.value = value
 }
}
```

字典树 PrefixTree 继承 PrefixTreeNode 类,代码如下。

```
class PrefixTree extends PrefixTreeNode {
 constructor() {
   super(null)
 }
}
```

接着在 PrefixTree 继承 PrefixTreeNode 类的基础上实现以下方法,以便帮助读者理解字典树。

- addWord:创建一个字典树节点。
- predictWord:给定一个字符串,返回字典树中以该字符串开头的所有单词。

addWord 方法的实现代码如下。

```
addWord(str) {
   const addWordHelper = (node, str) => {
     //当前 node 不含当前 str 开头的目标
     if (!node.children[str[0]]) {
       //以当前 str 开头的第一个字母创建一个 PrefixTreeNode 实例
       node.children[str[0]] = new PrefixTreeNode(str[0])
       if (str.length === 1) {
         node.children[str[0]].isEnd = true
       }
       else if (str.length > 1) {
         addWordHelper(node.children[str[0]], str.slice(1))
       }
     }
   }
   addWordHelper(this, str)
}
```

predictWord 方法的实现代码如下。

```
predictWord(str) {
  let getRemainingTree = function(str, tree) {
    let node = tree
    while (str) {
      node = node.children[str[0]]
      str = str.substr(1)
    }
    return node
  }

  //该数组维护所有以 str 开头的单词
  let allWords = []

  let allWordsHelper = function(stringSoFar, tree) {
    for (let k in tree.children) {
      const child = tree.children[k]
      let newString = stringSoFar + child.value
      if (child.endWord) {
        allWords.push(newString)
      }
      allWordsHelper(newString, child)
    }
  }

  let remainingTree = getRemainingTree(str, this)

  if (remainingTree) {
    allWordsHelper(str, remainingTree)
  }

  return allWords
}
```

图

图是由具有边的节点集合组成的数据结构,图可以是定向的,也可以是不定向的。因此,图可以分为好多种类,这里不一一讲解,主要是根据图的应用场景来进行分类,如下所示。

- LBS(Location Based Services,基于位置的服务)及 GPS 系统。
- 社交媒体网站的用户关系图。
- 前端工程化中的开发依赖图。
- 搜索算法使用图,用于保证搜索结果的相关性。

图也是应用最广泛的数据结构之一，真实场景中处处都有图的应用。更多概念还是需要读者先进行了解，尤其是要了解图的几种基本元素，如下。

- Node：节点
- Edge：边
- |V|：图中顶点（节点）的总数
- |E|：图中的连接总数（边）

图的实现和遍历

这里主要实现一个有向图 Graph 类，代码如下。

```
class Graph {
  constructor() {
    this.AdjList = new Map()
  }
}
```

有了图的构造方法，还需要表明图中各个顶点之间的关系，我们使用 Map 数据结构来实现对这种关系的维护。

接下来，我们需要一步一步实现以下方法。

- 添加顶点：addVertex
- 添加边：addEdge
- 打印图：print
- 广度优先算法（BFS）
- 深度优先算法（DFS）

addVertex 方法的代码如下。

```
addVertex(vertex) {
  if (!this.AdjList.has(vertex)) {
    this.AdjList.set(vertex, [])
  } else {
    throw 'vertex already exist!'
  }
}
```

创建顶点的代码如下。

```
let graph = new Graph();
graph.addVertex('A')
graph.addVertex('B')
graph.addVertex('C')
graph.addVertex('D')
```

其中，A、B、C、D顶点都对应一个数组，如下。

```
'A' => [],
'B' => [],
'C' => [],
'D' => []
```

该数组将用来存储边。比如，通过以下描述，就可以把一个图清晰地表现出来。

```
Map {
  'A' => ['B', 'C', 'D'],
  'B' => [],
  'C' => ['B'],
  'D' => ['C']
}
```

如何得到上述代码表述的关系呢？首先要实现 addEdge 方法，该方法需要两个参数：一个是顶点 vertex，另一个是连接对象 node，具体代码如下。

```
addEdge(vertex, node) {
  if (this.AdjList.has(vertex)) {
    if (this.AdjList.has(node)){
      let arr = this.AdjList.get(vertex)
      if(!arr.includes(node)){
        arr.push(node)
      }
    }else {
      throw `Can't add non-existing vertex ->'${node}'`
    }
  } else {
    throw `You should add '${vertex}' first`
  }
}
```

厘清数据关系，就可以打印图了，这里只需用到一个很简单的 for...of 循环。

```
print() {
  for (let [key, value] of this.AdjList) {
    console.log(key, value)
```

```
    }
}
```

剩下要做的就是遍历图。

广度优先算法（BFS）是一种利用队列实现的搜索算法。对于图来说，其搜索过程和"向湖面丢进一块石头激起层层涟漪"类似。换成算法语言，就是从起点出发，对于每次出队列的点都要遍历其四周的点。因此，BFS 的实现步骤如下。

- 以起始节点作为开头初始化一个空对象：visited。
- 初始化一个空数组，该数组将模拟一个队列。
- 将起始节点标记为已访问。
- 将起始节点放入队列中。
- 循环遍历直到队列为空。

遵循以上步骤实现 BFS 的代码如下。

```
createVisitedObject() {
  let map = {}
  for(let key of this.AdjList.keys()) {
    arr[key] = false
  }
  return map
}

bfs(initialNode) {
  //创建一个已访问节点的 map
  let visited = this.createVisitedObject()
  //模拟一个队列
  let queue = []

  //第一个节点已访问
  visited[initialNode] = true
  //第一个节点入队列
  queue.push(initialNode)

  while(queue.length) {
    let current = queue.shift()
    console.log(current)

    //获得该节点的其他节点关系
    let arr = this.AdjList.get(current)
```

```
    for (let elem of arr) {
      //如果当前节点没有访问过
      if (!visited[elem]) {
        visited[elem] = true
        q.push(elem)
      }
    }
  }
}
```

对于深度优先搜索算法（DFS），我将它的特点总结为"不撞南墙不回头"，从起点出发，先把一个方向的点都遍历完才会改变方向。换成算法语言就是，DFS 是利用递归实现的搜索算法。

因此，在实现 DFS 时要以起始节点作为起始创建访问对象，同时调用辅助函数从起始节点开始递归，实现代码如下。

```
createVisitedObject() {
  let map = {}
  for (let key of this.AdjList.keys()) {
    arr[key] = false
  }
  return map
}

dfs(initialNode) {
  let visited = this.createVisitedObject()
  this.dfsHelper(initialNode, visited)
}

dfsHelper(node, visited) {
  visited[node] = true
  console.log(node)

  let arr = this.AdjList.get(node)

  for (let elem of arr) {
    if (!visited[elem]) {
      this.dfsHelper(elem, visited)
    }
  }
}
```

BFS 的重点在于遍历队列，而 DFS 的重点在于递归，这是它们之间的本质区别。

图在前端中的应用

图其实在前端中的应用不算特别多,但绝对是不容忽视的一部分。这里举一个我在现实中应用的例子——循环图。

在前端工程化发展的今天,厘清项目中的依赖关系有助于开发者在宏观上把控工程化项目。在我们的项目中,我借助 mermaidj 画图工具实现了项目依赖的完全可视化,并借助 npm script 来生成图片结果,相关 script 脚本的执行方式如下。

```
yarn graph
```

graph 脚本的实现如下。

```
import glob from 'glob'
import readJSON from 'XXX/utils/readJSON'

const pkgs = glob.sync('packages/*/package.json').map(readJSON)

const deps = {}

for (const pkg of pkgs) {
  deps[pkg.name] = Object.keys(pkg.dependencies || []).filter(dep =>
    // ...
  )
}

const graph = { code: '', mermaid: { theme: 'default' } }

graph.code += 'graph TD;'
for (const name in deps) {
  for (const dep of deps[name]) {
    graph.code += `${name}-->${dep};`
  }
}

const base64 = Buffer.from(JSON.stringify(graph)).toString('base64')

/* eslint-disable-next-line */
console.log(
  `Open in browser: https://mermaidjs.github.io/mermaid-live-editor/#/edit/${base64}`
)
```

上述代码首先获取到 packages/*/package.json 中声明的所有依赖,对依赖进行必要过滤之后,将其存储到 deps 对象中,按照 mermaid 需求将 monorepo 项目中的每一个子项目名和依赖以→为间隔存储到 graph.code 中,最后将 graph 变量生成为 base64 类型数据,并交给 mermaid 进行绘图,绘图过程中会根据约定（→的标记）生成可视化的依赖图。

那么，mermaid 是如何对图进行绘制的呢？了解了前面实现图的代码，再来看 mermaid 绘制图的源码就不会觉得困难了，这里不再对其展开讲解。

事实上，在工程中，这个依赖图对于项目的部署构建有非常重要的作用。比如，在对 monorepo 项目进行构建时，因为子项目过多会导致构建时间过长。为此，我给出的方案是增量构建，如果这次改动只设计项目 A、项目 B 及公共依赖 C，那么项目 C、项目 D 等其他项目在构建时只需要读取缓存构建结果即可。构建的思路很简单，但是有一个直接的问题是，如何检测出真正需要构建的项目呢？

举个例子，项目 A 依赖公共依赖 C，那么及时通过 git hook 拿到的 diff 表明项目 A 中并没有代码变动，但是可能会因为 C 变了而需要重新构建项目 A（因为 A 依赖 C）。按照正常的思路，这样做需要遍历整个项目，所以会增加回溯构建的可能，也就是构建时先遍历 A，读取缓存，遍历 C 时不得不回退到 A，进行重新构建。解决思路就是使用一个拓扑图，根据拓扑图按照一定的顺序进行遍历和编译构建。

这是我使用拓扑图数据结构的一个经典场景。因为涉及机密，这里便不再展示具体实施过程中的代码了，对于读者来说，更重要的是体会思想，相信自己动手实现也不会困难。

散列表（哈希表）

散列表是一种以 key-value 形式存储数据的数据结构，可以把散列表理解为一种高级数组，这种数组的下标可以是很大的整数、浮点数、字符串，甚至是结构体。这种数据结构非常有用，JavaScript 中的 Map、Set、WeakMap、WeakSet 在 JavaScript v8 版本中都是通过散列表来实现的，在 LRU Cache、数据库索引等很多场景中也能看到散列表的身影。

散列表并不仅仅是一种技术，从某种意义上讲，它甚至是一种思想。接下来，让我们一起揭开散列表的神秘面纱。

假如，我们要存储 key 为 6、2019、2333333 的 3 组数据，如果用数组来存储，则至少需要一个长度为 2333333 的数组来做这件事情，这种做法显然存在大量的空间浪费。

我们也可以像图 27-1 所示的那样，准备一个长度为 10 的桶数组（bucket array），将每一个 key 通过一个散列函数（hash function）映射到桶数组中，将 key 相应的值直接存入即可。可以看到，这种方式只需要使用一个长度为 10 的数组,而且查找和插入的时间复杂度都是 $O(1)$。这就是散列表的核心思想。

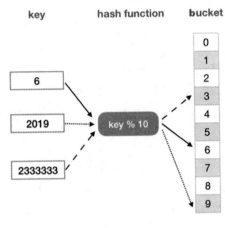

图 27-1

散列表中的几个概念如下。

- 桶(bucket):用来直接存放或间接指向一个数据。
- 桶数组(bucket array):由桶组成的数组。
- 散列函数(hash function):将 key 转换为桶数组下标的函数。

上面的例子比较简单,如果继续在之前的基础上存储一个 key 为 9 的数据,那么通过 9 % 10 计算得出的 key 也会落在下标为 9 的 bucket 上,此时有两个不同的 key 落在了同一个 bucket 上,这一现象被称为散列冲突。

散列冲突在理论上是不可避免的,我们主要可以从以下两个方面进行优化。

- 精心设计桶数组长度及散列函数,尽可能降低冲突的概率。
- 发生冲突时,能对冲突进行排解。

假设需要存储的元素个数为 N,直接用数组进行存储需要的数组长度为 R,而用散列表存储需要的桶数组长度为 M,则一定存在以下关系:$N < M \ll R$,只有这样,散列表才能既保持操作的高效又能起到节省空间的效果。

其中,N 和 M 的比值被称为散列表的装载因子,当装载因子超过一定的阈值时,就需要对桶数组扩容并 rehash。

理想的散列函数遵循以下设计原则。

- 确定：同一 key 总是被映射至同一地址。
- 高效：插入/查找/删除具有 $O(1)$ 时间复杂度。
- 满射：尽可能充分地覆盖整个桶数组空间。
- 均匀：key 映射到桶数组各个位置的概率尽量接近。

常用的散列函数如下。

1. 除余法

除余法对应的代码如下。

```
hash(key) = key % M
```

这种方法会直接对 key 按桶数组的长度取余，非常简单，但存在以下缺陷。

- 存在不动点：无论桶数组长度 M 取何值，总有 hash(0) = 0，这与任何元素都有均等的概率被映射到任何位置的原则相违背。
- 零阶均匀：$[0, R)$ 的关键码被平均分配至 M 个桶，但相邻关键码的散列地址也必相邻。

2. MAD（Multiply-Add-Divide）法

MAD 法对应的代码如下。

```
hash(key) = (a x key + b) % M
```

与除余法相比，MAD 法引入的变量 b 可以被视作偏移量，能够用于有效地消除不动点，另一个变量 a 则扮演着步长的角色，也就是说，原本相邻的关键码在经过散列处理后步长为 a，从而不再继续相邻。

3. 平方取中法（Mid-Square）

取 key^2 的中间若干位构成以下地址。

```
hash(123) = 512 //保留 key^2 = 123^2 = 15219 的中间 3 位
hash(1234567) = 556 // 1234567^2 = 1524155677489
```

我们可以将一个数的平方运算分解为一系列的左移操作及若干次加法，每个数位都是由原关键码中的若干个数位经求和得到的，因此两侧的数位由更少的原数位求和而得，越是居中的数位，越是由更多的原数位积累而得，因此截取居中的若干个数位可使原关键码的各个数位都能对最终结果产生影响，从而实现更好的均匀性。

4. 多项式法

在实际应用中，key 不一定都是整数形式，因此往往需要一个预处理将其转换为散列码（hashcode），然后才可以将其进一步处理为桶数组的下标地址。整个过程可以描述为 key→hashcode→bucket addr，多项式法就是一种有效的将字符串 key 转换为 hashcode 的方法。对于一个长度为 n 的字符串，相关的散列函数计算过程如下。

```
hash(x0 x1 ... xn-1) = x0 * a^(n-1) + x1 * a^(n-2) ... + xn-2 * a + xn-1
//如果对上面的写法不是很理解，可以看一下下面这种等价写法
(...((x0 * a + x1) * a + x2) * a + ... xn-2) * a + xn-1)
```

这个多项式可以在 $O(n)$ 而不是 $O(n^2)$ 的时间复杂度内计算出结果，具体的证明过程这里就不详细展开了。

在实际的工程中会采用如下这种近似多项式的快捷做法，代码如下。

```
function hash(key) {
    let h = 0
    for (let n = key.length, i = 0; i != n; i++) {
        h = (h << 5 | h >> 27)
        h += key[i].charCodeAt()
    }
    return h >>> 0
}
```

通过一个循环依次处理字符串的每一个字符，将每个字符转换为整数后累加，在累加之前对原有的累积值按照 $h \ll 5 \mid h \gg 27$ 这样的规则做一个数位变换。

上述过程可以简单地用图 27-2 来表现。

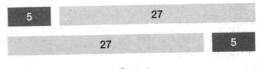

图 27-2

这一累加过程实际上是对以上多项式计算的近似算法，只不过这里消除了相对耗时的乘法运算，至于如何理解和解释这种近似的效果，读者可以自行思考一下。

除了上文讲到的方法，还有很多实现散列函数的方法，如折叠法、位异或法、（伪）随机数法，

此类方法林林总总，每种方法都有各自的特点及应用场景，由于篇幅所限这里就不再一一展开了。

总之，散列函数产生的关键码越是随机，越是没有规律就越好。

主要的处理散列表冲突的方法有开链法和探测法。

- 开链法（linked-list chaining/seperate chaining）

每个桶中存放一个指针，将冲突的 key 以链表的形式组织起来，这种处理方式最大的优点是能解决任意次数的冲突，但缺点也很明显，最极端的情况是当所有的 key 数据都落在一个桶中时，散列表将退化为一个链表，查找、插入和删除的复杂度都将变为 $O(n)$。

- 探测法（open addressing/closed hashing）

探测法的所有冲突都会在一块连续的空间中得到解决，而不用像开链法那样申请额外的空间。当存入一个 key 时，所有的桶都会按照某种优先级关系排成一个序列，从本该属于该 key 的桶出发，顺序查看每一个桶，直到找到可用的桶。每个 key 对应的这样的序列，被称为试探序列或查找链。在查找 key 时，沿查找链查找有两种结果，一种是在桶中找到了查询的 key，也就是查找成功；还有一种是找到了一个空桶，也就是查找失败，说明没有这个 key。

最简单的试探序列的生成方法叫作线性试探（linear probing），具体的做法是一旦发生冲突，就试探后一个紧邻的桶单元，直到成功或失败。这种做法的优点是无须附加的（指针、链表等）空间，缺点也很明显，就是以往的冲突会导致后续的冲突。线性试探的代码如下。

```
[hash(key) + 1] % M
[hash(key) + 2] % M
[hash(key) + 3] % M
...
```

线性试探的问题根源在于大部分的试探位置都集中在某一个相对较小的局部，因此优化线性试探的方式就是适当地拉开各次探测间距，平方试探（Quadratic Probing）就是基于这一优化思路的具体实现方式。所谓平方试探，顾名思义就是以平方数为距离，确定下一试探桶单元。

```
[hash(key) + 1^2] % M
[hash(key) + 2^2] % M
[hash(key) + 3^2] % M
...
```

相对于线性试探，平方探测的确可以在很大程度上缓解数据聚集的现象，在查找链上，各桶之间的间距线性递增，一旦产生冲突，就可以从容地逃离是非之地。

散列表的实现

最后，用 JavaScript 来模拟实现一下散列表，这里采用开链法来解决散列冲突。具体实现代码如下。

```javascript
//单向链表节点
class ForwardListNode {
    constructor(key, value) {
        this.key = key
        this.value = value
        this.next = null
    }
}

class Hashtable {
  constructor(bucketSize = 97) {
    this._bucketSize = bucketSize
    this._size = 0
    this._buckets = new Array(this._bucketSize)
  }

  hash(key) {
    let h = 0
    for (let n = key.length, i = 0; i != n; i++) {
      h = (h << 5 | h >> 27)
      h += key[i].charCodeAt()
    }
    return (h >>> 0) % this._bucketSize
  }

  // Modifiers
  put(key, value){
    let index = this.hash(key);
    let node = new ForwardListNode(key, value)

    if (!this._buckets[index]) {
      //如果桶是空的，则直接把新节点放入桶中
      this._buckets[index] = node
    } else {
      //如果桶不为空，则在链表表头插入新节点
      node.next = this._buckets[index]
      this._buckets[index] = node
    }
    this._size++
    return index
  }
```

```
delete(key) {
  let index = this.hash(key)
  if (!this._buckets[index]) {
    return false
  }

  //添加一个虚拟头节点,以便后面进行删除操作
  let dummy = new ForwardListNode(null, null)
  dummy.next = this._buckets[index]
  let cur = dummy.next, pre = dummy
  while (cur) {
    if (cur.key === key) {
      //从链表中删除该节点
      pre.next = cur.next
      cur = pre.next
      this._size--
    } else {
      pre = cur
      cur = cur.next
    }
  }
  this._buckets[index] = dummy.next
  return true
}

// Lookup
find(key){
  let index = this.hash(key);
  //如果对应的桶为空,则说明不存在此 key
  if (!this._buckets[index]) {
    return null
  }

  //遍历对应桶的链表
  let p = this._buckets[index]
  while (p) {
    //找到 key
    if (p.key === key) {
      return p.value
    }
    p = p.next
  }
  return null
}

// Capacity
size() {
```

```
        return this._size
    }

    isEmpty() {
        return this._size == 0
    }
}
```

了解了开链法解决冲突的原理，上述代码也就不难理解了。上述代码将 _buckets 作为一个桶，以便将存在冲突的 key 维护起来，在每次执行添加、删除、查找等操作时，先查询桶中是否存在指针，并根据存在与否做出相应的操作。这里不再对具体细节展开讲解。

总结

本篇介绍了和前端最为贴合的几种数据结构，虽然篇幅较长，但是内容算不上太难。一些基本概念并没有深入讲解，因为对数据结构来说更重要的是应用，我希望读者能够做到的是，在需要的场景中能够想到用最合适的数据结构来处理问题。

28

古老又新潮的函数式

函数式这个概念在前面的内容中已经有所涉及。函数式其实很早就出现在了编程领域中，近些年由于 React 的带动，在前端开发中重新焕发活力。

很多读者可能一听到函数式就眉头一皱，毕竟相比于面向对象等其他编程概念，它更加晦涩难懂。对于函数式的学习，也一定不是使用或模仿 compose 那么简单。本篇就来梳理几个函数式概念。

函数式和高质量函数

函数式通常意味着高质量的代码，本节的标题之所以是"函数式和高质量函数"，而不是"函数式和高质量代码"，是因为在函数式面前，一切都是函数，函数是第一等公民。用函数式代码取代面向过程式的代码往往有以下好处。

- 表达力更加清晰，因为一切都是函数，因此通过对函数进行合理的命名，以及对函数进行原子拆分，我们能够一眼看出来程序在做什么，以及做的过程。
- 利于复用，因为一切都是函数，而函数本身就具有天然的复用能力，所以基于函数的代码也具备这种能力。
- 利于维护，纯函数和幂等性可以保证输入相同，输出就相同，在维护或调试代码时能够更加专注，减少因为共享带来的潜在问题。

下面来通过概念具体讲解一下。

纯函数

之前提到过，如果一个函数的输入参数确定，输出结果是唯一确定的，那么它就是纯函数。

纯函数不能修改外部变量，以避免造成副作用，不能调用 Math.radom() 方法及发送异步请求等，因为这些操作都不具有确定性。

根据定义，我们知道纯函数的特点是无状态、无副作用、无关时序且具备幂等性（无论调用多少次，结果都相同）。下面来看一个示例，如下。

```
let array = [1,2,3,4]
// array 的 slice 方法属于纯函数方法，它不对数组本身进行操作
// array 的 splice 方法不属于纯函数方法，它对数组本身进行操作

const minusCount = () => {
    window.count--
}

// minusCount 不是纯函数，它依赖并改变外部变量，具有副作用

const setHtml = (node, html) => {
    node.innerHtml = html
}

// setHtml 不是纯函数，同上
```

这样的纯函数不仅易于维护，逻辑清晰，而且具有更好的组合性和测试性。

高阶函数

高阶函数体现了函数是第一等公民的思想，它是指这样一类函数：该函数接收一个函数作为参数，返回另外一个函数。

没错，它和高阶组件的概念有些类似。为什么会有这么一个怪异的高阶函数呢？来看一个例子：filterLowerThan10 这个函数接收一个数组作为参数，它会挑选出数组中数值小于 10 的项，所有符合条件的项会构成一个新数组并被返回，如下。

```
const filterLowerThan10 = array => {
    let result = []
    for (let i = 0, length = array.length; i < length; i++) {
        let currentValue = array[i]
        if (currentValue < 10) result.push(currentValue)
    }
```

```
        return result
}
```

再来看另外一个需求：挑选出数组中的非数值项，所有符合条件的项会构成一个新数组并被返回，代码如下。

```
const filterNaN = array => {
    let result = []
    for (let i = 0, length = array.length; i < length; i++) {
        let currentValue = array[i]
        if (isNaN(currentValue)) result.push(currentValue)
    }
    return result
}
```

这是很基本的面向过程编程的代码。这两段代码不够优雅的地方是，filterLowerThan10 和 filterNaN 中都存在遍历逻辑和 for 循环。遍历逻辑和 for 循环本质上都是遍历一个列表，并用给定的条件过滤列表。我们能否用函数式的思想将遍历和筛选解耦呢？

好在 JavaScript 对函数式较为友好，我们可以使用 filter 函数来实现这个需求，并进行一定程度的改造，代码如下。

```
const lowerThan10 = value => value < 10
[12, 3, 4, 89].filter(lowerThan10)
[12, 'sd', null, undefined, {}].filter(isNaN)
```

以上代码的写法非常简单，算是帮助我们入门函数式的一种写法。

另一个高阶函数的典型应用场景是函数返回值缓存。比如，我们可以实现一个 memorize 函数，对函数返回值进行缓存，以减少函数实际运行的开销，代码如下。

```
const memorize = fn => {
   let cacheMap = {}
   return function(...args) {
    const cacheKey = args.join('_')
      if (cacheKey in cacheMap) {
         return cache[cacheKey]
      }
      else {
         return cacheMap[cacheKey] = fn.apply(this || {}, args)
      }
   }
}
```

高阶函数可以和装饰器相结合,下面的示例代码实现了对装饰器进行一定次数的调用,如下。

```
class MyClass {
    @callLimit getSum() {}
}
```

callLimit 装饰器的实现代码如下。

```
function callLimit(limitCallCount = 1, level = 'warn') {
    //记录调用次数
    let count = 0
    return function(target, name, descriptor) {
    //记录原始函数
        var fn = descriptor.value
        //改写新函数
        descriptor.value = function(...args) {
            if (count < limitCallCount) {
                count++
                return fn.apply(this || {}, args)
            }
            if (console[level]) console[level](name, 'call limit')
            console.warn(name, 'call limit')
        }
    }
}
```

严格来说,这不算是一个高阶函数的使用场景,但却体现了类似的思想。

组合

将场景继续延伸,如果输入的参数比较复杂,我们想过滤出小于 10 的项,那么就需要保证数组中的每一项都是 number 类型的,相关代码如下。

```
[12, 'sd', null, undefined, {}, 23, 45, 3, 6].filter(value=> !isNaN(value) && value !== null).filter(lowerThan10)s
```

这样的做法得益于 JavaScript filter 对函数式的友好支持,其中用到的链式调用也在一定程度上实现了组合。

更常见的实现组合的做法是使用 compose 方法对代码逻辑进行组合,其优势非常直观,如下所示。

- 具有单一功能的小函数更好维护。
- 通过组合,将单一功能的小函数串联起来,完成复杂的功能。

- 复用性更好，硬编码更少。

point free

point free 是指一种函数式的编程风格，有时候也被叫作 tacit programming。point 在这里指的是形参，那么 point free 自然就是指没有行参了。这样做的目的是什么呢？没有参数，就意味着我们会将注意力放在函数上。一般来说，参数存在的意义是传递或携带某个值，函数根据这个值来得到另一个值。这样造成的困扰是我们不得不操作数据，同时要给参数命名。如果没有参数，不用返回数据，那么 point free 的目的就是得到一个函数。

当然，业务中不可能永远不存在参数，因此我们允许底层函数是非 point free 的，而 point free 函数更像是一种上层封装，它可以灵活调度带有参数的底层函数。通过对 point free 和非 point free 进行解耦，可以使代码更具有声明式特征及美感。

point free 是我们的追求，而非标准，过度使用某种模式往往会让代码"变坏"，大家需要注意简捷性和可读性之间的平衡。

柯里化分析

柯里化是一个常见的概念，维基百科中的解释为：在计算机科学中，柯里化（currying），又译为卡瑞化或加里化，是把接收多个参数的函数变换成接收一个单一参数（最初函数的第一个参数）的函数，并且这种函数执行后，会返回接收余下参数的新函数。这个技术是由克里斯托弗·斯特雷奇以逻辑学家哈斯凯尔·加里的名字命名的。

简单来说，就是在一个函数中预先填充几个参数，这个函数会返回另一个函数，这个返回的新函数将其参数和预先填充的参数进行合并，再执行函数逻辑。

下面以前面给出的 filterLowerThan10 的代码为例，将 filterLowerThan10 硬编码为 10，并用柯里化的思想对其进行改造，改造后的代码如下。

```
const filterLowerNumber = number => {
    return array => {
        let result = []
        for (let i = 0, length = array.length; i < length; i++) {
            let currentValue = array[i]
            if (currentValue < number) result.push(currentValue)
        }
```

```
            return result
    }
}
const filterLowerThan10 = filterLowerNumber(10)

filterLowerThan10([1, 3, 5, 29, 34])
```

柯里化面试题

下面通过一道面试题来加深大家对柯里化的理解。

实现 add 方法，要求如下。

```
add(1)(2) == 3 // true
```

```
add(1)(2)(3) == 6 // true
```

分析这道题：每次执行 add 函数后一定要保证返回一个函数，以供后续继续调用，且返回的这个函数还要返回自身，以支持连续调用。同时，为了满足例题中的条件，需要对内部返回的函数 toString 进行改写，改写后的代码如下。

```
const add = arg1 => {
  const fn = arg2 => {
      return fn
  }
  fn.toString = function () {

  }
  return fn
}
```

为了进行求和操作，需要在 add 函数内部维护一个闭包变量 args，args 是一个数组，用于记录每次调用时传入的参数，并在 toString 方法体中对参数进行求和，在 fn 方法体中将当前参数添加到数组 args 中，代码如下。

```
const add = arg1 => {
  let args = [arg1]
  const fn = arg2 => {
      args.push(arg2)
      return fn
  }
  fn.toString = function () {
```

```
        return args.reduce((prev, item) => prev + item, 0)
    }
    return fn
}
```

注意,这里只支持 add(1)(2)(3) 这种一次调用单个参数的情况,如果想让 add 函数更加通用化,支持多参数调用,则代码如下。

```
add(1)(2, 3)(4)
```

这就需要将之前的代码改为以下实现形式。

```
const add = (...arg1) => {
    let args = [...arg1]
    const fn = (...arg2) => {
        args = [...args, ...arg2]
        return fn
    }
    fn.toString = function () {
        return args.reduce((prev, item) => prev + item, 0)
    }
    return fn
}
```

下面来进行试验。调用如下代码将会返回 true。

```
add(1)(2, 3)(4) == 10
```

这里有一个细节是,如果将==改为===,则会输出 false。这并不奇怪,因为调用 add 后的返回值类型始终为函数类型,我们只是改写了其 toString 方法,利用了隐式转换规则而已。

通用柯里化

回到 filterLowerThan10 函数的案例中,可以从中感受到柯里化有以下优势。

- 提高了复用性。
- 减少了重复传递不必要参数的次数。
- 可以根据上下文动态创建函数。

其中,根据上下文动态创建函数也是一种惰性求值的体现。

下面来看一段代码。

```js
const addEvent = (function() {
    if (window.addEventListener) {
        return function (type, element, handler, capture) {
            element.addEventListener(type, handler, capture)
        }
    }
    else if (window.attachEvent){
        return function (type, element, fn) {
            element.attachEvent('on' + type, fn)
        }
    }
})()
```

这是一个典型的兼容 IE9 浏览器事件 API 的例子，根据兼容性的嗅探，充分利用柯里化思想，完成了需求。那么，如何编写一个通用化的 curry 函数呢？请看以下代码。

```js
const curry = (fn, length) => {
    length = length || fn.length
    return function (...args) {
        if (args.length < length) {
            return curry(fn.bind(this, ...args), length - args.length)
        }
        else {
            return fn.call(this, ...args)
        }
    }
}
```

这里利用了 fn.length 来获取函数预期需要的参数个数，并利用 bind 方法绑定参数。如果不想使用 bind 方法，则可以用另一种常规的思路，即对每次调用时产生的参数进行存储，代码如下。

```js
const curry = fn => {
    return tempFn = (...arg1) => {
        if (arg1.length >= fn.length) {
            return fn(...arg1)
        }
        else {
            return (...arg2) => tempFn(...arg1, ...arg2)
        }
    }
}
```

可以对上述代码进行简化，简化后的形式如下。

```js
const curry = fn =>
    judge = (...arg1) =>
        arg1.length >= fn.length
```

```
                        ? fn(...arg1)
                        : (...arg2) => judge(...arg1, ...arg2)
```

总之，实现原理就是，先用闭包把传入参数保存起来，当传入参数的数量足够执行函数时，就开始执行函数。其具体步骤如下。

- 先逐步接收参数，并进行存储，以供后续使用。
- 先不进行函数计算，延后执行。
- 在符合条件时，根据已存储的参数进行统一计算。

反柯里化

反柯里化与柯里化正好相反。反柯里化旨在扩大函数的适用性，使本来作为特定对象所拥有的功能函数可以被任意对象所使用。

说到特定对象所拥有的功能函数可以被任意对象所使用，有经验的读者可能会想到用于类型判断的 Object.prototype.toString.call(target)，其对应场景的使用方式如下。

```
const foo = () => ({})
const bar = ''

Object.prototype.toString.call(foo) === '[object Function]'
// true

Object.prototype.toString.call(bar) === '[object String]'
// true
```

另一个相似的场景是使用 UI 组件 Toast 的场景，对应的代码如下。

```
function Toast (options) {
    this.message = ''
}

Toast.prototype = {
    showMessage: function () {
        console.log(this.message)
    }
}
```

这样的代码使得所有 Toast 实例都能够使用 showMessage 方法，使用方式如下。

```
new Toast({}).showMessage()
```

假如有以下变量对象。

```
const obj = {
   message: 'uncurry test'
}
```

如果想使用 Toast 原型上的 showMessage 方法，则方式如下。这也是使用反柯里化的一个场景。

```
const unCurryShowMessaage = unCurry(Toast.prototype.showMessage)
unCurryShowMessaage(obj)
```

反柯里化实现

那么，上面的 unCurry 方法应该如何实现呢？

我们来分析一下。unCurry 方法的参数是一个希望被其他对象所调用的方法，暂且被称为 fn，unCurry 方法执行后会返回一个新的函数，该函数的第一个参数是预期要执行方法的对象（obj），后面的参数是执行这个方法时需要传递的参数。

```
function unCurry(fn) {
   return function () {
      var obj = [].shift.call(arguments)
      return fn.apply(obj, arguments)
   }
}
```

将以上代码改为 ES6 的写法，如下所示。

```
const unCurry = fn => (...args) => fn.call(...args)
```

以上是 unCurry 方法的实现。我们也可以将 unCurry 方法挂载到函数原型上。

```
Function.prototype.unCurry = !Function.prototype.unCurry || function () {
   const self = this
   return function () {
      return Function.prototype.call.apply(self, arguments)
   }
}
```

这里不太好理解的点在于 Function.prototype.call.apply(self, arguments)，下面将它拆开来看一下，也许就非常清晰了。

- 第一步，Function.prototype.call.apply(self, arguments)可以被看成 Fn.apply(self, arguments)，执行 Fn 函数时，this 指向了 self。而根据代码，self 是调用 unCurry 的函数，执行结果就是

Fn(arguments)，只不过 this 被绑定在 self 上了。

- 第二步，解析 callFn(arguments)，callFn 指的是 Function.prototype.call，call 方法的第一个参数是用来指定 this 的，因此 callFn(arguments)相当于 callFn(arguments[0], arguments[n - 1])。

因此，执行 Function.prototype.call.apply(self, arguments)最终就相当于执行 callFn(arguments[0], arguments[n - 1])，也就是说，在反柯里化后得到的函数中，第一个参数是用来决定 this 指向的，也就是需要应用的目标对象，剩下的参数是函数执行所需要的参数。

当然，我们可以借助 bind 实现反柯里化。

```
Function.prototype.unCurry = function() {
  return this.call.bind(this)
}
```

借助 bind，call/apply 的实现过程会变得相对抽象，读者可以根据示例尝试理解。

偏函数

了解了柯里化，偏函数（或叫作偏应用，partial application）就很容易理解了。如果说柯里化是将一个多参数函数转换成多个单参数函数，也就是将 n 元函数转换成 n 个一元函数，那么偏函数就是将一个多参数函数转换成一个具有固定参数的函数，即将一个 n 元函数转换成一个 $n - k$ 元函数。

- 柯里化：$n = n * 1$
- 偏函数：$n = n/k * k$

偏函数的代码如下。

```
const partial = (fn, ...rest) => (...args) => fn(...rest, ...args)
```

使用 bind 的实现版本如下。

```
const partial = (fn, ...args) => fn.bind(null, ...args)
```

函子

说到函子，大部分没有深入了解过函数式编程的读者可能对此有点陌生，而函子确实是一个很重要的函数式编程思想。目前，社区上对它的介绍并不算多，所以下面就来介绍一下。

先从链式调用说起，看一下以下代码。

```javascript
const addHelloPrefix = str => `Hello : ${str}`
const addByeSuffix = str => `${str}, bye!`
```

addHelloPrefix 和 addByeSuffix 分别给所接收到的字符串添加了固定的字符串前缀和后缀，我们可以通过如下方式使用它们。

```javascript
addByeSuffix(addHelloPrefix('lucas'))
```

得到的返回结果如下。

```
"Hello : lucas, bye!"
```

如果想链式调用以下代码，则会报错。因为字符串并不存在 addHelloPrefix 方法，所以会调用失败。

```javascript
'lucas'.addHelloPrefix().addByeSuffix()
// VM176:1 Uncaught TypeError: "lucas".addHelloPrefix is not a function
```

如果'lucas'这样的字符串是一个复杂类型，或者是一个类，也许问题就能解决。下面实现了 Person 类。

```javascript
class Person {
    constructor(value) {
        this.value = value
    }
    addHelloPrefix() {
        return `Hello : ${this.value}`
    }
    addByeSuffix() {
        return `${this.value}, bye`
    }
}
```

这样的 Person 声明并不足以完成链式调用，链式调用的关键是调用 addHelloPrefix 和 addByeSuffix 方法之后，这些方法仍然返回该类实例，而不是字符串，因此需要将以上代码改为如下形式。

```javascript
class Person {
    constructor(value) {
        this.value = value
    }
    addHelloPrefix() {
        return new Person(`Hello : ${this.value}`)
    }
```

对于时间复杂度和空间复杂度，开发者应该有所取舍。在设计算法时，可以考虑牺牲空间复杂度降低时间复杂度，反之依然。

V8 引擎中排序方法的奥秘和演进

V8 引擎在处理排序时，使用了插入排序和快速排序两种方案。当目标数组长度小于 10 时，使用插入排序；反之，使用快速排序。

细心的读者可能会到 V8 引擎源码中找寻相关的算法逻辑，不过你一定会大失所望。因为根本找不到 10 这样的常量，更没有插入排序和快速排序两种方案的切换，甚至连实现所用的语言都不是 JavaScript 或 C++，这是为什么呢？

原来，在新的 V8 引擎版本中（具体是 V8 6.9）已经使用了一种名为 Torque 的开发语言进行重构，并在 7.0 版本中改进了排序算法。也就是说，现在社区上几乎所有 V8 引擎的排序源码分析都已经过时了。

Torque 是 V8 引擎团队专门为了开发 V8 引擎而开发的语言，其文件后缀名为 tq。作为一种高级语言，Torque 依靠 CodeStubAssembler 编译器来将代码转换为汇编语言代码。

在新的版本中，V8 引擎也采用了一种名为 Timsort 的全新算法，这种算法最开始于 2002 年被用在 Python 语言中。

快速排序和插入排序

排序算法多种多样，社区上的分析也比较多。这里挑选 V8 引擎中的快速排序和插入排序进行讲解。

不知道读者是否有这样的困扰：看完一遍算法，理解了，可是过两天又完全记不得具体讲了什么。对此，我们应该结合算法的特点，加以应用，才能记忆深刻。排序算法同样如此，对于每一种算法，我们应该先记住其思想，再记住其实现。不过，要知道排序没有想象中的那么简单。

快速排序

快速排序的特点就是分治。如何体现分治策略呢？我们首先在数组中选取一个基准点，将其称为 pivot，根据这个基准点，把比基准点小的数组值放在基准点左边，把比基准点大的数组值放在基准点右边。这样一来，基于基准点，左边分区的值都小于基准点，右边分区的值都大于基准点，然后针对左边分区和右边分区进行同样的操作，直到最后排序完成。

最简单的实现如下。

```
const quickSort = array => {
  if (array.length < 2) {
    return array.slice()
  }

  //随机找到pivot
  let pivot = array[Math.floor(Math.random() * array.length)]

  let left = []
  let middle = []
  let right = []

  for (let i = 0; i < array.length; i++) {
    var value = array[i]
    if (value < pivot) {
      left.push(value)
    }

    if (value === pivot) {
      middle.push(value)
    }

    if (value > pivot) {
      right.push(value)
    }
  }

  //递归进行
  return quickSort(left).concat(middle, quickSort(right))
}
```

这种简单的实现方法有许多可优化之处，其中之一就是可以在原数组上进行操作，而不产生新的数组，因此更好的实现如下。

```
const quickSort = (array, start, end) => {
  start = start === undefined ? 0 : start
  end = end === undefined ? arr.length - 1 : end;

  if (start >= end) {
    return
  }
```

```
  let value = array[start]

  let i = start
  let j = end

  while (i < j) {
    //找出右边第一个小于基准点的下标并记录
    while (i < j && array[j] >= value) {
      j--
    }

    if (i < j) {
      arr[i++] = arr[j]
    }

    //找出左边第一个大于基准点的下标并记录
    while (i < j && array[i] < value) {
      i++
    }

    if (i < j) {
      arr[j--] = arr[i]
    }
  }

  arr[i] = value

  quickSort(array, start, i - 1)
  quickSort(array, i + 1, end)
}
```

我们可以通过以下代码来调用以上方法。

```
let arr = [0, 12, 43, 45, 88, 1, 69]
quickSort(arr, 0, arr.length - 1)
console.log(arr)
```

in place 的快速排序算法该如何理解呢？

首先，使用双指针进行遍历，当发现右边有一个小于基准点（即 array[start]）的值时，就将该值赋值给起始位置。赋值完毕后，右边这个位置就空出来了。这时如果发现左边有大于基准点的值，就将该值赋值给这个刚刚空出来的右边位置。以此类推，直到 i 不再小于 j。经过这样一轮操作之后，所有比基准点小的都被挪到了数组的左边，所有比基准点大的都被挪到了数组的右边，而基准点被放在了数组中间。

我们再来分析另外一个优化点。快速排序使用尾递归进行优化，如果能将以上代码的最后两行写成以下形式，那么就实现了尾递归调用优化。

```
return quickSort()
```

为此，我们需要用一个 stack 来进行参数信息的传递，代码如下。

```
const quickSort = (array, stack) => {
 let start = stack[0]
 let end = stack[1]

 let value = array[start]

 let i = start
 let j = end

 while (i < j) {
   while (i < j && array[j] >= value) {
     j--
   }
   if (i < j) {
     array[i++] = array[j]
   }

   while (i < j && array[i] < value) {
     i++
   }

   if (i < j) {
     array[j--] = array[i]
   }
 }

 arr[i] = value

 //移除已经用完的下标
 stack.shift()
 stack.shift()

 //存入新的下标
 if (i + 1 < end) {
   stack.unshift(i + 1, end)
 }
 if (start < i - 1) {
   stack.unshift(start, i - 1)
 }

 if (stack.length == 0) {
   return;
```

```
    }
    return quickSort(array, stack)
}
```

最后，关于快速排序的优化还有最重要的一点就是对 pivot 元素进行选取。通过上面的分析，我们发现快速排序算法的核心在于选择一个 pivot，将经过比较交换的数组按基准点分为两个数区，然后进行后续递归。

试想一下，如果我们对一个已经有序的数组进行排序，恰好每次选择 pivot 时总是选择第一个或最后一个元素，那么每次都会有一个数区是空的，递归的层数将达到 n，最后会导致算法的时间复杂度退化为 $O(n^2)$。因此 pivot 的选择非常重要。

在早期的 V8 引擎中使用快速排序时，会采用三数取中（median-of-three）的 pivot 优化方案：除了头尾两个元素，再额外选择一个元素参与基准点的竞争。具体源码如下。

```
var GetThirdIndex = function(a, from, to) {
    var t_array = new InternalArray();
    // Use both 'from' and 'to' to determine the pivot candidates.
    var increment = 200 + ((to - from) & 15);
    var j = 0;
    from += 1;
    to -= 1;
    for (var i = from; i < to; i += increment) {
        t_array[j] = [i, a[i]];
        j++;
    }
    t_array.sort(function(a, b) {
        return comparefn(a[1], b[1]);
    });
    var third_index = t_array[t_array.length >> 1][0];
    return third_index;
};

var QuickSort = function QuickSort(a, from, to) {
    ......
    while (true) {
        ......
        if (to - from > 1000) {
            third_index = GetThirdIndex(a, from, to);
        } else {
            third_index = from + ((to - from) >> 1);
        }
    }
}
```

```
......
};
```

由此可以看出，所谓的第三个竞争元素的产生方式如下。

- 当数组长度小于等于 1000 时，选择折半位置的元素作为目标元素。
- 当数组长度超过 1000 时，每隔 200~215（非固定，跟着数组长度而变化）个值就选择一个元素来确定一批候选元素。接着，在这批候选元素中进行一次排序，将得到的中位数作为目标元素。

在三数取中的方案中，最后会将 3 个元素的中位数作为 pivot。

插入排序

对于插入排序，我们先从其特点入手。插入排序先将待排序序列的第一个元素看作一个有序序列，当然，因为就一个元素，所以它一定是有序的；而把第二个元素到最后一个元素当成未排序序列；接着对于未排序的序列进行遍历，将遍历到的每个元素插入有序序列的适当位置，保证有序序列依然有序，直到所有元素都遍历完成，就完成了排序。

如果待插入的元素与有序序列中的某个元素相等，那么就统一先将待插入元素插入相等元素的后面，代码如下。

```
const insertsSort = array => {
    const length = arr.length
    let preIndex
    let current

    for (let i = 1; i < length; i++) {
        preIndex = i - 1
        current = array[i]

        while (preIndex >= 0 && array[preIndex] > current) {
            array[preIndex + 1] = array[preIndex]
            preIndex--
        }

        array[preIndex + 1] = current
    }
    return array
}
```

那么，上述实现的插入排序有优化空间吗？这是一定的，优化空间主要可以从以下几方面考虑。

- 在遍历未排序序列并将当前元素插入有序序列的过程中，因为是向有序序列中插入，所以可以使用二分法减少查找次数。
- 使用链表，将有序数组转为链表这种数据结构，插入操作的时间复杂度为 $O(1)$，查找操作的时间复杂度为 $O(n)$。
- 使用排序二叉树，将有序数组转为排序二叉树结构，然后中序遍历该二叉树，不过这种方式需要占用额外空间。

采用二分法的优化实现如下。

```
const insertSort = array => array.reduce(insert, [])
const insert = (sortedArray, value) => {
  const length = sortedArray.length

  if (length === 0) {
    sortedArray.push(value)
    return sortedArray
  }

  let i = 0
  let j = length
  let mid

  if (value < sortedArray[i]) {
    //直接将该值插入数组开头
    return sortedArray.unshift(value), sortedArray
  }
  if (value >= sortedArray[length - 1]) {
    //直接将该值插入数组末尾
    return sortedArray.push(value), sortedArray
  }

  //开始进行二分查找
  while (i < j) {
    mid = ((j + i) / 2) | 0

    if (i == mid) {
      break
    }

    if (value < sortedArray[mid]) {
      j = mid
    }
```

```
  if (value === sortedArray[mid]) {
    i = mid
    break
  }

  if (value > sortedArray[mid]) {
    i = mid
  }
}

let midArray = [value]
let lastArray = sortedArray.slice(i + 1)

sortedArray = sortedArray
  .slice(0, i + 1)
  .concat(midArray)
  .concat(lastArray)

return sortedArray
}
```

至此,两种排序方法就介绍完了。事实上,排序是一门很深的学问,也涉及了算法和数据结构的方方面面,下面会继续通过排序了解更多算法内容。

排序的稳定性

事实上,除了 V8 引擎使用的这些排序算法,还有一些排序算法被其他引擎使用。比如,SpiderMoney 早期就在内部实现了归并排序,Chakra 使用的是快速排序。Firefox(Firebird)最初使用的是堆排序,这与快速排序一样,也是一种不稳定的排序算法,Mozilla 开发组内部针对稳定性问题进行了一系列讨论之后,最终在 Firefox3 中使用了归并排序。

我们知道,快速排序是一种不稳定的排序算法,而归并排序是一种稳定的排序算法。那么,什么样的排序算法才是稳定的呢?

简单说,能保证排序前两个相等的数在序列中的前后位置和排序后的前后位置相同的排序算法就是稳定的。举个例子,如果 array[i] = array[j],array[i]原来的位置在 array[j]之前,排序后,array[i]的位置还是在 array[j]之前,那么该排序算法就是稳定的。

在很多情况下,不稳定的排序并不会带来不好的影响,但是在某些场景下就会带来不必要的麻烦。比如,某市的机动车牌照拍卖系统中的一个价格数组对象需要遵循这样一个中标规则:按价格进行倒排序，相同价格则按照竞标顺位（即价格提交时间）进行正排序。

如果采用不稳定排序，那么得到的结果就有可能不符合预期。

那么，如果一些浏览器引擎实现的排序采用了不稳定的排序算法应该怎么办呢？解决方案就是，将待排序数组进行预处理，为每个待排序的对象增加自然序属性，但要使其不与对象的其他属性发生冲突。自定义排序比较方法，使自然序总是作为前置判断相等时的第二判断维度，示例代码如下。

```
const HELPER = Symbol('helper')

const getComparer = compare =>
    (left, right) => {
        let result = compare(left, right)

        return result === 0 ? left[HELPER] - right[HELPER] : result
    }

const sort = (array, compare) => {
    array = array.map(
        (item, index) => {
            if (typeof item === 'object') {
                item[HELPER] = index
            }

            return item
        }
    );

    return array.sort(getComparer(compare))
}
```

近些年来，随着浏览器计算能力的进一步提升，项目正在往富客户端应用方向转变，前端在项目中扮演的角色也越来越重要，而算法是前端开发者不得忽视的话题。

Timsort 实现

好了，我们再把话题收回来，看一下 V8 引擎采用的 Timsort 算法到底是什么。Timsort 结合了归并排序和插入排序，效率更高。Python 自从 2.3 版以来也一直采用 Timsort 算法排序，Java SE7 和 Android 也采用了该算法。

Timsort 是稳定且自适应的算法。如果排序的数组中存在部分已经排序好的区间，那么它的时间复杂度会小于 $O(nlogn)$，最坏的时间复杂度是 $O(nlogn)$。在最坏的情况下，Timsort 算法需要的临

时空间是 $n/2$，在最好的情况下，它只需要一个很小的常量存储空间。

Timsort 算法为了减少对升序部分的回溯和对降序部分的性能倒退，将输入按其升序和降序特点进行了分区。

具体来说就是，排序输入的单位不是一个个单独的数字，而是一个个分区。其中每一个分区叫一个 RUN。针对这些 RUN 序列，每次拿一个 RUN 出来按规则进行合并。每次合并都会将两个 RUN 合并成一个 RUN，合并的结果会被保存到栈中。合并操作直到消耗掉所有的 RUN，并将栈上剩余的 RUN 合并到只剩下一个 RUN 为止。这时，这个仅剩的 RUN 便是排好序的结果。

因此，Timsort 的具体实施规则可以总结为如下几点。

- 如果数组长度小于某个值，则直接用二分插入排序算法。
- 找到各个 RUN，并使其入栈。
- 按规则合并 RUN。

这里的关键是理解 RUN 的原理，RUN 的示意图如图 29-1 所示。

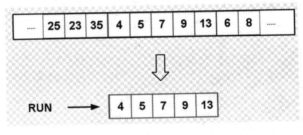

图 29-1

Timsort 的具体实现十分复杂，各位读者不必完全掌握。V8 引擎在采用了 Timsort 之后，在数组操作方面的性能得到了显著提升。

实战

前面介绍了一些算法原理，接下来就开始看一些实战例题，借此进一步深入理解前端算法。

交换星号

题目：一个字符串中只包含*和数字，请把*号都放在开头。

思路：使用两个指针，从后往前遍历字符串，遇到数字则赋值给后面的指针，并继续往后遍历，遇到*则不处理。

具体实现代码如下。

```
const isNumeric = n => !isNaN(parseFloat(n)) && isFinite(n);
/**
 * @param {string}
 * @return {string}
 */
const solution = s => {
   const n = s.length
   let a = s.split('')
   let j = n - 1

   for (let i = n - 1; i >= 0; --i)
      if (isNumeric(a[i])) a[j--] = a[i]

   for (; j >= 0; --j) a[j] = '*'
   return a.join('')
}
```

以上代码通过逆序操作数组使数字后置，遍历完一遍数组后，所有的数字便都已经在后面了，同时用*来填充前面的数组项。

求最长不重复子串长度

题目：给定一个字符串，返回它最长的不重复子串长度。例如，输入 abcabcbb 会输出 3（对应 abc 的长度 3）。

这道题的解题思路如下。

- 暴力枚举起点和终点，并判断重复字符，该操作的时间复杂度为 $O(n^2)$。
- 通过双指针、滑动窗口，动态维护窗口[i..j]，使窗口内的字符不重复。

再来看第二种解题思路，保证窗口[i..j]之间没有重复字符。

- 首先，使 i 和 j 两个指针均指向字符串头部，如果没有重复字符，则 j 不断向右滑动，直到出现重复字符。
- 如果出现了重复字符，且重复字符出现在 str[j]处，则此时开始移动指针 i，找到另一个出现在 str[i]处的重复字符，就能保证[0, i]及[i, j]子字符串是不重复的，并将临时结果更新为

Math.max(result, j - i)。

具体实现代码如下。

```javascript
const lengthOfLongestSubstring = str => {
    let result = 0
    let len = str.length

    //记录当前区间内出现的字符
    let mapping = {}

    for (let i = 0, j = 0; ; ++i) {

        //j 右移的过程
        while (j < len && !mapping[str[j]])
            mapping[str[j++]] = true
        result = Math.max(result, j - i)

        if (j >= len)
            break;

        //出现重复字符，i 开始右移，同时将移出的字符在 mapping 中重置
        while (str[i] != str[j])
            mapping[str[i++]] = false
        mapping[str[i]] = false

    }

    return result
};
```

举这个例子的目的是展示滑动窗口的思想，通过滑动窗口一般能使时间复杂度为 $O(n)$，空间复杂度为 $O(1)$。

爬楼梯

题目：假设我们需要爬一个楼梯，这个楼梯一共有 N 阶，可以一步跨越 1 个或 2 个台阶，那么爬完楼梯一共有多少种方式？

示例：输入 2（标注 $N = 2$，即一共 2 级台阶），输出 2（爬完楼梯一共有 2 种方法：1 次跨 2 阶，1 次走完；1 次走 1 阶，分 2 次走完）；输入 3，输出 3（爬完楼梯一共有 3 种方法：1 次跨 1 阶，3 次走完；第 1 次走 1 阶，第 2 次跨 2 阶，分 2 次走完；第 1 次跨 2 阶，第 2 次走 1 阶，分 2 次走完）。

思路：最直接的想法其实是使用递归，这种方法比较简单，且有些类似于斐波那契数列的思想。比如，我们爬 N 个台阶，其实就是爬 N-1 个台阶的方法数 +爬 N-2 个台阶的方法数。

实现代码如下。

```
const climbing = n => {
   if (n == 1) return 1
   if (n == 2) return 2
   return climbing(n - 1) + climbing(n - 2)
}
```

我们来分析一下时间复杂度。递归方法的时间复杂度是高度为 $n-1$ 的不完全二叉树节点数，因此近似为 $O(2^n)$，具体数学公式不再展开。

下面尝试对时间复杂度进行优化。实际上，上述的计算过程肯定包含了不少重复计算，比如，在计算 climbing(N) + climbing($N-1$) 后会计算 climbing($N-1$) + climbing($N-2$)，而实际上 climbing($N-1$) 只需要计算一次就可以了。

优化方案如下。

```
const climbing = n => {
   let array = []
   const step = n => {
      if (n == 1) return 1
      if (n == 2) return 2
      if (array[n] > 0) return array[n]

      array[n] = step(n - 1) + step(n - 2)
      return array[n]
   }
   return step(n)
}
```

以上代码使用了一个数组 array 来存储计算结果，时间复杂度为 $O(n)$。另外一个优化方案是将所有递归用循环来代替，代码如下。

```
const climbing = n => {
   if (n == 1) return 1
   if (n == 2) return 2

   let array = []
   array[1] = 1
   array[2] = 2

   for (let i = 3; i<= n; i++) {
```

```
        array[i] = array[i - 1] + array[i - 2]
    }
    return array[n]
}
```

这种方案下的时间复杂度仍然为 $O(n)$，但是内存开销得到了优化。

因此这道题看似困难，其实就是一个斐波那契数列。很多算法题目都是类似的，也许第一次读题会觉得没有思路，但是隐藏在题目解决方案背后的其实就是我们常见的知识。

求目标和

题目：给定一组不含重复数字的非负数组和一个非负目标数字，在数组中找出所有数加起来等于给定目标数字的组合。

例如，输入以下内容时，

```
const array = [2, 3, 6, 7]
const target = 7
```

会输出以下结果。

```
[
 [7],
 [2,2,3]
]
```

我们直接来看一下优化思路。通过回溯解决问题的套路就是先用笨办法遍历所有的情况，找出问题的解，在这个遍历过程中要以深度优先的方式搜索解空间，并且在搜索过程中用剪枝函数避免无效搜索。

回到这个题目，我们先通过图 29-2 所示的递归树来遍历所有情况。

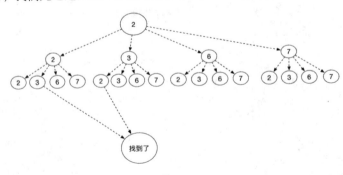

图 29-2

在这道题目中，数组[2, 2, 3]和[2, 3, 2]实际上是重复的，因此可以删除重复的项，优化后的递归树如图 29-3 所示。

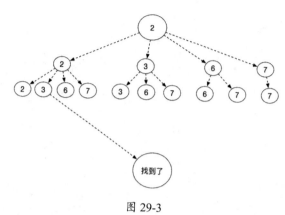

图 29-3

我们该如何用代码描述上述过程呢？这时需要一个临时数组 tmpArray，以便在进入递归前可以将一个结果放入数组中。最终的实现代码如下。

```
const find = (array, target) => {
    let result = []

    const dfs = (index, sum, tmpArray) => {
        if (sum === target) {
            result.push(tmpArray.slice())
        }

        if (sum > target) {
            return
        }

        for (let i = index; i < array.length; i++) {
            tmpArray.push(array[i])

            dfs(i, sum + array[i], tmpArray)

            tmpArray.pop()
        }
    }

    dfs(0, 0, [])

    return result
}
```

如果你觉得有些难以理解，那么可以通过打断点调试一下。回溯是一个非常常见的思想，这道题目也是一个典型的回溯常考题目。

排序数组去重

题目：对一个给定的排序数组去重，同时返回去重后数组的新长度。

难点：这道题目虽然不难，但是需要临时加一些条件，即需要原地操作，在使用 $O(1)$ 额外空间的条件下完成。

输入 let array = [0,0,1,1,1,2,2,3,3,4]时，会输出以下结果。

```
console.log(removeDuplicates(array))
// 5

console.log(array)
// 0, 1, 2, 3, 4
```

这道题目既然规定要进行 in-place 操作，那么可以考虑使用算法中的另一个重要思想：双指针，即使用快慢指针。

使用快慢指针时的操作步骤如下。

- 开始时，快指针和慢指针都指向数组中的第一项。
- 如果快指针和慢指针指向的数字相同，则快指针向前走一步。
- 如果快指针和慢指针指向的数字不同，则两个指针都向前走一步，同时将快指针指向的数字赋值给慢指针。
- 当快指针走完整个数组后，将慢指针当前的坐标加 1 后就得到了数组中不同数字的个数。

这道题目的具体实现代码也很简单，如下。

```
const removeDuplicates = array => {
    const length = array.length

    let slowPointer = 0

    for (let fastPointer = 0; fastPointer < length; fastPointer ++) {
        if (array[slowPointer] !== array[fastPointer]) {
            slowPointer++
            array[slowPointer] = array[fastPointer]
        }
    }
```

```
}
```

这道题目如果不要求实现 $O(n)$ 的时间复杂度，$O(1)$ 的空间复杂度，那就非常简单了。如果要求了空间复杂度，尤其是要进行 in-place 操作，那么开发者往往可以考虑使用双指针。

求众数

题目：给定一个大小为 N 的数组，找到其中的众数。众数是指在数组中出现次数大于 $N/2$ 的元素。

这是一道简单的题目，关键点在于如何优化。大家可能都会想到使用一个额外的空间来记录元素出现的次数，但其实往往用一个 map 就可以轻易地实现。那优化点在哪里呢？答案就是使用投票算法。

具体的实现代码如下。

```
const find = array => {
    let count = 1
    let result = array[0]

    for (let i = 0; i < array.lenght; i++) {
        if (count === 0) result = array[i]

        if (array[i] === result) {
            count++
        }
        else {
            count--
        }
    }

    return result
}
```

有效括号

有效括号这道题目和前端息息相关，在前面篇章所讲的模板解析中，其实就需要类似的算法进行模板分析，进而实现数据绑定。

我们来看题目：输入()时输出 true，输入()[]{}时输出 true，输入{[]}时输出 false，输入([)]时输出 false。

这道题目的解法非常典型，就是借助栈实现，将这些括号自右向左看作栈结构。我们需要把成对的括号分为左括号和右括号,使左括号和右括号一一匹配,并通过一个 Object 来维护这样的关系,如下所示。

```
let obj = {
   "]": "[",
   "}": "{",
   ")": "("
}
```

如果编译器在解析时遇见了左括号,则对其执行入栈操作;如果遇见了右括号,则取出栈顶元素检查是否匹配,如果匹配就出栈,否则就返回 false。实现代码如下所示。

```
const isValid = str => {
   let stack = []
   var obj = {
      "]": "[",
      "}": "{",
      ")": "("
   }

   for (let i = 0; i < str.length; i++) {
      if(str[i] === "[" || str[i] === "{" || str[i] === "(") {
         stack.push(str[i])
      }
      else {
         let key = stack.pop()
         if(obj[key] !== str[i]) {
            return false
         }
      }
   }

   if (!stack.length) {
      return true
   }

   return false
};
```

LRU 缓存算法

看了这么多算法题目,下面换一个口味,来看一个算法的实际应用。

LRU(Least Recently Used,最近最少使用)算法是缓存淘汰算法的一种。因为内存空间有限,所以需要根据某种策略淘汰不那么重要的数据,用以释放内存。LRU 算法的策略是将最早操作过的数据放到最后，最晚操作过的放到开头，按操作时间逆序存放，如果内存空间达到上限，则淘汰末尾的项。

整个 LRU 算法的实现有一定的复杂度，并且需要很多功能扩展，因此在生产环境中建议直接使用成熟的库来实现，比如使用 npm 中的 lru-cache。

这里尝试实现一个微型系统级别的 LRU 算法，运用你所掌握的数据结构设计和实现一个 LRU 缓存机制。它应该支持以下操作：获取数据和写入数据。

获取数据，对应的方法为 get(key)，如果密钥 key 在缓存中存在，则获取密钥的值（总是正数），否则返回 -1。

写入数据，对应的方法为 put(key, value)，如果密钥 key 不存在，则将其数据值写入缓存。当缓存容量达到上限时，需要在写入新数据之前删除最近最少使用的数据值，从而为新的数据值留出空间。

我们先来整体思考一下实现该算法的思路。尽量在满足 $O(1)$ 的时间复杂度的情况下完成获取和写入操作，可以使用一个 Object 来进行存储，如果 key 不是简单类型，则可以使用 Map 类型实现存储，代码如下。

```
const LRUCache = function(capacity) {
  // ...
  this.map = {};
  // ...
};
```

在这个算法中，最复杂的应该是淘汰策略。如果淘汰数据的时间复杂度必须是 $O(1)$ 的话，就一定需要额外的数据结构来完成 $O(1)$ 的淘汰策略。那么，应该用什么样的数据结构来完成呢？答案是双向链表。

链表在插入与删除操作上都能够实现 $O(1)$ 的时间复杂度，唯一无法实现该复杂度的是查找操作，该操作的过程比较麻烦，因此时间复杂度是 $O(n)$。但是，这里不需要使用双向链表实现查找逻辑，因为已经使用 map 进行了很好的实现。

这里多说一句，我们在写入值的时候，要判断缓存容量是否已经达到上限，如果缓存容量达到了上限，则应该删除最近最少使用的数据值，从而为以后的新数据值留出空间。

结合链表进行实现时，要将刚刚写入的目标值设置为链表的首项，如果超出空间限制，则删除链表的尾项。

最终实现代码如下。

```javascript
const LRUCache = function(capacity) {
  this.map = {}
  this.size = 0
  this.maxSize = capacity

  //链表初始化，初始化后的链表只有一个头和一个尾
  this.head = {
    prev: null,
    next: null
  }
  this.tail = {
    prev: this.head,
    next: null
  }

  this.head.next = this.tail
};

LRUCache.prototype.get = function(key) {
  if (this.map[key]) {
    const node = this.extractNode(this.map[key])

    //将最新访问的节点放到链表的头部
    this.insertNodeToHead(node)

    return this.map[key].val
  }
  else {
    return -1
  }
}

LRUCache.prototype.put = function(key, value) {
  let node

  if (this.map[key]) {
    //如果该项已经存在，则更新值
    node = this.extractNode(this.map[key])
    node.val = value
  }
  else {
    //如果该项不存在，则创造新节点
    node = {
      prev: null,
      next: null,
      val: value,
```

```
      key,
    }

    this.map[key] = node
    this.size++
  }

  //将最新写入的节点放到链表的头部
  this.insertNodeToHead(node)

  //判断长度是否已经到达上限
  if (this.size > this.maxSize) {
    const nodeToDelete = this.tail.prev
    const keyToDelete = nodeToDelete.key
    this.extractNode(nodeToDelete)
    this.size--
    delete this.map[keyToDelete]
  }
};

//将节点插入链表首项
LRUCache.prototype.insertNodeToHead = function(node) {
  const head = this.head
  const lastFirstNode = this.head.next

  node.prev = head
  head.next = node
  node.next = lastFirstNode
  lastFirstNode.prev = node

  return node
}

//从链表中抽取节点
LRUCache.prototype.extractNode = function(node) {
  const beforeNode = node.prev
  const afterNode = node.next

  beforeNode.next = afterNode
  afterNode.prev = beforeNode

  node.prev = null
  node.next = null

  return node
}
```

反转链表

题目：对一个单链表进行反转，当输入 1→2→3→4→5→null 时，输出 5→4→3→2→1→null。

最直观的解法是使用 3 个指针进行遍历，把头节点变成尾节点，并将下一个节点拼接到当前节点的头部，以此类推。这里不再写出这种方法的实现代码，而是重点关注一下递归解法。

递归解法需要先判断递归终止条件，当下一个节点为 null，即找到尾节点时，将其返回，实现代码如下。

```
const reverseList = head => {
  //找到尾节点时，则返回尾节点
  if (head == null || head.next == null) {
     return head
  }
  else {
     let newhead = reverseList(head.next)
     //使当前节点的下一个节点的 next 指向当前节点
     head.next.next = head
     head.next = null

     return newhead
  }
}
```

删除链表的倒数第 n 个节点

题目：给定一个链表，删除链表的倒数第 n 个节点，并且返回链表的头节点。输入 1→2→3→4→5 和 n = 2 两项内容，输出 1→2→3→5。

这道题目的关键是如何优雅地找到倒数第 n 个节点。

我们当然可以使用两次循环，第一次循环用来得到整个链表的长度 L，那么需要删除的节点就位于 L - n + 1 的位置，第二次循环用来找到相关位置并进行操作。

这道题目其实是可以用一次遍历来解决的，这时就需要使用双指针。快指针 fast 先前进 n，找到需要删除的节点；然后慢指针 slow 从 head 开始，和快指针 fast 一起前进，直到 fast 走到末尾。此时，slow 的下一个节点就是要删除的节点，也就是倒数第 n 个节点。需要注意的是，如果快指针移动 n 步之后，已经到了尾部，则说明需要删除的就是头节点。具体的实现代码如下。

```
const removeNthFromEnd = (head, n) => {
  if (head === null) {
     return head
```

```
    }

    if (n === 0) {
        return head
    }

    let fast = head
    let slow = head

    //快指针前进 n 步
    while (n > 0) {
        fast = fast.next
        n--
    }

    //快指针移动 n 步之后，已经到了尾部，则说明需要删除的就是头节点
    if (fast === null) {
        return head.next
    }

    while (fast.next != null ){
        fast = fast.next
        slow = slow.next
    }

    slow.next=slow.next.next
    return head
}
```

这两道关于链表的题目都重点考查了面试者对链表结构的理解，其中用到了多个指针，这也是解决链表题目的关键。

算法学习

上一节中列举了一些比较典型的算法题目，但对于算法的学习，还要做到分门别类，按照不同类别的算法思想，遵循循序渐进的进步路线，逐渐对算法"越来越有感觉"。

我把算法的一些基础思想进行了总结，大概可以分为枚举、模拟、递归&分治、贪心、二分、倍增、构造、前缀和&差分。

下面就对这些算法基础思想一一进行介绍。

枚举

枚举是基于已有知识进行猜测，来印证答案的一种问题求解策略。当拿到一道题目时，最容易想到枚举这种暴力解法。这种解法的重点如下。

- 建立简捷的数学模型。
- 想清楚枚举哪些要素。
- 尝试减少枚举空间。

举个例子：一个数组中的数互不相同，求其中和为 0 的数对的个数。对于这个问题，最笨的方法如下。

```
for (int i = 0; i < n; ++i)
  for (int j = 0; j < n; ++j)
    if (a[i] + a[j] == 0) ++ans;
```

我们来看一看如何对以上方法进行优化，优化后的代码如下所示。如果 (a, b)是答案，那么 (b, a)也是答案，因此对于这种情况只需要统计一种，最后将数值乘 2 就得到了最终答案。

```
for (int i = 0; i < n; ++i)
  for (int j = 0; j < i; ++j)
    if (a[i] + a[j] == 0) ++ans;
```

如此一来，就减少了 j 的枚举范围，减少了这段代码的时间开销。然而，这还不是最优解。

我们可以思考一下，两个数是否都一定要枚举出来。其实，枚举第一个数之后，题目的条件已经帮我们确定了其他要素（另一个数），如果能找到一种方法直接判断题目要求的那个数是否存在，就可以省掉枚举后一个数的时间了。以上操作的代码实现很简单，这里就不再具体展示了。

模拟

模拟，顾名思义，就是用计算机来模拟题目中要求的操作，我们只需要按照题面的意思来写就可以了。模拟类的题目通常具有代码量大、操作多、思路繁复的特点。

这种题目往往考查开发者"将逻辑转化为代码"的能力。

递归&分治

递归的基本思想是某个函数直接或间接地调用自身，这样就把原问题转换为了许多性质相同但是规模更小的子问题。

递归和枚举的区别在于，枚举是横向地把问题划分，然后依次求解子问题，而递归是把问题逐级分解，纵向地进行拆分。比如，请尝试回答以下问题。孙悟空身上有多少根毛？答：一根毛加剩下的毛。你今年几岁？答：去年的岁数加一岁，1999 年我出生。

递归的实现代码有两个最重要的特征：结束条件和自我调用。

```
int func(传入数值) {
  if (终止条件) return 最小子问题解;
  return func(缩小规模);
}
```

编写递归代码有个技巧，即明白一个函数的作用并相信它能完成这个任务，千万不要试图跳进细节。千万不要跳进这个函数里面企图探究更多细节，否则就会陷入无穷的细节无法自拔。

先举个最简单的例子：遍历二叉树。代码如下。

```
void traverse(TreeNode* root) {
  if (root == nullptr) return;
  traverse(root->left);
  traverse(root->right);
}
```

这几行代码就足以遍历任何一棵二叉树了。对于递归函数 traverse(root)，我们要相信，给它一个根节点 root，它就能遍历这棵树。

那么，遍历一棵 N 叉树呢？代码如下。

```
void traverse(TreeNode* root) {
  if (root == nullptr) return;
  for (child : root->children) traverse(child);
}
```

总之，还是那句话，给它一个根节点 root，它就能遍历这棵树，不管是几叉树。

典型题目：给一棵二叉树和一个目标值，节点上的值有正有负，返回树中的及等于目标值的路径条数。

这道题目的解法很多，也比较典型。这里只谈思想，不展示具体实现。我们可以使用分治算法进行解答，分治算法可以分 3 步走：分解→解决→合并。

- 将原问题分解为结构相同的子问题。
- 分解到某个容易求解的边界之后，进行递归求解。
- 将子问题的解合并成原问题的解。

归并排序是最典型的分治算法，其代码如下。

```
void mergeSort(一个数组) {
 if (可以很容易处理) return
 mergeSort(左半个数组)
 mergeSort(右半个数组)
 merge(左半个数组,右半个数组)
}
```

分治算法的套路就是前面说的 3 步走：分解→解决→合并。其实就是先进行左右分解，再处理合并。以上代码中的 merge 函数是用于将两个有序链表进行合并的。

贪心

贪心算法，顾名思义就是只看眼前，并不考虑以后可能造成的影响。可想而知，并不是在任何情况下使用贪心算法都能获得最优解。

最常见的贪心算法的使用场景有两种。一种是将 XXX 按照某种顺序排序，然后按这种顺序（例如从小到大）处理；另一种是每次都取 XXX 中最大/小的数值，并更新 XXX，有时可以对 XXX 中最大/小的数值进行优化，比如用优先队列维护最大/小的数值。这两种方式分别对应了离线的情况及在线的情况。

二分

以二分搜索为例，它是用来在一个有序数组中查找某一元素的算法。它每次都会查看数组当前部分的中间元素，如果中间元素刚好是要找的，就结束搜索过程；如果中间元素小于所查找的值，那么左侧元素的值会更小，不会有所查找的元素，只需要到右侧去查找即可；如果中间元素大于所查找的值，则同理，右侧元素的值会更大而不会有所查找的元素，所以只需要到左侧去查找即可。

在二分搜索过程中，每次都把查询的区间减半，因此对于一个长度为 n 的数组，最多会进行 $\log(n)$ 次查找。

一定需要注意的是，这里的有序是广义的有序，如果一个数组中的左侧或右侧都满足某一种条件，而另一侧都不满足这种条件，那么也可以看作是有序的。

二分法把一个寻找极值的问题转化成了一个判定问题（用二分搜索来找这个极值）。在前面使用枚举法时，我们枚举了答案的所有可能情况，而现在由于单调性，不再需要进行枚举，可以利用二分的思路，用更优的方法解决最大值最小、最小值最大的问题。这种解法也被称为二分答案法，常见于解题报告中。

倍增

倍增，通过字面意思来看就是翻倍。这个方法在很多问题中均有应用，其中最常使用它的就是 RMQ 问题和求最近公共祖先（LCA）问题。

RMQ 是英文 Range Maximum/Minimum Query 的缩写，表示区间最大/最小值。解决 RMQ 问题的主要方法有两种，分别是 ST 表和线段树，具体请参见 ST 表和线段树方面的相关内容。

构造

使用构造解决的问题往往具有某种规律性的答案，在问题规模迅速增大的时候，仍然有机会比较容易地得到答案。

这种思想主要体现了数学解题方法，日常应用较少，这里不再具体介绍，感兴趣的同学可以进行研究。

前缀和&差分

前缀和是一种重要的预处理算法，能大大降低查询的时间复杂度。我们可以简单将其理解为数列的前 n 项的和。其实，前缀和的实现几乎都是基于容斥原理的。

比如这道题目：有 N 个正整数放于数组 A 中，现在要求一个新的数组 B，新数组的第 i 个数 B[i] 是原数组 A 第 0 到第 i 个数的和。

对于这道题，我们有两种做法。

- 把对数组 A 的累加依次放入数组 B 中。
- 通过 B[i] = B[i-1] + A[i] 进行递推。

我们看到第二种方法采用了前缀和的思想，无疑是更加优秀的做法。

差分是一种与前缀和相对的策略，这种策略是求相邻两数的差。

总结

算法就像弹簧一样，我们只要有信心，态度正确，不畏难，就一定可以攻克它。

从今天起，下一个决心，制订一个计划，通过不断练习，提升自己解答算法题的能力。当然，学习数据结构和算法不仅仅对面试有帮助，对于程序的健壮性、稳定性及性能来说，算法虽然只是细节，但却是最重要的一部分。比如，可能除了在学校做大作业的时候，一辈子也不会有机会实现一个 AVL 或 B+树，但只有学会了分析和比较类似算法的能力,有了搜索树的知识，才能真正理解为什么实现 InnoDB 索引要用 B+树，才能知道 like "abc%"会不会用到索引，而不是人云亦云，只知其然，而不知其所以然。

30
分析一道常见面试题

之前，一道疑似某知名互联网公司的面试题出现在公共平台上，可能有不少读者已经了解过。这道题乍一看挺难，但是我们细细分析后发现它其实还算简单，甚至可以用多种手段进行解答，用不同的思想来给出答案。

网上零零碎碎地有一些解答，但是缺乏全面梳理。我认为有必要通过这道题将前端多重知识点融会贯通，在这里和大家分享。

题意分析

先来看一看题目。

请实现一个 LazyMan，使其按照以下方式调用时，得到相关输出。

```
LazyMan("Hank")
// Hi! This is Hank!

LazyMan("Hank").sleep(10).eat("dinner")
// Hi! This is Hank!
// 等待10s…
// Wake up after 10
// Eat dinner~

LazyMan("Hank").eat("dinner").eat("supper")
// Hi This is Hank!
// Eat dinner~
// Eat supper~
```

```
LazyMan("Hank").sleepFirst(5).eat("supper")
// 等待 5s
// Wake up after 5
// Hi This is Hank!
// Eat supper
```

当面试者拿到这道题目时，乍看题干可能会有点慌张。其实，很多面试失败的情况是"自己吓唬自己"造成的，在平时放松的状态下，解答这道题也许不在话下。

下面就带领大家分析一下这道题目。

- 可以把 LazyMan 理解为一个构造函数，在调用时输出参数内容。
- LazyMan 支持链式调用。
- 链式调用过程提供了以下几个方法：sleepFirst、eat、sleep。
- 其中，eat 方法会输出与参数相关的内容：Eat +参数。
- sleep 方法比较特殊，会使链式调用暂停一定时间后继续执行，看到这里也许应该想到 setTimeout。
- sleepFirst 最为特殊，这个方法的优先级最高；调用 sleepFirst 之后，链式调用将暂停一定时间后继续执行。请再次观察题干及最后一个 demo，会发现 sleepFirst 的输出优先级最高，执行后会使程序先等待 5s 再输出 Wake up after 5，接着输出 Hi This is Hank!

分析了题目后，我们应该如何解这道题目呢？

- 首先，可以封装一些基础方法，如 log、setTimeout 等。
- 因为 LazyMan 要实现一系列调用，且调用并不是顺序执行的，比如，如果 sleepFirst 出现在调用链中时就被优先执行，而且任务并不全都同步执行，那么我们应该实现一个任务队列，这个队列将调度执行各个任务。
- 因此，每次调用 LazyMan 或链式执行时，都应该将相关调用方法加入任务队列并储存起来，以便后续统一调度。
- 在写入任务队列时，如果当前方法为 sleepFirst，则需要将该方法放到队列的头部。写入任务队列的方法应该是一个 unshift 方法。

经过这样的剖析，这道题目就非常简单了。总结一下这道题目的考查点，如下。

- 面向对象的思想与设计，包括类的使用等。

- 对对象方法链式调用的理解和设计。
- 小部分设计模式的设计。
- 因为存在重复逻辑，所以会考查到代码的解耦和抽象能力。
- 逻辑的清晰程度及其他编程思维。

思路与解答

基于以上思路，我们给出如下较为常规的答案，其中的相关代码已经加上了必要的注释。

```javascript
class LazyManGenerator {
  constructor(name) {
    this.taskArray = []

    //初始化任务
    const task = () => {
      console.log(`Hi! This is ${name}`)
      //执行完初始化任务后，继续执行下一个任务
      this.next()
    }

    //将初始化任务放入任务队列中
    this.taskArray.push(task)

    setTimeout(() => {
      this.next()
    }, 0)
  }

  next() {
    //取出下一个任务并执行
    const task = this.taskArray.shift()
    task && task()
  }

  sleep(time) {
    this.sleepTask(time, false)
    // return this 保持链式调用
    return this
  }

  sleepFirst(time) {
    this.sleepTask(time, true)
```

```
    return this
  }

  sleepTask(time, prior) {
    const task = () => {
      setTimeout(() => {
        console.log(`Wake up after ${time}`)
        this.next()
      }, time * 1000)
    }

    if (prior) {
      this.taskArray.unshift(task)
    } else {
      this.taskArray.push(task)
    }
  }

  eat(name) {
    const task = () => {
      console.log(`Eat ${name}`)
      this.next()
    }

    this.taskArray.push(task)
    return this
  }
}

function LazyMan(name) {
  return new LazyManGenerator(name)
}
```

下面简单分析一下以上代码。

- LazyMan 方法返回一个 LazyManGenerator 构造函数的实例。
- 在 LazyManGenerator 的 constructor 中，使用 taskArray 来存储任务，同时将初始化任务放入 taskArray 中。
- 还是在 LazyManGenerator 的 constructor 中，将对任务的逐个执行操作即 next 调用放在 setTimeout 中，这样就能够保证在开始执行任务时，taskArray 数组中已经填满了任务。
- 在 next 方法中，取出 taskArray 数组中的首项进行执行。
- eat 方法将 eat task 放到 taskArray 数组中，注意，eat task 方法需要调用 this.next() 显式调用下

的一个任务；同时返回 this，完成链式调用。

- sleep 和 sleepFirst 都调用了 sleepTask，只是调用 sleepTask 时的第二个参数不同。sleepTask 的第二个参数表示是否优先执行，如果 prior 为 true，则使用 unshift 将任务插入 taskArray 头部。

这个解法最容易想到，实现起来也相对容易，主要的思想是面向过程。解答的关键在于对 setTimeout 任务队列要有准确的理解并掌握 return this 实现链式调用的方式。

事实上，sleepTask 应该作为 LazyManGenerator 类的私有属性出现，因为 ES class 的私有属性暂时没有被广泛应用，所以这里不再展开实现。

再谈流程控制和中间件

微信的这道题目较好地考查了候选者的流程控制能力，而流程控制对于前端开发者来说非常重要。

上面代码中的 next 函数用来负责找出 stack 中的下一个函数并执行。

Node.js 中的 connect 类库，以及其他框架的中间件设计也都离不开具有类似思想的 next 函数。比如，生成器自动执行类库 co、状态管理类库 redux、框架 Koa 也都有各自 next 函数的实现。我们具体来看一下。

Node.js 中的 connect 和 express 类库的流程控制

具体场景：在 Node.js 环境中，我们已经有 parseBody、checkIdInDatabase 等相关中间件，他们组成了 middlewares 数组。

通过下面的代码可以明确地看到，middlewares 是含有 3 个中间件的数组。

```
const middlewares = [
  function middleware1(req, res, next) {
    parseBody(req, function(err, body) {
      if (err) return next(err);
      req.body = body;
      next();
    });
  },
  function middleware2(req, res, next) {
    checkIdInDatabase(req.body.id, function(err, rows) {
```

```
      if (err) return next(err);
      res.dbResult = rows;
      next();
    });
  },
  function middleware3(req, res, next) {
    if (res.dbResult && res.dbResult.length > 0) {
      res.end('true');
    }
    else {
      res.end('false');
    }
    next();
  }
]
```

当处理一个请求时,我们需要链式调用各个中间件,代码如下。

```
const requestHandler = (req, res) => {
  let i = 0

  function next(err) {
    if (err) {
      return res.end('error:', err.toString())
    }

    if (i < middlewares.length) {
      middlewares[i++](req, res, next)
    } else {
      return
    }
  }

  //初始执行第一个中间件
  next()
}
```

这个场景所体现的流程控制很简单,就是将所有中间件(任务处理函数)储存在一个 list 中,然后依次循环调用中间件(任务处理函数)。

但是,如何实现得更加优雅呢?connect 这个类库对此类实现做了很好的封装,connect 类库的实现方案也为 express 等框架设计实现提供了灵感。这里简单分析一下 connect 这个类库的实现。

首先,使用 createServer 方法创建 app 实例,如下。

```
const app = createServer()
```

createServer 方法对应的源码如下。其中，app 实例继承了 EventEmitter 类，以便实现事件发布/订阅，同时使用 stack 数组来维护各个中间件任务。

```
function createServer() {
  function app(req, res, next){ app.handle(req, res, next); }
  merge(app, proto);
  merge(app, EventEmitter.prototype);
  app.route = '/';
  app.stack = [];
  return app;
}
```

接着，使用 app.use 来添加中间件，代码如下。

```
app.use('/api', function(req, res, next) {//...})
```

use 方法的源码如下。

```
proto.use = function use(route, fn) {
  var handle = fn;
  var path = route;

  // default route to '/'
  if (typeof route !== 'string') {
    handle = route;
    path = '/';
  }

  // wrap sub-apps
  if (typeof handle.handle === 'function') {
    var server = handle;
    server.route = path;
    handle = function (req, res, next) {
      server.handle(req, res, next);
    };
  }

  // wrap vanilla http.Servers
  if (handle instanceof http.Server) {
    handle = handle.listeners('request')[0];
  }

  // strip trailing slash
  if (path[path.length - 1] === '/') {
    path = path.slice(0, -1);
  }
```

```
// add the middleware
debug('use %s %s', path || '/', handle.name || 'anonymous');
this.stack.push({ route: path, handle: handle });

return this;
};
```

上述代码演示了 use 函数的实现方法,逻辑并不复杂,下面来简单分析一下。代码中通过 if...else 逻辑区分出如下 3 种不同的 fn 类型。

- fn 是一个普通的 function(req,res[,next]){} 函数。
- fn 是一个普通的 httpServer。
- fn 是另一个 connect 的 app 对象。

完成了中间件注册,再来看一看任务的调度和执行,使用方法如下。

```
app.handle(req, res, out)
```

handle 方法对应的源码如下。

```
proto.handle = function handle(req, res, out) {
  var index = 0;
  var protohost = getProtohost(req.url) || '';
  var removed = '';
  var slashAdded = false;
  var stack = this.stack;

  // final function handler
  var done = out || finalhandler(req, res, {
    env: env,
    onerror: logerror
  });

  // store the original URL
  req.originalUrl = req.originalUrl || req.url;

  function next(err) {
    // ...
  }

  next();
};
```

对于 handle 方法,我们并不陌生,它用来构建 next 函数,并触发执行第一个 next。

next 的源码如下。

```
function next(err) {
    if (slashAdded) {
      req.url = req.url.substr(1);
      slashAdded = false;
    }

    if (removed.length !== 0) {
      req.url = protohost + removed + req.url.substr(protohost.length);
      removed = '';
    }

    // next callback
    var layer = stack[index++];

    // all done
    if (!layer) {
      defer(done, err);
      return;
    }

    // route data
    var path = parseUrl(req).pathname || '/';
    var route = layer.route;

    // skip this layer if the route doesn't match
    if (path.toLowerCase().substr(0, route.length) !== route.toLowerCase()) {
      return next(err);
    }

    // skip if route match does not border "/", ".", or end
    var c = path.length > route.length && path[route.length];
    if (c && c !== '/' && c !== '.') {
      return next(err);
    }

    // trim off the part of the url that matches the route
    if (route.length !== 0 && route !== '/') {
      removed = route;
      req.url = protohost + req.url.substr(protohost.length + removed.length);

      // ensure leading slash
      if (!protohost && req.url[0] !== '/') {
        req.url = '/' + req.url;
        slashAdded = true;
      }
    }
}
```

```
    // call the layer handle
    call(layer.handle, route, err, req, res, next);
}
```

next 的实现非常巧妙，下面就来分析一下它。

首先，取出下一个中间件，代码如下。

```
var layer = stack[index++]
```

对于当前中间件的处理，如果当前的请求路由和 handler 不匹配，则跳过，代码如下。

```
if (path.toLowerCase().substr(0, route.length) !== route.toLowerCase()) {
  return next(err);
}
```

若匹配，则执行 call 函数，call 函数的实现如下。

```
function call(handle, route, err, req, res, next) {
  var arity = handle.length;
  var error = err;
  var hasError = Boolean(err);

  debug('%s %s : %s', handle.name || '<anonymous>', route, req.originalUrl);

  try {
    if (hasError && arity === 4) {
      // error-handling middleware
      handle(err, req, res, next);
      return;
    } else if (!hasError && arity < 4) {
      // request-handling middleware
      handle(req, res, next);
      return;
    }
  } catch (e) {
    // replace the error
    error  } = e;



  // continue
  next(error);
}
```

注意，这里使用了 try...catch 包裹逻辑，这是很有必要的容错操作，可以使应用在第三方中间件执行出错的情况下不至于崩溃退出。

较为巧妙的一点是，这里将 function(err, req, res, next){} 作为错误处理函数，而将 function(req, res, next){}作为正常的业务逻辑处理函数。因此，可以通过 function.length 判断当前 handler 是否为容错函数后，再向 handler 中传入相应的参数。

call 函数是 next 函数的核心，它是一个执行者，可以在最后的逻辑中继续执行 next 函数，完成中间件的顺序调用。

Node.js 的框架 express 实际上就是 senchalabs connect 的升级版，通过对 connect 源码的学习，我们应该对流程的调度和控制更加清楚了，此时再去看 express 就能轻而易举地理解了。

senchalabs connect 用流程控制库的回调函数及中间件的思想来解耦回调逻辑，Koa 则是用 Generator 方法解决回调问题（最新版使用 async/await），事实上，也可以用事件、Promise 的方式来解决。下一节就来分析 Koa 的洋葱模型。

Koa 的洋葱模型

对 Koa 的洋葱模型进行分析的文章有不少，著名的洋葱圈图示这里就不再展示和介绍了，不了解的读者请先自行学习。

我想先谈一下面向切面编程（AOP）。下面以 JavaScript 语言为例，来看一个简单的示例。

```
Function.prorotype.before = function (fn) {
  const self = this
  return function (...args) {
    console.log('')
    let res = fn.call(this)
    if (res) {
      self.apply(this, args)
    }
  }
}

Function.prototype.after = function (fn) {
  const self = this
  return function (...args) {
    let res = self.apply(this, args)
    if (res) {
      fn.call(this)
    }
  }
}
```

以上代码在执行某个函数 fn 之前，会先执行某段逻辑，而在执行某个函数 fn 之后，再去执行另一段逻辑。这其实体现了一种简单的中间件流程控制。不过，这样的 AOP 有一个问题，就是无法实现异步模式。

那么，如何实现 Koa 的异步中间件模式呢？也就是使某个中间件执行到一半时交出执行权，之后再回来继续执行。下面直接来看一下源码，这段源码实现了 Koa 洋葱模型中间件。

```
function compose(middleware) {
  return function *(next) {(
    if (!next) next = noop();

    var i = middleware.length;

    while (i--) {
      next = middleware[i].call(this, next);
      console.log('isGenerator:', (typeof next.next === 'function' && typeof next.throw === 'function')); // true
    }

    return yield *next;
  }
}

function *noop(){}
```

其中，一个中间件的写法类似下面这样。

```
app.use(function *(next){
  var start = new Date;
  yield next;
  var ms = new Date - start;
  this.set('X-Response-Time', ms + 'ms');
});
```

这是一个很简单的记录服务器响应时间（response time）的中间件，中间件跳转的信号是 yield next。

与新版本的 Koa 已经改用 async/await 来实现异步中间件模式的思路是完全一样的，但新版本中的代码实现看上去更加优雅，如下所示。

```
function compose (middleware) {
  if (!Array.isArray(middleware)) throw new TypeError('Middleware stack must be an array!')
  for (const fn of middleware) {
    if (typeof fn !== 'function') throw new TypeError('Middleware must be composed of functions!')
  }

  return function (context, next) {
    let index = -1
    return dispatch(0)
```

```
  function dispatch (i) {
    if (i <= index) return Promise.reject(new Error('next() called multiple times'))
    index = i
    let fn = middleware[i]
    if (i === middleware.length) {
      fn = next
    }
    if (!fn) return Promise.resolve()
    try {
      return Promise.resolve(fn(context, function next () {
        return dispatch(i + 1)
      }))
    } catch (err) {
      return Promise.reject(err)
    }
  }
}
```

下面重点解读一下以上代码中的要点。

- 传入 compose 中的 middleware 参数必须是数组，否则会抛出错误。
- middleware 数组中的每个元素都必须是函数，否则会抛出错误。
- compose 返回一个函数，以保存对 middleware 的引用。
- compose 返回函数的第一个参数是 context，所有中间件的第一个参数就是传入的 context。
- compose 返回函数的第二个参数是 next 函数，next 是实现洋葱模型的关键。
- index 用来记录当前运行到第几个中间件。
- 执行第一个中间件函数：return dispatch(0)。
- 在 dispatch 函数中，参数 i 如果小于等于 index，则说明一个中间件中执行了多次 next，会进行报错，由此可见，一个中间件函数内部不允许多次调用 next 函数。
- 取出中间件函数 fn = middleware[i]。
- 如果 i === middleware.length，则说明执行到了圆心，可以将 next 赋值给 fn。
- 因为 async 函数中 await 表达式右边的值一般是 Promise 类型的，所以这里会包裹一层 Promise。
- next 函数是固定的，它可以执行下一个中间件函数。

co 库不再神秘

说到流程控制，自然少不了大名鼎鼎的 co 库。co 库是基于 ES6 Generator 编写的异步解决方案，因此这里需要读者熟练掌握 ES6 Generator。目前，虽然 co 库可能不再流行，但是了解其实现对于模拟类似场景是非常有必要的。

这里不解读其源码，而是实现一个类似的自动执行 Generator 的方案。

```
const runGenerator = generatorFunc => {
  const it = generatorFunc()
  iterate(it)

  function iterate (it) {
    step()

    function step(arg, isError) {
      const {value, done} = isError ? it.throw(arg) : it.next(arg)

      let response

      if (!done) {
        if (typeof value === 'function') {
          response = value()
        } else {
          response = value
        }

        Promise.resolve(response).then(step, err => step(err, true))
      }
    }
  }
}
```

下面来重点解读一下以上代码中的要点。

- runGenerator 函数接收一个生成器函数 generatorFunc。
- 运行 generatorFunc 得到结果，并通过 iterate 函数迭代该生成器结果。
- 在 iterate 函数中执行 step 函数，step 函数的第一个参数 arg 是上一个 yield 右表达式求出的值，即下面对应的 response。
- 这里需要考虑 response 的求值过程，它通过 value 计算得来，value 是 yield 右侧的值，它有下面几种情况。
  — yield new Promise()，value 是一个 Promise 实例，此时 response 就是该 Promise 实例执行 resolve 后的值。

— yield () => {return value}，value 是一个函数，此时 response 就是执行该函数后的返回值。

— yield value，value 是一个普通值，此时 response 就是该值。

- 我们最终统一利用 Promise.resolve 的特性对 response 进行处理，并递归（迭代）调用 step，同时利用 step 函数的 arg 参数为上一个 yield 的左表达式赋值，并返回下一个 yield 右表达式的值。

最后附上 co 的实现及代码注释，读者可以对比 runGenerator 和 co 的差异。

```
function co(gen) { // co 接收一个 Generator 函数作为参数
    var ctx = this
    var args = slice.call(arguments, 1)

    return new Promise(function(resolve, reject) { //co返回一个 Promise 对象
        if(typeof gen === 'function') gen = gen.apply(ctx, args) //若 gen 为 Generator 函数，
//则执行该函数
        if(!gen || typeof gen.next !== 'function') return resolve(gen) //若 gen 不是 Generator
//函数，则返回并更新 Promise 状态

        onFulfilled() //将 Generator 函数的 next 方法包装成 onFulfilled，主要是为了能够捕获抛出的
//异常

        /**
         * @param {Mixed} res
         * @return {Promise}
         * @api private
         */
        function onFulfilled(res) {
            var ret;
            try {
                ret = gen.next(res)
            } catch (err) {
                return reject(err)
            }
            next(ret)
        }

        /**
         * @param {Error} err
         * @return {Promise}
         * @api private
         */
        function onRejected(err) {
            var ret
            try {
                ret = gen.throw(err)
```

```
            } catch (err) {
                return reject(err)
            }
            next(ret)
        }

        /**
         * Get the next value in the generator,
         * return a promise.
         *
         * @param {Object} ret
         * @return {Promise}
         * @api private
         */
        function next(ret) {
            if(ret.done) return resolve(ret.value)
            var value = toPromise.call(ctx, ret.value) // if (isGeneratorFunction(obj) || isGenerator(obj)) return co.call(this, obj);
            if(value && isPromise(value)) return value.then(onFulfilled, onRejected)
            return onRejected(new TypeError('You may only yield a function, promise, generator, but the following object was passed: ' + String(ret.value) + '"'))
        }
    })
}
```

如果读者对于以上内容理解有困难，那么我建议还是从 Generator 等最基本的概念入手，不必心急，慢慢反复体会即可。

总结

这道著名的面试题绝不只是网上分析的几行代码答案那么简单，我们从这道题目出发分析了解决方案，更重要的是，在解决方案的基础上重点剖析了 JavaScript 处理任务流程、控制触发逻辑的方方面面。也许，在小型传统页面应用中，这样相对复杂的处理场景并不多见，但是在大型项目、富交互项目、后端 Node.js 中就非常常见，尤其是中间件思想、洋葱模型这种非常典型的编程思路应用非常广泛。

最后，我们分析了 Generator 及 Koa 中间件的实现原理，也许读者在平时的基础业务开发中接触不到这些知识，但是请想一想 redux-saga 的实现、中间件的编写，它们其实都是运用这些内容实现的。对于想要进阶的工程师来说，如果不掌握好这些难啃的知识，就永远无法写出优秀的框架和解决方案。

part eight

第八部分

本部分将重点强化网络知识,包括缓存、超文本传输协议(HTTP)、前端安全等。作为一名前端开发者,不了解互联网传输的奥秘,不清楚网络细节是很难进阶的。网络知识关联着性能优化、前后端协作等核心环节,对于每一位工程师而言都十分重要。

网络知识

31

缓存谁都懂，一问都发蒙

缓存是网络世界中非常重要的一环，也是解决性能问题最常用的手段之一。说起缓存这个概念，貌似谁都可以说上两句，但又不能面面俱到地介绍。你可能听说过 etag 或 if-modified-since 这样的头部，但是并不能梳理好这些头部之间的关系；你可能观察过某个网站或请求的缓存策略，但是并没有亲自设计并应用过缓存机制；你可能为了面试准备了很多缓存理论知识，但是在实际开发中依然避免不了踩坑。

本篇将细致梳理缓存方面的知识，亲自动手配置，打消学习疑虑。

缓存概念与分类

其实缓存是一个很宽泛的概念，尤其 Web 缓存，可分为很多种，如数据库缓存、服务器缓存、CDN 缓存、HTTP 缓存等。甚至一个函数的执行结果都可以被缓存。本节会着重分析 HTTP 缓存。

根据官方概念可知，HTTP 缓存是用于临时存储（缓存）Web 文档（如 HTML 页面和图像），以减少服务器延迟的一种信息技术。HTTP 缓存系统会将通过该系统的文档的副本保存下来，如果请求满足某些条件，则可以由缓存内容来返回请求结果。HTTP 缓存系统既可以指设备，也可以指计算机程序。

《HTTP 权威指南》一书中这样介绍缓存：在前端开发中，性能一直是被大家所重视的一点，然而判断一个网站性能如何最直观的方法就是看网页打开的速度。其中，提高网页打开速度的一个方式就是使用缓存。一个优秀的缓存策略可以缩短网页请求资源的距离，减少延迟，并且由于缓存文件可以重复利用，因此可以减少带宽，降低网络负荷。那么下面就来看一看服务器端缓存的原理。

目前，网络应用中很少有不接入缓存的案例。缓存之所以这么重要，是因为它能带来非常多的好处，比如下面几点。

- 使网页加载和呈现速度更快。
- 由于减少了不必要的数据传输，因而可以节省网络流量和带宽。
- 在上一步的基础上，可以减少服务器的负担。

事实上，前两点非常好理解，合理地使用缓存，能够最大限度地读取和利用本地已有的静态资源，减少了数据传输，加快了网页应用的呈现。对于第三点，可能在只有一两个用户访问的情况下对于减少服务器的负担没有明显效果。但在高并发的场景下，使用缓存对于减少服务器的负担非常有帮助。

对浏览器缓存进行分类的方式有很多，按缓存位置分类可以分为内存缓存（memory cache）、硬盘缓存（disk cache）、service worker 等。

浏览器的资源缓存可以分为硬盘缓存和内存缓存两类。当首次访问网页时，资源文件被缓存在内存中，同时也会在本地磁盘中保留一份副本。当用户刷新页面时，如果缓存的资源没有过期，就可以直接从内存中读取数据并加载。当用户关闭页面后，当前页面缓存在内存中的资源就会被清空。当用户再一次访问页面时，如果资源文件的缓存没有过期，就可以从本地磁盘加载数据并再次缓存到内存中。

如果按缓存策略分类，浏览器的资源缓存可以分为强缓存、协商缓存，如图 31-1 所示。

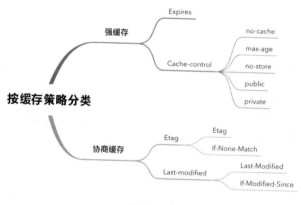

图 31-1

缓存策略是理解缓存的最重要的一环，本篇会重点介绍强缓存和协商缓存。说到底，缓存的核心就是解决什么时候使用缓存、什么时候更新缓存的问题。

流程图

为了使缓存策略更加可靠、灵活，HTTP 1.0 版本和 HTTP 1.1 版本的缓存策略一直是在渐进增强的。这也意味着，程序中可以同时使用 HTTP 1.0 版本和 HTTP 1.1 版本中关于缓存的特性，也可以同时使用强制缓存和协商缓存。当然，它们在混合使用时会有不同的优先级，对此，我们通过图 31-2 所示的流程图来做一个总结。

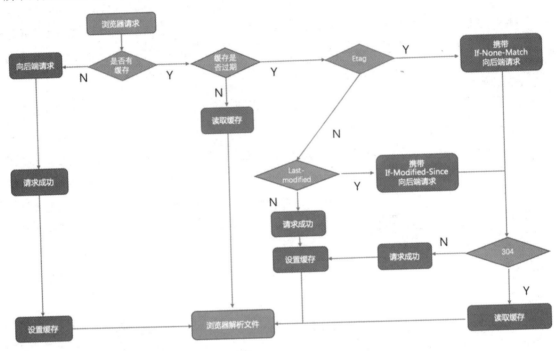

图 31-2

根据这个流程，我们该如何合理地应用缓存呢？

强制缓存的优先级最高，并且在缓存有效期内浏览器不会因为资源的改动而发送请求，因此强制缓存的使用适用于大型且不易修改的资源文件，例如，第三方的 CSS、JS 文件或图片资源。如果想提高缓存的灵活性，也可以为文件名加上 hash 标识进行版本的区分。

协商缓存灵活性高，适用于数据的缓存，根据上述介绍，采用 etag 标识比对文件内容是否发生变化的灵活度最高，也最为可靠。对于数据的缓存，我们可以重点考虑将数据缓存在内存中，因为内存加载速度最快，并且数据体积小。

缓存和浏览器操作

缓存中的重要一环是浏览器,常见的浏览器行为对应哪些缓存行为呢?大概如下。注意,不同种类及版本的浏览器引擎可能会有差别,读者可以根据不同情况酌情参考。

- 当用户使用 Ctrl + F5 快捷键强制刷新网页时,浏览器会直接从服务器加载网页信息,跳过强缓存和协商缓存。
- 当用户仅仅使用 F5 快捷键刷新网页时,浏览器的加载过程会跳过强缓存,但是仍然会进行协商缓存。

这里借用 Alloy Team 制作的图进行一个总结,将几种典型的刷新操作对应的缓存行为转换为表格,如表 31-1 所示。

表 31-1

浏览器相关操作	Expires/Cache-Control	Last-Modified/etag
在地址栏中按回车键	有效	有效
页面跳转	有效	有效
新开窗口	有效	有效
浏览器前进、退后	有效	有效
浏览器刷新	无效	有效
强制刷新	无效	无效

缓存相关面试题目

知识点已经梳理完毕,是时候通过一些经典题目来巩固一下了。

题目一:如何禁止浏览器不缓存静态资源

在实际工作中,很多场景都需要禁用浏览器缓存。比如,可以使用 Chrome 隐私模式,在代码层面设置相关请求头,设置如下。

```
Cache-Control: no-cache, no-store, must-revalidate
```

此外,也可以给请求的资源增加一个版本号,如下所示。

```
<link rel="stylesheet" type="text/css" href="./asset.css?version=1.8.9"/>
```

还可以使用 meta 标签来声明缓存规则，声明如下。

```
<meta http-equiv="Cache-Control" content="no-cache, no-store, must-revalidate"/>
```

题目二：设置以下请求/响应头会有什么效果？

```
cache-control: max-age=0
```

上述响应头属于强缓存，因为 max-age 的设置为 0，所以浏览器必须发送请求重新验证资源。这时，浏览器会根据协商缓存机制进行缓存，并可能返回 200 或 304。

题目三：设置以下 request/response header 会有什么效果？

```
cache-control: no-cache
```

上述响应头属于强缓存，因为设置了 no-cache，所以浏览器必须发送请求重新验证资源。这时，浏览器会根据协商缓存机制进行缓存。

题目四：除了上述方式，还有哪种设置方式可以使浏览器必须发送请求重新验证资源，根据协商缓存机制进行缓存？

可以按照如下所示的方式设置请求/响应头。

```
cache-control: must-revalidate
```

题目五：设置以下请求/响应头会有什么效果？

```
Cache-Control: max-age=60, must-revalidate
```

如果资源在 60s 内会再次被访问，那么根据强缓存机制可以直接返回缓存资源内容；如果超过 60s，则必须发送网络请求到服务器端，以验证资源的有效性。

题目六：据你的经验，为什么大厂都不怎么用 etag？

大厂多使用负载均衡的方式来调度 HTTP 请求。因此，同一个客户端对同一个页面的多次请求很可能被分配到不同的服务器来响应，而根据 etag 的计算原理，不同的服务器有可能在资源内容没有变化的情况下，计算出不一样的 etag，而使缓存失效。

缓存实战

本节会通过几个简单的真实项目案例来实际操作缓存，以便各位读者能有更深刻的认识。

启动项目

首先创建项目,代码如下。

```
mkdir cache
npm init
```

通过以上代码得到 package.json 文件,同时在文件中声明相关依赖,代码如下。

```json
{
  "name": "cache",
  "version": "1.0.0",
  "description": "Cache demo",
  "main": "index.js",
  "scripts": {
    "start": "nodemon ./index.js"
  },
  "keywords": [
    "cache",
    "node"
  ],
  "devDependencies": {
    "@babel/core": "latest",
    "@babel/preset-env": "latest",
    "@babel/register": "latest",
    "koa": "latest",
    "koa-conditional-get": "^2.0.0",
    "koa-etag": "^3.0.0",
    "koa-static": "latest"
  },
  "dependencies": {
    "nodemon": "latest"
  },
  "license": "ISC"
}
```

使用 nodemon 来启动项目,同时编辑 .babelrc 文件中的内容,配置 babel 设置,如下。

```json
{
  "presets": [
    [
      "@babel/preset-env",
      {
        "targets": {
          "node": "current"
        }
      }
    ]
  ]
}
```

```
]
}
```

在 cache/static 目录下,创建 index.html 和一张测试图片 web.png。

```html
<!DOCTYPE html>
<html lang="en">
 <head>
    <meta charset="UTF-8" />
    <meta name="viewport" content="width=device-width, initial-scale=1.0" />
    <meta http-equiv="X-UA-Compatible" content="ie=edge" />
    <title>前端开发核心知识进阶</title>
    <style>
      .cache img {
        display: block;
        width: 100%;
      }
    </style>
 </head>
 <body>
    <div class="cache">
      <img src="./web.png" />
    </div>
 </body>
</html>
```

下面看一下核心脚本文件 index.js,其中的程序其实就是一个简单的 Node.js 服务。

```
require('@babel/register');
require('./cache.js');
cache.js:
import Koa from 'koa'
import path from 'path'
import resource from 'koa-static'

const app = new Koa()
const host = 'localhost'
const port = 6666

app.use(resource(path.join(__dirname, './static')))

app.listen(port, () => {
  console.log(`server is listen in ${host}:${port}`)
})
```

执行 npm run start,可以得到如图 31-3 所示的页面。

图 31-3

应用缓存

下面来尝试加入一些缓存。首先根据强缓存机制,在响应头上加入相关字段,如下所示。

```
import Koa from 'koa'
import path from 'path'
import resource from 'koa-static'

const app = new Koa()
const host = 'localhost'
const port = 5999

app.use(async (ctx, next) => {
  ctx.set({
    'Cache-Control': 'max-age=5000'
  })
  await next()
})

app.use(resource(path.join(__dirname, './static')))

app.listen(port, () => {
  console.log(`server is listen in ${host}:${port}`);
})
```

加入 Cache-Control 头,并将 max-age 的值设置为 5000 后,页面得到的响应如图 31-4 所示。

图 31-4

再次刷新页面,得到了 200 OK(from memory cache)的标记,如图 31-5 所示。

图 31-5

当关掉浏览器,再次打开页面后,又会得到 200 OK(from disk cache)的标记,如图 31-6 所示。请体会硬盘缓存与内存缓存的不同,内存缓存已经随着我们关闭浏览器而清除,这里显示的内容是从硬盘中取到的缓存。

图 31-6

我们尝试将 max-age 的值改为 5s，5s 后再次刷新页面，发现缓存已经失效。读者可以自行试验得到该结果，这里就不再放置截图了。

下面来试验一下协商缓存。初始 package.json 文件中已经引入了 koa-etag 和 koa-conditional-get 这两个包依赖。

将 cache.js 文件中的内容改为如下所示的样子。

```
import Koa from 'koa'
import path from 'path'
import resource from 'koa-static'
import conditional from 'koa-conditional-get'
import etag from 'koa-etag'

const app = new Koa()
const host = 'localhost'
const port = 5999

app.use(conditional())
app.use(etag())
app.use(resource(path.join(__dirname, './static')))

app.listen(port, () => {
 console.log(`server is listen in ${host}:${port}`)
})
```

缓存设置很简单，在调试栏中，我们看到了协商缓存的请求头，如图 31-7 所示。

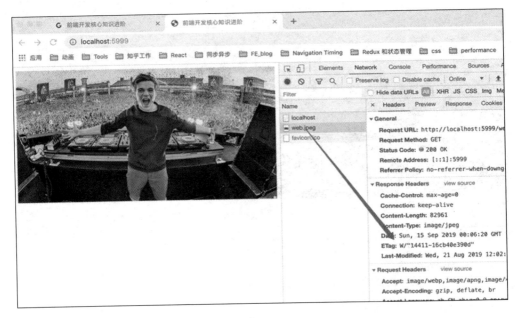

图 31-7

再次刷新浏览器,这次在请求头中发现了 If-None-Match 字段,且内容与上一次的响应头中的相同,如图 31-8 所示。

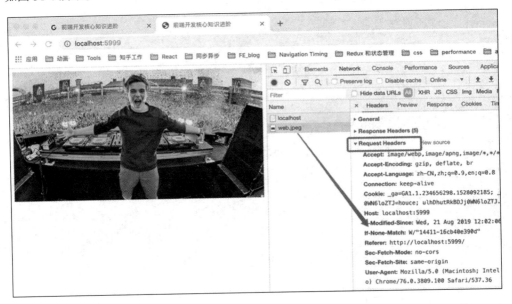

图 31-8

因为图片并没有发生变化,所以会得到 304 响应头,如图 31-9 所示。

图 31-9

读者可以自行尝试替换图片来验证内容。

这里主要使用了 Koa 库,如果使用原生的 Node.js,则可以参考下面的代码,该段代码主要实现了 if-modified-since/last-modified 头。

```
http.createServer((req, res) => {
    let { pathname } = url.parse(req.url, true)

    let absolutePath = path.join(__dirname, pathname)

    fs.stat(path.join(__dirname, pathname), (err, stat) => {
        //路径不存在
        if(err) {
            res.statusCode = 404
            res.end('Not Fount')
            return
        }

        if(stat.isFile()) {
            res.setHeader('Last-Modified', stat.ctime.toGMTString())

            if(req.headers['if-modified-since'] === stat.ctime.toGMTString()) {
                res.statusCode = 304
                res.end()
                return
            }
```

```
                fs.createReadStream(absolutePath).pipe(res)
        }
    })
})
```

源码探究

上面应用 etag 的试验中使用了 koa-etag 这个包，下面就来了解一下这个包的实现，源码如下。

```
var calculate = require('etag');
var Stream = require('stream');
var fs = require('mz/fs');

module.exports = etag;

function etag(options) {
  return function etag(ctx, next) {
    return next()
      .then(() => getResponseEntity(ctx))
      .then(entity => setEtag(ctx, entity, options));
  };
}

function getResponseEntity(ctx, options) {
  // no body
  var body = ctx.body;
  if (!body || ctx.response.get('ETag')) return;

  // type
  var status = ctx.status / 100 | 0;

  // 2xx
  if (2 != status) return;

  if (body instanceof Stream) {
    if (!body.path) return;
    return fs.stat(body.path).catch(noop);
  } else if (('string' == typeof body) || Buffer.isBuffer(body)) {
    return body;
  } else {
    return JSON.stringify(body);
  }
}

function setEtag(ctx, entity, options) {
  if (!entity) return;
```

```
  ctx.response.etag = calculate(entity, options);
}

function noop() {}
```

我们看到，整个 etag 包就是一个中间件，它首先调用 getResponseEntity 方法获取响应体，然后根据 body 调用了 setEtag 方法，根据响应内容生成了一个 etag 结果。最终在生成 etag 结果的计算过程中又利用了 etag 这个包。下面就来看一下 etag 包。

```
'use strict'

module.exports = etag

var crypto = require('crypto')
var Stats = require('fs').Stats

var toString = Object.prototype.toString

function entitytag (entity) {
  if (entity.length === 0) {
    // fast-path empty
    return '"0-2jmj7l5rSw0yVb/vlWAYkK/YBwk"'
  }

  // compute hash of entity
  var hash = crypto
    .createHash('sha1')
    .update(entity, 'utf8')
    .digest('base64')
    .substring(0, 27)

  // compute length of entity
  var len = typeof entity === 'string'
    ? Buffer.byteLength(entity, 'utf8')
    : entity.length

  return '"' + len.toString(16) + '-' + hash + '"'
}

function etag (entity, options) {
  if (entity == null) {
    throw new TypeError('argument entity is required')
  }

  // support fs.Stats object
  var isStats = isstats(entity)
  var weak = options && typeof options.weak === 'boolean'
```

```
    ? options.weak
    : isStats

  // validate argument
  if (!isStats && typeof entity !== 'string' && !Buffer.isBuffer(entity)) {
    throw new TypeError('argument entity must be string, Buffer, or fs.Stats')
  }

  // generate entity tag
  var tag = isStats
    ? stattag(entity)
    : entitytag(entity)

  return weak
    ? 'W/' + tag
    : tag
}

function isstats (obj) {
  // genuine fs.Stats
  if (typeof Stats === 'function' && obj instanceof Stats) {
    return true
  }

  // quack quack
  return obj && typeof obj === 'object' &&
    'ctime' in obj && toString.call(obj.ctime) === '[object Date]' &&
    'mtime' in obj && toString.call(obj.mtime) === '[object Date]' &&
    'ino' in obj && typeof obj.ino === 'number' &&
    'size' in obj && typeof obj.size === 'number'
}

function stattag (stat) {
  var mtime = stat.mtime.getTime().toString(16)
  var size = stat.size.toString(16)

  return '"' + size + '-' + mtime + '"'
}
```

etag 包中的 etag 方法接收一个 entity 作为第一个参数，entity 可以是 string 类型、buffer 类型，也可以是 stats 类型。如果是 stats 类型，那么 etag 的生成方法会与另外两种类型的生成方法有所不同，代码如下。

```
var mtime = stat.mtime.getTime().toString(16)
var size = stat.size.toString(16)

return '"' + size + '-' + mtime + '"'
```

以上代码主要根据 stats 类型的 entity 的 mtime 和 size 特征来拼成一个 etag 生成方法。

对于正常的 string 类型和 buffer 类型，etag 生成方法依赖了内置的 crypto 包，主要根据 entity 生成 hash，而 hash 的生成主要依赖了 sha1 加密方法，如下所示。

```
var hash = crypto
  .createHash('sha1')
  .update(entity, 'utf8')
  .digest('base64')
```

了解了这些，如果面试官再问"etag 的生成方法"的相关问题，我想读者就能够有一定底气来回答了。

实现一个验证缓存的轮子

分析完 etag 这个包，我们来尝试自己造一个轮子，即自己开发一个包。这个轮子需要实现验证缓存是否可用的功能，它接收请求头和响应头，并根据这两个头部返回一个布尔值，表示缓存是否可用。

预计这个包的使用方式如下。

```
var reqHeaders = { 'if-none-match': '"foo"' }
var resHeaders = { 'etag': '"bar"' }
isFresh(reqHeaders, resHeaders)
// => false

var reqHeaders = { 'if-none-match': '"foo"' }
var resHeaders = { 'etag': '"foo"' }
isFresh(reqHeaders, resHeaders)
// => true
```

在业务端，可以直接通过如下代码使用该包。

```
var isFresh = require('is-fresh')
var http = require('http')

var server = http.createServer(function (req, res) {
  if (isFresh(req.headers, {
    'etag': res.getHeader('ETag'),
    'last-modified': res.getHeader('Last-Modified')
  })) {
    res.statusCode = 304
```

```
    res.end()
    return
  }

  res.statusCode = 200
  res.end('hello, world!')
})

server.listen(3000)
```

实现该库的前提是先了解缓存的基本知识,知晓缓存的优先级。我们应该先验证 cache-control,然后验证 if-none-match,最后验证 if-modified-since。了解了这些,实现起来就不难了,代码如下所示。

```
var CACHE_CONTROL_NO_CACHE_REGEXP = /(?:^|,)\s*?no-cache\s*?(?:,|$)/

function fresh (reqHeaders, resHeaders) {
  // fields
  var modifiedSince = reqHeaders['if-modified-since']
  var noneMatch = reqHeaders['if-none-match']

  if (!modifiedSince && !noneMatch) {
    return false
  }

  var cacheControl = reqHeaders['cache-control']
  if (cacheControl && CACHE_CONTROL_NO_CACHE_REGEXP.test(cacheControl)) {
    return false
  }

  // if-none-match
  if (noneMatch && noneMatch !== '*') {
    var etag = resHeaders['etag']

    if (!etag) {
      return false
    }

    var etagStale = true
    var matches = parseTokenList(noneMatch)
    for (var i = 0; i < matches.length; i++) {
      var match = matches[i]
      if (match === etag || match === 'W/' + etag || 'W/' + match === etag) {
        etagStale = false
        break
      }
    }
```

```js
    if (etagStale) {
      return false
    }
  }

  // if-modified-since
  if (modifiedSince) {
    var lastModified = resHeaders['last-modified']
    var modifiedStale = !lastModified || !(parseHttpDate(lastModified) <= parseHttpDate(modifiedSince))

    if (modifiedStale) {
      return false
    }
  }

  return true
}

function parseHttpDate (date) {
  var timestamp = date && Date.parse(date)

  return typeof timestamp === 'number'
    ? timestamp
    : NaN
}

function parseTokenList (str) {
  var end = 0
  var list = []
  var start = 0

  for (var i = 0, len = str.length; i < len; i++) {
    switch (str.charCodeAt(i)) {
      case 0x20: /*   */
        if (start === end) {
          start = end = i + 1
        }
        break
      case 0x2c: /* , */
        list.push(str.substring(start, end))
        start = end = i + 1
        break
      default:
        end = i + 1
        break
    }
  }
```

```
}
list.push(str.substring(start, end))

return list
}
```

以上代码实现比较简单,读者可以尝试解读该源码,如果你已经对这两篇的内容融会贯通,那么实现上述代码就并不困难。

当然,造一个缓存的轮子也没有想象得那么简单。"上述代码的健壮性是否足够""API 设计是否优雅"等这些话题都很值得思考。

总结

通过本篇的学习,我们了解了缓存这一热门话题。缓存体现了理论规范和实战结合的美妙,是网络应用的经验结晶。读者可以多观察大型门户网站、页面应用,并结合工程化知识来看待并学习缓存。

32
HTTP 的深思

通过上一篇的学习,我们了解了网络的基本内容、HTTP 的特性,尤其是缓存的特性。本篇将会从历史的角度来审视 HTTP,探究 HTTP 的演进,以便读者更好地应用 HTTP,并对网络这个宏大概念中的一环有更深入的理解。

HTTP 的诞生

HTTP 协议诞生于 1989 年(可能比很多开发者的年纪都要大),第一版是 HTTP 0.9,但 HTTP 0.9 并不是一个正式标准;直到 1996 年,HTTP 1.0 才成为正式的 IEFT 标准;1999 年,HTTP 1.1 在 RFC 2616 中发布;HTTP 2.0 于 2014 年被正式讨论,并于 2015 年在 RFC 中正式发布。

但是需要注意的是,HTTP 和 JavaScript 一样,说到底还是需要浏览器的支持。每个浏览器或服务器对 HTTP 的每个方面的实现并不能保持完全一致,因此不同的浏览器或服务器中的标准规范有可能不同,用户对使用不同标准规范的应用的体验也可能会有细微的差别。

这些陈年旧事就不再过多回顾了,下面来看一下 HTTP 的现状和痛点。

HTTP 的现状和痛点

虽然 HTTP 2.0 已于 2015 年发布,但是考虑到目前该版本的落地情况,以及在各大厂商中的应用情况,这里还是先以 HTTP 1.1 为例进行分析。

HTTP 1.1 是划时代的，它解决了 HTTP 1.0 时代最重要的两大问题：

- TCP 连接无法复用，每次请求都需要重新建立 TCP 通道，这就需要重复进行三次握手和四次挥手，也就是说每个 TCP 连接只能发送一个请求。
- 队头阻塞，每个请求都要过"独木桥"，桥宽为一个请求的宽度，也就是说，即使多个请求并行发出，也只能一个接一个地进行排队。

HTTP 1.1 对以上问题进行了"对症下药"的改进，它引入了长连接和管线化。

- 长连接：HTTP 1.1 支持长连接（Persistent Connection），且会默认开启 Connection:keep-alive，这样在一个 TCP 连接上可以传送多个 HTTP 请求和响应，减少了建立和关闭连接的消耗和延迟。业界在这方面的成熟方案有 Google 的 protobuf。
- 管线化：管线化在长连接的基础上使多个请求可以用同一个 TCP 连接，这样复用 TCP 连接就使得并行发出请求成为可能。当浏览器同时发出多个 HTTP 请求时，浏览器无须等待上一个请求返回结果，即可处理其他请求。但是需要注意，管线化只是可以使浏览器并行发出请求，并没有从根本上解决队头阻塞问题，因为对请求的响应仍然要遵循先进先出的原则，第一个请求的处理结果返回后，第二个请求才会得到响应。同时，浏览器供应商很难实现管线化，而且大多数浏览器默认禁用管线化特性，有的甚至完全删除了它。

除此之外，HTTP 1.1 中还有一些创造性的改进，如下。

- 增加了与缓存相关的请求头。
- 进行了带宽优化，并能够使用 range 头等来支持断点续传功能。
- 新增错误类型，并增强了错误和响应码的语义特性。
- 新增了 Host 头处理，如果请求消息中没有 Host 头，则会报错。

基于改进后的 HTTP 1.1，一些成熟的前后端交互方案（如下所示）也应运而出。

- HTTP long-polling
- HTTP streaming
- WebSocket

以上方案会在本篇的"从实时通信系统看 HTTP 发展"一节进行一定的介绍。

这么看来，HTTP 1.1 简直不要太完美！不过，它还是有一些缺陷的，比如下面这些。

- 没有真正解决队头堵塞问题。
- 明文传输，安全性有隐患。
- header 中携带的内容过多，增加了传输成本。
- 默认开启 keep-alive 可能会给服务器端造成性能压力，比如，对于一次性的请求（如图片 CDN 服务），在文件被请求之后还保持了很长时间不必要的连接。

HTTP 2.0 未来已来

说起 HTTP 2.0，不得不提一下 SPDY 协议。2009 年，谷歌针对 HTTP 1.1 的一些问题发布了 SPDY 协议。这个协议在 Chrome 浏览器上进行应用，在证明可行后，就成了 HTTP 2.0 的基础，主要特性都在 HTTP 2.0 中得到继承。但是，作为推动时代发展的产物，SPDY 协议说到底不会主宰时代，因此这里暂不对其做更多介绍，而把主要精力放在 HTTP 2.0 上。

HTTP 2.0 的目标是显著改善性能，同时做到迁移透明。下面先来理解几个 HTTP 2.0 的相关基础概念。

- 帧：在 HTTP 2.0 中，客户端与服务器端通过交换帧来通信，帧是基于这个新协议通信的最小单位。
- 消息：是指逻辑上的 HTTP 消息，如请求、响应等，由一帧或多帧组成。
- 流：流是连接中的一个虚拟信道，可以承载双向消息；每个流都有一个唯一的标识符。

HTTP 2.0 最主要的特性有以下几点。

1. 二进制分帧

HTTP 2.0 的协议解析采用二进制格式，而非 HTTP 1.x 的文本格式，采用二进制格式进行协议解析更加高效，可以进一步提升性能。新的二进制协议被称为二进制分帧层协议（Binary Framing Layer），每一个请求都包含以下公共字段。

- Type：帧的类型，标识帧的用途。
- Length：整个帧从开始到结束的长度。
- Flags：指定帧的状态信息。

- Steam Identifier：用于流控制，可以跟踪逻辑流的帧成员关系。
- Frame payload：请求正文。

二进制分帧层中的内容属于协议中比较偏底层的内容，前端中会接触得比较少，这里只需要大家明白：二进制协议将通信传输信息分解为帧，这些帧交织在客户端与服务器端之间的双向逻辑流中，使所有通信都可以在单个 TCP 连接上执行，而且该连接在整个对话期间一直处于打开状态。

2．请求/响应复用

上面提到，为每帧分配一个流标识符，可以使它们在一个 TCP 连接上进行独立发送。此技术实现了完全双向的请求和响应消息复用，解决了队头阻塞的问题。换句话说，一个请求对应一个流（stream）并分配一个 id，这样一个连接上可以有多个流，所有流的帧都可以相互混杂在一起，接收方可以根据流的 id 将帧分配到各自不同的请求中。

总结一下就是，所有相同域名的请求都会通过同一个 TCP 连接并发送。同一 TCP 连接中可以发送多个请求，对端可以通过帧中的标识知道该帧属于哪一个请求。通过这个技术，便可以避免 HTTP 旧版本中的队头阻塞问题，极大地提高传输性能。这是真正意义上的多路复用。

3．报头压缩

报头压缩的实现方式要求客户端和服务器端都维护之前看见的报头字段列表。在发出第一个请求后，浏览器仅需发送与前一个报头的不同之处，而对于相同之处，服务器可以从报头的列表中获取。

4．流优先化

消息帧通过流进行发送。我们提到了为给每个流都分配一个 id，那么也同样可以为它们分配优先级。这样一来，服务器端就可以根据优先级确定它的处理顺序。

5．服务器端推送

当一个客户端主动请求资源 K 时，如果服务器端知道它很可能也需要资源 M，那么服务器端就会主动将资源 M 推送给客户端。当客户端真的请求 M 时，便可以从缓存中读取。

这里有一个问题是：服务器端如何按照一种机制，在推送资源时保障客户端不会发生过载的情况呢？

事实上，针对服务器端希望发送的每个资源，服务器端都会发送一个 PUSH_PROMISE 帧，但客户端可以通过发送 RST_STREAM 帧作为响应来拒绝推送。

6. 流控制

流控制允许接收者主动示意停止发送或减少发送的数据量。比如，在一个视频应用上观看一个视频时，服务器端会同时向客户端发送数据。如果视频暂停，则客户端会通知服务器端停止发送视频数据，以免耗尽自身的缓存。

从实时通信系统看 HTTP 发展

从上面的知识我们看出，传统的浏览器和 HTTP 早期只能通过客户端主动发送请求及服务器端应答并回复请求来实现数据交互。但是，在一些监控、Web 在线通信、即时报价系统、在线游戏等场景中，都需要将后台发生的变化主动地、实时地传送到浏览器端，而不需要用户手动地刷新页面。为了达到这个目的，应运而生了很多方案。

1. 轮询

轮询是最简单无脑的方案。客户端定期发送 AJAX 请求，服务器端在受理请求后会立刻返回数据。这种方式保证了数据的相对实时性，具有很好的浏览器兼容性和简单性。但是，其缺点也很明显，比如，数据延迟取决于轮询频率，如果频率过高，就会产生大量无效请求；如果频率过低，数据的实时性就会较差，同时，服务器端的压力也会比较大，从而浪费带宽流量。

2. 长轮询

长轮询（long-polling）的实现思路是：客户端通过 AJAX 发起请求，服务器端在接到请求后不马上返回，而是保持这个连接，等待数据更新。当有数据需要推送给客户端时，服务器端才将目标数据发送给客户端，返回请求。客户端收到响应后，马上再发起一个新的请求给服务器端，周而复始。

这样的长轮询能够有效减少轮询次数，而且大大降低延迟，但服务器端需要保持大量连接，会产生一定的消耗。

3. Comet streaming

Comet streaming 技术又被称为 Forever iframe，这种技术听上去更加巧妙，需要我们动态载入一个隐藏的 iframe 标签，iframe 标签的 src 会指向请求的服务器地址。同时，客户端会准备好一个处理数据的函数，在服务器端通过 iframe 标签和客户端通信时，服务器端便会返回类似 script 标签的文本，客户端会将其解析为 JavaScript 脚本，并调用预先准备好的函数，将数据传递给 parent window，类似 JSONP 的实现原理，代码如下。

```
<script>parent.getData("data from server")</script>
```

这样的实现并不复杂,但说到底是一种奇怪的实现方式。

4. AJAX multipart streaming

AJAX multipart streaming 用到了 HTTP 1.1 中的 multipart 特性:客户端发送请求,服务器端保持这个连接,利用 HTTP 1.1 的 chunked encoding 机制(分块传输编码)将数据传递给客户端,直到超时或客户端手动断开才停止传输。

这种方法属于遵循官方规范的方法,但是就像前面所介绍的那样,HTTP 1.1 的 multipart 特性并没有更广泛地被浏览器支持并实现。

5. WebSocket

WebSocket 是从 HTML5 开始提供的一种在浏览器与服务器之间进行全双工通信的网络技术。依靠这种技术可以实现客户端和服务器端的长连接,进行双向实时通信。

我们该如何理解 WebSocket 和 HTTP 呢?

HTTP 和 WebSocket 都是应用层协议,且都是基于 TCP 来传输数据的。WebSocket 依赖一种升级的 HTTP 进行一次握手,握手成功后,数据就可以直接在 TCP 通道中进行传输了。

这样一来,连接的发起端还是客户端,但是一旦 WebSocket 连接建立,客户端和服务器端就都可以向对方发送数据。

WebSocket 无疑是强大的,但是它也错过了浏览器为 HTTP 提供的一些服务,需要开发者在使用时自己实现,因此 WebSocket 并不能取代 HTTP。

由此可以看出,HTTP 的发展不是封闭的,而是吸取了"民间方案"和各种应用技术的优点。尤其是 HTTP 2.0 更是对之前协议的一个极大补充和优化。下一节会结合面试题对 HTTP 和 TCP 的相关知识进行巩固。

相关深度面试题目

题目一:HTTP 连接分为长连接和短连接,而我们现在常用的都是 HTTP 1.1,因此我们用的都是长连接。这种说法正确吗?

其实是因为我们现在大多数应用都是基于 HTTP 1.1 实现的,因此用的都是长连接。这种说法勉强算对，因为 HTTP 1.1 中的 Connection 默认为 keep-alive。但是，HTTP 并没有长连接、短连接之分，所谓的长短连接都是在说 TCP 连接，TCP 连接是一个双向通道，它可以保持一段时间不关闭，因此 TCP 连接才有真正的长连接和短连接。

这个问题可以回到网络分层的话题上讨论。HTTP 说到底是应用层的协议，而 TCP 才是真正的传输层协议，只有负责传输的这一层才需要建立连接。

题目二：长连接是一种永久连接吗？

事实上，长连接并不是一种永久连接。在长连接建立后，如果一段时间内没有发出 HTTP 请求，那么这个长连接就会断开。这个超时的时间可以在 header 中进行设置。

题目三：现代浏览器在与服务器建立了一个 TCP 连接后是否会在一个 HTTP 请求完成后断开？什么情况下会断开？

在 HTTP 1.0 中，一个服务器在发送完一个 HTTP 响应后会断开 TCP 连接。但在 HTTP 1.1 中会默认开启 Connection:keep-alive，所以浏览器和服务器之间会维持一段时间的 TCP 连接，不会在一个请求结束后就断掉，除非显式地声明 Connection:close。

题目四：一个 TCP 连接可以对应几个 HTTP 请求，这些 HTTP 请求是否可以一起发送？

不管是 HTTP 1.0 还是 HTTP 1.1，单个 TCP 连接在同一时刻都只能处理一个请求，意思是说：两个请求的生命周期不能重叠。

虽然 HTTP 1.1 规范中规定了可以用 Pipelining 来解决这个问题，但是这个功能在浏览器中默认是关闭的。

因此，在 HTTP 1.1 中，一个支持持久连接的客户端可以在一个连接中发送多个请求（不需要等待任意请求的响应），收到请求的服务器端必须按照请求收到的顺序发送响应。在 HTTP 2.0 中，由于多路复用特点的存在，多个 HTTP 请求是可以在同一个 TCP 连接中并行传输的。

总结

本篇从 HTTP 的发展角度解析了当前 HTTP 的现状和痛点，并详细介绍了 HTTP 2.0 的相关内容，之后从实时通信系统网络协议层面进行解析，并对相关知识进行了巩固。至此，我们在理论层面就已经有了必要的知识储备。感兴趣的读者可以从实战角度继续探究 HTTP 2.0 的众多特性到底能不能优化应用。

33

不可忽视的前端安全：单页应用鉴权设计

安全是计算机科学永远无法忽视的话题。随着互联网的发展，安全问题越来越突出，也越来越重要：它是一个程序可用性、健壮性的基础。这个话题可大可小，大到系统设计，小到一行代码的写法，都可能影响系统的安全。

安全与前端开发的结合持续走热。不管是经验丰富的程序员，还是尚在打基础的学生，都对 HTTPS、XSS、CSRF 等与前端相关的安全问题不陌生。本篇将从一个大部分产品都会涉及的登录鉴权入手，结合单页面应用，尽可能多地涉及一些常见的安全知识，帮助大家了解前端安全。

单页应用鉴权简介

首先，我们要了解单页应用鉴权与传统鉴权方式的不同。

单页应用采用前后端分离的设计方式，路由由前端管理，前后端遵循一定的规范（如 REST、GraphQL），通过 AJAX 进行通信。在这种情况下，用户请求页面时，后端经常无法获取用户身份信息，更无法确定返回的数据。

同时，在一次鉴权完毕后，如何在单页应用的体验中保持这个鉴权状态也值得思考。一般来说，单页应用鉴权可以采用下面的步骤实现。

- 第一步：前端根据用户交互发送数据请求之前，需要准备用户信息，同数据请求一起发送给后端处理。
- 第二步：后端按照约定好的规则，根据请求中的用户身份信息进行验证。如果验证不通过，则返回 403 或 401 相关状态码，或者其他状态，以表示鉴权失败。如果鉴权成功，后端就会返回相关数据。

- 第三步：前端根据数据渲染视图。

单页应用鉴权过程非常简单清晰，如图 33-1 所示。

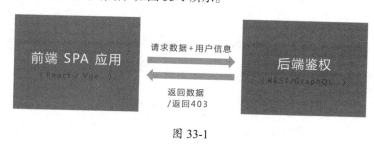

图 33-1

这个结构背后隐藏的技术方案和安全细节非常值得我们思考，请继续阅读，我们将剖析几个重要概念和安全实践。

HTTPS

在鉴权过程中，如果使用 HTTP 来传输敏感数据（用户昵称、用户密码、token 等），那么很容易被中间人拦截获取。在现代通信中，我们都使用 HTTPS 来对传输内容进行加密。关于 HTTPS 的应用及其原理又是一个超级话题，这里由于篇幅限制，不再过多展开，感兴趣的读者可以自学。

不要使用 URL query 传递敏感数据

URL query 会通过服务器端日志、浏览器日志、浏览器历史记录查到。不要使用 URL query 传递敏感数据，这是最基本的准则之一。如果敏感数据在 URL query 中，就会给恶意用户轻松获取数据的机会。同时，URL query 的长度也有限制，这也是其传递数据的弊端之一。

防止暴力攻击的手段

攻击者可以通过暴力手段，尝试获取用户的密码等信息。因此，后端服务要时刻注意加入频率限制，限制一个用户短时间内尝试输入密码的次数；也可以限制可疑用户（比如，触发了过多服务器端错误的用户）的访问。另外，需要注意的是不要给任何人暴露服务器端的技术细节信息，比如，要记得关闭 X-Powered-By（服务器响应头隐藏）。在使用 express 的情况下，强烈建议 Node.js 端使用 helmet 来防止技术细节的暴露。

helmet 可以帮助 Node.js 开发者通过设置合理的 HTTP header，来预防一些常见的 Web 漏洞，比如，上面提到的关闭 X-Powered-By。实际上，它就是一组灵活的中间件函数，可以增强以下 HTTP header 的安全性。

- Content-Security-Policy 响应头，它可以设置应用是否可以引用某些来源的内容，进而防止 XSS。
- 关闭 X-Powered-By 响应头，以避免暴露服务器端信息。
- 增加 Public Key Pinning 响应头，预防中间人伪造证书。
- 设置 Strict-Transport-Security 响应头，这样浏览器就只能通过 HTTPS 访问当前资源。
- 为 IE8 及以上的版本设置 X-Download-Options 响应头，用来预防下载内容的安全隐患，目前只有 IE8 及以上的版本支持这个 header。
- 设置 Cache-Control 和 Pragma header 以关闭浏览器端缓存。
- 设置 X-Content-Type-Options 响应头，以禁用浏览器内容嗅探。
- 设置 X-Frame-Options 响应头，以预防 clickjacking 漏洞，这个响应头可以告诉浏览器是否允许在<frame>或<iframe>标签中渲染某个页面。
- 设置 X-XSS-Protection 响应头，当检测到跨站脚本攻击（XSS）时，浏览器便会停止加载页面。

helmet 的使用非常简单，代码如下。

```
const express = require('express')
const helmet = require('helmet')

const app = express()

app.use(helmet())
```

其源码是典型的 express 中间件写法，会依次加载相关中间件集。比如，代码中会引用 X-Powered-By 中间件，这个中间件的源码非常简单，如下。

```
module.exports = function hidePoweredBy (options) {
  var setTo = (options || {}).setTo

  if (setTo) {
    return function hidePoweredBy (req, res, next) {
      res.setHeader('X-Powered-By', setTo)
```

```
      next()
    }
} else {
  return function hidePoweredBy (req, res, next) {
    res.removeHeader('X-Powered-By')
    next()
  }
}
```

通过 setHeader 和 removeHeader 方法，就可以完成对 X-Powered-By 响应头的添加和删除了。

升级依赖保证安全

如今，我们的应用中大部分脚本都来自第三方库，第三方库出现安全隐患的新闻已经屡见不鲜。除了从源头把控第三方库的引入，适时合理地更新 npm 包也是值得倡导的做法，因此 npm 在 6.0 后可以使用以下相关命令。

```
# npm 6.0 新增，扫描所有依赖，列出依赖中有安全隐患的包
npm audit
# npm 6.0 新增，扫描所有依赖，并把不安全的依赖包升级到可兼容的版本
npm audit fix
```

单页应用鉴权实战

言归正传，本节来看一下实现单页应用鉴权的两种主要方式：JWT 和 Authentication cookie。这两种方式不尽相同，我们将逐一分析，并尝试合并这两种方案的优点，将它们结合为第三种方式。

采用 JWT 实现鉴权

在鉴权过程中，为了验证用户的身份，需要浏览器向服务器提供一个验证信息，我们称之为 token。如果这个 token 通常由 JSON 数据格式组成，并会通过散列算法生成一个字符串，则将其称为 JSON Web Token（JSON 表示令牌的原始类型为 JSON 格式，Web 表示在互联网中进行传播，Token 表示令牌，简称 JWT）。任何 token 持有者都可以无差别地用它来访问相关资源。

我们可以在 HTTP Authorization header 中找到 token，其实就是一个字符串值。这个字符串用来表示用户的身份信息，进行身份认证或从服务器获取合法资源。当然，这个 token 往往是被加密的。那么，这个 token 具体是如何生成的呢？

我们先从 JWT 说起，一个 JWT 包含以下 3 部分。

- header（消息头）
- payload（消息体，储存用户 id、用户角色等）+过期时间（可选）
- signature（签名）

我们说过，JWT 就是 JSON 格式的数据，JWT 的前两部分就是 JSON 数据，第三部分 signature 是基于前两部分 header 和 payload 生成的签名。前两部分分别通过 Base64URL 算法生成两组字符串，再和 signature 结合，这 3 部分结合后通过.号分割，就是最终的 token。

正常来讲，当客户端提交用户名/密码（或其他方式）并通过认证后，就会获得 JWT 的 token，接着通过 JavaScript 脚本在所有数据请求的 HTTP header 中加上这个 JWT 的 token。服务器端接到请求后，验证 token 的 signature 是否等同于 payload，进而得知 payload 字段是否被中间人更改。

细心的读者可能会发现，上面提到的"通过 JavaScript 脚本在所有数据请求的 HTTP header 中加上 JWT 的 token"涉及客户端如何存储和维护 JWT 的问题。

关于存储 JWT，不建议开发者将 token 存储在本地存储（local storage）中，原因如下。

- 当用户关掉浏览器后，JWT 仍然会被存储在本地存储中，即便 JWT 过期，也可能一直被存储（除非手动更新或清理）。
- 任何 JavaScript 都能轻而易举地获得本地存储中的内容。
- 无法被 web worker 使用。

但在实际项目中，笔者也在本地存储中存储过 JWT，这需要我们分清利弊，结合实际场景选择方案。如果吃透概念，就能减少 bug 的出现，灵活制定具体的存储方案。更好的选择是将 JWT 存储在 session cookie 中。

JWT 隐患

通过 JWT 实现鉴权也存在隐患，上面也简要提到了，隐患主要来自 XSS。攻击者可以主动注入恶意脚本或使用户输入，通过 JavaScript 代码来偷取 token，然后通过 token 冒充受害用户。

比如，在一个博客留言系统中，用户可以在其留言内容中加入以下脚本。

```
<img src=x
onerror="&#0000106&#0000097&#0000118&#0000097&#0000115&#0000099&#0000114&#0000105&#00
```

```
00112&#0000116&#0000058&#0000097&#0000108&#0000101&#0000114&#0000116&#0000040&#000003
9&#0000088&#0000083&#0000083&#0000039&#0000041">
```

对此,一般的防御手段是采用 HTML 转义(为了防止 XSS 攻击,常常需要将用户输入的特殊字符进行转义)来过滤用户输入。

采用 Authentication cookie 实现鉴权

cookie 是含有有效期和相关 domain 并存储在浏览器中的键值对组合,可以由 JavaScript 代码创建:

```
document.cookie = 'my_cookie_name=my_cookie_value'
```

也可以在服务器端通过设置响应头创建:

```
Set-Cookie: my_cookie_name=my_cookie_value
```

浏览器会自动在每个请求中加入相关 domain 下的 cookie,示例如下。

```
GET https://www.example.com/api/users
Cookie: my_cookie_name=my_cookie_value
```

cookie 一般分为如下两种。

- session cookie,这种 cookie 会随着用户关闭浏览器而被清除,不会被标记任何过期时间 Expires 或最大时限 Max-Age。
- permanent cookie,与 session cookie 相反,会在用户关闭浏览器之后被浏览器持久化存储。

同时,服务器端可以对 cookie 进行一些关键配置,以保障 cookie 的使用安全。

- HttpOnly cookie:在浏览器端,JavaScript 没有读 cookie 的权限。
- Secure cookie:只有在特定安全通道(通常指 HTTPS)下,传输链路的请求中才会自动加入相关 cookie。
- SameSite cookie:在跨域情况下,相关 cookie 无法被请求携带,这里主要是为了防止 CSRF 攻击。

一个经典场景就是使用 cookie 存储一个 session ID(session ID 由服务器端管理,进行创建和计时,以便在必要的时候清除)。通过验证 cookie 和 session ID,服务器端便能标记一个用户的访问信息，这种情况就是我们说的有状态的，而本节的主角 JWT 是无状态的，因为它不需要服务器端维护 session ID，更加利于横向扩展。

Authentication cookie 隐患

采用 Authentication cookie 实现单页应用鉴权的安全隐患主要有以下两种。

- XSS 如果没有使用 httpOnly 选项，那么攻击者可能会通过注入恶意脚本任意读取用户 cookie，而 cookie 中直接存储了用户的身份认证信息，这当然是非常可怕的。
- CSRF 是常见的针对 cookie 展开进攻的手段。我们知道，跨域访问技术（如 CORS，即跨域资源共享）的同源策略能保证不同源的客户端脚本在没有明确授权的情况下，无法读写对方资源。同源策略只是针对浏览器的编程脚本语言，如果我们对一个恶意服务器发送 AJAX 请求，同源策略就会限制其发送，但是如果请求直接通过 HTML form 发送，那么同源策略就毫无办法了。另一个利用 CSRF 实施攻击的场景为：假如受害者在网页上登录了 Facebook，同时又打开了 bad.com（攻击者的网站），而这个网站中有下面这样的代码。

```
<img src="https://facebook.com/postComment?userId=dupont_123&comment=I_VE_BEEN_HACKED>
```

如此一来，攻击者网站的代码就会请求 Facebook 发送个人状态的接口，该受害者的 Facebook 账户就会莫名其妙地在 Facebook 上发出一条状态，内容为 I_VE_BEEN_HACKED。

总之，为了防御 XSS 攻击，开发者需要对 httpOnly 选项进行设置；为了防御 CSRF，开发者需要对 SameSite 选项进行设置。但是需要注意，并不是所有浏览器都支持 SameSite。

混合使用 JWT 和 cookie 进行鉴权

设想要实现这样一个鉴权系统：尽可能抵御 XSS 和 CSRF，做到无状态。

考虑到安全性能，JWT 方案的主要问题在于攻击者存在直接读取 JWT 信息的可能。那如果我们将 JWT 和 cookie 方案结合呢？即将 JWT 部分的敏感信息放入 cookie 中，这样，便可以结合这两种方案的优点。

下面总结一下 JWT 存在的 3 种使用方式。第一种是经典 JWT 方式，如图 33-2 所示。

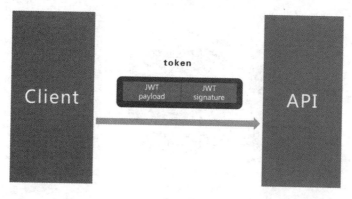

图 33-2

在这种情况下,前后端使用 JWT 进行鉴权交互,前端通过 JavaScript 操作 JWT 信息,完成请求准备。

第二种方式,将 JWT 信息放于 session cookie 中维护,如图 33-3 所示。

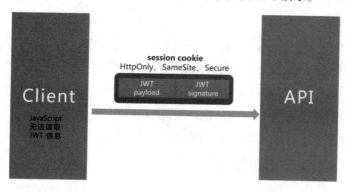

图 33-3

在这种情况下,JWT 信息全部存储在 cookie 中,在设置了 cookie 的 HttpOnly、SameSite、Secure 属性后,前端便无法读取 JWT 信息,但每次请求中都会有浏览器自带的必要的 JWT 数据(用来作为 cookie)。同时,由于采用了 session cookie,因此不存在 JWT 信息过期的情况,用户关闭页面后,浏览器不会将 JWT 信息持久化存储,下次再打开页面时,会重新进行鉴权认证。

第一种方式有一定的安全隐患;第二种方式会将 JWT 所有的信息存储在 session cookie 中,优点明显,但是无法做到持久化存储,在某种程度上也会带来不便。我们权衡了两种方式的优缺点之后进行了变通,结合前面两种方式得到了第三种方式,如图 33-4 所示。

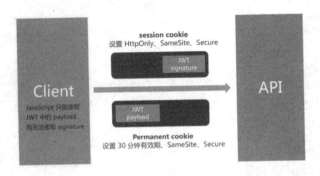

图 33-4

这样，JWT 的 signature 部分便维护在设置了 HttpOnly 的 cookie 中，这意味着 JavaScript 无法读取完整的 JWT 信息。同时，每次请求中都会携带 cookie，服务器端将其返回给浏览器后浏览器会对其进行存储，这样 JWT 信息在每次请求时就都可以被更新，JWT 中的过期时间也会被自动加入其中。

为了实现最大限度的安全保障，我们也可以考虑结合融合 cookie 的方式及 "对关键操作重新进行鉴权认证" 的处理进行优化。

例如，我们认为用户更改邮箱地址是一个关键操作，那么在发生这个操作时，即便用户已经登录，系统还是会要求用户重新填写用户密码，以确认修改。后端在收到修改请求后，会产生一个随机数（经过加密运算的），这个随机数作为 permanent cookie 返回给前端，JavaScript 需要读取这个随机数，并将这个随机数作为表单值中的一项，随新的邮箱地址一起提交给服务器端，服务器端会对这个随机表单值进行验证，验证方式是对比表单中的表单值和 cookie 中的随机数，看它们是否一致。

这样便最大限度地防御了 CSRF 攻击，流程如图 33-5 所示。

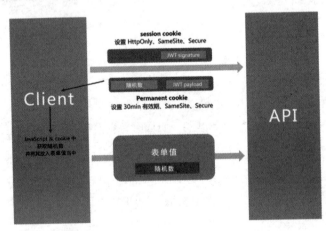

图 33-5

我们总结一下整个鉴权流程。

- 第一步：对于单页应用中的每个页面，需要检查 cookie 中是否存在 JWT payload，如果存在，表示用户已经成功进行鉴权，否则重定向到类似/login 的登录页面。
- 第二步：用户在未授权的情况下，在登录页面/login 将用户名和密码提交给服务器端，在服务器端返回的信息中设置 Authentication cookie，使 cookie 中含有 JWT 信息。

第二步可以采用上述第二种和第三种方式进行具体操作，也可以采用增强 CSRF 防御等其他手段。

总结

本篇通过分析和设计单页应用鉴权方案，介绍了 JWT 和传统 cookie 及 session 技术。在介绍一些安全方面最佳实践的同时，覆盖了一些常见的攻击手段（XSS、CSRF 等）。前端安全是一个庞大且复杂的课题，这里只是通过一个比较重要的话题带大家入门，要想全面了解前端安全方面的知识，还要持续学习。

结束语

在西班牙语中,有一个很特别的词语叫作 Sobremesa,专指吃完饭后,大家在饭桌上意犹未尽交谈的那段短暂而美好的时光。本书至此已接近尾声,学完"枯燥的编程知识",我希望在最后部分放松心情,和大家谈一谈"软素质"。

融入社区

我们每一个人作为全球开发者的一分子,如果能够参与到社区中,那么对于个人成长就会很有帮助。这其中就涉及了一个非常重要的话题:GitHub 使用礼仪。大家可能对在 GitHub 中使用 star、fork、watch 等基本功能已经很熟悉了,不过如果想深度参与社区并成为开源库的贡献者,那么一般可以使用两种方式:提交 Issue、提交 Pull request。

首先,提交 Issue 的情况一般有两种:上报 bug 和提需求。如果是上报 bug,那么最重要的是确认 bug 并将复现方式表达清楚。对于一些较为复杂的复现场景,我们可以写一个 demo 帮助维护者发现问题。如果是提需求,那么就要尽量把控需求的合理性,这一点对于天天和产品经理"斗争"的我们来说,应该不是太大的问题。

提 Pull request,就是申请往主库中合并代码。这其中涉及一些 Git 的基本操作,主要流程是先 fork 目标仓库,修改后进行推送,最后进入目标项目页面,发起 Pull request。

当然,我们不仅可以给开源库贡献代码,也可以作为创始者为社区贡献内容。在这个环节中,"如何写好一个现代库"这个问题就涉及了方方面面的知识。比如,你要思考以下问题。

- 证书如何设置

- 如何设计文档，以便让使用者快速上手
- TODO 和 CHANGELOG 需要遵循哪些规范
- 如何设计构建流程
- 如何设计编译范围和流程
- 如何设计模块化方案和打包流程
- 如何设计自动规范化链路
- 如何保证版本规范和 commit 规范
- 如何进行测试设计
- 如何引入可持续集成
- 其他最佳实践

这里给大家推荐一个开源项目：Jslib-base。这是一个为了写库而写的库，它可以帮助开发者通过简单的命令就能创建出一个库的脚手架和基础代码。如果你想写一个库，那我建议你用它来开启第一步；如果你想了解如何从零设计一个项目，也许可以通过它收获启发。

自我修养

论程序员的修养，这个话题非常开放。我们能想到很多关键词，比如保持热情、谦虚谨慎、学会阅读、学会提问、善用搜索、学会写作、时间管理、知识管理、学习英语等。

我个人很不喜欢所谓的"成功学"和"方法论"，更讨厌"制造焦虑""兜售鸡汤"。为了免入俗套，我打算从两种动物来说一下"废话"。

不管是在学习、进阶的道路上，还是在工作项目中，我们能够遇到的真正问题只有两类：第一种是看不见的，我把它比作黑天鹅，总会在你意想不到的时间和地点出现，并彻底颠覆一切；第二种是被我们视而不见的，我把它比作灰犀牛，你知道且习惯于它的存在，但是它会在某个时刻突然爆发，一旦爆发就会席卷一切，使你无从抵抗。

项目开发和个人成长中都存在黑天鹅和灰犀牛的危机。

黑天鹅

"新技术的爆发，技术的更新换代"就是职业生涯中的黑天鹅，但我们需要辩证地来认识它：对于菜鸟来说，新技术和未知领域让年轻人有机会弯道超车，减少因为欠缺经验和阅历而带来的劣势；对于有一定工作经验和阅历的程序员来说，"颠覆"和"变革"这样的词语似乎不那么友好。

但是，新技术说到底也只是工具，而真正资深程序员的核心价值在于逻辑、分析、数据、算法等抽象能力。技术工具的学习只是这些抽象能力的一种表述。从汇编语言开发转到 C 语言开发，其实更能将 C 语言的强大控制能力发挥出来；从 C 语言开发转到 Java 开发，只需要理解面向对象和虚拟机就能很快适应并脱颖而出；从 Java 开发转到 Python 开发的程序员，甚至都会感叹写代码"太简单了"！

总之，黑天鹅既是危机，也是机会。新技术作为新工具，总能带来新的价值蓝海。如果能把黑天鹅当作机会，保持敏感、好奇和进取的心态，扩展技能树，就能驯服来势汹汹的新技术。我们所有人一起共勉。

灰犀牛

社会中，很多职业是越老越值钱，老警察、老医生、老艺术家，说起来就让人觉得技术高超，令人信赖。

职业进阶就是一只灰犀牛。在悄悄溜走的时间中，我们可能习惯了日复一日的重复劳动。程序员怕的不是变老，而是变老的同时没有变强。如何击退这只灰犀牛，这需要我们从天天工作接触的代码入手，从熟悉的事物出发，找到突破。

比如，在本书的 20~22 篇，我重点突出了如何增强程序的健壮性，如何让我们的开发效率提升，如何持续不断地完善项目，以及如何从零开始打磨基础构建体系。仔细思考一下，也许就能将其中的知识点接入你的项目中。

从机械的工作抽象出更完美的工程化流程，这样的话题似乎永远也说不完。我也总有新的心得和体会想和大家一起分享、交流。本书内容至此已完结，但是衷心希望我们的技术探险之旅仅仅刚拉开帷幕。

写在最后

站在跑道的起点，你不知道跑到哪里肌肉会开始疼痛，呼吸急促，想要停下来休息。在二三十岁的年纪，我们无从得知看了一本书能对自己的水平提高和职业发展起多大作用，但我记得，在前言中提到了村上春树的《当我谈跑步时，我谈些什么》这本书，也许不论是跑步还是写代码，都是在探索生命的种种可能。

不去跑，永远不知道能跑多远；不去做，永远不知道能做多好。